CAMBRIDGE LIBRARY COLLECTION

Books of enduring scholarly value

Mathematics

From its pre-historic roots in simple counting to the algorithms powering modern desktop computers, from the genius of Archimedes to the genius of Einstein, advances in mathematical understanding and numerical techniques have been directly responsible for creating the modern world as we know it. This series will provide a library of the most influential publications and writers on mathematics in its broadest sense. As such, it will show not only the deep roots from which modern science and technology have grown, but also the astonishing breadth of application of mathematical techniques in the humanities and social sciences, and in everyday life.

Mathematische Werke

The German mathematician Karl Weierstrass (1815–97) is generally considered to be the father of modern analysis. His clear eye for what was important is demonstrated by the publication, late in life, of his polynomial approximation theorem; suitably generalised as the Stone–Weierstrass theorem, it became a central tool for twentieth-century analysis. Furthermore, the Weierstrass nowhere-differentiable function is the seed from which springs the entire modern theory of mathematical finance. The best students in Europe came to Berlin to attend his lectures, and his rigorous style still dominates the first analysis course at any university. His seven-volume collected works in the original German contain not only published treatises but also records of many of his famous lecture courses. Edited by Rudolf Rothe (1873–1942), Volume 7 was published in 1927.

Mathematische Werke

Herausgegeben unter Mitwirkung einer von der Königlich Preussischen Akademie der Wissenschaften eingesetzten Commission

VOLUME 7

KARL WEIERSTRASS
EDITED BY RUDOLF ROTHE

CAMBRIDGE
UNIVERSITY PRESS

CAMBRIDGE UNIVERSITY PRESS

Cambridge, New York, Melbourne, Madrid, Cape Town,
Singapore, São Paolo, Delhi, Mexico City

Published in the United States of America by Cambridge University Press, New York

www.cambridge.org
Information on this title: www.cambridge.org/9781108059190

This edition first published 1927
This digitally printed version 2013

ISBN 978-1-108-05919-0 Paperback

MATHEMATISCHE WERKE

VON

KARL WEIERSTRASS

MATHEMATISCHE WERKE

VON

KARL WEIERSTRASS

HERAUSGEGEBEN
UNTER MITWIRKUNG EINER VON DER PREUSSISCHEN AKADEMIE
DER WISSENSCHAFTEN EINGESETZTEN COMMISSION.

SIEBENTER BAND

VORLESUNGEN
ÜBER
VARIATIONSRECHNUNG

LEIPZIG
AKADEMISCHE VERLAGSGESELLSCHAFT M. B. H.
1927

VORLESUNGEN

ÜBER

VARIATIONSRECHNUNG

VON

KARL WEIERSTRASS

BEARBEITET

VON

RUDOLF ROTHE

LEIPZIG
AKADEMISCHE VERLAGSGESELLSCHAFT M. B. H.
1927

VORWORT.

Der vorliegenden Darstellung der Theorie der Maxima und Minima und der Variationsrechnung liegen folgende Ausarbeitungen Weierstrassischer Vorlesungen über Variationsrechnung zu Grunde:

eine von H. Burkhardt angefertigte Ausarbeitung der im Sommer-Semester 1882 gehaltenen Vorlesung und zwar in einer von H. A. Schwarz geschriebenen und mit einigen Bemerkungen versehenen Abschrift, die dieser mir für die Zwecke der Herausgabe des vorliegenden Bandes übergeben hatte;

die auf Veranlassung des Mathematischen Vereins an der Universität Berlin angefertigte und in seinem Besitz befindliche Ausarbeitung der Vorlesung des Sommer-Semesters 1879, als deren Bearbeiter H. Maser, E. Husserl, H. Müller, F. Rudio und C. Runge mit dem Zusatz: redigirt von H. Maser angegeben werden;

eine von J. Haenlein unabhängig von der eben erwähnten angefertigte Nachschrift derselben Vorlesung;

eine von G. Hettner verfertigte Ausarbeitung der Vorlesung des Sommer-Semesters 1875.

Eine Reihe anderer Bearbeitungen wurden von mir gelegentlich eingesehen, sie kamen jedoch gegenüber den hier angeführten kaum in Frage.

Abgesehen von einer etwa drei Quartseiten umfassenden, dem Nachlass von H. A. Schwarz entnommenen Notiz von Weierstrass' Hand über den Beweis der Formel S. 215 (14.) für die Darstellung der Function

$$\mathfrak{E}(x, y, \cos\chi, \sin\chi, \cos\bar{\chi}, \sin\bar{\chi})$$

hat sich keinerlei Manuscript von Weierstrass gefunden, das auf den Inhalt dieser Vorlesung Bezug hätte.

In dem ursprünglichen Plane der Weierstrassischen Werke war die Herausgabe eines Bandes, der die Vorlesung über Variationsrechnung enthielt, nicht vorgesehen, aus Gründen, die sich jetzt nicht mehr genau feststellen lassen, vermuthlich, weil eine gesonderte Veröffentlichung dieser Vorlesung von anderer Seite beabsichtigt war. Erst als eine Verwirklichung dieser Absicht nicht mehr in Frage kam, wurde ein Band über Variationsrechnung in den Gesammtplan einbezogen.

In dankenswerther Weise haben sowohl die Herren L. Bieberbach und C. Carathéodory sämmtliche Correcturbogen einer kritischen Durchsicht unterzogen, wie auch Herr J. Stein vom ersten bis zum siebzehnten Bogen und Herr G. Grüss von den übrigen Bogen mehrere Correcturen gelesen und die Formeln rechnerisch controlirt.

Durch die Ungunst der Zeiten ist die Herausgabe dieses Bandes, zu dem die Vorarbeiten schon im Jahre 1917 begonnen waren, lange verzögert worden.

Berlin, den 1. Juli 1927.

Rudolf Rothe.

INHALTS-VERZEICHNISS.

Seite

Einleitung . . . . 1—2.

Erster Abschnitt.

Theorie der Maxima und Minima von Functionen einer und mehrerer Veränderlichen . . . . . . 3—75.

Erstes Kapitel. Erklärungen und Aufstellung der nothwendigen Bedingungen 3—10.

Zweites Kapitel. Hülfssätze aus der Theorie der quadratischen Formen. Hinreichende Bedingungen für die Existenz eines Maximums oder Minimums einer Function von mehreren Veränderlichen . . . . . 11—25.

Drittes Kapitel. Maxima und Minima mit Nebenbedingungen . . . . . 26—36.

Viertes Kapitel. Weitere Sätze über quadratische Formen . . . . . . 37—46.

Fünftes Kapitel. Abschliessende Bemerkungen zur Theorie der Maxima und Minima. Anwendungen . . . . . , ... 47—60.

Sechstes Kapitel. Beispiele zur Theorie der Maxima und Minima . . . . 61—75.

Zweiter Abschnitt.

Variationsrechnung . . . . 76—318.

Siebentes Kapitel. Einleitende Bemerkungen. — Über die Rotationsflächen kleinsten Flächeninhalts . . . . 76—83.

Achtes Kapitel. Fortsetzung. Darstellung der Coordinaten als Functionen eines Parameters. Andere specielle Probleme der Variationsrechnung 84—91.

Neuntes Kapitel. Eigenschaften der Function $F(x, y, x', y')$ . . . . . . 92—98.

Zehntes Kapitel. Die erste Variation und die Differentialgleichung $G = 0$ 99—108.

Elftes Kapitel. Die Stetigkeit von $\frac{\partial F}{\partial x'}$ und $\frac{\partial F}{\partial y'}$. Andere Formen der Differentialgleichung $G = 0$ . . . . 109—115.

Zwölftes Kapitel. Einige Beispiele zum zehnten und elften Kapitel . . . 116—128.

Seite

Dreizehntes Kapitel. Die zweite Variation . . . . 129—138.

Vierzehntes Kapitel. Fortsetzung. Vorzeichenbedingung der Function F_1. 139—145.

Fünfzehntes Kapitel. Untersuchungen von Jacobi . . . . 146—152.

Sechzehntes Kapitel. Die conjugirten Punkte . . . . 153—161.

Siebzehntes Kapitel. Beweis des Jacobischen Kriteriums . . . . 162—169.

Achtzehntes Kapitel. Geltungsbereich der bisher gefundenen Bedingungen. Beispiele . . . . 170—181.

Neunzehntes Kapitel. Fortsetzung. Functionentheoretische Hülfssätze . . 182—191.

Zwanzigstes Kapitel. Geometrische Bedeutung der conjugirten Punkte . . 192—201.

Einundzwanzigstes Kapitel. Über den Rotationskörper, dessen Begrenzungsfläche die Luft den geringsten Widerstand entgegensetzt . . . . 202—209.

Zweiundzwanzigstes Kapitel. Die vierte nothwendige Bedingung . . . . 210—217.

Dreiundzwanzigstes Kapitel. Beweis, dass die vierte Bedingung auch eine hinreichende ist . . . . 218—229.

Vierundzwanzigstes Kapitel. Ergänzende Bemerkungen. Beispiele . . . 230—241.

Fünfundzwanzigstes Kapitel. Isoperimetrische Probleme . . . . 242—253.

Sechsundzwanzigstes Kapitel. Beispiele isoperimetrischer Probleme . . . 254—264.

Siebenundzwanzigstes Kapitel. Hinreichende Bedingungen . . . . . . 265—272.

Achtundzwanzigstes Kapitel. Begründung der im vorigen Kapitel gemachten Voraussetzungen . . . . 273—285.

Neunundzwanzigstes Kapitel. Fortsetzung und abschliessende Betrachtungen 286—295.

Dreissigstes Kapitel. Beispiele . . . . 296—302.

Einunddreissigstes Kapitel. Variation der Endpunkte und unfreie Variationen 303—318.

Anmerkung. Berichtigungen . . . . 319.

Alphabetisches Inhalts-Verzeichniss . . . . 320—324.

EINLEITUNG.

Die Variationsrechnung ist als die naturgemässe Erweiterung der gewöhnlichen Theorie der Maxima und Minima aus dieser hervorgegangen; einige Mathematiker waren wohl der Anschauung, dass diese Theorie ausreiche, um alle Aufgaben der Variationsrechnung zu lösen. Es verhält sich jedoch damit ähnlich, wie wenn man sagen wollte, alle Aufgaben der Differentialrechnung liessen sich durch die Differenzenrechnung erledigen. Der wesentliche Unterschied besteht, wie bekannt, in bestimmten Grenzbetrachtungen, die der Differentialrechnung eigenthümlich sind.

Schon die Mathematiker des Alterthums haben sich mit bemerkenswerther Vorliebe solchen Aufgaben gewidmet, die auf die Bestimmung von grössten und kleinsten Werthen führen. Unter den ersten Sätzen des Euclides findet sich die Aufgabe: eine Gerade und ein Punkt ausserhalb dieser Geraden seien gegeben; wie muss eine den gegebenen und einen beliebigen Punkt der Geraden verbindende Strecke gezogen werden, damit ihre Länge möglichst klein werde? Weiterhin wird die gleiche Frage für den Fall aufgeworfen, dass an die Stelle der gegebenen Geraden ein Kreis tritt. Hier ist schon ein Maximum und ein Minimum zu unterscheiden. Diese Untersuchungen sind von Apollonius im fünften Buche auf Kegelschnitte ausgedehnt worden. Für den damaligen Stand der Wissenschaft waren sie mit beträchtlichen Schwierigkeiten verbunden, und sie gehören zu den scharfsinnigsten Leistungen der alten Geometer.

Etwas anderer Art sind die folgenden, ebenfalls schon im Alterthum behandelten Fragen und Sätze: unter allen Dreiecken mit gegebener Grundlinie und gegebenem Umfang dasjenige zu finden, das den grössten Flächeninhalt einschliesst; von allen Vielecken mit derselben Seitenzahl und gegebenem Umfang haben die regulären Vielecke den grössten Flächeninhalt; unter allen ebenen Figuren von dem gleichen Umfange hat der Kreis ein Maximum des Inhaltes. Diese und ähnliche Fragen wurden in späterer Zeit, als namentlich in Italien die mathematischen Wissenschaften wieder zu blühen begannen, von neuem aufgenommen, und schon vor Erfindung der Differentialrechnung waren eine Reihe derartiger Aufgaben theils durch rein geometrische Betrachtungen, theils durch solche in Verbindung mit algebraischen Methoden gelöst oder doch der Lösung näher gebracht worden.

Auf die Entwickelung der Differentialrechnung haben diese Untersuchungen den wesentlichsten Einfluss ausgeübt. Die Aufgabe der Bestimmung der Maxima und Minima einer Function einer Variablen wurde zurückgeführt auf die Aufsuchung der Werthe der Variablen, für die die Ableitung der Function verschwindet. Es ist daher nicht ganz ohne Grund geschehen, wenn Lagrange als Erfinder der Differentialrechnung Fermat hinstellt, der sich besonders mit solchen Aufgaben über Maxima und Minima beschäftigt hat. Nun würde wohl Fermat zur Entdeckung der Differentialrechnung gelangt sein, wenn er seine Untersuchungen von einem allgemeineren Standpunkt aus durchgeführt hätte; aber wahrscheinlich hat ihn die allzu spezielle Beschäftigung mit Aufgaben über Maxima und Minima an der Ausbildung des Algorithmus verhindert, der gerade für die Differentialrechnung wesentlich ist. Nachdem dieser Algorithmus erst gefunden war, konnte man sehr bald in jedem einzelnen Falle die nothwendigen Bedingungen dafür angeben, dass eine Function unter vorgeschriebenen Voraussetzungen ein Maximum oder Minimum besitze. Damit ist aber die Aufgabe noch keineswegs erledigt, denn die nothwendigen Bedingungen sind gerade hier nur ausnahmsweise auch hinreichend. Die Auffindung der hinreichenden Bedingungen nimmt aber besonders bei Functionen mehrerer Variablen Hilfsmittel in Anspruch, über die man damals, am Ausgang des siebzehnten Jahrhunderts, noch nicht gebot. Es sind diese Hilfsmittel wesentlich algebraischer Natur.

Wir werden uns im ersten Abschnitt zunächst dieser Theorie der Maxima und Minima von Functionen einer und mehrerer Variablen zuwenden.

Erster Abschnitt.

THEORIE DER MAXIMA UND MINIMA VON FUNCTIONEN EINER UND MEHRERER VERÄNDERLICHEN.

Erstes Kapitel.

Erklärungen und Aufstellung der nothwendigen Bedingungen.

Von allen im Folgenden vorkommenden Grössen werde stillschweigend vorausgesetzt, dass ihnen nur reelle Werthe beigelegt werden, wenn nicht ausdrücklich das Gegentheil bemerkt wird. Ferner soll von allen auftretenden Functionen angenommen werden, dass sie, wenigstens solange ihre Argumentwerthe innerhalb bestimmter Grenzen liegen, nur reelle Werthe besitzen, sowie dass sie eindeutig und regulär seien. Eine Function $f(x)$, die für alle Werthe ihres Argumentes x innerhalb eines bestimmten Bereiches definirt ist, soll eine reguläre Function genannt werden, wenn unter der Voraussetzung, dass a ein beliebiger Werth jenes Bereiches ist, sich eine Grösse h von so kleinem absoluten Betrage wählen lässt, dass auch $a+h$ noch dem Bereiche angehört, und $f(a+h)$ sich in eine Reihe (Taylorsche Reihe)

$$f(a+h) = f(a) + f'(a)h + \frac{1}{2!}f''(a)h^2 + \frac{1}{3!}f'''(a)h^3 + \cdots$$

entwickeln lässt, in dem Sinne, dass diese Reihe convergirt und den Werth der Function darstellt.

Entsprechend soll bei einer Function von mehreren Veränderlichen $x_1, x_2, \ldots x_n$ stets vorausgesetzt werden, dass sie für alle Werthsysteme eines bestimmten Bereiches eindeutig definirt, und dass sie regulär sei, d. h. unter der Voraussetzung, $(a_1, a_2, \dots a_n)$ sei eine bestimmte Stelle des Bereiches, soll eine Potenzreihe $\mathfrak{P}(h_1, h_2, \dots h_n)$ von der Beschaffenheit existiren, dass diese Reihe für alle den Bedingungen

$$|h_1| < \alpha_1, \ |h_2| < \alpha_2, \ \dots \ |h_n| < \alpha_n$$

genügenden Werthe von $h_1, h_2, \dots h_n$ convergirt und die Gleichung

$$f(a_1 + h_1, a_2 + h_2, \dots a_n + h_n) = \mathfrak{P}(h_1, h_2, \dots h_n)$$

befriedigt, wobei $\alpha_1, \alpha_2, \dots \alpha_n$ hinreichend kleine positive Constanten bedeuten.

Wir beschränken uns deshalb auf solche regulären Functionen, weil für sie allgemeine Regeln über das Eintreten eines Maximums und Minimums angegeben werden können, was im Allgemeinen nicht möglich ist, wenn etwa nur die Stetigkeit der Functionen vorausgesetzt wird. Es giebt bekanntlich Functionen, die sich continuirlich mit ihren Variablen ändern und doch innerhalb eines noch so kleinen Bereiches unendlich viele Maxima und Minima haben.

Von einer Function $f(x)$ sagt man, ihr Werth an der Stelle $x = a$ sei ein Minimum, wenn er für $x = a$ kleiner ist als für alle benachbarten Werthe von x, d. h. wenn sich eine positive Grösse δ so bestimmen lässt, dass

$$f(a+h) - f(a) > 0$$

wird, sobald nur

$$|h| < \delta$$

ist. Ebenso heisst der Werth einer Function $f(x)$ für $x = a$ ein Maximum, wenn für alle der Einschränkung $|h| < \delta$ unterworfenen Werthe von h

$$f(a+h) - f(a) < 0$$

wird.

Diese Definitionen lassen sich unmittelbar auf Functionen mehrerer von einander unabhängiger Variablen erweitern. Ist $f(x_1, x_2, \dots x_n)$ die gegebene Function von n Veränderlichen, $(a_1, a_2, \dots a_n)$ eines der Werthsysteme, für die sie definirt ist, so heisst der Werth der Function für

$$x_1 = a_1, \quad x_2 = a_2, \quad \dots \quad x_n = a_n$$

ein Minimum (Maximum), wenn die Bedingung

$$f(a_1 + h_1, a_2 + h_2, \dots a_n + h_n) - f(a_1, a_2, \dots a_n) > 0 \quad (< 0)$$

erfüllt ist für alle Werthsysteme $(h_1, h_2, \dots h_n)$, für die

$$|h_1| < \delta_1, \ |h_2| < \delta_2, \ \dots \ |h_n| < \delta_n$$

ist, unter $\delta_1, \delta_2, \dots \delta_n$ hinreichend kleine positive Grössen verstanden.

Schliesslich lässt sich die Definition des Maximums und Minimums einer Function von mehreren Veränderlichen noch auf den Fall ausdehnen, wo die Variablen nicht alle von einander unabhängig sind. Dieser Fall tritt ein, wenn es sich um Aufgaben handelt, bei denen zwischen den Veränderlichen noch bestimmte Bedingungsgleichungen bestehen sollen. Zum Beispiel lässt sich der Flächeninhalt eines Polygons durch die $2n$ Coordinaten seiner n Eckpunkte folgendermassen ausdrücken:

$$F = \frac{1}{2}(x_1 y_2 - x_2 y_1 + x_2 y_3 - x_3 y_2 + \cdots + x_n y_1 - x_1 y_n).$$

Wird nun gefragt, unter welchen Umständen der Inhalt dieses Polygons ein Maximum sei, wenn der Umfang einen festen gegebenen Werth S hat, so besteht zwischen den $2n$ Coordinaten noch die Bedingung

$$S = \sqrt{(x_2 - x_1)^2 + (y_2 - y_1)^2} + \sqrt{(x_3 - x_2)^2 + (y_3 - y_2)^2} + \cdots + \sqrt{(x_n - x_1)^2 + (y_n - y_1)^2}.$$

Allgemein sagt man von einer Function $f(x_1, x_2, \dots x_n)$, sie habe unter den Bedingungen

$$\begin{aligned} f_1(x_1, x_2, \dots x_n) &= 0, \\ f_2(x_1, x_2, \dots x_n) &= 0, \\ \cdot \ \cdot \ \cdot \ \cdot \ \cdot \ \cdot \ \cdot \ \cdot \ &\cdot \\ f_m(x_1, x_2, \dots x_n) &= 0 \end{aligned} \qquad (m < n)$$

an der Stelle $(a_1, a_2, \dots a_n)$ ein Minimum (Maximum), wenn

$$f(a_1 + h_1, a_2 + h_2, \dots a_n + h_n) - f(a_1, a_2, \dots a_n) > 0 \quad (< 0)$$

ist für alle diejenigen Werthsysteme $h_1, h_2, \dots h_n$, die den Bedingungen

$$\begin{aligned} f_1(a_1 + h_1, a_2 + h_2, \dots a_n + h_n) &= 0, \\ f_2(a_1 + h_1, a_2 + h_2, \dots a_n + h_n) &= 0, \\ \cdot \ \cdot \ \cdot \ \cdot \ \cdot \ \cdot \ \cdot \ \cdot \ \cdot \ \cdot \ \cdot \ &\cdot \\ f_m(a_1 + h_1, a_2 + h_2, \dots a_n + h_n) &= 0 \end{aligned}$$

und zugleich

$$|h_1| < \delta_1, \ |h_2| < \delta_2, \ \dots \ |h_n| < \delta_n$$

Genüge leisten, wo $\delta_1, \delta_2, \dots \delta_n$ hinreichend kleine positive Grössen bedeuten.

Rein theoretisch betrachtet lässt sich dieses Problem des Maximums und Minimums, bei dem noch m Bedingungsgleichungen bestehen sollen, sofort auf das vorhergehende zurückführen, wenn mit Hilfe der Bedingungsgleichungen m der Variablen durch die übrigen ausgedrückt werden können, sodass durch Einsetzen in die gegebene Function diese nur noch $n-m$, aber von einander unabhängige Veränderliche enthielte; allein wegen der möglicher Weise entstehenden Schwierigkeiten der Elimination wird sich dieses Verfahren nur in verhältnissmässig seltenen Fällen erfolgreich durchführen lassen.

Man hat noch weiter die Aufgabe der Bestimmung des Maximums und Minimums auf den Fall ausgedehnt, in dem Ungleichheitsbedingungen vorgeschrieben sind. Diese lassen sich stets in der Form aussprechen, dass gegebene Functionen der n Variablen beständig zwischen vorgeschriebenen Grenzen liegen sollen, oder noch einfacher, dass die gegebenen Functionen nur positive Werthe annehmen sollen. Die Aufgabe lässt sich aber ohne Schwierigkeiten auf den Fall der Gleichheitsbedingungen zurückführen, wie später gezeigt werden soll.

Um die nothwendigen und hinreichenden Bedingungen für das Vorhandensein eines Maximums oder Minimums in dem einfachsten Falle einer Function einer einzigen Veränderlichen aufzustellen, bedient man sich des Taylorschen Satzes in der Form

$$f(x+h) = f(x) + \sum_{\nu=1}^{m} f^{(\nu)}(x)\frac{h^\nu}{\nu!} + f^{(m+1)}(x+\varepsilon h)\frac{h^{m+1}}{(m+1)!},$$

worin ε eine passende der Bedingung

$$0 < \varepsilon < 1$$

unterworfene Grösse bedeutet. Dazu kommt noch der einfachste Fall

$$f(x+h) = f(x) + hf'(x+\varepsilon h).$$

Soll nun der Werth von $f(x)$ für $x = a$ ein Minimum (Maximum) sein, so muss die Differenz

$$f(a+h) - f(a) = hf'(a+\varepsilon h)$$

für alle Werthe von h, die dem absoluten Betrage nach unterhalb einer hinreichend kleinen, sonst aber beliebig anzunehmenden positiven Zahl δ gelegen sind, beständig positiv (negativ) sein, darf also gewiss ihr Vorzeichen nicht ändern, wenn h die Werthe des zulässigen Intervalles $(-\delta \cdots +\delta)$ durchläuft.

In dem Falle, dass

$$f'(a) \lesseqgtr 0$$

ist, kann man δ stets so klein wählen, dass alle Werthe, die $f'(a+\varepsilon h)$ für die dann noch zulässigen Werthe von h annehmen kann, ein und dasselbe Zeichen haben. Dann aber wechselt die Grösse $hf'(a+\varepsilon h)$, also auch die Differenz

$$f(a+h)-f(a)$$

mit h zugleich das Zeichen. Die erste nothwendige Bedingung für die Existenz eines Minimums oder eines Maximums von $f(x)$ an der Stelle $x = a$ ist also

$$f'(a) = 0.$$

Angenommen nun, dies sei der Fall, und es sei ferner die Ableitung niedrigster Ordnung von $f(x)$, die für $x = a$ nicht verschwindet, die $(m+1)^{\text{te}}$, so wird

$$f(a+h)-f(a) = f^{(m+1)}(a+\varepsilon h)\frac{h^{m+1}}{(m+1)!}.$$

Ist m eine gerade Zahl, so lässt sich wie vorher zeigen, dass die rechte Seite der vorstehenden Gleichung mit h zugleich ihr Vorzeichen wechselt. In diesem Falle kann also weder ein Maximum noch ein Minimum eintreten. Die zweite nothwendige Bedingung ist also, dass in der Reihenfolge der Ableitungen die erste, die für $x = a$ nicht verschwindet, von gerader Ordnung sein muss.

Man sieht nun aber leicht ein, dass wenn diese beiden Bedingungen erfüllt sind, ein Maximum oder Minimum wirklich stattfinden muss. Denn ist $f^{(m+1)}(a)$ positiv, so kann δ so klein gewählt werden, dass auch $f^{(m+1)}(a+\varepsilon h)$ noch positiv ist, und da h^{m+1} für gerade Werthe des Exponenten stets positiv ist, so muss in diesem Falle auch $f(a+h)-f(a)$ stets positiv sein, also der Werth der Function $f(x)$ für $x = a$ ein Minimum ergeben. Genau ebenso beweist man die Existenz eines Maximums, wenn $f^{(m+1)}(a)$ negativ ist. Das Ergebniss ist somit:

Damit für einen bestimmten Argumentwerth $x = a$ der Werth einer gegebenen Function $f(x)$ ein Minimum oder ein Maximum sei, ist nothwendig und hinreichend, dass die erste Ableitung von $f(x)$ für $x = a$ verschwinde, und dass die Ableitung niedrigster Ordnung, die für $x = a$ nicht verschwindet, von gerader Ordnung sei. Je nachdem diese Ableitung positiv oder negativ ist, tritt ein Minimum oder ein Maximum ein.

Das ist das bekannte, hier nur der Vollständigkeit wegen erwähnte Ergebniss aus der Differentialrechnung, dem nichts Wesentliches hinzuzufügen ist.

Für eine Function von mehreren Veränderlichen lassen sich die nothwendigen Bedingungen für die Existenz eines Maximums oder Minimums ohne Schwierigkeit aus den soeben bewiesenen Sätzen für Functionen einer Veränderlichen ableiten. Soll nämlich $f(x_1, x_2, \dots x_n)$ für $x_1 = a_1$, $x_2 = a_2$, ... $x_n = a_n$ ein Maximum oder Minimum haben, so wird auch $f(x_1, a_2, a_3, \dots a_n)$ als Function von x_1 allein ein Maximum oder Minimum haben müssen. Denn ist

$$(1.) \qquad f(a_1+h_1, a_2+h_2, \dots a_n+h_n) - f(a_1, a_2, \dots a_n) < 0$$

für alle Werthsysteme $h_1, h_2, \dots h_n$, die dem absoluten Betrage nach gewisse Grenzen nicht überschreiten, so muss diese Ungleichheit auch für $h_2 = 0$, $h_3 = 0$, ... $h_n = 0$ bestehen bleiben. Daraus folgt aber nach dem Vorhergehenden, dass

$$(2.) \qquad \frac{\partial}{\partial x_1} f(x_1, x_2, \dots x_n) = 0$$

sein muss für $x_1 = a_1, x_2 = a_2, \dots x_n = a_n$. Das Entsprechende gilt hinsichtlich der übrigen Veränderlichen $x_2, x_3, \dots x_n$. Soll daher die Function $f(x_1, x_2, \dots x_n)$ an der Stelle $(a_1, a_2, \dots a_n)$ ein Maximum oder Minimum haben, so müssen an dieser Stelle die sämmtlichen partiellen Ableitungen erster Ordnung nach den einzelnen Veränderlichen verschwinden. Um die zugehörigen Werthsysteme der Argumente zu finden, hat man also ein System von n Gleichungen aufzulösen; daraus folgt, dass solche Werthsysteme im Allgemeinen nur vereinzelt auftreten können; auch bleibt es dahingestellt, ob eine Auflösung in dem gerade zu behandelnden Falle überhaupt möglich ist.

Auf diesem Wege gelangt man jedoch nicht zu den hinreichenden Bedingungen. Selbstverständlich müssen zwar auch hier für jede einzelne der Variablen $x_1, x_2, \dots x_n$ die partiellen Ableitungen niedrigster Ordnung, die für $x_1 = a_1$, $x_2 = a_2$, ... $x_n = a_n$ nicht verschwinden, von gerader Ordnung sein und ein bestimmtes Vorzeichen haben. Aber das reicht nicht aus. Man muss vielmehr auch hier auf den Taylorschen Satz zurückgehen. Für mehrere unabhängige Variable lautet er

$$(3.)\quad f(x_1+h_1, x_2+h_2, \dots x_n+h_n) - f(x_1, x_2, \dots x_n)$$
$$= \sum_{\nu=1}^{m} \left\{ \sum \frac{\partial^\nu f(x_1, x_2, \dots x_n)}{\partial x_1^{\nu_1} \partial x_2^{\nu_2} \dots \partial x_n^{\nu_n}} \cdot \frac{h_1^{\nu_1}}{\nu_1!} \frac{h_2^{\nu_2}}{\nu_2!} \dots \frac{h_n^{\nu_n}}{\nu_n!} \right.$$
$$\left. + \sum f^{(\nu_1, \nu_2, \dots \nu_n)}(x_1+\varepsilon h_1, x_2+\varepsilon h_2, \dots x_n+\varepsilon h_n) \frac{h_1^{\nu_1}}{\nu_1!} \frac{h_2^{\nu_2}}{\nu_2!} \dots \frac{h_n^{\nu_n}}{\nu_n!} \right\}.$$

Die zweite und dritte Summation ist hierin über alle diejenigen Werthsysteme der Zahlen $\nu_1, \nu_2, \dots \nu_n$ zu erstrecken, die dem Bereiche $0, 1, 2, \dots m$ angehören, während $\nu_1+\nu_2+\dots+\nu_n$ in der zweiten Summe den Werth ν, in der dritten den Werth $m+1$ beibehält.

Diese Formel ist übrigens eine einfache Folgerung aus der für Functionen einer Veränderlichen gültigen; man hat nur $f(x_1+h_1\xi, x_2+h_2\xi, \dots x_n+h_n\xi)$ als Function einer Hülfsgrösse ξ zu betrachten, sie nach Potenzen von ξ zu entwickeln und sodann $\xi = 1$ zu setzen.

Im einfachsten Falle ist, wenn

$$(4.)\quad \frac{\partial}{\partial x_\lambda} f(x_1, x_2, \dots x_n) = f(x_1, x_2, \dots x_n)_\lambda$$

gesetzt wird,

$$(5.)\quad f(a_1+h_1, a_2+h_2, \dots a_n+h_n) - f(a_1, a_2, \dots a_n) = \sum_{\lambda=1}^{n} f(a_1+\varepsilon h_1, a_2+\varepsilon h_2, \dots a_n+\varepsilon h_n)_\lambda h_\lambda.$$

Ist nun etwa $f(a_1, a_2, \dots a_n)_1 \gtrless 0$, so setze man

$$h_2 = h_3 = \dots = h_n = 0;$$

man kann dann $|h_1|$ so klein annehmen, dass auch $f(a_1+\varepsilon h_1, a_2, \dots a_n)_1 \gtrless 0$ wird; dann muss der auf der rechten Seite der Formel (5.) befindliche Ausdruck mit h_1 zugleich sein Vorzeichen wechseln. Im Falle eines Maximums oder Minimums sollte aber die Differenz auf der linken Seite von (5.) beständig dasselbe Vorzeichen behalten. Es muss daher $f(a_1, a_2, \dots a_n)_1$ verschwinden, d. h. man erhält wieder die Bedingung (2.). Ebenso schliesst man für die übrigen der Grössen $f(a_1, a_2, \dots a_n)_\lambda$.

Mit den Ableitungen erster Ordnung werden im Allgemeinen an der betrachteten Stelle nicht sämmtliche partiellen Ableitungen zweiter Ordnung verschwinden; dazu müssten zwischen den n Veränderlichen $n+\frac{1}{2}n(n+1)$ Gleichungen bestehen. Schliesst man daher diesen Fall aus und setzt

$$(6.)\quad \frac{1}{2} \frac{\partial}{\partial x_\lambda} \frac{\partial}{\partial x_\mu} f(x_1, x_2, \dots x_n) = f(x_1, x_2, \dots x_n)_{\lambda\mu},$$

so kann man den Taylorschen Satz in der Form

$$(7.)\qquad \begin{aligned} & f(a_1+h_1, a_2+h_2, \dots a_n+h_n) - f(a_1, a_2, \dots a_n) \\ & = \sum_\lambda \sum_\mu f(a_1+\varepsilon h_1, a_2+\varepsilon h_2, \dots a_n+\varepsilon h_n)_{\lambda\mu} h_\lambda h_\mu \end{aligned}$$

schreiben, worin λ und μ die Werthe 1, 2, ... n durchlaufen.

Man ist somit darauf geführt, die Function

$$\sum_{\lambda=1}^{n} \sum_{\mu=1}^{n} f(a_1, a_2, \dots a_n)_{\lambda\mu} h_\lambda h_\mu$$

zu betrachten, von der zunächst vorausgesetzt werden soll, dass ihre Coefficienten $f(a_1, a_2, \dots a_n)_{\lambda\mu}$ nicht sämmtlich den Werth Null haben. Von dem Vorzeichen dieser Function wird es abhängen, ob ein Maximum oder ein Minimum der gegebenen Function $f(x_1, x_2, \dots x_n)$ an der Stelle $(a_1, a_2, \dots a_n)$ vorhanden ist, oder ob keines von beiden eintritt. Um dieses Zeichen bestimmen zu können, ist es erforderlich, einige allgemeine Sätze über quadratische Formen vorauszuschicken. Das soll im folgenden Kapitel zunächst geschehen.

Zweites Kapitel.

Hülfssätze aus der Theorie der quadratischen Formen. — Hinreichende Bedingungen für die Existenz eines Maximums oder Minimums einer Function von mehreren Veränderlichen.

Es sei

$$(1.)\qquad \varphi(x_1, x_2, \dots x_n) = \sum_{\alpha,\beta} a_{\alpha\beta} x_\alpha x_\beta \qquad (\alpha, \beta = 1, 2, \dots n)$$

eine quadratische Form der n Veränderlichen $x_1, x_2, \dots x_n$, worunter eine homogene Function zweiten Grades dieser Argumente verstanden wird. Zwischen den Coeffizienten $a_{\alpha\beta}$ soll dabei die Relation

$$(2.)\qquad a_{\alpha\beta} = a_{\beta\alpha}$$

bestehen. Setzt man nun

$$\frac{1}{2}\frac{\partial\varphi}{\partial x_\alpha} = \varphi_\alpha,$$

so ist

$$(3.)\qquad \varphi_\alpha = \sum_\beta a_{\alpha\beta} x_\beta.$$

Werden mit $x'_1, x'_2, \dots x'_n$ neue Variable bezeichnet, so folgt aus dieser Beziehung sofort

$$\sum_\alpha x'_\alpha \varphi_\alpha(x_1, x_2, \dots x_n) = \sum_{\alpha,\beta} a_{\alpha\beta} x_\beta x'_\alpha,$$

mithin auch

$$\sum_\alpha x_\alpha \varphi_\alpha(x'_1, x'_2, \dots x'_n) = \sum_{\alpha,\beta} a_{\alpha\beta} x_\alpha x'_\beta = \sum_{\beta,\alpha} a_{\beta\alpha} x_\beta x'_\alpha,$$

da es auf die Bezeichnung der Summationsbuchstaben nicht ankommt. Mit Rücksicht auf die Relation (2.) ergiebt sich also

$$(4.)\qquad \sum_\alpha x'_\alpha \varphi_\alpha(x_1, x_2, \dots x_n) = \sum_\alpha x_\alpha \varphi_\alpha(x'_1, x'_2, \dots, x'_n).$$

Insbesondere ist

$$(5.)\qquad \sum_{\alpha} x_\alpha \varphi_\alpha(x_1, x_2, \dots x_n) = \varphi(x_1, x_2, \dots x_n).$$

Nun seien ferner n von einander unabhängige homogene lineare Functionen

$$y_1, y_2, \dots y_n$$

der n Argumente $x_1, x_2, \dots x_n$ gegeben. Dann kann man, eben weil sie von einander unabhängig sind, auch die Grössen

$$x_1, x_2, \dots x_n$$

als lineare homogene Functionen der Argumente $y_1, y_2, \dots y_n$ ausdrücken und erhält damit

$$(6.)\qquad \varphi(x_1, x_2, \dots x_n) = \psi(y_1, y_2, \dots y_n),$$

wo ψ ebenfalls eine homogene Function zweiten Grades ihrer n Argumente bedeutet.

Bei einer solchen linearen Transformation kann es vorkommen, dass die quadratische Form ψ eine oder mehrere der Grössen $y_1, y_2, \dots y_n$ garnicht enthält, weil die betreffenden Coefficienten gleich Null werden. In diesem Falle sagt man auch, die gegebene quadratische Form lasse sich in eine quadratische Form von weniger als n Variablen transformiren. Es soll nun untersucht werden, unter welchen Bedingungen dies stattfindet.

Es werde also angenommen:

$$(7.)\qquad \varphi(x_1, x_2, \dots x_n) = \psi(y_1, y_2, \dots y_m),$$

wobei $m < n$ sein soll. Durch Differentiation nach x_α entspringt hieraus

$$(8.)\qquad \varphi_\alpha(x_1, x_2, \dots x_n) = \sum_{\mu=1}^{m} \psi_\mu(y_1, y_2, \dots y_m) \cdot \frac{\partial y_\mu}{\partial x_\alpha} \qquad (\alpha = 1, 2, \dots n),$$

wo ψ_μ eine entsprechende Bedeutung haben soll wie φ_α. Die Grössen $\frac{\partial y_\mu}{\partial x_\alpha}$ sind Constanten, die ein System von m Zeilen und n Spalten bilden, in dem wegen der vorausgesetzten Unabhängigkeit der Functionen $y_1, y_2, \dots y_m$ nicht alle Determinanten m^{ten} Grades verschwinden können. Die rechten Seiten der Gleichungen (8.) stellen somit lineare homogene Functionen der Argumente $y_1, y_2, \dots y_m$ dar. Wenn nun die Determinante der m linearen Functionen $\psi_1, \psi_2, \dots \psi_m$ von Null verschieden ist, so kann man nach dem eben Bemerkten aus m dieser Gleichungen die Grössen y_μ durch m der Grössen φ_α linear ausdrücken:

$$(9.)\qquad y_\mu = c_{\mu\alpha}\varphi_\alpha + c_{\mu\beta}\varphi_\beta + \cdots + c_{\mu\varrho}\varphi_\varrho \qquad (\mu = 1, 2, \ldots m),$$

wo die Anzahl der Indices $\alpha, \beta, \ldots \varrho$ gleich m ist, und kann ihre Ausdrücke in die rechten Seiten der übrigen Gleichungen (8.) einsetzen. Bezeichnet σ einen von $\alpha, \beta, \ldots \varrho$ verschiedenen Index, so erhält man auf diese Weise

$$(10.)\qquad \varphi_\sigma = c_1\varphi_\alpha + c_2\varphi_\beta + \cdots + c_m\varphi_\varrho.$$

Wenn sich also die gegebene quadratische Form φ von n Variablen durch eine lineare homogene Transformation auf eine quadratische Function ψ von nur m Veränderlichen reduciren lassen soll, so muss es möglich sein, $n-m$ der Grössen φ_λ durch die übrigen m linear darzustellen, oder, was dasselbe besagt, unter den Grössen $\varphi_1, \varphi_2, \ldots \varphi_n$ müssen $n-m$ Gleichungen von der Form

$$(11.)\qquad k_1\varphi_1 + k_2\varphi_2 + \cdots + k_n\varphi_n = 0$$

bestehen, worin die Coefficienten $k_1, k_2, \ldots k_n$ von den Variablen $x_1, x_2, \ldots x_n$ unabhängig sind, und nicht sämmtlich den Werth Null haben. Diese Gleichungen sollen für alle möglichen Werthe der Grössen $x_1, x_2, \ldots x_n$ Gültigkeit haben. Daher muss die Functionaldeterminante der n linearen Functionen $\varphi_1, \varphi_2, \ldots \varphi_n$ in Bezug auf die Variablen $x_1, x_2, \ldots x_n$ verschwinden, d. h. es muss

$$(12.)\qquad A = \begin{vmatrix} a_{11} & a_{12} & \ldots & a_{1n} \\ a_{21} & a_{22} & \ldots & a_{2n} \\ \cdot & \cdot & \ldots & \cdot \\ a_{n1} & a_{n2} & \ldots & a_{nn} \end{vmatrix} = 0$$

sein.

Diese Determinante A, die auf Grund der Relationen (2.) symmetrisch ist, heisst die Determinante der quadratischen Form (1.). Es ist leicht einzusehen, dass wenn umgekehrt die Determinante A verschwindet, auch zwischen den linearen Functionen $\varphi_1, \varphi_2, \ldots \varphi_n$ eine Relation von der Form (11.) bestehen muss, und zwar für jedes beliebige Werthsystem $x_1, x_2, \ldots x_n$.

Für das Folgende ist es nicht erforderlich, die Anzahl der Relationen von der Form (11.), die zwischen den Grössen φ_α bestehen, zu kennen. Es genügt zu zeigen, dass wenn eine solche Beziehung besteht, es stets möglich ist, die quadratische Function $\varphi(x_1, x_2, \ldots x_n)$ auf eine Function von $n-1$ Variablen zu reduciren. Zu dem Ende ersetze man in φ jede der Grössen x_α durch $x_\alpha + c_\alpha u$, wo c_α $(\alpha = 1, 2, \ldots n)$ n Constanten und u eine Grösse bedeuten, deren Werthe noch passend bestimmt werden sollen. Dann hat man

$$(13.)\quad \begin{aligned}&\varphi(x_1+c_1u,\ x_2+c_2u,\ \dots x_n+c_nu)\\ &= \varphi(x_1, x_2, \dots x_n)+2u\sum_\alpha c_\alpha\varphi_\alpha(x_1, x_2, \dots x_n)+u^2\varphi(c_1, c_2, \dots c_n).\end{aligned}$$

Wählt man nun die Constanten c_α den in der Gleichung (11.) auftretenden Constanten k_α proportional, so verschwindet auf der rechten Seite der vorhergehenden Formel das mittlere Glied, aber auch das letzte, weil wegen (5.)

$$\varphi(c_1, c_2, \dots c_n) = \sum_\alpha c_\alpha\varphi_\alpha(c_1, c_2, \dots c_n)$$

ist. Die Gleichung (13.) vereinfacht sich also zu

$$(14.)\qquad \varphi(x_1+k_1u,\ x_2+k_2u,\ \dots x_n+k_nu) = \varphi(x_1, x_2, \dots x_n),$$

falls man den Proportionalitätsfactor noch in die unbestimmte Grösse u einbezieht, und diese Formel behält ihre Gültigkeit für jeden Werth von u. Da nicht alle Grössen k_α den Werth Null haben, so kann man aber weiter die Grösse u so bestimmen, dass auf der linken Seite der vorstehenden Formel (14.) eine Veränderliche weniger auftritt; ist z. B. k_r von Null verschieden, so hat man nur

$$u = -\frac{x_r}{k_r}$$

zu setzen, um den gewünschten Zweck zu erreichen, und man erhält

$$(15.)\quad \varphi(x_1, x_2, \dots x_n) = \varphi\left(x_1-\frac{k_1}{k_r}x_r, \dots x_{r-1}-\frac{k_{r-1}}{k_r}x_r,\ 0,\ x_{r+1}-\frac{k_{r+1}}{k_r}x_r, \dots x_n-\frac{k_n}{k_r}x_r\right).$$

Ob es möglich ist, die neue quadratische Function auf eine noch geringere Anzahl von Variablen zu reduciren, hängt davon ab, ob ihre Determinante den Werth Null hat. Ist dies der Fall, und nur dann, so ist eine weitere Reduction möglich, und indem man so fortfährt, gelangt man stets zu dem Ausdruck für eine gegebene quadratische Form, durch den sie mittels der kleinsten überhaupt möglichen Anzahl neuer Veränderlicher dargestellt wird.

Die oben (S. 12) gemachte Annahme, die Determinante der m linearen Functionen $\psi_1, \psi_2, \dots \psi_m$ sei von Null verschieden, besagt demnach, dass die quadratische Form $\psi(y_1, y_2, \dots y_m)$ nicht auf eine geringere Anzahl der Variablen reducirt werden könne.

Unter den Transformationen, denen eine quadratische Form unterworfen werden kann, sind besonders diejenigen wichtig, die sie in ein Aggregat von quadratischen Gliedern verwandeln. Bestimmter ausgedrückt lautet die Aufgabe, um die es sich hier handelt, folgendermassen: die gegebene quadratische Function

$$\varphi(x_1, x_2, \dots x_n) = \sum_{\alpha,\beta} a_{\alpha\beta} x_\alpha x_\beta \qquad (\alpha, \beta = 1, 2, \dots n)$$

soll auf die Form

$$c_1 y_1^2 + c_2 y_2^2 + \cdots + c_n y_n^2 \tag{16.}$$

gebracht werden, wo $c_1, c_2, \dots c_n$ von den Veränderlichen x_α nicht abhängen, dagegen $y_1, y_2, \dots y_n$ homogene lineare Functionen von $x_1, x_2, \dots x_n$ bedeuten. Wir wollen ein allgemeines Verfahren hier angeben.

Es werde im Folgenden vorausgesetzt, die gegebene quadratische Form $\varphi(x_1, x_2, \dots x_n)$ lasse sich hinsichtlich der Anzahl ihrer unabhängigen Variablen nicht weiter reduciren, ihre Determinante A sei mithin von Null verschieden. Ferner werde

$$y = c_1 x_1 + c_2 x_2 + \cdots + c_n x_n \tag{17.}$$

gesetzt, wo $c_1, c_2, \dots c_n$ Constanten bedeuten, die nicht sämmtlich den Werth Null haben. Dann lässt sich zunächst zeigen, dass eine von Null verschiedene Grösse g immer so bestimmt werden kann, dass wenn $x'_1, x'_2, \dots x'_{n-1}$ $n-1$ homogene lineare Functionen der Variablen $x_1, x_2, \dots x_n$ bedeuten, die Gleichung

$$\varphi(x_1, x_2, \dots x_n) - g y^2 = \psi(x'_1, x'_2, \dots x'_{n-1}) \tag{18.}$$

besteht, worin ψ eine quadratische Form von $n-1$ Argumenten ist. Die linke Seite dieser Gleichung stellt nämlich eine quadratische Form der n Veränderlichen $x_1, x_2, \dots x_n$ dar, die sich auf eine solche der $n-1$ Veränderlichen $x'_1, \dots x'_{n-1}$, die von jenen linear abhängen, reduciren lassen soll. Dem Vorhergehenden zufolge muss daher ihre Determinante verschwinden, und daraus folgt das Bestehen einer Gleichung von der Form

$$\sum_\alpha k_\alpha (\varphi_\alpha(x_1, x_2, \dots x_n) - g c_\alpha y) = 0, \tag{19.}$$

d. h. es lassen sich n Constanten $k_1, k_2, \dots k_n$ so bestimmen, dass die vorstehende Gleichung für beliebige Werthsysteme $x_1, x_2, \dots x_n$ identisch erfüllt ist. Da die Determinante A der gegebenen Form φ als nicht verschwindend vorausgesetzt war, kann auch

$$\sum_\alpha k_\alpha \varphi_\alpha(x_1, x_2, \dots x_n)$$

nicht verschwinden, mithin zeigt die Gleichung (19.), dass

$$\sum_\alpha k_\alpha g c_\alpha \lesseqgtr 0$$

sein muss. Setzt man

$$\sum_\alpha k_\alpha c_\alpha = C,$$

so ergibt sich aus (19.)

$$(20.) \qquad y = \frac{1}{gC} \sum_\alpha k_\alpha \varphi_\alpha (x_1, x_2, \dots x_n).$$

Nun sind aber die Grössen φ_α lineare homogene Functionen der Grössen $x_\alpha (\alpha = 1, 2, \dots n)$, wobei die zugehörige Determinante von Null verschieden ist; daher lassen sich auch die Grössen x_α als lineare homogene Functionen der φ_α darstellen, sodass die Gleichung (17.) in

$$(21.) \qquad y = \sum_\alpha c_\alpha x_\alpha = \sum_\alpha e_\alpha \varphi_\alpha (x_1, x_2, \dots, x_n)$$

übergeht, wo die e_α Constanten bedeuten, die nicht sämmtlich verschwinden. Der Formel (4.) zufolge lässt sich aber die rechte Seite dieser Gleichung auch in der Form

$$\sum_\alpha \varphi_\alpha (e_1, e_2, \dots e_n) x_\alpha$$

schreiben; es bestehen daher die Relationen

$$(22.) \qquad c_\alpha = \varphi_\alpha (e_1, e_2, \dots e_n) \qquad (\alpha = 1, 2, \dots n),$$

die sich, da die Determinante der rechten Seiten von Null verschieden ist, auch nach den Grössen e_α auflösen lassen. Wenn die Grössen c_α gegeben sind, so werden dadurch die Grössen e_α eindeutig bestimmt. Aus (20.) und (21.) folgt somit

$$\frac{k_\alpha}{gC} = e_\alpha$$

oder

$$(23.) \quad \frac{1}{g} = C \frac{e_\alpha}{k_\alpha} = \sum_\alpha c_\alpha e_\alpha = \sum_\alpha e_\alpha \varphi_\alpha (e_1, e_2, \dots e_n) = \varphi (e_1, e_2, \dots e_n).$$

Je nachdem daher y der Gleichung (21.) zufolge in der einen oder in der anderen Form gegeben ist, lässt sich die Grösse g entweder unter Zuhilfenahme der Formeln (22.) oder unmittelbar aus den Ausdrücken (23.) bestimmen.

Nun kann man aber auch umgekehrt leicht zeigen, dass wenn g dem Vorstehenden entsprechend bestimmt worden ist, sich die quadratische Function

$\varphi - gy^2$ auf eine solche von $n-1$ Variablen zurückführen lässt der Art, dass die so entstehende Gleichung (18.) identisch erfüllt ist. Zu dem Zweck werde die Bezeichnung

$$F(x_1, x_2, \dots x_n) = \varphi(e_1, e_2, \dots e_n) \cdot \varphi(x_1, x_2, \dots x_n)$$

eingeführt, wobei unter $e_1, e_2, \dots e_n$ zunächst unbestimmte Grössen verstanden werden sollen. Dann ist

$$F(x_1 + e_1 u, \dots x_n + e_n u)$$
$$= \varphi(e_1, e_2, \dots e_n) \cdot \left\{ \varphi(x_1, x_2, \dots x_n) + 2u \sum_\alpha e_\alpha \varphi_\alpha(x_1, x_2, \dots x_n) + u^2 \varphi(e_1, e_2, \dots e_n) \right\},$$

wo u ebenfalls die Bedeutung einer Unbestimmten haben soll. Andrerseits ist

$$\left\{ \sum_\alpha e_\alpha \varphi_\alpha(x_1 + e_1 u, \dots x_n + e_n u) \right\}^2$$
$$= \left\{ \sum_\alpha e_\alpha \varphi_\alpha(x_1, x_2, \dots x_n) \right\}^2 + 2 \sum_\alpha e_\alpha \varphi_\alpha(x_1, x_2, \dots x_n) \cdot u \varphi(e_1, e_2, \dots e_n) + \left\{ u \varphi(e_1, e_2, \dots e_n) \right\}^2.$$

Durch Subtraction folgt aus diesen beiden Gleichungen

$$(25.) \quad F(x_1 + e_1 u, \dots x_n + e_n u) - \left\{ \sum_\alpha e_\alpha \varphi_\alpha(x_1 + e_1 u, \dots x_n + e_n u) \right\}^2$$
$$= \varphi(e_1, e_2, \dots e_n) \varphi(x_1, x_2, \dots x_n) - \left\{ \sum_\alpha e_\alpha \varphi_\alpha(x_1, x_2, \dots x_n) \right\}^2,$$

eine Formel, die aussagt, dass die Function

$$F(x_1, x_2, \dots x_n) - \left\{ \sum_\alpha e_\alpha \varphi_\alpha(x_1, x_2, \dots x_n) \right\}^2$$

sich nicht ändert, wenn die Argumente

$$x_1, x_2, \dots x_n$$

um die Grössen

$$e_1 u, e_2 u, \dots e_n u$$

vermehrt werden. Nun braucht man nur der bisher noch unbestimmten Veränderlichen u den Werth

$$u = -\frac{x_r}{e_r}$$

zu ertheilen, wo r einen der Werthe $1, 2, \dots n$ bedeutet, für den die zugehörige Grösse e_r von Null verschieden ist, um sogleich einzusehen, dass jene Function sich auf eine solche von $n-1$ Variablen zurückführen lässt. Führt man weiter mittels der Gleichung (21.) die lineare Function y und nach (23.) die Grösse g ein, so erhält man nach Division durch $\varphi(e_1, e_2, \dots e_n)$

$$(26.) \quad \varphi(x_1, x_2, \dots x_n) - gy^2 = \varphi\left(x_1 - \frac{e_1}{e_r} x_r, \dots x_n - \frac{e_n}{e_r} x_r\right) - g \left\{ \sum_\alpha c_\alpha \left(x_\alpha - \frac{e_\alpha}{e_r} x_r \right) \right\}^2,$$

worin auf der rechten Seite statt der r^{ten} Variablen der Werth Null auftritt. Dies war zu beweisen.

Durch wiederholte Anwendung dieses Verfahrens kann man schliesslich bewirken, dass die gegebene quadratische Form $\varphi(x_1, x_2, \dots x_n)$ als eine Summe von nur quadratischen Gliedern dargestellt wird. Die Grössen e_α können dabei jedesmal ganz willkürlich gewählt werden, jedoch mit der Einschränkung, dass

$$\varphi(e_1, e_2, \dots e_n) \lesseqgtr 0$$

ist.

Dieses allgemeine Verfahren führt nun in einer besonderen Anwendung zu einer wichtigen speciellen Darstellung der quadratischen Form $\varphi(x_1, x_2, \dots x_n)$ durch eine Summe quadratischer Glieder. Es möge nämlich

$$y = x_n$$

gesetzt, d. h. den Constanten $c_1, c_2, \dots c_n$ mögen die Werthe

$$c_1 = 0, \quad c_2 = 0, \quad \dots \quad c_{n-1} = 0, \quad c_n = 1$$

ertheilt werden. Um die Werthe der Grössen e_α zu ermitteln, hat man folgende Darstellung der Variablen $x_1, x_2, \dots x_n$ durch die Grössen φ_α zu benutzen:

$$(27.) \qquad x_\beta = \sum_\alpha \frac{A_{\alpha\beta}}{A} \varphi_\alpha(x_1, x_2, \dots x_n) \qquad (\alpha, \beta = 1, 2, \dots n).$$

Hierin bedeutet $A_{\alpha\beta}$ die zu dem Elemente $a_{\alpha\beta}$ gehörige Unterdeterminante der Determinante A der quadratischen Form. Daraus folgt mit Rücksicht auf (22.) sofort

$$(28.) \qquad e_1 = \frac{A_{n1}}{A}, \quad e_2 = \frac{A_{n2}}{A}, \quad \dots \quad e_n = \frac{A_{nn}}{A},$$

daher nach (23.)

$$g = \frac{A}{A_{nn}}.$$

Die Determinante A_{nn} ist ersichtlich auch die Determinante der quadratischen Function $\varphi(x_1, x_2, \dots x_{n-1}, 0)$. Man ändere nun die Bezeichnung und setze

$$\varphi(x_1, x_2, \dots x_{n-1}, 0) = \varphi^{(1)}(x_1, x_2, \dots x_{n-1}),$$
$$A_{nn} = A_1,$$

so geht die Formel (26.) wegen $y = x_n$ in die folgende über:

$$(29.)\qquad \varphi(x_1, x_2, \dots x_n) = \frac{A}{A_1} x_n^2 + \varphi\left(x_1 - \frac{A_{n1}}{A_1} x_n, \dots x_{n-1} - \frac{A_{n\,n-1}}{A_1} x_n, 0\right)$$

oder

$$(30.)\qquad \varphi(x_1, x_2, \dots x_n) = \varphi^{(1)}(x_1', x_2', \dots x_{n-1}') + \frac{A}{A_1} x_n^2,$$

wobei noch

$$x_\alpha - \frac{A_{n\alpha}}{A_1} x_n = x_\alpha' \qquad (\alpha = 1, 2, \dots n-1)$$

gesetzt worden ist. Diese Formeln sind nur an die Bedingung $A_1 \lesseqgtr 0$ geknüpft, und gelten, da sie identisch erfüllt sind, auch in dem Falle $A = 0$; doch wird die Voraussetzung $A_1 \lesseqgtr 0$ für die Anwendungen, die von ihnen zu machen sein werden, keine wesentliche Einschränkung zur Folge haben. Die Wiederholung des soeben auseinandergesetzten Verfahrens führt dazu, aus $\varphi^{(1)}(x_1, x_2, \dots x_{n-1})$ durch Nullsetzen der letzten Variablen eine neue Function

$$\varphi^{(2)}(x_1, x_2, \dots x_{n-2}) = \varphi^{(1)}(x_1, x_2, \dots x_{n-2}, 0)$$

abzuleiten, deren Determinante A_2 aus A_1 durch Streichung der letzten Zeile und der letzten Spalte, aus A also durch Streichung der beiden letzten Zeilen und Spalten hervorgeht. Unter der Annahme, dass A_2 nicht verschwinde, erhält man entsprechend der Formel (30.) die neue Formel

$$\varphi(x_1, x_2, \dots x_n) = \frac{A}{A_1} x_n^2 + \frac{A_1}{A_2} x_{n-1}'^2 + \varphi^{(2)}(x_1'', x_2'', \dots x_{n-2}''),$$

worin $x_1'', \dots x_{n-2}''$ lineare Functionen der Grössen $x_1', x_2', \dots x_{n-1}'$, also auch der ursprünglichen Variablen $x_1, x_2, \dots x_n$ bedeuten. Es leuchtet ein, wie dieses Verfahren fortzusetzen ist, bis man zu einer Function $\varphi^{(n-1)}$ gelangt, die nur noch eine Variable enthält, und deren Coefficient denselben Werth hat, wie der von x_1^2 in der ursprünglichen Function φ selbst, nämlich a_{11}, wofür jetzt A_{n-1} geschrieben werden soll. Auf diese Weise ergiebt sich schliesslich die Gleichung

$$(31.)\quad \varphi(x_1, x_2, \dots x_n) = \frac{A}{A_1} x_n^2 + \frac{A_1}{A_2} x_{n-1}'^2 + \frac{A_2}{A_3} x_{n-2}''^2 + \dots + \frac{A_{n-2}}{A_{n-1}} x_2^{(n-2)\,2} + A_{n-1} x_1^{(n-1)\,2},$$

worin die auf der rechten Seite vorkommenden Variablen lineare homogene Functionen der ursprünglichen Veränderlichen $x_1, x_2, \dots x_n$ bedeuten, und die Determinanten $A_\varkappa$ $(\varkappa = 1, 2, \dots n-1)$ aus der Determinante A der gegebenen quadratischen Function φ dadurch entstehen, dass jedesmal die $\varkappa$ letzten Zeilen und Spalten gestrichen werden. Das Bestehen der Gleichung (31.) ist nur an die Bedingung geknüpft, dass diese Determinanten $A_\varkappa$ sämmtlich von Null verschieden sind. Diese Formel giebt die gewünschte specielle Zerlegung einer quadratischen Form in eine Summe von lauter quadratischen Gliedern.

Es ist noch zu bemerken, dass die neuen Variablen

$$x_1^{(n-1)},\ x_2^{(n-2)},\ \ldots\ x'_{n-1},\ x_n$$

sämmtlich von einander unabhängige lineare homogene Functionen der ursprünglichen Veränderlichen $x_1, x_2, \ldots x_n$ sind. Denn wären sie von einander abhängig, so würde sich die auf der rechten Seite der Gleichung (31.) stehende quadratische Form durch eine lineare homogene Substitution auf eine Function von weniger als n Variablen zurückführen lassen, und da sie mit der Function $\varphi(x_1, x_2, \ldots x_n)$ übereinstimmt, so würde dies der Voraussetzung widersprechen, die über $\varphi(x_1, x_2, \ldots x_n)$ gemacht worden ist.

Eine quadratische Form, die für reelle Werthe ihrer Variablen sowohl positive, als auch negative Werthe annehmen kann, wird eine forma indefinita genannt; eine solche dagegen, die für kein System reeller Werthe ihrer Variablen einen positiven, oder für keines einen negativen Werth annehmen kann, heisst eine forma definita. Diese Klasse der definiten Formen zerfällt wieder in zwei Gattungen, je nachdem ob die definite Form nur dann den Werth Null annehmen kann, wenn sämmtliche Variablen verschwinden, oder ob sie zwar ihr Zeichen nicht ändern, aber doch auch für solche Werthe ihrer Argumente verschwinden kann, die nicht sämmtlich gleich Null sind.

Die Frage, zu welcher Klasse eine vorgelegte quadratische Form gehöre, lässt sich mit Hilfe der soeben bewiesenen Gleichung (31.) leicht beantworten.

Wenn die quadratische Form $\varphi(x_1, x_2, \ldots x_n)$ eine positive definite Form sein soll, die nur dann verschwindet, wenn sämmtliche Variablen den Werth Null haben, so ist vor allem nothwendig, dass ihre Determinante A der Bedingung

$$A \lesseqgtr 0 \tag{32.}$$

genügt; denn andernfalls würde die Function φ für jeden beliebigen Werth von x_n verschwinden, falls nur $x'_{n-1}, x''_{n-2}, \ldots x_1^{(n-1)}$ gleich Null gesetzt werden.

Da ferner die Form $\varphi^{(1)}$, also auch $\varphi^{(2)}$ u. s. w. dieselben Eigenschaften haben müssen, so ergiebt sich, dass auch die Determinanten $A_1, A_2, \dots A_{n-1}$ von Null verschieden sein müssen. Schliesslich ist noch nothwendig, dass die Coefficienten auf der rechten Seite der Gleichung (31.) sämmtlich positiv sind. Denn da die dort auftretenden Variablen von einander unabhängig sind, so kann man ihnen stets solche Werthe ertheilen, dass sie alle bis auf eine verschwinden und diese einen beliebigen Werth erhält; weil sie nur im Quadrat auftritt, so muss der zugehörige Coefficient positiv sein, wenn die Function selbst stets positive Werthe annehmen soll. Diese Überlegung führt der Reihe nach zu den Bedingungen

$$(33.)\qquad A_{n-1} > 0,\ A_{n-2} > 0,\ \dots\ A_2 > 0,\ A_1 > 0,\ A > 0.$$

Aus der Formel (31.) erhellt unmittelbar, dass sie auch hinreichen.

Soll also eine quadratische Form mit reellen Coefficienten für alle reellen Werthsysteme der Variablen nur positive Werthe annehmen dürfen, so ist nothwendig und hinreichend, dass alle die Determinanten ein positives Vorzeichen haben, die aus der Determinante der gegebenen Form dadurch hervorgehen, dass man die letzten $\varkappa$ Zeilen und die letzten $\varkappa$ Spalten (für $\varkappa = 0, 1, 2, \dots n-1$) weglässt.

Für $n = 2$ zum Beispiel sind diese Bedingungen die folgenden:

$$a_{11} > 0,$$
$$a_{11}a_{22} - a_{12}^2 > 0.$$

Daraus folgt, dass auch $a_{22} > 0$ sein muss, was schon aus der Gleichberechtigung der beiden Variablen zu schliessen ist. Die beiden Bedingungen $a_{11} > 0$, $a_{22} > 0$ allein würden jedoch nicht hinreichen.

Bei drei Variablen tritt noch die Bedingung

$$a_{11}a_{22}a_{33} + 2a_{12}a_{23}a_{31} - a_{11}a_{23}^2 - a_{22}a_{31}^2 - a_{33}a_{12}^2 > 0$$

hinzu.

Es ist leicht, dem Vorstehenden zufolge die Bedingungen auszusprechen, unter denen eine quadratische Function ausschliesslich negative Werthe annehmen kann. Denn in diesem Falle dürfen die Coefficienten der rechten Seite der Gleichung (31.) ebenfalls nur negative Werthe haben, und daraus folgt, dass die oben erwähnten Determinanten abwechselnd das positive und das negative Vorzeichen haben müssen, d. h. es ist jetzt

$$(34.)\quad A_{n-1} < 0,\ A_{n-2} > 0,\ A_{n-3} < 0,\ \dots\ (-1)^{n-1}A_1 > 0,\ (-1)^n A > 0.$$

Die in diesem Kapitel abgeleiteten Sätze über quadratische Formen sollen nun benutzt werden, um hinreichende Bedingungen für die Existenz eines Maximums oder Minimums einer Function von mehreren Variablen aufzustellen. Unter Beibehaltung der Bezeichnungsweise des ersten Kapitels sei wieder $f(x_1, x_2, \dots x_n)$ die gegebene Function von n Veränderlichen, von der festgestellt werden soll, ob sie an der Stelle $(a_1, a_2, \dots a_n)$ ein Maximum oder Minimum habe, und unter $f(x_1, x_2, \dots x_n)_{\lambda\mu}$ soll die Hälfte der in Bezug auf die Variablen x_λ, x_μ genommenen partiellen Ableitung zweiter Ordnung der gegebenen Function verstanden werden. Nach S. 10 (7.) besteht die Formel

$$(35.)\quad f(a_1+h_1,\ a_2+h_2, \dots a_n+h_n) - f(a_1, a_2, \dots a_n) \\ = \sum_\lambda \sum_\mu f(a_1+\varepsilon h_1,\ a_2+\varepsilon h_2, \dots a_n+\varepsilon h_n)_{\lambda\mu} h_\lambda h_\mu \\ (\lambda, \mu = 1, 2, \dots n),$$

worin ε eine Grösse bedeutet, von der nur bekannt ist, dass ihr Werth zwischen 0 und 1 gelegen ist, und worin ferner $h_1, h_2, \dots h_n$ willkürliche Grössen sind, deren absolute Beträge bestimmte Grenzen nicht überschreiten. Unter der Voraussetzung, dass nicht sämmtliche der Grössen $f(a_1, a_2, \dots a_n)_{\lambda\mu}$ gleich Null sind, folgt hieraus, dass ein Minimum der Function $f(x_1, x_2, \dots x_n)$ an der betrachteten Stelle $(a_1, a_2, \dots a_n)$ dann und nur dann vorliegt, wenn der Ausdruck auf der rechten Seite der Gleichung (35.) für alle Werthe der Grössen h_λ, wofern sie nur der eben genannten Einschränkung unterworfen sind, positiv ist; und hierfür reicht es aus, wenn die quadratische Function

$$\sum_\lambda \sum_\mu f(a_1, a_2, \dots a_n)_{\lambda\mu} h_\lambda h_\mu$$

für alle solche Werthe ihrer Variablen $h_1, h_2, \dots h_n$ positiv ist. Damit dies eintrete, ist den Bedingungen (33.) zufolge nothwendig und hinreichend, dass eine Reihe von Grössen A_ν $(\nu = 0, 1, 2, \dots n-1)$, die aus den Coefficienten $f(a_1, a_2, \dots a_n)_{\lambda\mu}$ als ganze rationale Functionen zusammengesetzt sind, positive Werthe haben. Nun lässt es sich aber durch Verkleinerung der Grössen h_λ, dem absoluten Betrage nach, stets erreichen, dass die Grössen

$$f(a_1 + \varepsilon h_1, \; a_2 + \varepsilon h_2, \; \ldots \; a_n + \varepsilon h_n)_{\lambda\mu}$$

den Werthen der Coefficienten

$$f(a_1, a_2, \ldots a_n)_{\lambda\mu}$$

beliebig nahe gebracht werden. Bezeichnet man daher mit $\bar{A}_\nu$ die den A_ν entsprechenden Grössen, die aus diesen entstehen, wenn man darin

$$f(a_1 + \varepsilon h_1, \; a_2 + \varepsilon h_2, \; \ldots \; a_n + \varepsilon h_n)_{\lambda\mu}$$

an Stelle von $f(a_1, a_2, \ldots a_n)_{\lambda\mu}$ setzt, so werden auch die $\bar{A}_\nu$ den A_ν durch Verkleinerung der absoluten Beträge der h_λ beliebig nahe gebracht werden können. Sind daher diese positiv, so werden auch jene positive Werthe besitzen.

Somit ist das Ergebniss der Untersuchung folgendes:

Um zu entscheiden, ob der Werth einer Function $f(x_1, x_2, \ldots x_n)$ für $x_1 = a_1, \; x_2 = a_2, \; \ldots \; x_n = a_n$ ein Maximum oder ein Minimum sei, entwickle man sie in der Umgebung der Stelle $(a_1, a_2, \ldots a_n)$ nach dem Taylor'schen Satze bis zu den Gliedern zweiter Ordnung einschliesslich. Dann müssen zunächst die Glieder erster Ordnung sämmtlich verschwinden. Wenn weiter die Glieder zweiter Ordnung eine quadratische Form bilden, die nur positive Werthe annehmen kann und auch nur verschwinden kann, wenn ihre sämmtlichen Variablen den Werth Null annehmen, so hat die Function ein Minimum. Ist aber jene quadratische Form eine bestimmt negativ bleibende, die auch nur dann verschwindet, wenn ihre sämmtlichen Variablen verschwinden, so tritt ein Maximum der gegebenen Function $f(x_1, x_2, \ldots x_n)$ an der betrachteten Stelle $(a_1, a_2, \ldots a_n)$ ein.

Es ist nun noch zu untersuchen, welcher Sachverhalt vorliegt, wenn die eben genannten Bedingungen nicht erfüllt sind, d. h. wenn die quadratische Form, die aus den Gliedern zweiter Ordnung gebildet wird, sowohl positive als auch negative Werthe annehmen kann. Es sei

$$h_1 = c_1, \quad h_2 = c_2, \quad \ldots \quad h_n = c_n$$

ein Werthsystem, für das die quadratische Form einen positiven Werth erhält, und für das Werthsystem

$$h_1 = c_1', \quad h_2 = c_2', \quad \ldots \quad h_n = c_n'$$

sei sie negativ. Setzt man

$$h_1 = c_1 h, \quad h_2 = c_2 h, \quad \dots \quad h_n = c_n h,$$

so geht die quadratische Form der Variablen $h_1, h_2, \dots h_n$ in das Product der Grösse h^2 und der entsprechenden quadratischen Function von $c_1, c_2, \dots c_n$ über, und die Entwickelung nach Potenzen von h ergiebt

$$(36.)\quad f(a_1+h_1, a_2+h_2, \dots a_n+h_n) - f(a_1, a_2, \dots a_n) = C_2 h^2 + C_3 h^3 + \cdots,$$

worin der Coefficient von h^2 den Werth

$$C_2 = \sum_\alpha \sum_\beta f(a_1, a_2, \dots a_n)_{\alpha\beta} c_\alpha c_\beta \qquad (\alpha, \beta = 1, 2, \dots n)$$

hat. Nun lehrt ein bekannter Satz aus der Functionentheorie, dass das Vorzeichen einer solchen Potenzreihe für Werthe von h, die dem absoluten Betrage nach hinlänglich klein sind, nur durch das Vorzeichen ihres ersten Gliedes bestimmt wird. Dieses ist aber nach der über die Grössen c_α gemachten Voraussetzung das positive; es giebt also hinreichend kleine Werthe der Grössen h_α, für die die linke Seite der Gleichung (36.) positiv ist. Ebenso kann man sich bei Benützung der Grössen c'_α statt c_α von der Existenz hinlänglich kleiner Werthe der Variablen h_α überzeugen, für die jene linke Seite negativ wird. Daraus ist zu schliessen, dass der Werth der gegebenen Function $f(x_1, x_2, \dots x_n)$ an der betrachteten Stelle weder ein Maximum noch ein Minimum sein kann.

Es bleibt nun noch der Fall zu erledigen, in dem die quadratische Form der Glieder zweiter Ordnung zwar nicht ihr Zeichen wechseln, wohl aber verschwinden kann, ohne dass die Variablen sämmtlich den Werth Null annehmen. In diesem Falle ist eine Entscheidung darüber, ob ein Maximum oder ein Minimum oder keines von beiden eintrete, nicht zu treffen, ohne dass in der Entwickelung nach Potenzen der Grössen h_λ noch Glieder höherer als zweiter Dimension in Betracht gezogen werden. Es lässt sich jedoch leicht zeigen, dass im Allgemeinen, nämlich wenn nicht noch weitere Bedingungen erfüllt sind, weder ein Maximum noch ein Minimum vorliegen kann. Da nämlich dann die Determinante der quadratischen Function, die aus den Gliedern zweiter Ordnung gebildet wird, verschwindet (S. 20), lässt sich diese Form, etwa nach dem auf S. 14 (15.) auseinandergesetzten Verfahren auf eine Function zurückführen, die von weniger als n Veränderlichen abhängt.

Diese sei

$$\varphi(h'_1, h'_2, \dots h'_{n-1}),$$

wo

$$h'_\lambda = h_\lambda - \frac{e_\lambda}{e_r} h_r \qquad (\lambda = 1, 2, \dots n-1)$$

gesetzt worden und e_r von Null verschieden genommen ist; die Glieder dritter Ordnung hängen dann von den Variablen

$$h'_1, h'_2, \dots h'_{n-1}, h_r$$

ab. Wird nun h_r willkürlich angenommen, so kann man den übrigen Grössen h_λ solche Werthe $\frac{e_\lambda}{e_r} h_r$ beilegen, dass die Glieder zweiter Dimension verschwinden, was nach der vorher gemachten Voraussetzung möglich ist. Nunmehr geht aber die betrachtete Entwickelung in eine solche über, die nach Potenzen der Grösse h_r fortschreitet und im Allgemeinen mit dem Gliede h_r^3 beginnt. Wenn dies der Fall ist, so leuchtet ein, dass diese Entwickelung für hinlänglich kleine Werthe von h_r mit dieser Grösse zugleich ihr Vorzeichen wechselt. Wofern also nicht noch weitere Bedingungen hinzutreten, wird die Function $f(x_1, x_2, \dots x_n)$ an der betrachteten Stelle weder ein Maximum noch ein Minimum besitzen.

Diese Betrachtungen lassen zugleich erkennen, dass sich dabei zwar sehr allgemeine Sätze ergeben, dass es aber nicht möglich ist, alle denkbaren Fälle im Einzelnen zu erledigen, weil immer neue Ausnahmefälle vorkommen können.

Drittes Kapitel.

Maxima und Minima mit Nebenbedingungen.

Wir gehen jetzt zu der schon im ersten Kapitel (S. 5) erwähnten etwas schwierigeren Aufgabe über, eine Function von mehreren Veränderlichen auf ihre Maxima und Minima in dem Falle zu untersuchen, wo diese Veränderlichen nicht mehr von einander unabhängig sind, sondern wo zwischen ihnen noch bestimmte Bedingungsgleichungen bestehen. Es sei wieder $f(x_1, x_2, \dots x_n)$ die gegebene Function, und

$$(1.)\qquad \begin{cases} f_1(x_1, x_2, \dots x_n) = 0 \\ f_2(x_1, x_2, \dots x_n) = 0 \\ \cdot\ \cdot\ \cdot\ \cdot\ \cdot\ \cdot\ \cdot\ \cdot \\ f_m(x_1, x_2, \dots x_n) = 0 \end{cases}$$

seien die gegebenen m Bedingungsgleichungen, wobei selbstverständlich ihre Anzahl m kleiner als die Anzahl n der Variablen sein muss. Über die Functionen $f_1, f_2, \dots f_m$ sollen dieselben Voraussetzungen hinsichtlich ihres analytischen Verhaltens gemacht werden, wie über die Function f selbst, nämlich dass sie innerhalb eines gemeinsamen Bereiches ihrer Variablen, der den Betrachtungen überhaupt zu Grunde gelegt wird, reguläre Functionen sein sollen.

Im Falle eines Minimums der vorgelegten Function an einer Stelle $(a_1, a_2, \dots a_n)$ des betrachteten Bereiches muss, das Bestehen der Bedingungsgleichungen

$$(2.)\qquad f_\lambda(a_1, a_2, \dots a_n) = 0$$

vorausgesetzt, die Ungleichheit

$$f(a_1 + h_1, a_2 + h_2, \dots a_n + h_n) - f(a_1, a_2, \dots a_n) > 0$$

gelten für alle diejenigen Systeme von Werthen $h_1, h_2, \dots h_n$, für die zugleich die Bedingungsgleichungen

$$(3.)\qquad f_\lambda(a_1 + h_1, a_2 + h_2, \dots a_n + h_n) = 0 \qquad (\lambda = 1, 2, \dots m)$$

erfüllt sind. Es ist daher zunächst der Nachweis zu erbringen, dass es überhaupt möglich ist, die Grössen $h_1, h_2, \dots h_n$ dieser Forderung entsprechend zu bestimmen. Zur Lösung dieser Frage sind einige functionentheoretische Bemerkungen vorauszuschicken.

Entwickelt man die linken Seiten der vorstehenden Gleichungen nach Potenzen der Grössen $h_1, h_2, \dots h_n$, so fallen infolge des Bestehens der Bedingungsgleichungen (2.) die Anfangsglieder weg, und man erhält

$$(4.)\quad \begin{cases} f_{11}h_1 + f_{12}h_2 + \cdots + f_{1n}h_n + [h_1 \dots h_n]_1^2 + \cdots = 0 \\ f_{21}h_1 + f_{22}h_2 + \cdots + f_{2n}h_n + [h_1 \dots h_n]_2^2 + \cdots = 0 \\ \cdot\quad\cdot\quad\cdot\quad\cdot\quad\cdot\quad\cdot\quad\cdot\quad\cdot\quad\cdot\quad\cdot\quad\cdot\quad\cdot \\ f_{m1}h_1 + f_{m2}h_2 + \cdots + f_{mn}h_n + [h_1 \dots h_n]_m^2 + \cdots = 0, \end{cases}$$

wo unter $f_{\lambda\alpha}$ ($\lambda = 1, 2, \dots m$; $\alpha = 1, 2, \dots n$) die partielle Ableitung der Function f_λ nach der Variablen x_α an der Stelle $(a_1, a_2, \dots a_n)$ verstanden ist, und die Klammergrössen homogene Functionen der Argumente $h_1, \dots h_n$ bedeuten, deren Grad durch den oberen Index bezeichnet wird, während der untere die Ordnungszahl der betreffenden Gleichung angiebt. Nun denke man sich in dem System der Gleichungen (4.) zunächst nur die linearen Glieder berücksichtigt, so könnte man im Allgemeinen m der Grössen $h_1, h_2, \dots h_n$ durch die übrigen $n-m$ ausdrücken, sobald nämlich wenigstens eine der Determinanten m^{ter} Ordnung, die sich aus dem System

$$\begin{matrix} f_{11}\, f_{12} \cdots f_{1n} \\ f_{21}\, f_{22} \cdots f_{2n} \\ \cdot\quad \cdot \cdots \cdot \\ f_{m1}\, f_{m2} \cdots f_{mn} \end{matrix}$$

bilden lassen, von Null verschieden ist. Angenommen, es sei dies für die ersten m Spalten dieses Systems der Fall, d. h. es sei

$$(5.)\quad \begin{vmatrix} f_{11}\, f_{12} \cdots f_{1m} \\ f_{21}\, f_{22} \cdots f_{2m} \\ \cdot\quad \cdot \cdots \cdot \\ f_{m1}\, f_{m2} \cdots f_{mm} \end{vmatrix} \lessgtr 0,$$

so ergiebt sich als Auflösung der Gleichungen (4.), wenn darin die Glieder höherer Dimension wie gegebene Grössen behandelt werden,

$$(6.)\quad \begin{cases} h_1 = c_{11}\, h_{m+1} + c_{12}\, h_{m+2} + \cdots + c_{1\,n-m}\, h_n + \{h_1 \ldots h_n\}_1^2 + \cdots \\ h_2 = c_{21}\, h_{m+1} + c_{22}\, h_{m+2} + \cdots + c_{2\,n-m}\, h_n + \{h_1 \ldots h_n\}_2^2 + \cdots \\ \cdot\quad\cdot\quad\cdot\quad\cdot\quad\cdot\quad\cdot\quad\cdot\quad\cdot\quad\cdot\quad\cdot\quad\cdot\quad\cdot \\ h_m = c_{m1}\, h_{m+1} + c_{m2}\, h_{m+2} + \cdots + c_{m\,n-m}\, h_n + \{h_1 \ldots h_n\}_m^2 + \cdots, \end{cases}$$

wo die Klammergrössen wiederum homogene Functionen ihrer Argumente bedeuten, deren Dimension der obere Index angiebt.

Nun lehrt ein Satz der Functionentheorie: Sind, wie die Gleichungen (6.) zeigen, $h_1, h_2, \ldots h_m$ ausgedrückt als lineare homogene Functionen der Grössen $h_{m+1}, \ldots h_n$, vermehrt um je ein Aggregat von Gliedern, die in Bezug auf sämmtliche Grössen $h_1, h_2, \ldots h_n$ von mindestens zweiter Dimension sind, so lassen sich jene Grössen $h_1, h_2, \ldots h_m$ in Potenzreihen entwickeln, die nach Potenzen der übrigen Grössen $h_{m+1}, \ldots h_n$ fortschreiten, und von der Beschaffenheit sind, dass sie innerhalb eines hinlänglich kleinen Gebietes convergiren, dass sie ferner in die vorgelegten Gleichungen (6.) eingesetzt diese befriedigen, und dass sie schliesslich die einzigen Werthe der Grössen $h_1, \ldots h_m$ innerhalb des genannten Gebietes bestimmen, die diesen Gleichungen genügen.

Diese Reihenentwickelungen werden aber folgendermassen erhalten. Man vernachlässige zunächst in den Gleichungen (6.) die Glieder höherer Dimension und betrachte die sich danach ergebenden Werthe von $h_1, h_2, \ldots h_n$ als eine erste Annäherung an die gewünschte Lösung. Eine zweite, bessere Annäherung erhält man dann, wenn man noch die quadratischen Glieder hinzunimmt, nachdem man darin die Werthe der ersten Annäherung eingesetzt hat. Mit dieser so gewonnenen zweiten Annäherung verfährt man ebenso, indem man alle Glieder von höherer als der dritten Dimension weglässt; u. s. f. Auf diese Weise erhält man die Grössen $h_1, h_2, \ldots h_m$ als gewöhnliche Potenzreihen der Argumente $h_{m+1}, \ldots h_n$, deren Glieder bis zu einer beliebig hohen Ordnung bestimmt werden können. Man kann beweisen, dass die auf die beschriebene Weise erhaltenen Potenzreihen alle in dem oben ausgesprochenen Satze angeführten Eigenschaften besitzen. Die Kenntniss dieses Satzes ist nothwendig, wenn das Verfahren zur Auffindung der Maxima und Minima unter Nebenbedingungen mit genügender Strenge begründet werden soll. Man pflegt häufig zu sagen, man nehme die Grössen $h_1, h_2, \ldots h_m$ unendlich klein an und vernachlässige die Glieder höherer Dimension, aber dass diese Vernachlässigung wirklich erlaubt ist, bedarf eines besonderen Beweises.

Es kann nun aber vorkommen, dass sämmtliche Determinanten m^{ter} Ordnung aus dem System der Grössen $f_{\lambda\alpha}$ verschwinden, sodass die durch Weglassung der Glieder höherer Dimension entstehenden linearen Gleichungen nicht aufgelöst werden können. In diesem Falle versagt das soeben beschriebene Verfahren. Es ist dann sogar mit der Möglichkeit zu rechnen, dass es überhaupt keine reellen Werthsysteme giebt, die den Gleichungen (4.) genügen. Man kann sich das durch eine geometrische Betrachtung leicht klar machen. Sind drei Veränderliche x_1, x_2, x_3 gegeben, und betrachtet man sie als rechtwinklige Coordinaten eines Punktes im Raume, so stellt die Gleichung $f_1(x_1, x_2, x_3) = 0$ geometrisch eine Fläche dar. Ist nur diese eine Nebenbedingung gegeben, so kommt die vorher gemachte Voraussetzung darauf hinaus, dass in der Entwickelung von $f_1(x_1, x_2, x_3)$ nach Potenzen von $x_1 - a_1, x_2 - a_2, x_3 - a_3$ die Coeffizienten der linearen Glieder nicht sämmtlich verschwinden, d. h. dass der betrachtete Punkt kein singulärer Punkt der Fläche sei. Liegen zwei Bedingungsgleichungen dieser Form vor, so stellen sie geometrisch eine Raumkurve dar, und die angegebene Voraussetzung besagt dann entsprechend, dass diese Raumkurve in dem betrachteten Punkte, an dem ein Maximum oder Minimum stattfinden soll, keine Singularität darbieten darf. Daraus ist zu entnehmen, dass diese Fälle, in denen die Auflösung der Gleichungen (4.) nicht möglich ist, wirkliche Ausnahmen sind, und dass daher dann eine besondere Behandlung Platz greifen muss.

Nach diesen Vorbemerkungen betrachte man nun wieder die Differenz

$$f(a_1 + h_1, a_2 + h_2, \dots a_n + h_n) - f(a_1, a_2, \dots a_n),$$

die bei Vorliegen eines Maximums oder Minimums an der Stelle $(a_1, a_2, \dots a_n)$ ein bestimmtes Vorzeichen behalten muss, welche hinreichend kleinen Werthe auch den Grössen $h_1, h_2, \dots h_n$ den Bedingungen entsprechend ertheilt werden mögen. Man entwickle diese Differenz nach Potenzen von $h_1, h_2, \dots h_n$:

$$(7.) \qquad f(a_1 + h_1, \dots a_n + h_n) - f(a_1, \dots a_n) = \sum_{\mu=1}^{n} f(a_1, \dots a_n)_\mu h_\mu + \cdots,$$

wo die nur angedeuteten Glieder von mindestens der zweiten Dimension bezüglich der Grössen h_μ sind. Mit Hilfe der m Bedingungsgleichungen lassen sich m von ihnen durch die übrigen $h'_1, h'_2, \dots h'_{n-m}$ ausdrücken, und die Entwickelung lässt sich in der Form

$$(8.)\quad f(a_1+h_1,\dots a_n+h_n)-f(a_1,\dots a_n) = C_1h'_1+\dots+C_{n-m}h'_{n-m}+[h'_1,\dots h'_{n-m}]^2+\dots$$

schreiben. Eine nothwendige Bedingung für die Existenz eines Maximums oder Minimums an der Stelle $(a_1, a_2, \dots a_n)$ unter den gegebenen Bedingungen ist nun, wie leicht zu zeigen, das Verschwinden der sämmtlichen Coefficienten $C_1, C_2, \dots C_{n-m}$. Denn da die Grössen $h'_1, h'_2, \dots h'_{n-m}$ von einander unabhängige Veränderliche sind, weil zwischen ihnen ja weitere Bedingungen nicht bestehen, so kann man ihnen alle möglichen Systeme von $n-m$ Werthen beilegen, vorausgesetzt, dass diese bestimmte Grenzen nicht überschreiten. Wären nun die Grössen $C_1, C_2, \dots C_{n-m}$ nicht alle gleich Null, so könnte man ein Werthsystem $h'_1 = c_1, \dots h'_{n-m} = c_{n-m}$ angeben, für das die Differenz (8.) positiv wäre. Setzte man dann

$$h'_1 = c_1h,\quad h'_2 = c_2h,\quad \dots\quad h'_{n-m} = c_{n-m}h,$$

so würde die vorstehende Entwickelung der Differenz in eine Potenzreihe der Grösse h übergehen, in der der Coefficient von h einen positiven Werth hätte; dadurch, dass man der Grösse h einmal einen positiven, sodann einen negativen Werth ertheilte, könnte man bewirken, dass die Differenz (8.) zwei Werthe verschiedenen Vorzeichens erhielte. Denn für hinlänglich kleine Werthe der Veränderlichen h hängt das Vorzeichen einer Potenzreihe von h nur von dem Vorzeichen des ersten Gliedes ab. Es könnte dann also weder ein Maximum noch ein Minimum eintreten.

Man kann das Ergebniss, dass sämmtliche der Grössen $C_1, \dots C_{n-m}$ verschwinden müssen, leicht in einer anderen Form ausdrücken. Denn diese Grössen erhält man auch dadurch, dass man $h_1, h_2, \dots h_m$, ausgedrückt durch die linearen Glieder der Gleichungen (6.), nachdem man darin $h'_1, h'_2, \dots h'_{n-m}$ für $h_{m+1}, h_{m+2}, \dots h_n$ geschrieben hat, in die Entwickelung (8.) einsetzt und das Ergebniss nach den Grössen $h'_1, h'_2, \dots h'_{n-m}$ ordnet. Verschwinden also $C_1, \dots C_{n-m}$, so muss auch

$$(9.)\quad \sum_{\mu=1}^{n} f(a_1, \dots a_n)_\mu h_\mu = 0$$

sein und zwar für alle diejenigen Werthsysteme $h_1, h_2, \dots h_n$, für die zugleich die linearen Glieder in der Entwicklung (4.) der gegebenen Bedingungsgleichungen verschwinden, d. h. für die zugleich

$$(10.)\quad \sum_{\mu=1}^{n} f_\lambda(a_1, \dots a_n)_\mu h_\mu = 0 \qquad (\lambda = 1, 2, \dots m)$$

ist. Hierin ist

$$\frac{\partial f(x_1, \ldots x_n)}{\partial x_\mu} = f(x_1, \ldots x_n)_\mu,$$

$$\frac{\partial f_\lambda(x_1, \ldots x_n)}{\partial x_\mu} = f_\lambda(x_1, \ldots x_n)_\mu$$

gesetzt worden.

In den Formeln (9.) und (10.) sind die nothwendigen Bedingungen für das Eintreten eines Maximums oder Minimums schon ausgesprochen. Sie lassen sich jedoch noch auf eine einfachere Form bringen. Multiplicirt man nämlich die linken Seiten der m Gleichungen (10.) der Reihe nach mit den m unbestimmten Constanten $\varepsilon_1, \varepsilon_2, \ldots \varepsilon_m$ und vereinigt sie sodann mit einander und mit der linken Seite von (9.) durch Addition, so erhält man

$$(11.) \quad \sum_{\mu=1}^{n} (f(a_1, \ldots a_n)_\mu + \varepsilon_1 f_1(a_1, \ldots a_n)_\mu + \cdots + \varepsilon_m f_m(a_1, \ldots a_n)_\mu) h_\mu = 0.$$

Nun lässt sich aber zeigen, dass es möglich ist, die Grössen $\varepsilon_1, \varepsilon_2, \ldots \varepsilon_m$ so zu bestimmen, dass die vorstehende Gleichung nicht nur für solche h_μ erfüllt ist, die den Gleichungen (10.) Genüge leisten, sondern für beliebige Werthsysteme $h_1, h_2, \ldots h_n$, und dass daher die Coefficienten von $h_1, h_2, \ldots h_n$ einzeln verschwinden müssen. Man kann nämlich $\varepsilon_1, \varepsilon_2, \ldots \varepsilon_m$ so ermitteln, dass in der Gleichung (11.) die Coefficienten von $h_1, \ldots h_m$ einzeln verschwinden; denn das dazu führende System von m linearen Gleichungen

$$(12.) \quad f(a_1, \ldots a_n)_\mu + \varepsilon_1 f_1(a_1, \ldots a_n)_\mu + \cdots + \varepsilon_m f_m(a_1, \ldots a_n)_\mu = 0 \qquad (\mu = 1, 2, \ldots m)$$

lässt sich stets nach $\varepsilon_1, \varepsilon_2, \ldots \varepsilon_m$ auflösen, da seine Determinante, der Annahme (5.) entsprechend, von Null verschieden ist. Wählt man nun für $\varepsilon_1, \varepsilon_2, \ldots \varepsilon_m$ die so ermittelten Werthe, dann bleiben in der Formel (11.) nur Glieder übrig, die mit den willkürlich anzunehmenden Grössen $h_{m+1} = h'_1, \ldots h_n = h'_{n-m}$ multiplicirt sind. Es müssen daher auch deren Coefficienten verschwinden, d. h. die Gleichungen (12.) müssen auch für

$$\mu = m+1, m+2, \ldots n$$

erfüllt sein.

Die nothwendigen Bedingungen für die Existenz eines Maximums oder Minimums mit gegebenen Nebenbedingungen erfordern demnach, die m Grössen $\varepsilon_1, \varepsilon_2, \ldots \varepsilon_m$ so zu bestimmen, dass die Gleichungen (12.) für $\mu = 1, 2, \ldots n$

erfüllt sind; das wird erreicht, wenn $\varepsilon_1, \varepsilon_2, \dots \varepsilon_m$ schon den ersten m der Gleichungen (12.) genügen.

Dieses Ergebniss lässt sich nun folgendermaassen aussprechen. Man führe eine Function $g(x_1, x_2, \dots x_n)$ durch die Gleichung

$$(13.)\qquad g(x_1, x_2, \dots x_n) = f(x_1, x_2, \dots x_n) + \sum_{\lambda=1}^{m} \varepsilon_\lambda f_\lambda(x_1, x_2, \dots x_n)$$

ein; dann lassen sich die Gleichungen (12.) in der Form schreiben:

$$(14.)\qquad \frac{\partial}{\partial x_\mu} g(x_1, x_2, \dots x_n) = 0 \qquad (\mu = 1, 2, \dots n).$$

Mit den Bedingungsgleichungen

$$(15.)\qquad f_\lambda(x_1, x_2, \dots x_n) = 0 \qquad (\lambda = 1, 2, \dots m)$$

zusammen liegen also jetzt genau ebensoviele Gleichungen als Unbekannte $x_1, x_2, \dots x_n, \varepsilon_1, \varepsilon_2, \dots \varepsilon_m$ vor. Man kann demnach folgende einfache Rechnungsregel formuliren.

Man addire zu der gegebenen Function, deren Maximum oder Minimum bestimmt werden soll, die linken Seiten der auf Null gebrachten Bedingungsgleichungen, nachdem man jede von ihnen mit einem unbestimmten Factor multiplicirt hat, und suche die nothwendigen Bedingungen dafür auf, dass der Werth der so erhaltenen Function ein Maximum oder Minimum sei. Zu diesem Zwecke hat man die partiellen Ableitungen dieser Function nach den sämmtlichen Variablen gleich Null zu setzen, und zu den so erhaltenen Gleichungen die vorgelegten Bedingungsgleichungen hinzuzunehmen.

Man hat es zuweilen so dargestellt, als ob die Gültigkeit dieser Regel sich von selbst verstünde; es ist jedoch zu beachten, dass nach den Anweisungen der Regel die Grössen $x_1, x_2, \dots x_n$ wie von einander unabhängige Veränderliche betrachtet werden dürfen, während sie doch in Wirklichkeit durch die Bedingungsgleichungen (1.) von vornherein mit einander verknüpft sind.

Bei der Beweisführung ist von der Voraussetzung ausgegangen, dass unter den Determinanten m^{ter} Ordnung des Systems der mn Grössen $f_{\lambda\mu}$ wenigstens eine von Null verschieden sei. Diese Voraussetzung war erstens zur Bestimmung der Grössen $h_1, \dots h_m$ aus den Gleichungen (6.) und sodann zur

Ermittelung der Factoren $\varepsilon_1, \dots \varepsilon_m$ aus den Gleichungen (12.) erforderlich. Wenn sie nicht erfüllt ist, dann lassen sich zwar die Grössen $h_1, \dots h_m, \varepsilon_1, \dots \varepsilon_m$ auf dem im Vorstehenden angegebenen Wege nicht bestimmen, aber unter Umständen kann trotzdem ein Maximum oder Minimum der gegebenen Function $f(x_1, x_2, \dots x_n)$ an der Stelle $(a_1, a_2, \dots a_n)$ eintreten. Denn gelingt es auf irgend eine Weise, sämmtliche, dem absoluten Betrage nach eine bestimmte Grenze nicht überschreitende Grössen $h_1, h_2, \dots h_n$ zu ermitteln, die die Bedingungsgleichungen (3.) befriedigen, so liefern die $n-m$ Gleichungen, die aus dem Verschwinden der Coefficienten $C_1, C_2, \dots C_{n-m}$ der Entwickelung (8.) hervorgehen, zusammen mit den m gegebenen Bedingungen (2.) die genügende Anzahl Gleichungen zur Bestimmung der n Grössen $a_1, a_2, \dots a_n$. Wenn jene Voraussetzung nicht erfüllt ist, so bestehen die Gleichungen (10.) identisch, d. h. die zur Bestimmung der Grössen $h_1, \dots h_m$ dienenden Entwickelungen (4.) beginnen mit den Gliedern zweiter Dimension. Man kann in solchem Ausnahmefall häufig mit Vortheil an Stelle der n ursprünglichen Variablen ein System von $n-m$ von einander unabhängigen Veränderlichen von der Beschaffenheit einführen, dass dadurch zugleich die Bedingungsgleichungen der Aufgabe identisch erfüllt sind.

Zur Erläuterung des Gesagten möge folgende Aufgabe besprochen werden, deren allgemeine Lösung jedoch erst im sechsten Kapitel folgen soll: Handelt es sich darum, die kürzeste Linie aufzusuchen, die von einem gegebenen Punkte des Raumes nach einer gegebenen Fläche $f(x, y, z) = 0$ gezogen werden kann, so erhält man auf der Fläche bestimmte Punkte von solcher Lage, dass die Verbindungsgeraden dieser Punkte mit dem gegebenen die verlangte Eigenschaft besitzen; sie stehen überdies in diesen Punkten auf der Fläche senkrecht. Ist nun zufällig einer der Punkte ein Knotenpunkt der Fläche, d. h. ist in ihm zugleich

$$\frac{\partial f}{\partial x} = 0, \quad \frac{\partial f}{\partial y} = 0, \quad \frac{\partial f}{\partial z} = 0,$$

so fallen in der That für diesen Punkt die Glieder erster Dimension in den Gleichungen (4.) heraus, und es liegt der eben erwähnte Fall vor. Ist z. B. die Fläche ein gerader Kreiskegel

$$f(x, y, z) = x^2 + y^2 - z^2 = 0,$$

so kann man etwa setzen

$$(16.)\quad \begin{cases} x = 2uv \\ y = u^2 - v^2 \\ z = u^2 + v^2, \end{cases}$$

wodurch die Gleichung der Fläche identisch erfüllt wird. Es ist leicht einzusehen, dass sich die Grössen h_1, h_2, h_3 durch zwei von einander unabhängige Grössen k_1, k_2 auch in dem Falle darstellen lassen, wo der gesuchte Punkt der Fläche gerade die Spitze des Kegels ist, d. h. der Punkt $x = 0$, $y = 0$, $z = 0$ oder $u = 0$, $v = 0$. Und zwar ist eine solche Darstellung möglich, dass überdies nicht nur unendlich kleinen Werthen von k_1, k_2 ebenfalls unendlich kleine Werthe von h_1, h_2, h_3 entsprechen, sondern dass sich dadurch auch sämmtliche Werthsysteme h_1, h_2, h_3, die der Gleichung $f(x+h_1, y+h_2, z+h_3) = 0$ genügen, ergeben. Allerdings müssen dabei die Veränderlichen sowohl reelle, wie auch rein imaginäre Werthe annehmen, wenn die Gleichungen (16.) die ganze Kegelfläche darstellen sollen. Dadurch wird der nicht zu vermeidende Übelstand herbeigeführt, dass die gestellte Aufgabe in zwei gleichartige Theile zerfällt; diese können jedoch beide nach dem im ersten Kapitel auseinandergesetzten Verfahren behandelt werden. — In anderen Fällen wird man ähnlich vorgehen können und das zweckmässigste Verfahren jedesmal der besonderen Aufgabe entsprechend einschlagen müssen.

Es handelt sich nun noch um die Frage nach den hinreichenden Bedingungen für ein Maximum oder Minimum mit Nebenbedingungen. In gegewissem Sinne ist diese Frage bereits durch die vorhergehenden Untersuchungen erledigt. Es wäre nur nöthig, in der Entwickelung (8.) der Differenz $f(a_1+h_1, \ldots a_n+h_n) - f(a_1, \ldots a_n)$ nach Potenzen der Grössen $h'_1, \ldots h'_{n-m}$ die Glieder zweiter Dimension ins Auge zu fassen. Diese bilden eine homogene quadratische Function der von einander unabhängigen Variablen $h'_1, h'_2, \ldots h'_{n-m}$; das Vorzeichen der in Rede stehenden Differenz kann daher genau wie im vorhergehenden Kapitel (S. 21) bestimmt werden. Würde diese Function für beliebige Werthe ihrer $n-m$ Veränderlichen stets positive (negative) Werthe annehmen und nur dann verschwinden, wenn sämmtliche Variablen $h'_1, h'_2, \ldots h'_{n-m}$ gleich Null sind, so würde man daraus auf die Existenz eines Minimums (Maximums) an der Stelle $(a_1, a_2, \ldots a_n)$ schliessen; kann die Function sowohl positive als auch negative Werthe annehmen, so findet gewiss weder ein Maximum noch ein Minimum statt; und wenn sie schliesslich zwar nicht das Vorzeichen wechseln, aber doch den Werth Null annehmen kann, ohne dass alle Veränderlichen verschwinden, so ist eine Entscheidung ohne Hinzuziehung der Glieder höherer Dimension nicht möglich.

Indessen würde die Durchführung dieses Verfahrens nicht nur erfordern, in den Entwickelungen der Grössen $h_1, h_2, \dots h_m$ nach Potenzen von $h'_1, \dots h'_{n-m}$ noch die Glieder zweiter Dimension aufzustellen, sondern weiter in der Entwickelung (7.), d. i. in

$$(17.)\quad f(a_1+h_1, \dots a_n+h_n)-f(a_1, \dots a_n) = \sum_{\mu} f(a_1, \dots a_n)_{\mu} h_{\mu} + \frac{1}{2}\sum_{\mu,\nu} f(a_1, \dots a_n)_{\mu\nu} h_{\mu} h_{\nu} + \cdots$$
$$(\mu, \nu = 1, 2, \dots n),$$

die Glieder zweiter Dimension der Grössen $h'_1, \dots h'_{n-m}$ auch in den linearen Gliedern, und in den quadratischen auch die der ersten Dimension einzusetzen. Dieses umständliche Verfahren lässt sich jedoch umgehen. Setzt man nämlich wieder

$$(13.)\quad g(x_1, \dots x_n) = f(x_1, \dots x_n) + \sum_{\lambda=1}^{m} \varepsilon_{\lambda} f_{\lambda}(x_1, \dots x_n),$$

so ergiebt sich, da die Grössen $a_1, a_2, \dots a_n$ und $h_1, h_2, \dots h_n$ den Bedingungsgleichungen (2.) und (3.) genügen müssen

$$(18.)\quad f(a_1+h_1, \dots a_n+h_n)-f(a_1, \dots a_n) = g(a_1+h_1, \dots a_n+h_n)-g(a_1, \dots a_n)$$
$$= \frac{1}{2}\sum_{\mu,\nu} g(a_1, \dots a_n)_{\mu\nu} h_{\mu} h_{\nu} + \cdots,$$

wobei das Bestehen der Gleichung (14.) an der Stelle $(a_1, a_2, \dots a_n)$ berücksichtigt und

$$\frac{\partial^2 g(x_1, \dots x_n)}{\partial x_{\mu}\, \partial x_{\nu}} = g(x_1, \dots x_n)_{\mu\nu}$$

gesetzt worden ist. Wenn man jetzt in die quadratische Function, die auf der rechten Seite der Formel (18.) vorkommt, die Ausdrücke (6.) der Grössen $h_1, \dots h_m$ einsetzt, so braucht man von diesen nur die Glieder erster Dimension zu berücksichtigen. Die Bedingung eines Minimums besteht jetzt darin, dass die betrachtete Function zweiten Grades der Grössen $h_1, h_2, \dots h_n$ beständig positiv sein muss für alle solche Werthe der Argumente, zwischen denen die Gleichungen (6.) unter alleiniger Berücksichtigung der linearen Glieder bestehen. Man wird also zu untersuchen haben, unter welchen Bedingungen eine solche homogene Function zweiten Grades bestimmt positiv ist für alle diejenigen Werthe ihrer Argumente, die einem vorgeschriebenen System linearer Gleichungen genügen. Dass eine Lösung dieser Aufgabe überhaupt möglich ist, leuchtet schon daraus ein, dass durch Elimination der Grössen $h_1, \ldots h_m$ eine Function der unabhängigen Veränderlichen $h'_1, \ldots h'_{n-m}$ hergestellt werden kann. Es gehe dabei die Function

$$\sum_{\mu,\nu} g_{\mu\nu} h_\mu h_\nu \text{ über in } \sum_{\varkappa,\lambda} \bar{g}_{\varkappa\lambda} h'_\varkappa h'_\lambda \quad (\mu, \nu = 1, 2, \ldots n; \; \varkappa, \lambda = 1, 2, \ldots n-m).$$

Wenn diese Function sowohl positive, wie auch negative Werthe annehmen kann, so findet weder ein Maximum noch ein Minimum statt. Denn ist sie positiv für $h'_1 = k_1, \ldots h'_{n-m} = k_{n-m}$, und negativ für $h'_1 = k'_1, \ldots h'_{n-m} = k'_{n-m}$, so setze man zunächst $h'_\lambda = k_\lambda h$ und entwickle die Function nach Potenzen von h; hierbei erhält das mit h^2 multiplicirte Glied einen positiven Werth. Nun kann man die Grösse h dem absoluten Betrage nach so klein wählen, dass das Vorzeichen der Potenzreihe nur von dem Vorzeichen des ersten Gliedes abhängt, also positiv ist. Setzt man danach entsprechend $h'_\lambda = k'_\lambda h$, so sieht man, dass die Function für hinreichend kleine Werthe der Grösse h auch negativ werden kann.

Ist die Function

$$\sum_{\varkappa,\lambda} \bar{g}_{\varkappa\lambda} h'_\varkappa h'_\lambda$$

beständig positiv oder beständig negativ, so müssen ihre Coefficienten $n-m$ Ungleichheiten genügen (S. 20 u. 21), und in diesem Falle liegt bestimmt ein Maximum oder ein Minimum vor.

Wenn schliesslich die Function zwar nicht ihr Zeichen wechseln, jedoch verschwinden kann, ohne dass $h'_1, \ldots h'_{n-m}$ zugleich den Werth Null haben, so muss man zu den Gliedern dritter und höherer Dimension seine Zuflucht nehmen; im Allgemeinen wird jedoch hier weder ein Maximum noch ein Minimum eintreten.

Dieses Verfahren giebt zwar eine Lösung der Aufgabe, aber eine unsymmetrische. Das kommt erstens daher, dass einige der Grössen h_α vor den anderen bevorzugt worden sind; andererseits liegt es an der Unsymmetrie der Bedingungen für das Vorliegen einer definiten Form.

Wir werden im nächsten Kapitel eine andere Methode kennen lernen, die von diesen Mängeln frei ist und zugleich ein Beispiel für das bisher Vorgetragene liefert.

Viertes Kapitel.

Weitere Sätze über quadratische Formen.

Es sei

$$(1.)\quad \begin{cases} \varphi(x_1, x_2, \dots x_n) = \sum\limits_{\alpha,\beta} A_{\alpha\beta} x_\alpha x_\beta, & (\alpha, \beta = 1, 2, \dots n) \\ \text{worin } A_{\alpha\beta} = A_{\beta\alpha}, \end{cases}$$

eine gegebene quadratische Form von n Veränderlichen. Wenn sie für alle reellen Systeme von Werthen $x_1, x_2, \dots x_n$, nur positive Werthe annimmt, so ist das auch gewiss der Fall für diejenigen, die der Bedingung

$$(2.)\quad x_1^2 + x_2^2 + \dots + x_n^2 = 1$$

genügen.

Aber auch umgekehrt, wenn die Function $\varphi(x_1, x_2, \dots x_n)$ für alle der Bedingung (2.) genügenden Werthsysteme nur Werthe annimmt, die grösser als Null sind, so ist sie auch positiv für alle reellen Werthe $x_1, x_2, \dots x_n$, die nicht sämmtlich gleich Null sind. Es sei nämlich $x_1, x_2, \dots x_n$ irgend ein Werthsystem, und es werde

$$\xi_\alpha = \frac{x_\alpha}{\sqrt{x_1^2 + x_2^2 + \dots + x_n^2}} \qquad (\alpha = 1, 2, \dots n)$$

gesetzt, so befriedigen die Grössen ξ_α die Gleichung (2.), es ist also $\varphi(\xi_1, \xi_2, \dots \xi_n)$ und daher auch

$$\varphi(x_1, x_2, \dots x_n) = \varphi(\xi_1, \xi_2, \dots \xi_n) . (x_1^2 + x_2^2 + \dots + x_n^2)$$

stets positiv.

Alle Werthe der Veränderlichen $x_1, x_2, \dots x_n$, die die Gleichung (2.) befriedigen, liegen zwischen -1 und $+1$, diese Grenzen selbst eingeschlossen. Der absolute Betrag von $\varphi(x_1, \dots x_n)$ kann daher für alle diese Werthe der

Veränderlichen eine gewisse Schranke nicht überschreiten; die Function hat also eine obere und eine untere Grenze, und da sie stetig ist, so muss sie einen kleinsten und einen grössten Werth annehmen. Kann man nun zeigen, dass dieser kleinste Werth noch positiv ist, so kann $\varphi(x_1, x_2, \dots x_n)$ überhaupt nur positive Werthe annehmen; wäre er negativ, so würde $\varphi(x_1, \dots x_n)$ negative Werthe annehmen können; wäre er Null, so würde die Function verschwinden können, ohne dass sämmtliche Argumente gleich Null sind, denn das Werthsystem $x_1 = 0, \dots x_n = 0$ befriedigt die Gleichung (2.) nicht.

Es soll nun die Aufgabe gelöst werden:

Dasjenige Werthsystem der Veränderlichen $x_1, x_2, \dots x_n$ zu bestimmen, für das der Werth der quadratischen Function (1.) unter der Bedingung (2.) ein Minimum wird.

Diese Aufgabe gehört offenbar zu solchen, wie sie allgemein im vorhergehenden Kapitel behandelt worden sind. Nach der auf S. 32 angegebenen Regel hat man zur Lösung der Aufgabe die Function

$$\varphi(x_1, x_2, \dots x_n) - \varepsilon(x_1^2 + x_2^2 + \dots + x_n^2)$$

zu bilden, wobei ε eine unbekannte Constante bedeutet, und sodann die partiellen Ableitungen dieser Function nach den Veränderlichen $x_1, \dots x_n$ gleich Null zu setzen. Auf diese Weise erhält man

$$(3.) \qquad \varphi_\alpha(x_1, x_2, \dots x_n) - \varepsilon x_\alpha = 0 \qquad (\alpha = 1, 2, \dots n).$$

Aus diesen Gleichungen und aus (2.) sind ε und $x_1, x_2, \dots x_n$ zu bestimmen. Dazu könnte man folgendermaassen verfahren. Damit die in Bezug auf $x_1, x_2, \dots x_n$ homogenen und linearen Gleichungen (3.) für solche Werthe der Unbekannten befriedigt werden können, die nicht sämmtlich gleich Null sind — und wegen (2.) ist dieses Werthsystem auszuschliessen —, ist nothwendig und hinreichend, dass ihre Determinante verschwindet, d. h. die Gleichung

$$(4.) \qquad \Delta\varepsilon = \begin{vmatrix} A_{11} - \varepsilon & A_{12} & \dots & A_{1n} \\ A_{21} & A_{22} - \varepsilon & \dots & A_{2n} \\ \cdot & \cdot & \dots & \cdot \\ A_{n1} & A_{n2} & \dots & A_{nn} - \varepsilon \end{vmatrix} = 0$$

besteht. Sie ist vom n^{ten} Grade in Bezug auf ε. Hat man eine reelle Wurzel dieser Gleichung gefunden, so kann man aus (3.) die Grössen $x_1, x_2, \dots x_n$

bis auf einen gemeinsamen Factor und diesen selbst aus (2.) bestimmen. Die so erhaltenen Werthe wären dann in die Function φ einzusetzen. Die Bestimmung der Grössen $x_1, x_2, \dots x_n$ ist aber überflüssig, wenn es sich nur darum handelt, den kleinsten Werth der Function φ selbst zu ermitteln. Wenn nämlich die Gleichungen (3.) befriedigt sind, so folgt aus ihnen durch Multiplication mit $x_1, x_2, \dots x_n$ und Vereinigung durch Addition mit Rücksicht auf (2.)

$$(5.) \qquad \varphi(x_1, x_2, \dots x_n) - \varepsilon = 0,$$

d. h. der kleinste Werth, den die Function $\varphi(x_1, x_2, \dots x_n)$ für eines der betrachteten Werthsysteme annimmt, ist eine Wurzel der Gleichung (4.).

Die Bedingung dafür, dass die quadratische Function $\varphi(x_1, \dots x_n)$ stets positiv bleibe, ist jetzt also folgendermassen festgestellt: die kleinste reelle Wurzel der Gleichung (4.) muss einen positiven Werth haben.

Auf den ersten Anblick scheint hiermit wenig gewonnen zu sein; denn nun wären die recht verwickelten Ausdrücke aufzustellen, durch die in der Algebra auf Grund des Sturmschen Satzes entschieden werden kann, ob die reellen Wurzeln einer algebraischen Gleichung positiv oder negativ sind. Nun hat aber die Gleichung (4.) die Eigenschaft, dass für reelle Werthe der Grössen $A_{\alpha\beta}$ stets ihre sämmtlichen Wurzeln reell sind; wenn also die kleinste von ihnen positiv sein soll, so müssen sie sämmtlich positiv sein.

Die Gleichung (4.) gehört zu den am häufigsten untersuchten; sie führt den Namen der Gleichung der säcularen Störungen, weil sie bei der Berechnung der säcularen Störungen der Planetenbahnen eine grosse Rolle spielt; auch bei der Bestimmung der Hauptachsen der Linien und Flächen zweiten Grades kommt sie vor. Die Beweise dafür, dass ihre Wurzeln sämmtlich reell sind, sind sehr zahlreich. Der folgende Beweis ist deswegen einfach, weil er nur den Begriff der Determinante voraussetzt.

Es werde

$$f(x_1, x_2, \dots x_n) = x_1^2 + x_2^2 + \cdots + x_n^2$$

gesetzt. Dann ist die in Rede stehende Determinante (4.) die Determinante der quadratischen Form

$$\varphi - \varepsilon f,$$

d. h. die Determinante des Systems der linearen Formen

$$\varphi_\alpha - \varepsilon f_\alpha \qquad (\alpha = 1, 2, \dots n).$$

Um die Betrachtungen noch zu verallgemeinern, ersetze man f durch eine beliebige homogene quadratische Function mit reellen Coefficienten, die nur der Bedingung unterworfen ist, dass sie eine definite Form sein soll, deren Determinante von Null verschieden ist. Unter dieser Voraussetzung ist die Determinante von $\varphi-\varepsilon f$ eine ganze Function n^{ten} Grades von ε, die nur für reelle Werthe von ε verschwinden kann. Dies ist nun zu beweisen.

Zunächst ist zu bemerken, dass eine homogene quadratische Function $F(x_1, x_2, \dots x_n)$ mit nicht verschwindender Determinante, die für ein System reeller Werthe $\xi_1, \xi_2, \dots \xi_n$, die nicht alle gleich Null sind, verschwindet, nothwendigerweise eine indefinite Form sein muss. Denn sind $c_1, c_2, \dots c_n$ und $\varkappa$ vorläufig unbestimmte Grössen, so hat man wegen

$$F(\xi_1, \xi_2, \dots \xi_n) = 0:$$

$$(7.)\quad F(\xi_1+c_1\varkappa, \dots \xi_n+c_n\varkappa) = 2\varkappa\sum_\alpha c_\alpha F_\alpha(\xi_1, \dots \xi_n)+\varkappa^2 F(c_1, \dots c_n) \quad (\alpha = 1, 2, \dots n).$$

Da die Determinante von F nicht verschwinden soll, so können auch die Grössen $F_\alpha(\xi_1, \dots \xi_n)$ nicht sämmtlich gleich Null sein; man kann also $c_1, c_2, \dots c_n$ so annehmen, dass das erste Glied auf der rechten Seite von (7.) einen von Null verschiedenen Werth hat, und kann ferner die Grösse $\varkappa$ so klein wählen, das das Vorzeichen der rechten Seite nur von dem des ersten Gliedes abhängt. Ändert nun $\varkappa$ sein Zeichen, so erhält auch F das entgegengesetzte Vorzeichen, ist also indefinit.

Sodann lässt sich zeigen: Wenn die Determinante der Form $\varphi-\varepsilon F$ für einen nicht reellen Werth von ε verschwindet, während die von F stets als von Null verschieden vorausgesetzt wird, so muss F eine indefinite Form sein. Soll nämlich die Determinante von $\varphi-\varepsilon F$ verschwinden, so muss es ein System von Werthen der Grössen $x_1, \dots x_n$, die nicht sämmtlich gleich Null sind, geben, für die das System der linearen Gleichungen

$$(8.)\quad \varphi_\alpha(x_1, x_2, \dots x_n)-\varepsilon F_\alpha(x_1, x_2, \dots x_n) = 0 \quad (\alpha = 1, 2, \dots n)$$

befriedigt wird. Setzt man nun

$$\varepsilon = k+li,$$

wo $l \lesseqgtr 0$ sein soll, so werden auch die Grössen x_α im Allgemeinen imaginäre Werthe $\xi_\alpha+\eta_\alpha i$ annehmen müssen, um die Gleichungen (8.) zu erfüllen. Nach

Trennung des Reellen vom Imaginären zerfällt dann (8.) in die beiden Gleichungen

$$(9.)\qquad \varphi_\alpha(\xi_1, \xi_2, \dots \xi_n) - kF_\alpha(\xi_1, \xi_2, \dots \xi_n) + lF_\alpha(\eta_1, \eta_2, \dots \eta_n) = 0,$$

$$(10.)\qquad \varphi_\alpha(\eta_1, \eta_2, \dots \eta_n) - kF_\alpha(\eta_1, \eta_2, \dots \eta_n) - lF_\alpha(\xi_1, \xi_2, \dots \xi_n) = 0.$$

Multiplicirt man die erste dieser Gleichungen beiderseits mit η_α, die zweite mit ξ_α, subtrahirt und summirt sodann in Bezug auf α von 1 bis n, so erhält man mit Rücksicht auf die Formeln S. 11 (4.) und S. 12 (5.) wegen $l \lesseqgtr 0$:

$$(11.)\qquad F(\eta_1, \dots \eta_n) + F(\xi_1, \dots \xi_n) = 0.$$

Hieraus folgt, dass die Function F entweder für Werthe der Variablen, die nicht sämmtlich gleich Null sind, verschwinden oder für zwei reelle Werthsysteme der Argumente zwei Werthe entgegengesetzten Vorzeichens annehmen müsste. Im ersten Fall ist daher F nach dem soeben Bewiesenen, im zweiten Fall nach der Definition eine indefinite Form.

Damit ist nun aber auch der Beweis für die Realität der sämmtlichen Wurzeln der Gleichung (4.) erbracht.

Man kann den eben bewiesenen Satz noch etwas erweitern. Statt vorauszusetzen, dass die Determinante der quadratischen Form F von Null verschieden sei, genügt es, anzunehmen, dass unter der Gesammtheit der Functionen

$$\lambda\varphi + \mu F,$$

wo λ, μ reelle Constanten bedeuten, irgend eine definite Form mit nicht verschwindender Determinante enthalten sei. Auch unter dieser Voraussetzung gilt der Satz, dass die Determinante von $\varphi - \varepsilon F$ nur für reelle Werthe von ε verschwinden kann.

Um dies zu zeigen, sei

$$\bar{F} = \lambda_1\varphi + \mu_1 F$$

der Voraussetzung entsprechend eine definite Form mit nicht verschwindender Determinante; ferner seien λ_0, μ_0 so gewählt, dass

$$\lambda_0\mu_1 - \lambda_1\mu_0 \lesseqgtr 0$$

ist, und es sei

$$\Phi = \lambda_0\varphi + \mu_0 F$$

gesetzt. Nach dem zuvor Bewiesenen (S. 40) verschwindet die Determinante der Form

$$\Phi - \bar{\varepsilon}\bar{F} = (\lambda_0 - \bar{\varepsilon}\lambda_1)\varphi + (\mu_0 - \bar{\varepsilon}\mu_1)F$$

nur für reelle Werthe von $\bar{\varepsilon}$, andernfalls könnte $\bar{F}$ keine definite Form sein. Es ist daher nur der Zusammenhang zwischen diesen Werthen von $\bar{\varepsilon}$ und denen von ε klarzustellen, für die die Determinante von

$$\varphi - \varepsilon F$$

verschwindet. Die Determinante von $\Phi - \bar{\varepsilon}\bar{F}$ wird durch Elimination der Grössen x_α aus den linearen Gleichungen

$$\Phi_\alpha - \bar{\varepsilon}\bar{F}_\alpha = 0$$

oder

$$(\lambda_0 - \bar{\varepsilon}\lambda_1)\varphi_\alpha + (\mu_0 - \bar{\varepsilon}\mu_1)F_\alpha = 0 \qquad (\alpha = 1, 2, \dots n)$$

erhalten, die Determinante von $\varphi - \varepsilon F$ dagegen aus

$$\varphi_\alpha - \varepsilon F_\alpha = 0.$$

Daraus folgt aber

$$(12.) \qquad \varepsilon = \frac{\bar{\varepsilon}\mu_1 - \mu_0}{\lambda_0 - \bar{\varepsilon}\lambda_1};$$

denn $\lambda_0 - \bar{\varepsilon}\lambda_1$ verschwindet nicht, weil sonst die Form $\Phi - \bar{\varepsilon}\bar{F}$ der Form F selbst proportional wäre. Da nun $\bar{\varepsilon}$, sowie $\lambda_0, \mu_0, \lambda_1, \mu_1$ sämmtlich reell sind, so muss auch ε reell sein.

Man kann also sagen: Wenn in der Schar der quadratischen Formen

$$\lambda\varphi + \mu F,$$

wo λ, μ reelle Grössen sind, sich auch nur eine definite Form mit nicht verschwindender Determinante befindet, so wird die Determinante der Form

$$\varphi - \varepsilon F$$

nur für reelle Werthe von ε verschwinden.

Wenn man die Gleichung für ε auf die Form

$$(13.) \qquad \Delta\varepsilon = (-1)^n\{\varepsilon^n - C_1\varepsilon^{n-1} + C_2\varepsilon^{n-2} - + \cdots + (-1)^n C_n\} = 0$$

bringt, so kann man, da die Realität ihrer sämmtlichen Wurzeln bereits bewiesen ist, die Bedingung dafür, dass alle Wurzeln positiv sind, nach der Zeichenregel von Cartesius sofort in der Form aussprechen: die Grössen $C_1, C_2, \dots C_n$ müssen sämmtlich positiv sein. Übrigens sind sie aus den Coeffizienten $A_{\alpha\beta}$ der Form φ symmetrisch gebildet, insbesondere ist C_n die Determinante A der Form.

Bei der Bestimmung der Hauptachsen einer Fläche zweiten Grades handelt es sich zum Beispiel um die quadratische Form von drei Variablen x, y, z

$$Ax^2 + By^2 + Cz^2 + 2Dyz + 2Ezx + 2Fxy.$$

Hierfür ist

$$\begin{aligned}\Delta\varepsilon &= \begin{vmatrix} A-\varepsilon & F & E \\ F & B-\varepsilon & D \\ E & D & C-\varepsilon \end{vmatrix} \\ &= -\{\varepsilon^3 - (A+B+C)\varepsilon^2 + (AB-F^2+BC-D^2+CA-E^2)\varepsilon \\ &\qquad - (ABC+2DEF-AD^2-BE^2-CF^2)\}.\end{aligned}$$

Nun soll schliesslich die allgemeinere im vorhergehenden Kapitel (S. 35) zuerst aufgeworfene Frage behandelt werden, unter welchen Bedingungen die quadratische Function

$$(1.)\qquad \begin{cases} \varphi(x_1, x_2, \dots x_n) = \sum\limits_{\alpha,\beta} A_{\alpha\beta} x_\alpha x_\beta, \\ \text{worin } A_{\alpha\beta} = A_{\beta\alpha}, \end{cases} \qquad (\alpha, \beta = 1, 2, \dots n)$$

für alle Werthsysteme der n Veränderlichen $x_1, x_2, \dots x_n$ beständig positiv oder auch beständig negativ sei, die den linearen Bedingungen

$$(15.)\qquad \theta_\mu(x_1, x_2, \dots x_n) = \sum_{\nu=1}^{n} a_{\mu\nu} x_\nu = 0 \qquad (\mu = 1, 2, \dots m)$$

unterworfen sind; die Anzahl m dieser Bedingungen soll kleiner als die Anzahl n der Veränderlichen sein, und zwar soll es möglich sein, m von diesen durch die übrigen $n-m$ Veränderlichen linear auszudrücken.

Die Function φ wird die verlangten Eigenschaften haben, wenn sie positiv (auf diese Möglichkeit wollen wir uns beschränken) ist für alle die Werthsysteme, die den Bedingungen (15.) genügen und zugleich die Gleichung

$$(2.)\qquad \sum_{\lambda=1}^{n} x_\lambda^2 = 1$$

erfüllen. Denn ist $x_1, x_2, \dots x_n$ irgend ein beliebiges, die Gleichungen (15.)

befriedigendes System, und setzt man

$$x'_\lambda = \frac{x_\lambda}{\sqrt{\sum_\nu x_\nu^2}}, \qquad (\lambda, \nu = 1, 2, \dots n)$$

so genügt das System $x'_1, x'_2, \dots x'_n$ sowohl den Bedingungen (15.) als auch der Gleichung (2.), und da

$$\varphi(x_1, x_2, \dots x_n) = \varphi(x'_1, x'_2, \dots x'_n) \sum_\nu x_\nu^2$$

ist, so muss $\varphi(x_1, x_2, \dots x_n)$ beständig positiv sein, wenn $\varphi(x'_1, x'_2, \dots x'_n)$ diese Eigenschaft besitzt. Und dieses wird wiederum der Fall sein, wenn der kleinste Werth, den die Function unter den angegebenen Bedingungen erhalten kann, positiv ist. Es handelt sich also um die Bestimmung eines Minimums mit Nebenbedingungen.

Zur Lösung dieser Aufgabe bildet man, der Regel (S. 32) gemäss,

$$(16.) \qquad g(x_1, x_2, \dots x_n) = \varphi(x_1, x_2, \dots x_n) - \varepsilon\Big(\sum_\lambda x_\lambda^2 - 1\Big) + \sum_\mu 2\varepsilon_\mu \theta_\mu$$
$$(\lambda = 1, 2, \dots n;\ \mu = 1, 2, \dots m)$$

und setzt die partiellen Ableitungen nach den Variablen x_λ einzeln gleich Null. Dadurch erhält man

$$(17.) \qquad \varphi_\alpha(x_1, x_2, \dots x_n) - \varepsilon x_\alpha + \sum_\mu \varepsilon_\mu a_{\mu\alpha} = 0 \qquad (\alpha = 1, 2, \dots n).$$

Aus (15.) und (17.) ergiebt sich durch Elimination der sämmtlichen Grössen $x_1, x_2, \dots x_n;\ \varepsilon_1, \varepsilon_2, \dots \varepsilon_m$ die Gleichung

$$(18.) \qquad \Delta\varepsilon = \begin{vmatrix} A_{11} - \varepsilon & A_{12} & \dots & A_{1n} & a_{11} & a_{21} & \dots & a_{m1} \\ A_{21} & A_{22} - \varepsilon & \dots & A_{2n} & a_{12} & a_{22} & \dots & a_{m2} \\ \cdot & \cdot & \dots & \cdot & \cdot & \cdot & \dots & \cdot \\ A_{n1} & A_{n2} & \dots & A_{nn} - \varepsilon & a_{1n} & a_{2n} & \dots & a_{mn} \\ a_{11} & a_{12} & \dots & a_{1n} & 0 & 0 & \dots & 0 \\ a_{21} & a_{22} & \dots & a_{2n} & 0 & 0 & \dots & 0 \\ \cdot & \cdot & \dots & \cdot & \cdot & \cdot & \dots & \cdot \\ a_{m1} & a_{m2} & \dots & a_{mn} & 0 & 0 & \dots & 0 \end{vmatrix} = 0.$$

Auch in diesem allgemeineren Falle ist es nicht nötig, die Grössen $x_1, x_2, \dots x_n$ selbst zu bestimmen, wenn eine Lösung ε der Gleichung (18.) schon bekannt ist. Denn die Multiplication der linken Seite von (17.) mit x_α und die nachfolgende Summation in Bezug auf α von 1 bis n liefert mit Rücksicht auf die Gleichungen (2.) und (15.) sofort

$$\varphi(x_1, x_2, \dots x_n) - \varepsilon = 0; \tag{19.}$$

d. h. ε selbst ist der Werth von φ für das betreffende Werthsystem, oder unter den Wurzeln der Gleichung $\Delta\varepsilon = 0$ selbst befindet sich nothwendig das gesuchte Minimum der Function φ.

Man erhält also hier das nämliche Ergebniss wie in dem zuerst behandelten Falle ohne Nebenbedingungen. Die Aufstellung der Bedingung rührt dort von Lagrange her, während die hier vorgetragene Art der Behandlung der allgemeineren Aufgabe zuerst von Richelot angegeben worden ist; aber seine Darstellung leidet an demselben Mangel wie die Lagrangesche, es fehlt noch der Beweis dafür, dass alle Wurzeln der Gleichung $\Delta\varepsilon = 0$ reell sind.

Dieser Beweis kann für die Gleichung (18.) auf folgende Weise erbracht werden. Da ein jedes Glied der Determinante von ihren Elementen aus jeder Zeile und aus jeder Spalte eines enthalten muss, so kann man sich leicht davon überzeugen, dass jedes Glied, in dem ε in einer höheren als der $(n-m)^{\text{ten}}$ Potenz auftreten würde, den Factor Null erhält. Die Gleichung (18.) ist also in Bezug auf ε vom $(n-m)^{\text{ten}}$ Grade. Sie wurde als Eliminationsresultante aus den Gleichungen (15.) und (17.) erhalten. Da es nun gleichgültig ist, auf welchem Wege die Elimination vollzogen wird, weil stets dieselbe Gleichung entstehen muss, so kann man auch auf folgendem, sogleich zum Ziele führenden Wege vorgehen.

Mittelst der Gleichungen (15.) denke man sich m der Grössen $x_1, \dots x_n$ durch die übrigen, die mit $x'_1, x'_2, \dots x'_{n-m}$ bezeichnet werden mögen, in der Form

$$x_\lambda = \sum_{\mu=1}^{n-m} c_{\lambda\mu} x'_\mu \qquad (\lambda = 1, 2, \dots m) \tag{20.}$$

ausgedrückt. Durch Einsetzen dieser Ausdrücke geht die Function φ in eine homogene quadratische Function der Grössen x'_μ über, während die Functionen $\theta_1, \theta_2, \dots \theta_m$ identisch gleich Null werden. Aus den Formeln (17.) folgt nun aber

$$\varphi_\alpha(x_1, x_2, \dots x_n)\frac{\partial x_\alpha}{\partial x'_\mu} - \varepsilon x_\alpha \frac{\partial x_\alpha}{\partial x'_\mu} + \sum_{\lambda=1}^{m} \varepsilon_\lambda \frac{\partial \theta_\lambda}{\partial x_\alpha}\frac{\partial x_\alpha}{\partial x'_\mu} = 0,$$
$$(\alpha = 1, 2, \dots n;\ \mu = 1, 2, \dots n-m)$$

und wenn in Bezug auf α von 1 bis n summirt wird,

$$(21.)\qquad \frac{1}{2}\frac{\partial\varphi(x_1, x_2, \dots x_n)}{\partial x'_\mu} - \frac{1}{2}\varepsilon\frac{\partial}{\partial x'_\mu}\Big(\sum_{\alpha=1}^{n} x_\alpha^2\Big) + \sum_{\lambda=1}^{m}\varepsilon_\lambda\frac{\partial\theta_\lambda}{\partial x'_\mu} = 0 \quad (\mu = 1, 2, \dots m-n).$$

Wenn durch die Substitution (20.)

$$\varphi(x_1, x_2, \dots x_n) \text{ in } \overline{\varphi}(x'_1, \dots x'_{n-m})$$

und

$$x_1^2 + x_2^2 + \dots + x_n^2 \text{ in } F(x'_1, \dots x'_{n-m})$$

übergehen, so wird aus der Gleichung (21.), in der das letzte Glied der linken Seite verschwindet:

$$(22.)\qquad \overline{\varphi}(x'_1, \dots x'_{n-m})_\mu - \varepsilon F(x'_1, \dots x'_{n-m})_\mu = 0.$$

Nun ist aber $x_1^2 + \dots + x_n^2$ eine beständig positiv bleibende Function, die nur verschwindet, wenn alle Veränderlichen den Werth Null haben. Diese Eigenschaft wird durch Ausführung der Substitution nicht geändert, also ist auch F eine beständig positive Function. Nach dem zuvor bewiesenen Satze (S. 42) ist daher die Determinante der Gleichungen (22.) so beschaffen, dass sie, gleich Null gesetzt, eine algebraische Gleichung für ε ergiebt, deren Wurzeln sämmtlich reelle Werthe haben. Diese Gleichung muss aber nach dem oben Bemerkten mit der Gleichung (18.) identisch sein. Damit ist die Behauptung bewiesen. Man kann wieder die Cartesische Zeichenregel anwenden, um zu ermitteln, ob sämmtliche Wurzeln positiv sind. Trifft dies zu, so ist die gegebene quadratische Function unter den vorgeschriebenen Bedingungen beständig positiv, und die Function hat also unter diesen Bedingungen ein Minimum. Um in entsprechender Weise die Bedingungen für ein Maximum aufzustellen, braucht man übrigens nur φ mit $-\varphi$ zu vertauschen.

Fünftes Kapitel.

Abschliessende Bemerkungen zur Theorie der Maxima und Minima. Anwendungen.

Durch die vorstehenden Betrachtungen ist die Theorie der Maxima und Minima im Wesentlichen erledigt. Von der zu untersuchenden Function $f(x_1, x_2, \dots x_n)$ ist jedoch vorausgesetzt worden, dass sie sich in dem betrachteten Bereiche regulär verhalte; dasselbe gilt auch von den Functionen $f_\lambda(x_1, x_2, \dots x_n)$ die, gleich Null gesetzt, die Gleichungen für die Nebenbedingungen ergeben (S. 26). Unter diesen Voraussetzungen waren die Regeln der Differentialrechnung ohne Weiteres anzuwenden. Man muss daher nach Auflösung der Gleichungen, die die Stellen $(a_1, a_2, \dots a_n)$ eines möglichen Maximums oder Minimums der Function liefern, prüfen, ob sich die Functionen in der Umgebung dieser Stellen auch wirklich regulär verhalten. Ferner muss man sich davon überzeugen, ob sich vermittelst der gegebenen m Bedingungsgleichungen

$$f_\lambda(x_1, x_2, \dots x_n) = 0 \qquad (\lambda = 1, 2, \dots m)$$

auch m der Grössen $h_1, h_2, \dots h_n$ durch die übrigen $n-m$ ausdrücken lassen, d. h. ob unter den Determinanten des Systems

$$\begin{matrix} f_{11} & f_{12} & \cdots & f_{1n} \\ f_{21} & f_{22} & \cdots & f_{2n} \\ \cdot & \cdot & \cdots & \cdot \\ f_{m1} & f_{m2} & \cdots & f_{mn} \end{matrix}$$

sich mindestens eine von Null verschiedene befinde (S. 27). Wenn diese Bedingung nicht erfüllt ist, so kann sogar der Fall vorkommen, dass sich zwar $a_1, a_2, \dots a_n$ und $f(a_1, a_2, \dots a_n)$ als reelle Grössen ergeben, dass aber $f(a_1 + h_1, a_2 + h_2, \dots a_n + h_n)$ für alle von Null verschiedenen Werthsysteme der Grössen $h_1, h_2, \dots h_n$, deren absoluten Beträge bestimmte Grenzen nicht überschreiten, einen komplexen Werth annimmt. In der Geometrie würde dann der Fall eines isolirten Punktes einer Curve oder Fläche vorliegen. Andrerseits ist es möglich, dass trotz des Verschwindens aller in Rede stehender Determinanten doch m der Grössen $h_1, h_2, \dots h_n$ durch die übrigen ausgedrückt werden können, nur müssen dann noch Glieder höherer Ordnung in der Entwickelung der linken Seiten der Bedingungsgleichungen (S. 27 (4.)) in Betracht gezogen werden.

Es können ferner auch Aufgaben vorkommen, in denen an der Stelle $(a_1, a_2, \dots a_n)$ ein Maximum (oder Minimum) der Function $f(x_1, x_2, \dots x_n)$ im strengen Sinne nicht stattfindet, sondern wo nur gefordert wird, unter den der genannten Stelle benachbarten Werthsystemen solle sich keines finden, für das der Werth der Function $f(x_1, x_2, \dots x_n)$ grösser (oder kleiner) sei, wobei also die Gleichheit der Functionswerthe nicht ausgeschlossen sein soll. Dies tritt zum Beispiel bei der folgenden, im sechsten Kapitel noch ausführlich zu besprechenden Aufgabe ein: Ein ebenes Polygon von gegebener Seitenzahl und vorgeschriebenem Umfang soll so bestimmt werden, dass sein Inhalt möglichst gross werde. Angenommen nämlich, ein bestimmtes Polygon der verlangten Eigenschaft sei gefunden, dann könnte man es in seiner Ebene oder im Raume beliebig bewegen, ohne dass sich seine Seitenzahl, sein Umfang und sein Flächeninhalt ändern. Denkt man sich, wie im ersten Kapitel (S. 5) für ein ebenes Polygon ausgeführt worden ist, den Inhalt F und den Umfang S des Polygons als Functionen der $2n$ Coordinaten seiner n Eckpunkte dargestellt, so ist klar, dass es zu jedem vorgeschriebenen Werthe von S unendlich viele Werthsysteme der $2n$ Veränderlichen geben muss, für die F ein Maximum wird, falls dies bei einem der Fall ist.

Solche Aufgaben lassen sich jedoch stets auf den Fall eines eigentlichen Maximums oder Minimums zurückführen, indem man einigen der Veränderlichen willkürliche feste Werthe beilegt. In der eben erwähnten Aufgabe kann man zum Beispiel eine Ecke des Polygons mit dem Ursprung der Coordinaten zusammenfallen lassen, die eine der von dieser Ecke ausgehenden Polygonseiten mit der positiven Richtung der x-Achse zur Deckung bringen und ausserdem noch festsetzen, auf welcher Seite der x-Achse das Innere des Polygons an dieser Ecke gelegen sein soll, sodass also etwa $x_1 = y_1 = y_2 = 0$, $x_2 > 0$, $y_3 > 0$ wird.

Man kann nun aber leicht nachweisen, dass auch in solchen Fällen die nothwendigen Bedingungen eines Maximums und Minimums ungeändert bestehen bleiben, nämlich dass die partiellen Ableitungen nach jeder der vorkommenden Veränderlichen verschwinden müssen. Unter der Annahme nämlich, die Veränderlichen seien von einander unabhängig, hat man

$$\begin{aligned} (1.) \qquad & f(a_1+h_1, a_2+h_2, \dots a_n+h_n) - f(a_1, a_2, \dots a_n) \\ & = \sum_{\alpha=1}^{n} h_\alpha f(a_1, a_2, \dots a_n)_\alpha + [h_1, h_2, \dots h_n]^2 + \cdots, \end{aligned}$$

worin die Bezeichnungen den im ersten und dritten Kapitel benutzten entsprechen sollen. Im Falle eines Minimums darf diese Differenz niemals negativ werden, während zugelassen werden soll, dass sie den Werth Null annehme. Wäre nun das erste Glied auf der rechten Seite von Null verschieden, wenn $(h_1, h_2, \dots h_n)$ das von Null verschiedene Werthsystem $(c_1, c_2, \dots c_n)$ annimmt, so setze man

$$h_\alpha = c_\alpha h \qquad (\alpha = 1, 2, \dots n),$$

unter h eine ebenfalls von Null verschiedene Grösse verstehend, und nehme nun $|h|$ so klein, dass das Vorzeichen der rechten Seite der Gleichung (1.) nur von dem des ersten Gliedes abhängt. Je nach dem Zeichen der Grösse h würde auch die Differenz auf der linken Seite ihr Vorzeichen wechseln. Daher muss wie vorher

$$f(a_1, a_2, \dots a_n)_\alpha = 0 \qquad (\alpha = 1, 2, \dots n)$$

sein. Dies gilt auch für den Fall, wo die Variablen durch Bedingungsgleichungen mit einander verbunden sind (S. 32). Die gesuchten Werthsysteme $(a_1, a_2, \dots a_n)$ werden daher aus genau denselben Gleichungen bestimmt, wie früher; der Unterschied besteht nur darin, dass wenn man ein System von Werthen der Variablen gefunden hat, das diesen Gleichungen genügt, in der Nähe dieses Systems noch unendlich viele andere liegen, die ebenfalls die Gleichungen befriedigen. Diese Werthsysteme sind dadurch charakterisirt, dass für sie die Differenz

$$f(a_1+h_1, a_2+h_2, \dots a_n+h_n) - f(a_1, a_2, \dots a_n)$$

identisch verschwindet. Gerade in diesem Falle versagen aber alle früheren Bedingungen, nach denen entschieden werden konnte, ob an der Stelle $(a_1, a_2, \dots a_n)$ wirklich ein Maximum oder Minimum eintritt. Man muss dann auf andere Weise diese Entscheidung zu treffen suchen.

Es kann drittens vorkommen, dass die Nebenbedingungen nicht in der Form von Gleichungen gegeben sind, sondern dass die Veränderlichen auf einen Bereich eingeschränkt werden, zum Beispiel kann bei einer Aufgabe, die sich auf Punkte des Raumes bezieht, verlangt werden, dass diese sämmtlich im Innern eines Ellipsoides liegen sollen, also

$$\frac{x^2}{a^2}+\frac{y^2}{b^2}+\frac{z^2}{c^2}-1<0$$

sein soll. Im Allgemeinen werden solche Beschränkungen in der Form gegeben sein, dass eine bestimmte Function f_1 der Veränderlichen zwischen zwei festen Grenzen gelegen sein soll:

$$(2.)\qquad a<f_1<b.$$

Als solche Grenzen kann man immer 0 und 1 einführen; man braucht nämlich nur

$$f_1 = a+\varepsilon(b-a)$$

zu setzen, so muss wegen (2.)

$$0<\varepsilon<1$$

sein. Schliesslich kann man diese doppelte Ungleichheit auch auf eine einfache zurückführen:

$$(3.)\qquad \frac{f_1-a}{b-f_1}>0;$$

denn der Ausdruck auf der linken Seite ist nur dann positiv, wenn $a<f_1<b$, dagegen negativ, wenn $f_1<a$ oder $f_1>b$ ist.

Sind die einschränkenden Bedingungen auf eine solche Form (3.) gebracht, dann lässt sich leicht ein Algorithmus finden, nach dem Aufgaben der betrachteten Art gelöst werden können. Zu dem Ende möge zunächst die am Anfang des dritten Kapitels (S. 26) angegebene Aufgabe in folgender Form ausgesprochen werden: Es wird verlangt, unter allen den Werthsystemen $(x_1, x_2, \dots x_n)$, die den Gleichungen

$$f_1=0,\ f_2=0,\ \dots\ f_m=0$$

genügen, diejenigen zu bestimmen, für die der entsprechende Werth der Function f ein Maximum oder ein Minimum wird. Bei dieser Fassung der Aufgabe ist ersichtlich, dass es garnicht erforderlich ist, dass die Function f

alle Variablen $x_1, x_2, \dots x_n$ wirklich enthalte. Es sei nun ein Maximum oder Minimum der Function f unter den Bedingungen $f_1 = 0, f_2 = 0, \dots f_m = 0$ und den weiteren Einschränkungen

$$f_{m+1} > 0,\ f_{m+2} > 0,\ \dots f_{m+r} > 0$$

zu finden; da nur reelle Werthe der Variablen in Betracht gezogen werden sollen, so lassen sich diese Einschränkungen unter Einführung von r neuen Veränderlichen $x_{n+1}, x_{n+2}, \dots x_{n+r}$ auch in der Form

$$f_{m+1} = x_{n+1}^2,\quad f_{m+2} = x_{n+2}^2,\quad \dots\quad f_{m+r} = x_{n+r}^2$$

schreiben, und es ist damit die Aufgabe auf den Fall zurückgeführt, unter den reellen Werthsystemen $(x_1, x_2, \dots x_{n+r})$ alle zu finden, für die ein Maximum oder ein Minimum der Function f eintritt, wenn gegebene $m+r$ Bedingungsgleichungen bestehen.

Eine solche Aufgabe kommt nicht selten in der analytischen Mechanik vor. Man betrachtet dort meistens nur die Fälle, in denen zwischen den Coordinaten der sich bewegenden Punkte Bedingungsgleichungen stattfinden, wo also die Bewegung des Systems dadurch beschränkt wird, dass bestimmte, von der Lage der beweglichen Punkte abhängige Grössen beständig denselben Werth behalten sollen. Es kann jedoch auch vorkommen, dass das betrachtete System gewissen Ungleichheitsbedingungen unterworfen ist. Zum Beispiel pflegt die Aufgabe des sogenannten mathematischen Pendels so gefasst zu werden: Ein Massenpunkt mit den Coordinaten x, y, z bewege sich unter der Einwirkung der Schwerkraft gemäss der Bedingung, dass sein Abstand von einem festen Punkte, etwa dem Coordinatenursprung $(0, 0, 0)$ einen unveränderlichen Werth behalte. Denkt man sich nun aber beide Punkte durch einen unausdehnbaren Faden verbunden, so kann die Länge dieses Fadens zwar eine bestimmte obere Grenze a nicht überschreiten, aber es hindert nichts, dass er sich verkürze. Die erste Bedingung würde analytisch lauten:

$$x^2 + y^2 + z^2 - a^2 = 0,$$

die zweite

$$x^2 + y^2 + z^2 - a^2 \leqq 0.$$

Diese Form der Nebenbedingung ist zu wählen, wenn sich der Punkt (x, y, z) in irgend einer Lage höher als der Nullpunkt $(0, 0, 0)$ befindet.

Die Aufgaben der analytischen Mechanik lassen sich oft auf die Bestimmung eines Maximums oder Minimums zurückführen. Die Gleichungen, die das Princip der virtuellen Geschwindigkeiten oder das d'Alembertsche Princip liefern, sagen bekanntlich aus, dass eine bestimmte Function ein Maximum oder ein Minimum werden soll.

Das Gausssche Princip des kleinsten Zwanges lässt das unmittelbar erkennen. Ein System von n Punkten mit den Massen $m_1, m_2, \dots m_n$ bewege sich unter dem Einfluss continuirlich wirkender Kräfte, jedoch so, dass seine Bewegungen irgend welchen einschränkenden Bedingungen unterworfen sind. In einem beliebigen Augenblicke seien die Stellungen der sämmtlichen Punkte durch ihre Coordinaten und ausserdem ihre Geschwindigkeiten nach Grösse und Richtung, oder die Componenten dieser Geschwindigkeiten nach den Coordinatenachsen gegeben; es handelt sich dann um die Frage, wie von nun an diese Bewegung vor sich gehen werde, d. h. mit welchen Beschleunigungen sich die Punkte bewegen werden. Nach dem Gaussschen Princip hat man dazu folgendermassen zu verfahren. Es seien $A_1, A_2, \dots A_n$ die Stellungen der Massenpunkte in dem betrachteten Augenblicke, $B_1, B_2, \dots B_n$ die Stellungen, die sie nach Verlauf einer hinreichend klein gewählten Zeit τ annehmen würden, wenn ihre Bewegungen völlig frei von den einschränkenden Bedingungen verlaufen könnten, und schliesslich seien $C_1, C_2, \dots C_n$ die Stellungen, die sie zur selben Zeit wirklich annehmen; dann muss die Summe

$$\sum m_\nu \overline{B_\nu C_\nu}^2 \qquad (\nu = 1, 2, \dots n)$$

ein Minimum sein, das heisst: wenn $C'_1, C'_2, \dots C'_n$ irgend n andere, gleichfalls den einschränkenden Bedingungen genügende Punkte bedeuten, so muss stets

$$(4.) \qquad \sum m_\nu \overline{B_\nu C_\nu}^2 < \sum m_\nu \overline{B_\nu C'_\nu}^2$$

sein, und zwar für alle positiven Werthe von τ, die unterhalb einer bestimmten Grösse gelegen sind. Um dies noch genauer auszuführen, bezeichne man mit x_ν, y_ν, z_ν die Coordinaten des Punktes A_ν $(\nu = 1, 2, \dots n)$ zu irgend einer Zeit t, mit x'_ν, y'_ν, z'_ν die Componenten seiner Geschwindigkeit, und mit X_ν, Y_ν, Z_ν die Componenten der Resultante aller auf ihn wirkenden beschleunigenden Kräfte. Bei freier Bewegung würde der betrachtete Punkt zur Zeit $t+\tau$ die Coordinaten von B_ν,

$$x_\nu + \tau x'_\nu + \frac{1}{2}\tau^2 \frac{X_\nu}{m_\nu} + \cdots,$$
$$y_\nu + \tau y'_\nu + \frac{1}{2}\tau^2 \frac{Y_\nu}{m_\nu} + \cdots,$$
$$z_\nu + \tau z'_\nu + \frac{1}{2}\tau^2 \frac{Z_\nu}{m_\nu} + \cdots$$

haben, während in Wirklichkeit, d. h. in der Lage C_ν, seine Coordinaten

$$x_\nu + \tau x'_\nu + \frac{1}{2}\tau^2 x''_\nu + \cdots,$$
$$y_\nu + \tau y'_\nu + \frac{1}{2}\tau^2 y''_\nu + \cdots,$$
$$z_\nu + \tau z'_\nu + \frac{1}{2}\tau^2 z''_\nu + \cdots$$

sein werden, die Gültigkeit der Taylorschen Reihenentwickelung wie bisher vorausgesetzt. Sind nun

$$x_\nu + \tau x'_\nu + \frac{1}{2}\tau^2 (x''_\nu + \xi_\nu) + \cdots,$$
$$y_\nu + \tau y'_\nu + \frac{1}{2}\tau^2 (y''_\nu + \eta_\nu) + \cdots,$$
$$z_\nu + \tau z'_\nu + \frac{1}{2}\tau^2 (z''_\nu + \zeta_\nu) + \cdots$$

die Coordinaten des Punktes C'_ν, die gleichfalls den vorgeschriebenen Bedingungen genügen sollen, so liefert die Bedingung (4.):

$$(5.)\qquad \sum m_\nu \left\{\left(x''_\nu - \frac{X_\nu}{m_\nu}\right)^2 + \left(y''_\nu - \frac{Y_\nu}{m_\nu}\right)^2 + \left(z''_\nu - \frac{Z_\nu}{m_\nu}\right)^2\right\} \frac{1}{4}\tau^4 + \cdots$$
$$- \sum m_\nu \left\{\left(x''_\nu + \xi_\nu - \frac{X_\nu}{m_\nu}\right)^2 + \left(y''_\nu + \eta_\nu - \frac{Y_\nu}{m_\nu}\right)^2 + \left(z''_\nu + \zeta_\nu - \frac{Z_\nu}{m_\nu}\right)^2\right\} \frac{1}{4}\tau^4 + \cdots < 0,$$

wo die nicht hingeschriebenen Glieder höhere Potenzen der Grösse τ enthalten. Dies bedeutet aber, dass

$$\sum m_\nu \left\{\left(x''_\nu - \frac{X_\nu}{m_\nu}\right)^2 + \left(y''_\nu - \frac{Y_\nu}{m_\nu}\right)^2 + \left(z''_\nu - \frac{Z_\nu}{m_\nu}\right)^2\right\}$$

ein Minimum sein muss. Sind keine beschränkenden Bedingungen gegeben, so folgt hieraus

$$m_\nu x''_\nu = X_\nu, \quad m_\nu y''_\nu = Y_\nu, \quad m_\nu z''_\nu = Z_\nu,$$

d. h. die Differentialgleichungen der freien Bewegung. Sind aber Bedingungsgleichungen gegeben, etwa von der Form $f(x_1, y_1, z_1, \cdots x_n, y_n, z_n) = 0$, so müssen diese während der Dauer der ganzen Bewegung gelten; man kann also in Bezug auf t differentiiren. Auf diese Weise erhält man Gleichungen für die Grössen x_ν'', y_ν'', z_ν'' und kommt so auf die gewöhnlichen Differentialgleichungen der Mechanik. Dies gilt auch in dem Falle, wo Ungleichheiten als einschränkende Bedingungen auftreten, wofern man nur so verfährt, wie oben (S. 51) auseinandergesetzt worden ist.

Bei der Durchführung von Aufgaben aus der Theorie der Maxima und Minima kann in einigermassen complicirten Fällen namentlich die Betrachtung der Glieder zweiter Dimension doch recht weitläufig werden; nicht als ob die Determinanten, um deren Vorzeichen es sich handelt (S. 21), an sich schwierig zu behandeln wären, aber es kommen in ihnen die Grössen $a_1, a_2, \ldots a_n$ vor, die ja selbst erst aus bestimmten Gleichungen zu ermitteln sind. Es ist nun aber nicht selten möglich, dass man sich durch Betrachtungen, die aus der Natur der Aufgabe entnommen werden, von vornherein die Überzeugung verschaffen kann, dass ein Maximum oder ein Minimum existirt; ergiebt sich dann, dass die nothwendigen Bedingungen eines solchen nur für ein einziges Werthsystem erfüllt sind, so kann man sicher sein, dass diesem System ein Maximum oder ein Minimum auch wirklich entsprechen muss. Man muss aber gerade bei derartigen Betrachtungen sehr vorsichtig sein, da es in der That Fälle giebt, in denen man von der Existenz eines Maximums oder Minimums von vornherein überzeugt zu sein glaubt, während eine sorgfältigere Untersuchung zeigt, dass in Wirklichkeit gar keines existirt. Es mag genügen ein Beispiel hierfür anzugeben.

Um die Parallelentheorie Euclids zu begründen, versuchte man den Satz, dass die Winkelsumme in einem ebenen Dreieck zwei Rechte betrage, zu beweisen, ohne die Parallelentheorie selbst zu Hülfe zu nehmen. Legendre konnte nun zeigen, dass die Winkelsumme nicht grösser als zwei Rechte sein könne; aber er konnte nicht beweisen, dass sie auch nicht kleiner sein dürfe. Man hätte nun vielleicht so schliessen können: Wenn in keinem Dreieck die Summe der Winkel grösser als zwei Rechte sein kann, so giebt es ein Dreieck, in dem die Winkelsumme ihren grösstmöglichen Werth erreicht. Nimmt man dies als richtig an, so lässt sich leicht zeigen, dass in diesem Dreieck die Summe der Winkel gleich zwei Rechten ist; und daraus würde dann weiter folgen, dass dies bei jedem Dreieck der Fall sein muss. Dass hierbei ein

Fehlschluss untergelaufen ist, erkennt man sofort, wenn man genau dieselbe Schlussweise auf das sphärische Dreieck anwenden wollte, bei dem ja die Summe der Winkel nicht kleiner als zwei Rechte sein kann; man würde hier finden, dass in jedem sphärischen Dreieck die Winkelsumme zwei Rechte betrage, was doch nicht der Fall ist. Der Fehlschluss besteht in der Annahme der Existenz eines Maximums; eine solche Annahme ist eben nicht ohne Weiteres berechtigt. Es ist nicht immer nothwendig, dass eine obere oder eine untere Grenze (vgl. S. 56) wirklich erreicht wird, selbst wenn man ihr so nahe kommen kann, als man will. Man muss vielmehr in solchen Fällen stets den Existenzbeweis für ein Maximum oder Minimum zu führen versuchen.

Um die Mittel zur Durchführung solcher Untersuchungen auseinander zu setzen, soll an einige Definitionen und Sätze aus der Functionentheorie erinnert werden.

Die Gesammtheit aller Werthsysteme, die n veränderliche, hier als reell zu betrachtende Grössen $x_1, x_2, \dots x_n$ annehmen können, heisst das Gebiet dieser Grössen, jedes einzelne derartige Werthsystem eine Stelle oder ein Punkt des Gebietes. Wenn die n Veränderlichen sämmtlich unbeschränkt sind, d. h. jede unabhängig von den übrigen jeden reellen Werth annehmen kann, so bildet ihr Gesammtgebiet eine n-fache Mannigfaltigkeit. So bilden zum Beispiel die Coordinaten sämmtlicher Punkte einer Geraden, einer Ebene, des Raumes je eine einfache, zweifache, dreifache Mannigfaltigkeit. Sind die veränderlichen n Grössen durch Bedingungsgleichungen mit einander verknüpft, sodass noch m von ihnen als unabhängig betrachtet werden können, so soll die Gesammtheit aller dieser Stellen eine m-fache Mannigfaltigkeit oder ein Gebilde m^{ter} Stufe im Gebiete jener n Veränderlichen genannt werden. So ist zum Beispiel eine gerade Linie des Raumes ein Gebilde erster Stufe im Gebiete von drei Veränderlichen. Das System sämmtlicher Geraden im Raume kann durch eine vierfache Mannigfaltigkeit dargestellt werden, wie sogleich einleuchtet, wenn man ihre Schnittpunkte mit zwei festen Ebenen ins Auge fasst.

In einer einfachen Mannigfaltigkeit mögen nun auf irgend eine Weise Stellen definirt sein, jedoch in unendlicher Anzahl; für solche Stellen können Grenzstellen existiren, d. h. es kann Stellen a von der Beschaffenheit geben, dass, wie klein auch eine positive Grösse δ gewählt werden mag, in jedem

Intervall $(a-\delta \ldots a+\delta)$ stets noch Stellen liegen, die zu den definirten gehören. Für die Zahlen von der Form $\frac{1}{n}$, $1+\frac{1}{n}$, $2+\frac{1}{n^2}$, wo n eine ganze Zahl bedeutet, sind zum Beispiel bezw. 0, 1, 2 solche Grenzstellen. Diese Grenzstellen brauchen übrigens nicht zu den definirten Stellen selbst zu gehören.

Nun wird in der Functionentheorie bewiesen: Wenn in einer einfachen Mannigfaltigkeit auf irgend eine Weise Stellen in unendlicher Zahl definirt werden, doch so, dass sie sämmtlich zwischen zwei festen Werthen gelegen sind, so besitzen sie mindestens eine Grenzstelle. Lässt man die zuletzt genannte Beschränkung weg, so behält der ausgesprochene Satz auch dann noch seine Gültigkeit, wofern man nur $+\infty$ oder $-\infty$ als Grenzstellen in den Fällen zulässt, wo es stets noch Stellen oberhalb jeder beliebigen positiven Zahl A oder unterhalb $-A$ giebt, die zu den definirten gehören.

Ebenso wird für mehrfache Mannigfaltigkeiten bewiesen: Wenn in einer n-fachen Mannigfaltigkeit auf irgend eine Weise Stellen $(x_1', x_2', \ldots x_n')$ definirt werden, jedoch in unendlicher Anzahl, und wenn sämmtliche der Zahlen $x_1', x_2', \ldots x_n'$ zwischen zwei festen Werthen gelegen sind, so giebt es in der Mannigfaltigkeit stets mindestens eine Stelle $(a_1, a_2, \ldots a_n)$, die sich dadurch auszeichnet, dass sich in jeder noch so kleinen Umgebung von ihr Stellen befinden, die zu den definirten gehören; d. h. wie klein auch die positive Grösse δ gewählt werden mag, so giebt es immer unter den Stellen $(x_1', x_2', \ldots x_n')$ solche, für die die Ungleichheiten

$$|x_\lambda' - a_\lambda| < \delta \qquad (\lambda = 1, 2, \ldots n)$$

bestehen. Eine solche Stelle $(a_1, a_2, \ldots a_n)$ heisst eine Grenzstelle der definirten Stellen, wobei wiederum zu bemerken ist, dass sie nicht nothwendig zu diesen selbst gehört. Auch hier kann man durch Hinzunahme unendlich ferner Punkte als Grenzstellen die Einschränkung, dass die Veränderlichen an den definirten Stellen nur Werthe zwischen zwei festen Grenzen annehmen dürfen, weglassen, ohne dass der Satz seine Gültigkeit verliert.

Aus diesem Satze ergeben sich eine Reihe von Folgerungen, von denen die nachstehenden für die hier in Frage kommenden Betrachtungen besonders wichtig sind.

1) Ist x eine veränderliche Grösse, deren Werthe jedoch sämmtlich zwischen zwei festen Werthen gelegen sind, so hat

sie eine obere und eine untere Grenze; d. h. es giebt eine ganz bestimmte Grösse g, der Art, dass kein Werth der Veränderlichen x grösser als g, wohl aber mindestens einer grösser als $g-\delta$ ist; ebenso giebt es eine ganz bestimmte Grösse k der Art, dass kein Werth der Veränderlichen x kleiner ist als k, wohl aber mindestens einer kleiner als $k+\delta$; hierbei bedeutet δ eine beliebig klein zu wählende positive Grösse.

Auch hier kann man die einschränkende Bedingung, dass die Variable x nur Werthe, die zwischen zwei festen Zahlen gelegen sind, annehmen soll, fallen lassen, wenn man $+\infty$ und $-\infty$ als obere und untere Grenze zulässt, indem man unter dem Ausdrucke, die obere Grenze von x sei $+\infty$, versteht, dass es unter den Werthen, die x annimmt, stets solche giebt, die grösser sind als jede beliebig angenommene positive Zahl. Das Entsprechende gilt für $-\infty$ als untere Grenze.

2) Sind in einer Mannigfaltigkeit von n Veränderlichen x, $x_2, \ldots x_n$ Stellen $(x_1', x_2', \ldots x_n')$ in unendlicher Anzahl definirt jedoch so, dass sämmtliche Zahlen $x_1', x_2', \ldots x_n'$ zwischen zwei festen Werthen gelegen sind, und giebt es unter diesen Stellen solche, in denen eine der Variablen, etwa x_1', einer bestimmten festen Grösse a_1 beliebig nahe kommen kann, so giebt es in der n-fachen Mannigfaltigkeit stets mindestens eine bestimmte Stelle $(a_1, a_2, \ldots a_n)$, wo a_1 der eben genannte Werth ist, die sich dadurch auszeichnet, dass in jeder Nähe dieser Stelle solche vorhanden sind, die zu den definirten $(x_1', x_2', \ldots x_n')$ gehören.

Dieser Satz lässt sich auch auf den Fall ausdehnen, dass zwei der Variablen, x_1', x_2', den festen Grössen a_1, a_2 beliebig nahe kommen können, u. s. f.

Sind in einer n-fachen Mannigfaltigkeit von n von einander unabhängigen Veränderlichen $x_1, x_2, \ldots x_n$ unendlich viele Werthsysteme definirt, so bilden sie ein n-fach ausgedehntes Continuum oder einen n-fach ausgedehnten Bereich, wenn zugleich mit jedem solchen Werthsystem $(a_1, a_2, \ldots a_n)$ auch alle Stellen einer gewissen Umgebung von diesem zu den betrachteten gehören, und wenn ferner zu je zwei verschiedenen der betrachteten Werthsysteme $(a_1, a_2, \ldots a_n)$ und $(b_1, b_2, \ldots b_n)$ eine Reihe von Stellen, die ebenfalls zu den definirten gehören, so angegeben werden können, dass die erste in einer zur Mannigfaltigkeit gehörigen Umgebung der Stelle $(a_1, a_2, \ldots a_n)$, jede folgende in einer ebensolchen Umgebung der vorhergehenden und die letzte auch noch in einer solchen Umgebung von $(b_1, b_2, \ldots b_n)$ gelegen ist.

Man sagt von einer Stelle eines bestimmten Continuums oder Bereiches, sie liege in seinem Innern, wenn nicht nur diese Stelle selbst, sondern auch alle Stellen einer bestimmten Umgebung von ihr dem Continuum angehören, sie liege auf der Begrenzung des Continuums, wenn es in jeder noch so kleinen Umgebung von ihr sowohl Stellen giebt, die zu den definirten gehören, als auch solche, die nicht dazu gehören; sie liegt endlich ausserhalb des Bereiches, wenn es Umgebungen von ihr giebt, die keine einzige dem Continuum angehörige Stelle enthalten.

Man kann sich diese Begriffe leicht klarmachen, wenn man die Punkte eines begrenzten Stückes der Geraden betrachtet, ebenso wenn man aus der Ebene ein begrenztes Flächenstück oder aus dem Raum einen begrenzten geometrischen Körper herausschneidet.

Nun sei $F(x_1, x_2, \dots x_n)$ eine eindeutige Function ihrer n Argumente. Das Gebiet dieser n Veränderlichen sei ein mit seiner Begrenzung ganz im Endlichen liegendes Continuum; wird dann jedem möglichen Werthsystem dieses Continuums je ein bestimmter Functionswerth, der mit x bezeichnet werden möge, zugeordnet, so sind damit in einem Gebiete von $n+1$ Grössen bestimmte Stellen $(x, x_1, x_2, \dots x_n)$ in unendlicher Anzahl definirt. Für die Werthe der Grösse x giebt es nun nach dem ersten oben erwähnten Satze eine obere Grenze, die mit a_0 bezeichnet und als endlich angenommen werden möge. Nach dem zweiten Satze muss es mithin mindestens eine Stelle $(a_0, a_1, a_2, \dots a_n)$ von der Beschaffenheit geben, dass in jeder Nähe dieser Stelle stets Stellen vorhanden sind, die zu den definirten gehören. Es muss demnach unter der Gesammtheit der Werthsysteme $(x_1, x_2, \dots x_n)$ mindestens eine Stelle $(a_1, a_2, \dots a_n)$ von der Beschaffenheit geben, dass in jeder Nähe von ihr Werthsysteme liegen, die zu den definirten gehören. Eine solche Stelle $(a_1, a_2, \dots a_n)$ kann somit nicht ausserhalb des Continuums liegen, sondern entweder in seinem Innern oder auf seiner Begrenzung. Man kann also sagen: Unter den gemachten Voraussetzungen muss es im Innern oder auf der Begrenzung des Bereiches der Variablen $x_1, x_2, \dots x_n$ mindestens eine ganz bestimmte Stelle $(a_1, a_2, \dots a_n)$ der Art geben, dass in jeder Nähe von ihr solche Stellen $(x_1, x_2, \dots x_n)$ vorkommen, für die der zugehörige Functionswerth

$$x = F(x_1, x_2, \dots x_n)$$

seiner oberen Grenze a_0 beliebig nahe kommt. Man würde aber falsch schliessen, wenn man behaupten wollte, dass die Function den Werth a_0 auch wirklich annehme und gar ein Maximum an der Stelle $(a_1, a_2, \dots a_n)$ besitze. Nimmt man nun aber die Voraussetzung hinzu, dass die Function sich stetig mit ihren Argumenten ändere, und kann man überdies beweisen, dass die Stelle $(a_1, a_2, \dots a_n)$ im Innern des in Rede stehenden Bereiches gelegen ist, dann erreicht in der That die Function dort ihre obere Grenze a_0. Denn wäre der Functionswerth $F(a_1, a_2, \dots a_n)$, der ja ein bestimmter Werth, etwa x_0, sein muss, von a_0 verschieden, so wäre für alle solche Werthsysteme, die der Stelle $(a_1, a_2, \dots a_n)$ beliebig nahe liegen, der zugehörige Functionswerth wegen der vorausgesetzten Stetigkeit beliebig wenig von x_0 verschieden, könnte also dem Werthe a_0 nicht beliebig nahe kommen. Kann man schliesslich noch darthun, dass eine durch diese Betrachtungen definirte Stelle $(a_1, a_2, \dots a_n)$ die einzige von dieser Beschaffenheit in einer gewissen Umgebung von ihr ist, so kann man sicher sein, dass der Werth der Function an dieser Stelle grösser ist, als für jede andere der betrachteten Umgebung

Der Nachweis, dass eine Stelle, an der die Function ihrer oberen Grenze beliebig nahe kommt, im Innern des in Frage kommenden Bereiches gelegen ist, lässt sich in vielen Fällen folgendermassen durchführen. Es handle sich etwa um eine Function von zwei Variablen, deren Bereich B durch eine ebene einfach geschlossene Linie begrenzt sei. Man denke sich in diese eine zweite beschrieben, die einen Bereich B_1 begrenzt, der ganz im Innern von B gelegen ist. Wenn sich die Function an allen Punkten des Bereiches B und seiner Begrenzungslinie stetig verhält, und wenn man ferner beweisen kann, dass für alle Stellen, die dem Innern von B, aber nicht dem Innern von B_1 angehören, der Werth der Function kleiner ist, als für irgend einen Punkt im Innern von B_1, so muss auch die obere Grenze der Functionswerthe für alle diesem Randstreifen angehörenden Werthsysteme kleiner sein als die obere Grenze aller Functionswerthe in dem ganzen Bereiche B. Demnach können in solchem Falle für die Bestimmung eines Maximums nur solche Stellen in Betracht kommen, die im Innern oder auf der Begrenzung von B_1, also gewiss ganz im Innern von B liegen. Kommt nur eine einzige Stelle in Frage, so kann man sicher sein, dass ein Maximum stattfinden muss. Für ein Minimum lassen sich die entsprechenden Betrachtungen anstellen.

Wenn also weiter die Function nicht nur für das Innere des Bereiches definirt ist, sondern auch für alle Stellen der Begrenzung, und wenn es nachweislich im Innern einen Punkt giebt, für den der Werth der Function grösser ist als für jede Stelle der Begrenzung, so erreicht die Function, ihre Stetigkeit vorausgesetzt, ihre obere Grenze sicherlich im Innern des Bereichs. Um auch hierfür ein Beispiel zu geben, so beruht der bekannte, auf Cauchy zurückzuführende Beweis von der Existenz der Wurzeln einer algebraischen Gleichung auf ähnlichen Überlegungen. Es sei $f(z)$ eine gegebene ganze Function der complexen Veränderlichen $z = x + iy$, wo x, y reelle Variable bedeuten, so lässt sich $f(z)$ in der Form $\varphi(x, y) + i\psi(x, y)$ schreiben, wo die Functionen $\varphi(x, y)$ und $\psi(x, y)$ nur reelle Werthe annehmen. Demnach kann die Grösse $\varphi^2 + \psi^2$ niemals negativ werden, sie kann also als untere Grenze nur den Werth Null oder eine positive Grösse haben. Ist nun $f(z)$ eine rationale ganze Function, so kann man sich leicht überzeugen, dass $\varphi^2 + \psi^2$ zugleich mit $\sqrt{x^2 + y^2}$, dem Abstande des Punktes z vom Nullpunkte, grösser als jede feste Zahl gemacht werden kann. Mit anderen Worten: man kann sich um den Nullpunkt als Mittelpunkt einen Kreis mit so grossem Radius gezogen denken, dass für jeden Punkt auf seinem Umfang die Grösse $\varphi^2 + \psi^2$ grösser ist, als für irgend einen Punkt im Innern. Nun hat Cauchy daraus von vornherein auf die Existenz eines Minimums geschlossen. Man kann jedoch zunächst nur folgern, dass die Function $\varphi^2 + \psi^2$ eine untere Grenze hat. Da sie aber stetig ist, so erreicht sie ihre untere Grenze, es existirt also ein Minimum, und dieses muss nach dem eben Bemerkten im Innern des erwähnten Kreises gelegen sein. Nun zeigt Cauchy weiter, dass man, wenn für irgend eine Stelle $\varphi^2 + \psi^2 > 0$ ist, in ihrer Nähe stets Stellen angeben kann, an denen der Werth von $\varphi^2 + \psi^2$ kleiner ist als an jener Stelle. Infolgedessen muss mindestens eine Stelle vorhanden sein, an der $\varphi^2 + \psi^2$ gleich Null ist, und das ist nur möglich, wenn dort φ und ψ verschwinden, mithin auch $f(z)$ gleich Null ist.

Die vorstehenden Betrachtungen, durch die man sich von vornherein von dem Vorhandensein eines Maximums oder Minimums überzeugen kann, lassen sich auch anwenden, wenn unter den Variablen Bedingungsgleichungen bestehen. Das sieht man leicht ein, wenn man sich die Variablen durch eine Anzahl neuer unabhängiger Veränderlicher so ausgedrückt denkt, dass jene Bedingungen erfüllt sind. Dabei ist es keineswegs nothwendig, die Ausdrücke für diese Variablen explicite aufzustellen.

Sechstes Kapitel.

Beispiele zur Theorie der Maxima und Minima.

I. Die grösste und kleinste Krümmung einer Fläche in einem nicht singulären Punkte. — Es sei P ein nicht singulärer Punkt einer ebenen Curve; man denke sich in P an die Curve die Tangente gezogen, und

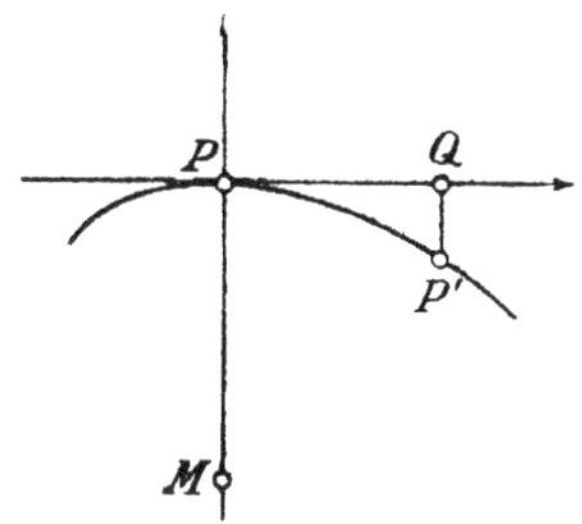

Figur 1.

auf sie von einem zu P benachbarten Punkte P' der Curve das Loth $P'Q$ gefällt (Fig. 1). Wenn sich der Quotient

$$\frac{2\overline{P'Q}}{\overline{PP'}^2}$$

einem bestimmten Grenzwerth nähert, falls der Punkt P' näher und näher an den Punkt P heranrückt, so heisst bekanntlich dieser Grenzwerth, der mit

$$\frac{1}{r}$$

bezeichnet werden möge, die Krümmung der Curve im Punkte P, und der Kreis mit dem Radius r, der die Curve in P berührt, und dessen Mittelpunkt M auf der Normale und zwar auf derselben Seite der Tangente wie P' gelegen ist, der zum Punkte P gehörige Krümmungskreis der Curve. Die

Krümmung wird positiv oder negativ gerechnet, jenachdem die Strecke MP dieselbe Richtung hat wie die als positiv festgesetzte Normale der Curve oder die entgegengesetzte.

Ist nun eine Fläche gegeben, und wird in einem nicht singulären Punkte P ihre Normale gezogen, so schneidet jede diese Normale enthaltende Ebene die Fläche in einer Curve, die in dem betrachteten Punkte P eine bestimmte Tangente und eine bestimmte Krümmung in dem eben angegebenen Sinne besitzt. Diese Krümmung heisst dann zugleich die Krümmung der Fläche im Punkte P in der Richtung der durch den betreffenden Normalschnitt bestimmten Tangente. Es sei

$$F(x, y, z) = 0$$

die Gleichung der Fläche in rechtwinkligen cartesischen Coordinaten. Ist die Function $F(x, y, z)$ analytisch, und ist $P' = (x', y', z')$ ein dem Punkte $P = (x, y, z)$ benachbarter Punkt der Fläche, so lässt sich ihre Gleichung in folgender Form schreiben:

$$(1.)\quad 0 = F_1(x'-x) + F_2(y'-y) + F_3(z'-z) \\ + \frac{1}{2}\{F_{11}(x'-x)^2 + F_{22}(y'-y)^2 + F_{33}(z'-z)^2 \\ + 2F_{12}(x'-x)(y'-y) + 2F_{23}(y'-y)(z'-z) + 2F_{31}(z'-z)(x'-x)\} + \cdots,$$

worin

$$F_1 = \frac{\partial F}{\partial x}, \quad F_2 = \frac{\partial F}{\partial y}, \quad F_3 = \frac{\partial F}{\partial z},$$
$$F_{11} = \frac{\partial^2 F}{\partial x^2}, \quad F_{22} = \frac{\partial^2 F}{\partial y^2}, \quad F_{33} = \frac{\partial^2 F}{\partial z^2},$$
$$F_{12} = \frac{\partial^2 F}{\partial x\,\partial y}, \quad F_{23} = \frac{\partial^2 F}{\partial y\,\partial z}, \quad F_{31} = \frac{\partial^2 F}{\partial z\,\partial x}$$

gesetzt worden ist. Die Gleichung der Tangentialebene im Punkte P lautet

$$(2.)\quad F_1(\xi-x) + F_2(\eta-y) + F_3(\zeta-z) = 0,$$

wo ξ, η, ζ die Coordinaten eines beliebigen Punktes dieser Ebene bedeuten. Setzt man daher, der Quadratwurzel den positiven Werth beilegend, zur Abkürzung

$$(3)\quad \sqrt{F_1^2 + F_2^2 + F_3^2} = H$$

und nimmt als positive Richtung der Flächennormale im Punkte P diejenige an, für die die Richtungscosinus dieser Normalen die Grössen

$$\frac{F_1}{H}, \frac{F_2}{H}, \frac{F_3}{H}$$

sind, so wird der Abstand des Punktes P' von der Tangentialebene

$$(4.) \qquad \overline{P'Q} = \frac{F_1}{H}(x'-x) + \frac{F_2}{H}(y'-y) + \frac{F_3}{H}(z'-z),$$

wie sofort aus der Gleichung (2.) folgt, nachdem man sie auf die Hessesche Normalform gebracht hat. Der Ausdruck auf der rechten Seite der Formel (4.) erhält dabei das negative oder das positive Vorzeichen, jenachdem die Strecke $P'Q$ dieselbe Richtung hat wie die als positiv gewählte Richtung der Flächennormale oder die entgegengesetzte. Im ersten Falle wird daher mit Rücksicht auf die Gleichung (1.), die ja erfüllt sein muss, da der Punkt P' auf der Fläche gelegen ist:

$$(5.) \qquad \frac{2\overline{P'Q}}{\overline{PP'}^2} = \frac{F_{11}(x'-x)^2 + F_{22}(y'-y)^2 + F_{33}(z'-z)^2 + 2F_{12}(x'-x)(y'-y) + \cdots}{HS^2},$$

worin noch

$$S^2 = (x'-x)^2 + (y'-y)^2 + (z'-z)^2$$

gesetzt worden ist. Im andern Falle ist der rechten Seite in (5.) das negative Vorzeichen beizulegen. Lässt man jetzt den Punkt P' näher und näher an P heranrücken, so gehen die Grössen

$$\frac{x'-x}{S}, \frac{y'-y}{S}, \frac{z'-z}{S},$$

die die Richtungscosinus der Strecke PP darstellen, falls der Grösse S das positive Zeichen beigelegt wird, in die Richtungscosinus der Tangente des durch die Wahl von P' bestimmten Normalschnitts im Punkte P über. Bezeichnet man diese Richtungscosinus mit ξ, η, ζ und den Grenzwerth des Verhältnisses auf der linken Seite der Gleichung (5.) mit k, so hat man

$$(6.) \qquad k = \frac{1}{H}\{F_{11}\xi^2 + F_{22}\eta^2 + F_{33}\zeta^2 + 2F_{12}\xi\eta + 2F_{23}\eta\zeta + 2F_{31}\zeta\xi\},$$

und hierin stellt nun k die Krümmung der Fläche im Punkte P und in der durch ξ, η, ζ bestimmten Richtung dar. Die Grösse k ist positiv oder negativ zu nehmen, je nachdem die Richtung der Strecke MP, wo M den Krümmungsmittelpunkt bedeutet, mit der positiven Richtung der Normale zusammenfällt oder nicht.

Werden die Coordinaten des Krümmungsmittelpunktes M mit x_0, y_0, z_0 und der Krümmungsradius mit r bezeichnet, so ist

$$x - x_0 = r\frac{F_1}{H}, \quad y - y_0 = r\frac{F_2}{H}, \quad z - z_0 = r\frac{F_3}{H},$$

also wegen $k = \frac{1}{r}$:

$$(7.)\quad \begin{cases} x - x_0 = \dfrac{F_1}{F_{11}\xi^2 + F_{22}\eta^2 + \cdots + 2F_{31}\zeta\xi} \\ y - y_0 = \dfrac{F_2}{F_{11}\xi^2 + F_{22}\eta^2 + \cdots + 2F_{31}\zeta\xi} \\ z - z_0 = \dfrac{F_3}{F_{11}\xi^2 + F_{22}\eta^2 + \cdots + 2F_{31}\zeta\xi}. \end{cases}$$

Da in diesen Ausdrücken die Quadratwurzel H nicht vorkommt, so sieht man, dass die Lage des Krümmungsmittelpunktes von der Wahl der positiven Richtung der Flächennormale unabhängig ist.

Denkt man sich die durch die Richtung ξ, η, ζ bestimmte Normalebene um die Flächennormale als Achse herumgedreht, bis sie in ihre Ausgangslage zurückkehrt, d. h. variirt man die Grössen ξ, η, ζ in bestimmter, sogleich näher zu erörternder Weise, so wird auch die Krümmung k als Function von ξ, η, ζ andere und andere Werthe annehmen, und da sie eine reguläre Function dieser Veränderlichen ist, so muss sie für bestimmte Werthsysteme (ξ, η, ζ) einen grössten, für andere einen kleinsten Werth annehmen. Da nun der Nenner H für alle durch dieselbe Normale gelegten Normalschnitte denselben Werth besitzt, so hat man nur zu untersuchen, für welche Werthsysteme (ξ, η, ζ) der Ausdruck

$$F_{11}\xi^2 + F_{22}\eta^2 + F_{33}\zeta^2 + 2F_{12}\xi\eta + 2F_{23}\eta\zeta + 2F_{31}\zeta\xi$$

einen grössten und kleinsten Werth annimmt. Dabei ist jedoch zu beachten, dass die Veränderlichen ξ, η, ζ den beiden Bedingungsgleichungen

$$(8.)\quad \begin{cases} F_1\xi + F_2\eta + F_3\zeta = 0, \\ \xi^2 + \eta^2 + \zeta^2 = 1 \end{cases}$$

genügen müssen, von denen die erste aussagt, dass die durch ξ, η, ζ bestimmte Richtung auf der Richtung der Flächennormale senkrecht stehen soll, die zweite aber die bekannte Beziehung zwischen den Richtungscosinus einer Geraden im Raume darstellt.

Der im dritten Kapitel (S. 32) angegebenen Rechnungsregel zufolge hat man, unter ε und ε' unbestimmte Factoren verstehend, die Function

$$(9.)\quad g(\xi,\eta,\zeta) = F_{11}\xi^2 + F_{22}\eta^2 + \cdots + 2F_{31}\zeta\xi - \varepsilon(\xi^2+\eta^2+\zeta^2-1) + 2\varepsilon'(F_1\xi + F_2\eta + F_3\zeta)$$

zu bilden und die nothwendigen Bedingungen dafür aufzusuchen, dass ihr Werth ein Maximum oder Minimum sei, d. h. man hat die Gleichungen

$$\frac{\partial g}{\partial \xi} = 0, \quad \frac{\partial g}{\partial \eta} = 0, \quad \frac{\partial g}{\partial \zeta} = 0$$

mit den Bedingungsgleichungen (8.) zusammenzustellen und aus ihnen die fünf Unbekannten ξ, η, ζ, ε, ε' zu berechnen. Dies ergiebt zunächst die Gleichungen

$$(10.)\quad \begin{cases} (F_{11}-\varepsilon)\xi + F_{12}\eta + F_{13}\zeta + F_1\varepsilon' = 0 \\ F_{21}\xi + (F_{22}-\varepsilon)\eta + F_{23}\zeta + F_2\varepsilon' = 0 \\ F_{31}\xi + F_{32}\eta + (F_{33}-\varepsilon)\zeta + F_3\varepsilon' = 0 \\ F_1\xi + F_2\eta + F_3\zeta = 0, \end{cases}$$

worin $F_{\lambda\mu} = F_{\mu\lambda}$ ist; durch Elimination der Grössen ξ, η, ζ, ε', die wegen der Bedingungsgleichungen (8.) nicht sämmtlich gleich Null sein können, erhält man dann

$$(11.)\quad \begin{vmatrix} F_{11}-\varepsilon & F_{12} & F_{13} & F_1 \\ F_{21} & F_{22}-\varepsilon & F_{23} & F_2 \\ F_{31} & F_{32} & F_{33}-\varepsilon & F_3 \\ F_1 & F_2 & F_3 & 0 \end{vmatrix} = 0.$$

Diese Gleichung ist in Bezug auf ε im Allgemeinen vom zweiten Grade und liefert somit als Lösungen zwei Werthe, ε_1 und ε_2, von denen der eine einem Maximum, der andere einem Minimum der Function zugehören muss, da, wie bereits bemerkt, sowohl das eine, wie auch das andere wirklich eintritt.

Multiplicirt man nun die drei ersten der Gleichungen (10.) der Reihe nach beiderseits mit ξ, η, ζ und vereinigt sie sodann durch Addition, so erhält man mit Berücksichtigung der Gleichungen (8.)

$$(12.)\quad F_{11}\xi^2 + F_{22}\eta^2 + F_{33}\zeta^2 + 2F_{12}\xi\eta + 2F_{23}\eta\zeta + 2F_{31}\zeta\xi = \varepsilon,$$

und weiter im Hinblick auf (6.)

$$(13.)\quad k = \frac{1}{r} = \frac{\varepsilon}{H}.$$

Mithin besitzen die Hauptkrümmungen der gegebenen Fläche im Punkte P die Werthe

$$(14.)\qquad \frac{1}{r_1} = \frac{\varepsilon_1}{H} \text{ und } \frac{1}{r_2} = \frac{\varepsilon_2}{H},$$

und die Coordinaten der zugehörigen Krümmungsmittelpunkte werden aus den Formeln

$$(15.)\qquad \begin{cases} x - x_{01} = \dfrac{F_1}{\varepsilon_1}, & y - y_{01} = \dfrac{F_2}{\varepsilon_1}, & z - z_{01} = \dfrac{F_3}{\varepsilon_1}, \\ x - x_{02} = \dfrac{F_1}{\varepsilon_2}, & y - y_{02} = \dfrac{F_2}{\varepsilon_2}, & z - z_{02} = \dfrac{F_3}{\varepsilon_2} \end{cases}$$

gefunden, falls ε_1, ε_2 von Null verschieden sind.

Um noch die Werthe ε_1 und ε_2 selbst zu ermitteln, setze man

$$(F_{22} - \varepsilon)(F_{33} - \varepsilon) - F_{23}^2 = D_{11},$$
$$F_{23}F_{13} - F_{12}(F_{33} - \varepsilon) = D_{12}$$

und bilde weiter hieraus durch cyklische Vertauschung der Indices die entsprechenden Grössen $D_{\lambda\mu}$, so kann man die Gleichung (11.) zunächst in der Form schreiben:

$$D_{11}F_1^2 + D_{22}F_2^2 + D_{33}F_3^2 + 2D_{12}F_1F_2 + 2D_{23}F_2F_3 + 2D_{31}F_3F_1 = 0,$$

und hieraus entsteht durch Entwickelung nach Potenzen von ε

$$(16.)\qquad H^2\varepsilon^2 - L\varepsilon + M = 0,$$

worin

$$L = H^2(F_{11} + F_{22} + F_{33}) - (F_{11}F_1^2 + F_{22}F_2^2 + F_{33}F_3^2) - 2F_{12}F_1F_2 - 2F_{23}F_2F_3 - 2F_{31}F_3F_1,$$
$$M = (F_{22}F_{33} - F_{23}^2)F_1^2 + (F_{33}F_{11} - F_{31}^2)F_2^2 + (F_{11}F_{22} - F_{12}^2)F_3^2$$
$$+ (F_{12}F_{13} - F_{23}F_{11})F_2F_3 + (F_{23}F_{21} - F_{31}F_{22})F_3F_1 + (F_{31}F_{32} - F_{12}F_{33})F_1F_2$$

gesetzt worden ist. Aus der Gleichung (16.) ergeben sich unmittelbar die Werthe für die Summe und das Product der beiden Hauptkrümmungen, nämlich mit Berücksichtigung der Gleichungen (14.):

$$(17.)\qquad \begin{cases} \dfrac{1}{r_1} + \dfrac{1}{r_2} = \dfrac{L}{H^3}, \\ \dfrac{1}{r_1 r_2} = \dfrac{M}{H^4}. \end{cases}$$

Durch diese Gleichungen werden sowohl die Summe der reciproken Hauptkrümmungsradien als auch das Krümmungsmaass der Fläche im Punkte P unmittelbar durch die Coordinaten dieses Punktes ausgedrückt. Obwohl die Ausdrücke ziemlich complicirt sind, lassen sie sich doch häufig mit Vortheil verwenden; zum Beispiel ist bei den Minimalflächen, die durch die Gleichung $r_1 + r_2 = 0$ charakterisirt sind, $L = 0$, und diese Gleichung stellt die allgemeine Differentialgleichung dieser Art von Flächen dar.

II. Von einem gegebenen Punkte aus soll nach einem Punkte einer gegebenen Fläche eine gerade Linie gezogen werden, deren Länge ein Maximum oder ein Minimum ist.

Es sei $A = (a, b, c)$ der gegebene Punkt, und $F(x, y, z) = 0$ sei die Gleichung der gegebenen Fläche. Setzt man

$$(18.)\qquad g(x, y, z) = (x-a)^2 + (y-b)^2 + (z-c)^2 + 2\lambda F(x, y, z),$$

wo λ einen unbestimmten Factor bedeutet, so sind, dem auf S. 32 Gesagten entsprechend, die Grössen x, y, z, λ aus folgenden Gleichungen zu berechnen:

$$(19.)\qquad \begin{cases} x - a + \lambda F_1 = 0 \\ y - b + \lambda F_2 = 0 \\ z - c + \lambda F_3 = 0, \end{cases}$$

$$(20.)\qquad F(x, y, z) = 0.$$

Da F_1, F_2, F_3 den Richtungscosinus der Flächennormale im Punkte (x, y, z) proportional sind, so sagen die vorstehenden Gleichungen aus, die durch sie bestimmten Punkte (x, y, z) der Fläche haben die Eigenschaft, dass die von ihnen nach dem Punkte A gezogenen Verbindungsgeraden normal zur Fläche stehen. Ist der Punkt $P = (x, y, z)$ von dieser Eigenschaft, so hat man zur Entscheidung, ob für ihn die Grösse $(x-a)^2 + (y-b)^2 + (z-c)^2$ wirklich ein Maximum oder ein Minimum ist, zunächst in die Function $g(x, y, z)$ statt x, y, z die Grössen $x+u$, $y+v$, $z+w$ einzuführen, wobei u, v, w hinreichend kleine Grössen bedeuten, und sodann die Differenz

$$g(x+u, y+v, z+w) - g(x, y, z)$$

nach Potenzen von u, v, w zu entwickeln. Dabei fallen die Glieder erster Dimension weg, während sich das Aggregat der Glieder zweiter Dimension in den Ausdruck

$$(21.)\quad \psi = u^2+v^2+w^2+\lambda(F_{11}u^2+F_{22}v^2+F_{33}w^2+2F_{12}uv+2F_{23}vw+2F_{31}wu)$$

zusammenfassen lässt. Da der Punkt $(x+u, y+v, z+w)$ ebenfalls auf der gegebenen Fläche liegen muss, so genügen die Grössen u, v, w der Bedingung

$$(22.)\qquad F_1 u + F_2 v + F_3 w = 0;$$

denn man braucht aus den auf S. 30 — vgl. (9.) — auseinander gesetzten Gründen hierbei nur die Glieder erster Dimension ins Auge zu fassen.

Will man nun entscheiden, ob die quadratische Function ψ für alle die Gleichung (22.) befriedigenden Werthsysteme (u, v, w) beständig positiv oder beständig negativ bleibt, so hat man nach den im vierten Kapitel (S. 37 u. 38) angestellten Betrachtungen diejenigen Werthsysteme (u, v, w) zu bestimmen, für die die quadratische Function ψ unter der Bedingung

$$(23.)\qquad u^2+v^2+w^2 = 1$$

ein Maximum oder Minimum wird. Man bilde dazu, unter $\varepsilon, \varepsilon'$ wieder unbestimmte Factoren verstehend, die Function

$$(24.)\qquad \psi - \varepsilon(u^2+v^2+w^2-1) + 2\varepsilon'(F_1 u + F_2 v + F_3 w);$$

indem man ihre partiellen Ableitungen erster Ordnung nach den Veränderlichen u, v, w gleich Null setzt, erhält man die Gleichungen

$$(25.)\quad \begin{cases} \left(F_{11}-\frac{\varepsilon-1}{\lambda}\right)u + F_{12}v + F_{13}w + \frac{\varepsilon'}{\lambda}F_1 = 0 \\ F_{21}u + \left(F_{22}-\frac{\varepsilon-1}{\lambda}\right)v + F_{23}w + \frac{\varepsilon'}{\lambda}F_2 = 0 \\ F_{31}u + F_{32}v + \left(F_{33}-\frac{\varepsilon-1}{\lambda}\right)w + \frac{\varepsilon'}{\lambda}F_3 = 0, \end{cases}$$

und man hat nun aus diesen und aus der Gleichung (22.) die vier Grössen $u, v, w, \frac{\varepsilon'}{\lambda}$ zu eliminiren. Es liegt hier ein dem Gleichungssystem (10.) genau entsprechendes vor, nur dass $\frac{\varepsilon-1}{\lambda}$ und $\frac{\varepsilon'}{\lambda}$ an Stelle von ε und ε' getreten ist. Man kann sich daher die auf S. 66 gefundenen Ergebnisse zu Nutze machen; indem man die durch die Elimination von $u, v, w, \frac{\varepsilon'}{\lambda}$ entstehende quadratische Gleichung mit der Unbekannten ε — man vergl. die Gleichung (11.) — auflöst, ihre Wurzeln mit ε_1 und ε_2 bezeichnet und die zugehörigen Krümmungsradien r_1 und r_2 der Normalschnitte berechnet (S. 66 (14.)), erhält man im vorliegenden Falle

$$(26.)\qquad \frac{1}{r_1} = \frac{\varepsilon_1 - 1}{\lambda}\,\frac{1}{H}, \quad \frac{1}{r_2} = \frac{\varepsilon_2 - 1}{\lambda}\,\frac{1}{H},$$

wobei man noch zu beachten hat, dass die positive Richtung der Flächennormale so bestimmt werden muss, dass der in ihrem Richtungscosinus auftretenden Quadratwurzel $\sqrt{F_1^2 + F_2^2 + F_3^2}$ ihr positiver Werth H ertheilt wird (S. 63).

Soll nun für den Punkt P ein Minimum seines Abstandes vom Punkte A eintreten, so müssen die beiden Wurzeln ε_1 und ε_2 positiv sein, für ein Maximum dagegen müssen sie beide negativ sein (S. 39). Diesem Ergebniss lässt sich leicht eine geometrische Deutung geben. Es sei PN die positive Richtung der Flächennormale im Punkte P. Aus den Gleichungen (19.) folgt, dass die Strecke AP dieselbe Richtung wie PN hat oder die entgegengesetzte, je nachdem der Factor λ negativ oder positiv ist, und dass mithin

$$AP = -\lambda H$$

ist. Werden die zu r_1 und r_2 gehörigen Krümmungsmittelpunkte mit M_1 und M_2 bezeichnet, so ist weiter

$$M_1P = \frac{\lambda H}{\varepsilon_1 - 1} = -\frac{AP}{\varepsilon_1 - 1},$$

$$M_2P = \frac{\lambda H}{\varepsilon_2 - 1} = -\frac{AP}{\varepsilon_2 - 1}.$$

Hieraus folgt

$$\varepsilon_1 = \frac{M_1A}{M_1P}, \quad \varepsilon_2 = \frac{M_2A}{M_2P}.$$

Liegen daher M_1 und M_2 auf derselben Seite von P und liegt A zwischen M_1 und M_2, wie in den Figuren 2 und 3 angedeutet ist, so haben ε_1 und ε_2 verschiedene Vorzeichen; nach dem oben Bemerkten findet in diesem Falle weder ein Maximum noch ein Minimum statt.

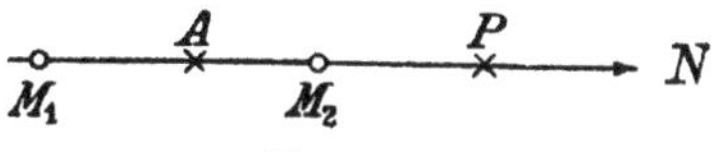

Figur 2.

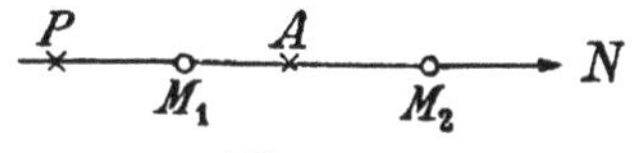

Figur 3.

Liegen zweitens M_1 und M_2 auf derselben Seite von P, aber A ausserhalb der Strecke M_1M_2, so tritt ein Minimum oder ein Maximum ein, je nachdem der Punkt A, von einen der beiden Krümmungspunkte aus gesehen, auf derselben Seite wie P liegt oder nicht. Die Figuren 4 und 5 veranschaulichen dies.

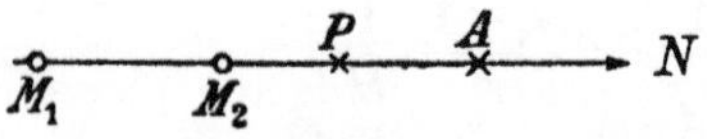

Figur 4.

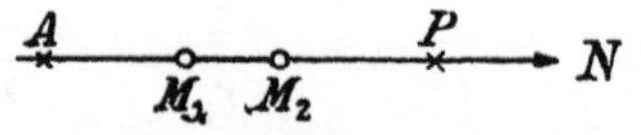

Figur 5.

Liegen drittens die Punkte M_1 und M_2 auf verschiedenen Seiten des Punktes P, und liegt der Punkt A innerhalb der Strecke M_1M_2, so findet stets ein Minimum statt (Fig. 6).

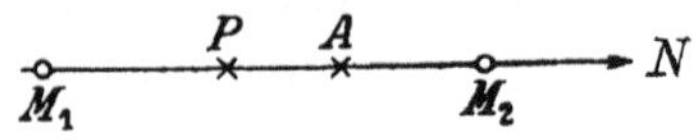

Figur 6.

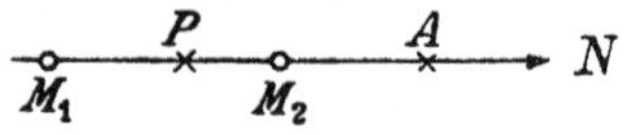

Figur 7.

Liegen schliesslich die Punkte M_1 und M_2 auf verschiedenen Seiten des Punktes P, dagegen der Punkt A ausserhalb der Strecke M_1M_2, so tritt weder ein Maximum noch ein Minimum ein (Fig. 7).

Wenn aber der Punkt A mit einem der beiden Punkte M_1 oder M_2 zusammenfällt, wie diese auch sonst gelegen sein mögen, so ist einer der beiden Werthe ε_1 oder ε_2 gleich Null, und man muss dann die Glieder höherer Dimension in Betracht ziehen. Hier kann auch der Ausnahmefall eintreten, auf den bereits im vierten Kapitel (S. 33) hingewiesen worden ist, dass sich nämlich bei Auflösung des Systems der Gleichungen (19.) und (20.) ein singulärer Punkt P der Fläche ergiebt, d. h. ein solcher, in dem zugleich $F_1 = 0$, $F_2 = 0$, $F_3 = 0$ wäre. In diesem Fall führt der hier eingeschlagene Weg gewiss nicht zum Ziele; denn da es in einem solchen Punkte im Allgemeinen keine Normale der Fläche giebt, so kann auch die Entscheidung über das Vorkommen eines Maximums oder Minimums auf diesem Wege nicht getroffen werden. Wie man alsdann etwa zu verfahren hätte, ist früher (S. 34) angedeutet worden.

III. Unter allen in derselben Ebene gelegenen Polygonen mit gegebener Seitenzahl und von gegebenem Umfange dasjenige zu finden, das den grössten Flächeninhalt besitzt.

Auf diese Aufgabe ist bereits im vorhergehenden Kapitel (S. 48) hingewiesen worden. Die Coordinaten der n Eckpunkte des Polygons, in einer bestimmten Reihenfolge genommen, seien $x_1, y_1; x_2, y_2; \dots x_n, y_n$, die Punkte selbst sollen mit 1, 2, ... n bezeichnet werden.

Der doppelte Inhalt eines Dreiecks, dessen drei Eckpunkte der Coordinatenanfangspunkt 0 und die Punkte 1, 2 sind, wird bis auf das Vorzeichen durch den Ausdruck

$$x_1 y_2 - x_2 y_1$$

bestimmt. Um über das Vorzeichen zu entscheiden, denke man sich das zu Grunde gelegte Coordinatensystem durch Drehung um seinen Anfangspunkt in eine solche Lage gebracht, dass die Strecke 01 in die positive Richtung der x-Achse fällt. Man nennt alsdann diejenige Seite der Strecke 01, auf der die positive y-Achse zu liegen kommt, ihre positive Seite und rechnet den Flächeninhalt des Dreiecks 012 positiv oder negativ, jenachdem es auf der positiven oder negativen Seite der Strecke 01 liegt.

Besitzt der Punkt 0 selbst die Coordinaten x_0, y_0, so ist der doppelte Flächeninhalt des Dreiecks 012

$$2\Delta = (x_1 - x_0)(y_2 - y_0) - (x_2 - x_0)(y_1 - y_0),$$

wo bezüglich des Vorzeichens dieselbe Unterscheidung zu treffen ist.

Für das Polygon werde nun noch vorausgesetzt, dass keine zwei Seiten sich durchkreuzen. Diese Annahme ist, wie man sich leicht überzeugt, dadurch gerechtfertigt, dass sich im andern Falle ein Polygon angeben lässt, das bei gleichem Umfang wie das erste eine grössere Fläche einschliesst, und dessen Seiten sich nicht durchkreuzen. Im Innern des Polygons nehme man einen Punkt $O = (x_0, y_0)$ nach Belieben an und ziehe von ihm aus in irgend einer Richtung eine Gerade. Diese durchschneidet die Begrenzung des Polygons stets in einer ungeraden Anzahl von Punkten (Fig. 8).

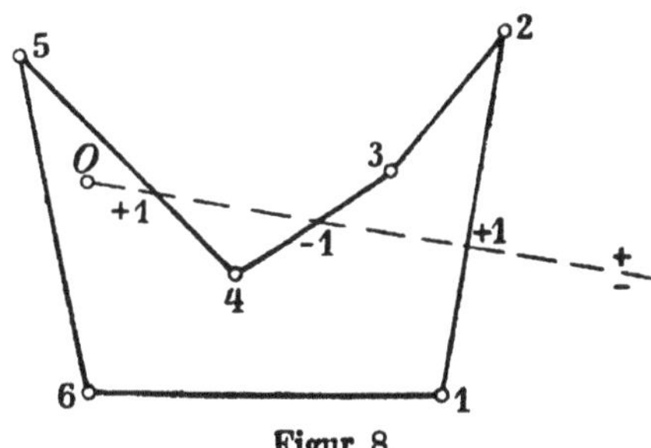

Figur 8.

Verfolgt man nun den Umfang des Polygons in dem festgesetzten Sinne

$1\,2\,3\,\ldots\,n\,1$, und markirt man den Schnittpunkt jener Geraden und einer Polygonseite mit $+1$ oder mit -1, jenachdem der Übergang längs dieser Seite von der negativen nach der positiven Seite der Geraden geschieht oder umgekehrt, so ergiebt sich als Summe dieser Marken entweder $+1$ oder -1. Im ersten Falle soll das Polygon in positivem Sinne beschrieben heissen, im zweiten Falle im negativen Sinne. Dabei muss nun freilich bewiesen werden, dass wie man auch den Punkt O im Innern des Polygons wählen und nach welcher Richtung man jene Gerade auch ziehen mag, sich doch immer dieselbe charakteristische Zahl $+1$ oder -1 herausstellt, wofern nur die positive Seite der Geraden richtig bestimmt worden ist. Einen Beweis für diese Behauptung findet man etwa in Cremonas Elementen des graphischen Calcüls, übersetzt von M. Curtze (S. 13 u. f.).

Dem doppelten Flächeninhalt des Polygons,

$$\begin{aligned}2F = & (x_1-x_0)(y_2-y_0)-(x_2-x_0)(y_1-y_0)+(x_2-x_0)(y_3-y_0)\\ & -(x_3-x_0)(y_2-y_0)+-\cdots+(x_n-x_0)(y_1-y_0)-(x_1-x_0)(y_n-y_0)\end{aligned}$$

oder

$$2F = x_1y_2-x_2y_1+x_2y_3-x_3y_2+-\cdots+x_ny_1-x_1y_n \tag{27.}$$

ist daher das positive oder das negative Vorzeichen beizulegen, je nachdem das Polygon im positiven oder negativen Sinne beschrieben worden ist. Man kann daher nöthigenfalls durch Umkehrung der Reihenfolge der Ecken stets bewirken, dass der Ausdruck (27.) für $2F$ positiv wird.

Dies vorausgesetzt, handelt es sich nun darum, die Function $2F$ zu einem Maximum unter der Bedingung zu machen, dass der Umfang des Polygons einen gegebenen Werth S habe, d. h. es soll

$$s_{12}+s_{23}+\cdots+s_{n-1\,n}+s_{n1} = S \tag{28.}$$

sein, worin

$$s_{\lambda-1\,\lambda} = \sqrt{(x_\lambda-x_{\lambda-1})^2+(y_\lambda-y_{\lambda-1})^2} \tag{29.}$$

die Länge der Polygonseite $\lambda-1\ \lambda$ bedeutet, und der Quadratwurzel ihr positiver Werth beizulegen ist.

Bildet man die Function

$$g = 2F+\varepsilon(s_{12}+s_{23}+\cdots+s_{n1}-S), \tag{30.}$$

unter ε einen unbestimmten Factor verstehend, und setzt die partiellen Ableitungen nach den Variablen x_λ, y_λ gleich Null, so erhält man folgende Gleichungen:

$$(31.)\quad \begin{cases} \dfrac{\partial g}{\partial x_\lambda} = \quad y_{\lambda+1} - y_{\lambda-1} + \varepsilon\left(\dfrac{x_\lambda - x_{\lambda+1}}{s_{\lambda+1\,\lambda}} + \dfrac{x_\lambda - x_{\lambda-1}}{s_{\lambda-1\,\lambda}}\right) = 0 \\ \dfrac{\partial g}{\partial y_\lambda} = -x_{\lambda+1} + x_{\lambda-1} + \varepsilon\left(\dfrac{y_\lambda - y_{\lambda+1}}{s_{\lambda+1\,\lambda}} + \dfrac{y_\lambda - y_{\lambda-1}}{s_{\lambda-1\,\lambda}}\right) = 0. \end{cases}$$

Hierin durchläuft λ die Werthe $1, 2, \ldots n$; man hat jedoch für $n+1$ wieder den Werth 1, und für 0 den Index n zu schreiben. Zusammen mit der Bedingungsgleichung (28.) hat man $2n+1$ Gleichungen zur Bestimmung von ebensovielen Unbekannten $x_1, \ldots x_n, y_1, \ldots y_n, \varepsilon$, womit jedoch nicht gesagt sein soll, dass die Werthe dieser Unbekannten durch die Gleichungen auch wirklich bestimmt wären.

Um möglichst einfach zu dem gewünschten Ergebniss zu kommen, setze man, unter $z_1, z_2, \ldots z_n$ komplexe Variable verstehend,

$$(32.)\qquad z_\lambda = x_\lambda - x_{\lambda-1} + i(y_\lambda - y_{\lambda-1}),$$

so ist die geometrische Bedeutung von z_λ die Strecke vom Punkte $\lambda-1$ bis zum Punkte λ, und zwar nach Grösse und nach Richtung. Ist ferner

$$(33.)\qquad z'_\lambda = x_\lambda - x_{\lambda-1} - i(y_\lambda - y_{\lambda-1}),$$

so hat man

$$(34.)\qquad z_\lambda z'_\lambda = s^2_{\lambda-1\,\lambda}.$$

Multiplicirt man nun die erste der Gleichungen (31.) beiderseits mit i und subtrahirt davon die zweite, so erhält man wegen (32.)

$$z_\lambda + z_{\lambda+1} + \varepsilon i\left(\frac{z_\lambda}{s_{\lambda-1\,\lambda}} - \frac{z_{\lambda+1}}{s_{\lambda\,\lambda+1}}\right) = 0$$

oder

$$(35.)\quad \begin{cases} z_\lambda\left(1 + \dfrac{\varepsilon i}{s_{\lambda-1\,\lambda}}\right) = -z_{\lambda+1}\left(1 - \dfrac{\varepsilon i}{s_{\lambda\,\lambda+1}}\right) \\ z'_\lambda\left(1 - \dfrac{\varepsilon i}{s_{\lambda-1\,\lambda}}\right) = -z'_{\lambda+1}\left(1 + \dfrac{\varepsilon i}{s_{\lambda\,\lambda+1}}\right), \end{cases}$$

wobei die zweite der vorstehenden Gleichungen aus der ersten durch Vertauschung von i mit $-i$ hervorgegangen ist. Hieraus ergiebt sich durch Multiplication mit Rücksicht auf (34.)

$$s^2_{\lambda-1\,\lambda}\left(1 + \frac{\varepsilon^2}{s^2_{\lambda-1\,\lambda}}\right) = s^2_{\lambda\,\lambda+1}\left(1 + \frac{\varepsilon^2}{s^2_{\lambda\,\lambda+1}}\right)$$

und daraus weiter

$$s^2_{\lambda-1\,\lambda} = s^2_{\lambda\,\lambda+1},$$

oder da $s_{\lambda-1\,\lambda}$ eine wesentlich positive Grösse ist,

$$(36.)\qquad s_{\lambda-1\,\lambda} = s_{\lambda\,\lambda+1}.$$

Dies Ergebniss bedeutet, dass die Seiten des Polygons sämmtlich einander gleich sind. Es ist daher jede Seite gleich

$$\frac{S}{n}.$$

Nunmehr folgt aus den Gleichungen (35.)

$$\frac{z_{\lambda+1}}{z_\lambda} = \frac{\varepsilon i n + S}{\varepsilon i n - S} = \text{const.},$$

wo die rechte Seite nicht mehr von den Coordinaten der Eckpunkte abhängig ist. Setzt man daher

$$z_\lambda = \frac{S}{n} e^{\varphi_\lambda i},$$

worin φ_λ den Winkel bedeutet, den die Strecke z_λ mit der positiven Richtung der Abscissenachse bildet, so folgt hieraus

$$e^{(\varphi_{\lambda+1} - \varphi_\lambda) i} = \text{const.}$$

oder

$$\varphi_{\lambda+1} - \varphi_\lambda = \text{const.};$$

es sind also auch alle Winkel des Polygones einander gleich. Mithin ist das Polygon ein r e g u l ä r e s.

Die bisherigen Betrachtungen haben also zu folgendem Ergebniss geführt: den Bedingungen der Aufgabe kann nur durch ein reguläres Polygon genügt werden. Mit anderen Worten: wenn es überhaupt ein Polygon giebt, das bei gegebenem Umfang und vorgeschriebener Seitenanzahl einen grössten Flächeninhalt besitzt, so ist es nothwendig regulär. Dass ein solches Maximum aber wirklich existirt, darüber haben die bisherigen Untersuchungen noch keinen Aufschluss gegeben.

Man kann nun aber von den am Schluss des vorhergehenden Kapitels (S. 56) angeführten Überlegungen Gebrauch machen. Zunächst ist klar, dass durch die Seitenanzahl und den Umfang des Polygons bereits eine Grenze für den Flächeninhalt gegeben ist. Denn jedes Polygon vom Umfange S kann in das Innere eines Quadrates gelegt werden, dessen Seiten grösser als der gegebene Umfang sind, und zwar so, dass keiner der Eckpunkte des Polygons auf den Seiten des Quadrates gelegen ist. Demnach kann der Flächeninhalt des Polygons nicht grösser als der des Quadrates sein. Nach den auf S. 56 angegebenen Sätzen giebt es also eine obere Grenze für den Flächeninhalt, die mit F_0 bezeichnet werden möge, wobei es aber, wohl bemerkt, zunächst noch fraglich ist, ob diese auch wirklich für ein bestimmtes Werthsystem erreicht werde. Um dies zu zeigen, kann man sich der auf S. 57 u. f. angegebenen Schlussweisen bedienen. Zunächst muss es bei Beschränkung der Veränderlichen $x_1, y_1, x_2, y_2, \dots x_n, y_n$ auf die Coordinaten der dieses Quadrat erfüllenden Punkte mindestens eine Stelle $(a_1, b_1, a_2, b_2, \dots a_n, b_n)$ von der Beschaffenheit geben, dass sich in jeder Nähe dieser Stelle noch andere finden, für die der Flächeninhalt des aus den zugehörigen Punkten gebildeten Polygons der oberen Grenze F_0 beliebig nahe kommt. Diese Punkte $(a_1, b_1), (a_2, b_2), \dots (a_n, b_n)$ kann man aber im Innern des Quadrates annehmen; denn lägen sie zufällig auf der Begrenzung, so wäre es doch nach dem oben Bemerkten stets möglich und erlaubt, das zugehörige regelmässige Polygon in das Innere des Quadrates hineinzuschieben, ohne seine Gestalt und seinen Inhalt zu ändern. Nun ist aber weiter der Werth der Function F an den Stellen $(a_1, b_1, a_2, b_2, \dots a_n, b_n)$ nothwendigerweise gleich F_0; denn andernfalls würde die Ungleichheit auch bestehen bleiben, wenn man die Stellen $(a_1, b_1, \dots a_n, b_n)$ unendlich wenig variirte, und es würde somit nicht möglich sein, in jeder beliebigen Nähe einer jeden der Stellen $(a_1, b_1, \dots a_n, b_n)$ solche Stellen anzugeben, für die der zugehörige Flächeninhalt F der oberen Grenze F_0 beliebig nahe kommt, wie es doch die Stetigkeit der Function F erfordern würde. Dies widerspricht aber der vorherigen Schlussfolgerung. Es nähern sich also sämmtliche n-Ecke mit gegebenem Umfange ihrem Inhalte nach nicht nur einer bestimmten oberen Grenze, sondern diese wird auch wirklich erreicht. Da nun die nothwendigen Bedingungen für das Eintreten eines Maximums das regelmässige Polygon von n Seiten als einzige Lösung ergeben hatten, da ferner der Nachweis erbracht werden konnte, dass bei der gestellten Aufgabe ein Maximum wirklich existirt, so kann man nunmehr in aller Strenge den Schluss ziehen: *Das ebene Polygon, das bei vorgeschriebenem Umfange und gegebener Seitenanzahl den grössten Flächeninhalt einschliesst, ist das reguläre.*

Zweiter Abschnitt.

VARIATIONSRECHNUNG.

Siebentes Kapitel.

Einleitende Bemerkungen. — Über die Rotationsfläche kleinsten Flächeninhalts.

Um die Aufgabe und das Wesen der Variationsrechnung zu erläutern und um ihren Zusammenhang mit der Theorie der Maxima und Minima auseinanderzusetzen, wollen wir zunächst einige einfachere specielle Probleme besprechen, deren vollständige Lösung jedoch erst später angegeben werden kann. Diese Fragestellungen entstammen grösstentheils der Zeit, als, unmittelbar nachdem der Algorithmus der Differentialrechnung und zum Theil der Integralrechnung ausgebildet war, die Mathematiker sich anschickten, die neuen Methoden an bestimmten Aufgaben, die wir heute zum Gebiete der Variationsrechnung zählen, zu erproben.

Zuerst soll das Problem der Rotationsfläche kleinsten Flächeninhalts behandelt werden. — In einer Halbebene seien zwei Punkte A, B (Fig. 9)

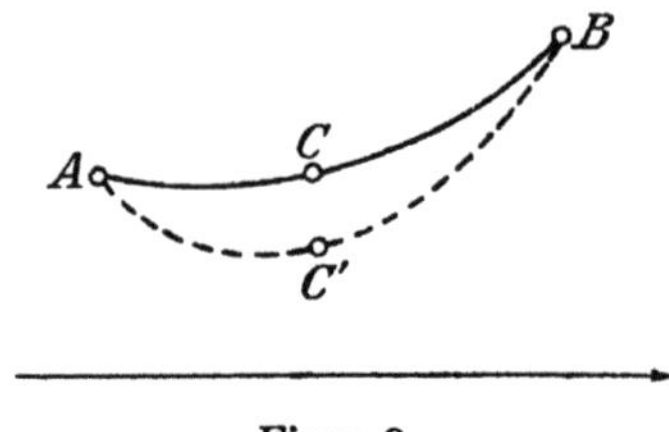

Figur 9.

gegeben und durch einen rectificirbaren Curvenbogen verdunben; dreht sich die Halbebene um ihre Kante, so beschreibt der Curvenbogen eine Rotationsfläche, und die Aufgabe, um die es sich hier handelt, und die zu einer der frühesten Aufgaben aus dem Gebiete der Variationsrechnung gehört, verlangt, den Curvenbogen durch die beiden fest gegebenen Punkte so zu legen, dass der Flächeninhalt der bei einer vollen Umdrehung entstehenden Umdrehungsfläche ein Minimum werde. Ursprünglich forderte man den absolut kleinsten Flächeninhalt unter allen überhaupt möglichen. Man kann aber auch hier den Begriff des Minimums in ähnlicher Weise definiren wie es bei Functionen von mehreren Veränderlichen geschehen ist (S. 4). Ist $(a_1, a_2, \dots a_n)$ ein Werthsystem der Veränderlichen $x_1, x_2, \dots x_n$, so sagte man, die Function $f(x_1, x_2, \dots x_n)$ habe an der Stelle $(a_1, a_2, \dots a_n)$ ein Minimum, wenn die Ungleichheit

$$f(x_1, x_2, \dots x_n) > f(a_1, a_2, \dots a_n)$$

für alle Werthsysteme $(x_1, x_2, \dots x_n)$ besteht, die den Beschränkungen

$$|x_1 - a_1| < \delta, \ |x_2 - a_2| < \delta, \ \dots \ |x_n - a_n| < \delta$$

genügen, unter δ eine positive, hinreichend kleine Zahl verstanden. Eine ähnliche Überlegung kann man nun auch bei der hier vorliegenden Aufgabe durchführen, wobei man freilich nicht eine Reihe von discreten Stellen, sondern eine continuirliche Folge in Betracht ziehen muss, und dementsprechend festsetzen wird, die von dem gesuchten Curvenbogen AB erzeugte Umdrehungsfläche solle einen kleineren Flächeninhalt haben als jede andere, die durch irgend einen benachbarten zwischen den Punkten A, B gezogenen Curvenbogen erzeugt wird.

Bei einer solchen Festsetzung ist der Begriff einer »benachbarten Curve« noch genauer zu erklären. Denkt man sich irgend zwei Curvenbögen ACB und $AC'B$ zwischen den gegebenen Punkten A, B gezogen, so kann man den zweiten auf mannigfache Weise so auf den ersten beziehen, dass sich beide Punkt für Punkt eindeutig entsprechen. Sind z. B. s, s' die von A als Anfangspunkt gerechneten Bogenlängen der beiden Curven, so kann man zwei Punkte C, C' einander dadurch zuordnen, dass man die Beziehung

$$\text{Bogen } AC : \text{Bogen } AC' = s : s'$$

annimmt. Man kann dann ferner festsetzen, der Abstand CC' je zweier entsprechender Punkte sei kleiner als δ, wo δ eine hinreichend klein anzunehmende positive Zahl sein soll.

Dies vorausgeschickt, kann man jetzt definiren: Die von dem Curvenbogen ACB erzeugte Umdrehungsfläche hat ein Minimum des Flächeninhalts, wenn es möglich ist, eine positive Zahl δ so klein zu wählen, dass dieser Inhalt kleiner ist als für jede Umdrehungsfläche, die von einem anderen Curvenbogen $AC'B$ von der Beschaffenheit erzeugt werden kann, dass die Abstände entsprechender Punkte C, C' sämmtlich kleiner als δ sind.

Wollte man versuchen, die in Rede stehende Aufgabe nach den Methoden der gewöhnlichen Theorie der Maxima und Minima zu lösen, so könnte man folgendermassen verfahren. Man denke sich zwischen den gegebenen Punkten $A = (a, b)$ und $B = (a_1, b_1)$ zunächst eine gebrochene Linie mit den n willkürlich zu wählenden Ecken $C_1 = (x_1, y_1)$, $C_2 = (x_2, y_2)$, ... $C_n = (x_n, y_n)$ gezogen, so besteht die dadurch erzeugte Rotationsfläche aus einer Reihe abgestumpfter Kegelmäntel, deren Gesammtfläche durch den Ausdruck

$$(1.)\quad O = \pi(b+y_1)\sqrt{(x_1-a)^2+(y_1-b)^2}+\pi(y_1+y_2)\sqrt{(x_2-x_1)^2+(y_2-y_1)^2}+\cdots \\ +\pi(y_n+b_1)\sqrt{(a_1-x_n)^2+(b_1-y_n)^2}$$

gegeben ist. Man kann nun fordern, diese Function von $2n$ Variablen zu einem Minimum zu machen, wobei die Veränderungen der Variablen so einzuschränken sind, dass wenn $AC'_1C'_2 \dots C'_nB$ eine Änderung des Linienzuges darstellt, die Abstände $C_1C'_1$, $C_2C'_2$, ... $C_nC'_n$ unterhalb einer hinreichend kleinen Zahl δ gelegen sein sollen. Angenommen, man hätte diese Aufgabe der Theorie der Maxima und Minima gelöst, so würde man versuchen müssen, durch einen Grenzübergang, bei dem man die Zahl n mehr und mehr wachsen liesse, von der gebrochenen Linie zur Curve überzugehen. Durch eine solche Betrachtungsweise war wohl die Anschauung entstanden, als könne die vorgelegte Aufgabe ohne einen neuen Algorithmus schon nach den Regeln gelöst werden, die die Theorie der Maxima und Minima an die Hand giebt. Indem man die partiellen Ableitungen der durch die Formel (1.) gegebenen Function nach den $2n$ Veränderlichen gleich Null setzt, würde man zur Bestimmung der Punkte C_1, C_2, ... C_n eine Anzahl Gleichungen erhalten. Aber davon abgesehen, dass deren Auflösung schon erhebliche Schwierigkeiten bieten dürfte, wäre es bei dem nun zu vollziehenden Grenzübergang keineswegs selbstverständlich, dass jene gebrochene Linie sich wirklich einer rectificirbaren Curve als Grenze nähert. Die Lage der Punkte ist zwar für jeden Werth von n bestimmt, aber ob sich mit wachsendem n auch nur je zwei aufeinander folgende Punkte unbegrenzt nahe kommen, lässt sich von vornherein gar nicht übersehen. Man darf nicht allgemein behaupten, dass sich ein variables Polygon mit wachsender Seitenzahl einer bestimmten Curve nähern müsse. Aber wenn auch dies alles durchgeführt wäre, so müssten doch nun noch die hinreichenden Bedingungen dafür untersucht werden, ob die so erhaltene Rotationsfläche wirklich ein Minimum des Flächeninhalts besitzt, eine insofern sehr schwierige Aufgabe, als es sich um eine unbestimmte Anzahl von Grössen handelt. Danach bliebe noch die Frage zu erledigen, ob die so gewonnenen Ergebnisse auch für den Grenzfall ihre Gültigkeit behielten.

Es liegen somit eine ganze Reihe Bedenken vor, die den im Vorhergehenden skizzirten Weg als wenig aussichtsvoll erscheinen lassen. Man hat nun zunächst die Aufgabe durch folgende Betrachtung zu vereinfachen gesucht.

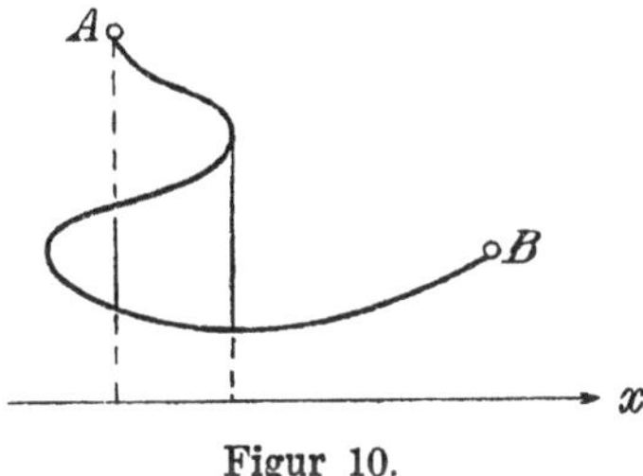

Figur 10.

Nimmt man die Kante der Halbebene als Abscissenachse, so ist klar, dass die Curve ganz zwischen den Ordinaten der Endpunkte A, B verlaufen muss; denn ein etwa ausserhalb liegendes Stück könnte durch das betreffende Stück der Ordinate ersetzt werden, wodurch der Flächeninhalt der entstehenden Rotationsfläche verkleinert würde (Fig. 10). Daraus folgt, dass die Curve auch für keinen Zwischenpunkt die Ordinate zweimal schneiden darf; denn soll die ganze Fläche einen kleinsten Flächeninhalt haben, so muss (bei festgehaltenen Endpunkten) auch jeder ihrer Theile diese Eigenschaft besitzen. Zu jeder Abscisse x gehört demnach nur ein Punkt der Curve; die Ordinate y ist also eine eindeutige Function von x.

Nach diesen Vorbemerkungen soll jetzt ein anderes Verfahren besprochen werden, nach dem die älteren Analysten und auch noch Euler in seiner Methodus nova inveniendi lineas curvas maximi minimive proprietate gaudentes etc. die betrachtete Aufgabe behandelt haben.

Es seien $C' = (x', y')$, $C = (x, y)$, $C'' = (x'', y'')$ drei unendlich nahe Punkte eines Curvenbogens $AC'CC''B$, wobei $x' < x < x''$ sein soll. Man denke sich die Curve so variirt, dass die Theile AC' und $C''B$ ungeändert bleiben, und sich nur das unendlich kleine Stück $C'CC''$ ändere. Die Variation der Curve besteht daher nur in einer Verschiebung des Punktes C, wobei noch die beiden unendlich kleinen Curvenbögen $C'C$ und CC'' als geradlinige Stücke betrachtet werden dürfen und, solange es sich nur um die Aufsuchung nothwendiger Bedingungen handelt, auch der Fusspunkt der Ordinate von C unverändert bleiben darf. Der Inhalt der von dem gebrochenen Linienstück erzeugten Rotationsfläche ist

$$(2.) \qquad \pi(y'+y)\sqrt{(x-x')^2+(y-y')^2}+\pi(y+y'')\sqrt{(x''-x)^2+(y''-y)^2}.$$

Aus dem eben genannten Grunde kann man

$$x - x' = x'' - x$$

annehmen; der gemeinsame Werth werde mit dx bezeichnet. Für den Fall eines Minimums des Flächeninhalts wird dieser bei einer Verschiebung des Punktes C auf einer Senkrechten zur x-Achse stets vergrössert; es muss daher der Ausdruck (2.), als Function von y betrachtet, einen kleinsten Werth annehmen, also muss seine Ableitung nach der Veränderlichen y verschwinden. Dadurch entsteht die Gleichung

$$(3.) \qquad \sqrt{dx^2+(y-y')^2}+\sqrt{dx^2+(y''-y)^2}+\frac{(y+y')(y-y')}{\sqrt{dx^2+(y-y')^2}}+\frac{(y+y'')(y-y'')}{\sqrt{dx^2+(y''-y)^2}} = 0.$$

Betrachtet man nun y als eine Function von x, die sich nach Potenzen von dx entwickeln lässt, so erhält man

$$(4.) \qquad \begin{cases} y-y' = \dfrac{dy}{dx}\cdot dx+\dfrac{1}{2}\dfrac{d^2y}{dx^2}\cdot dx^2+\cdots \\ y-y'' = -\dfrac{dy}{dx}\cdot dx+\dfrac{1}{2}\dfrac{d^2y}{dx^2}\cdot dx^2-+\cdots, \end{cases}$$

und wenn man diese Ausdrücke in die Gleichung (3.) einsetzt und sodann nach Potenzen von dx entwickelt, so fallen die linearen Glieder von selbst weg. Die Nullsetzung der quadratischen Glieder, die sich durch einen Grenzübergang in bekannter Weise begründen lässt, liefert für die unbekannte Function y die Differentialgleichung

$$(5.)\qquad 1+\left(\frac{dy}{dx}\right)^2-y\frac{d^2y}{dx^2} = 0.$$

Diese kann leicht integrirt werden; differentiirt man nämlich in (5.) nochmals nach x, so erhält man

$$\frac{dy}{dx}\frac{d^2y}{dx^2}-y\frac{d^3y}{dx^3} = 0$$

oder

$$\frac{1}{y}\frac{dy}{dx} = \frac{1}{\frac{d^2y}{dx^2}}\frac{d}{dx}\frac{d^2y}{dx^2},$$

daher

$$(6.)\qquad y = c^2\frac{d^2y}{dx^2}$$

und weiter

$$y = C_1 e^{\frac{x}{c}}+C_2 e^{-\frac{x}{c}},$$

wobei c, C_1, C_2 drei durch die aus (5.) leicht folgende Beziehung

$$c^2 = 4C_1C_2$$

verknüpfte und von Null verschiedene Integrationsconstanten bedeuten. Setzt man daher

$$C_1 = \frac{1}{2}ce^{-\frac{x_0}{c}},$$

so muss

$$C_2 = \frac{1}{2}ce^{\frac{x_0}{c}}$$

sein, und damit wird

$$(7.)\qquad y = \frac{c}{2}\left(e^{\frac{x-x_0}{c}}+e^{-\frac{x-x_0}{c}}\right).$$

Diese Gleichung stellt eine Kettenlinie dar. Die Constanten c und x_0 sind noch so zu bestimmen, dass die Curve durch die gegebenen Punkte A, B hindurchgeht.

Eine schärfere Kritik dieser Methode zeigt jedoch, dass sie an sehr vielen Mängeln leidet. Von der Behandlung des Unendlichkleinen und der Zusammensetzung der Curve aus unendlich kleinen geradlinigen Stücken werde dabei ganz abgesehen. Aber es ist ja nur eine ganz specielle Variation der Curve vorgenommen worden, indem nur einer ihrer Punkte und dieser nur senkrecht zur Abscissenachse verschoben worden ist. Die erhaltene Bedingung kann also schon desshalb nicht mehr als eine nothwendige sein. Dazu kommt aber noch ein Umstand, der früher fast garnicht beachtet worden ist. In den beiden Entwickelungen (4.) ist nämlich nicht nur $x-x'$ und $x''-x$ beide Male gleich demselben Werthe dx angenommen, sondern auch stillschweigend vorausgesetzt worden, dass $\frac{dy}{dx}$ denselben Werth bedeute, dass also die beiden Richtungen der Curve im Punkte C gerade entgegengesetzt seien, d. h. dass die Curve in ihrer Richtung keine Stetigkeitsunterbrechung erfahre. Diese Voraussetzung ist aber durchaus nicht selbstverständlich. Obgleich also dieses Verfahren ziemlich leicht zu einem bestimmten Ergebniss geführt hat, wird doch die Frage nicht zu umgehen sein, ob die gefundene Curve in dem ganzen Stück zwischen den gegebenen Punkten A, B oder möglicherweise nur in einem Theile wirklich die Bedingungen der Aufgabe erfülle. Eine genauere, später durchzuführende Behandlung wird zeigen, dass die gefundene Curve thatsächlich nur innerhalb bestimmter Grenzen ein Minimum des Flächeninhalts der durch sie erzeugten Rotationsfläche liefert. Hierüber können jedoch die im Vorhergehenden besprochenen Verfahren, die die gewöhnliche Theorie der Maxima und Minima benutzen, keinen Aufschluss geben, weil es sich dabei immer nur um eine endliche Anzahl discreter Punkte handeln kann, deren Coordinaten durch diese Theorie bestimmt werden können.

Wir haben diese Lösungsversuche hier nur deswegen besprochen, um daran das Gemeinsame und das Unterscheidende zwischen der Theorie der Maxima und Minima und der eigentlichen Variationsrechnung klar zu machen. Nunmehr soll dieselbe Aufgabe der Rotationsfläche kleinsten Flächeninhalts von vornherein ganz anders behandelt werden.

Der im Vorhergehenden wiederholt gebrauchte Grenzübergang von einem Sehnenpolygon zur Curve wird von selbst durch Hinzuziehung des Integralbegriffs ausgeführt. Ist $y = f(x)$ die Gleichung der die Fläche erzeugenden Curve, wobei $f(x)$ eine eindeutige Function bedeutet (S. 79), so wird der

Flächeninhalt der zugehörigen Umdrehungsfläche durch die Formel

$$O = 2\pi \int y\, ds$$

oder

$$\frac{O}{2\pi} = \int_{a_1}^{a_2} y \sqrt{1+\left(\frac{dy}{dx}\right)^2}\, dx \tag{8.}$$

definirt, worin entsprechend der Wahl des Achsenkreuzes der Quadratwurzel ihr positiver Werth zu ertheilen ist. Die in Rede stehende Aufgabe kann nun so formulirt werden: es soll y als Function von x so bestimmt werden, dass das Integral (8.) ein Minimum werde.

Ist y eine Function der verlangten Eigenschaft, und ist u eine bestimmte, aber willkürlich anzunehmende Function von x, deren Werthe für $a_1 \leqq x \leqq a_2$ dem absoluten Betrage nach sämmtlich unterhalb einer hinreichend kleinen positiven Zahl δ gelegen sind, so wird durch die Function $y+u$ eine variirte benachbarte Curve bestimmt, und u heisst eine Variation von y. Setzt man in das Integral (8.) $y+u$ statt y ein, so soll der Voraussetzung entsprechend die Differenz zwischen dem neuen Integral und dem ursprünglichen stets positiv sein, oder wie man sagt, das Integral (8.) darf für unendlich kleine Variationen von y nur eine positive Variation erfahren. Dabei muss die Variation u den Bedingungen genügen, dass u für $x = a_1$ und für $x = a_2$ gleich Null sei, da ja jede variirte Curve durch die gegebenen Punkte A und B gehen soll.

Man könnte nun mit Recht darauf hinweisen, dass durch diese Variationen u noch nicht alle möglichen benachbarten Curven betrachtet werden. Indessen lässt sich bei der hier vorliegenden Aufgabe diese Beschrankung rechtfertigen. Da nämlich (S. 79) gezeigt worden ist, dass jede Senkrechte auf die Abscissenachse zwischen $x = a_1$ und $x = a_2$ jede der für diese Aufgabe überhaupt in Frage kommenden Curven nur einmal schneidet, so kann man den Unterschied der Ordinaten der Curve $y = f(x)$ und irgend einer beliebig variirten Curve stets als die Variation u betrachten.

Achtes Kapitel.

Fortsetzung. Darstellung der Coordinaten als Functionen eines Parameters. Andere specielle Probleme der Variationsrechnung.

Die soeben betrachteten speciellen Variationen sind, wie erwähnt, nur dann gestattet, wenn man sich von vornherein überzeugt hat, dass für die Abhängigkeit der einen Coordinate von der anderen nur eine eindeutige Function bei der Darstellung der Curve in Frage kommen kann. Dies ist jedoch in vielen Fällen nicht zutreffend und auch nicht möglich. Deshalb ist eine andere Formulirung des in Rede stehenden Problems der Variationsrechnung vortheilhaft, die diese Beschränkung nicht enthält. Man kann nämlich die beiden Coordinaten x und y auf mannigfache Weise als eindeutige und differentiirbare Functionen einer unabhängigen Veränderlichen darstellen, z. B. kann man häufig die Bogenlänge der Curve als unabhängige Veränderliche (Parameter) wählen.

Es seien also x und y eindeutige und differentiirbare Functionen eines Parameters t der Art, dass der Punkt (x, y) die betrachtete Curve in stetigem Fortschreiten durchläuft, wenn t alle Werthe von t_0 bis t_1 $(> t_0)$ annimmt. Damit ist zugleich für die Curve ein bestimmter Durchlaufungssinn festgesetzt, indem der kleinste Werth von t in dem betrachteten Bereiche dem Anfangspunkte des Curvenbogens entspricht, und zu grösseren Werthen von t spätere Punkte der Curve gehören.

An Stelle des Integrals S. 83 (8.) tritt nun das folgende:

$$\text{(1.)}\qquad \frac{O}{2\pi} = \int_{t_0}^{t_1} y\frac{ds}{dt}\,dt = \int_{t_0}^{t_1} y\sqrt{\left(\frac{dx}{dt}\right)^2 + \left(\frac{dy}{dt}\right)^2}\,dt,$$

und die Aufgabe ist jetzt, x und y als Functionen von t so zu bestimmen, dass dieses Integral ein Minimum wird. Jede variirte Curve kann der ursprünglich betrachteten Punkt für Punkt dadurch zugeordnet werden, dass die beiden entsprechenden Punkte durch denselben Werth des Parameters bestimmt sind. Man kann demnach jede Variation dadurch bewirken, dass man $x+\xi$, $y+\eta$ statt x, y setzt, wobei unter ξ, η beliebig zu wählende Functionen von t verstanden werden, jedoch mit der Eigenschaft, dass sie für $t = t_0$ und für $t = t_1$ beide den Werth Null annehmen. Die Bedingungen der Aufgabe verlangen dann, dass die hierdurch hervorgebrachte Variation des Integrals (1.) positiv sei, und zwar für alle benachbarten Curven, d. h. für alle solche Functionen ξ, η, die dem absoluten Betrage nach für alle dem Bereiche $(t_0 \dots t_1)$ angehörigen Werthe von t gewisse hinreichend kleine Grenzen nicht überschreiten.

Diese Formulirung des Problems setzt weder voraus, dass die gesuchte Curve überall stetig sei, noch dass sie überall ihre Richtung stetig ändere, noch schliesslich dass dies bei den variirten Curven der Fall sei.

Eine entsprechende Formulirung würde auch dann von Vortheil sein, wenn Anfangs- und Endpunkt des Curvenstückes AB nicht mehr als fest zu betrachten sind. Es kommen in der Variationsrechnung sehr wohl Aufgaben vor, bei denen diesen Punkten oder auch nur einem von ihnen eine gewisse Beweglichkeit zugestanden ist, zum Beispiel wenn die kürzeste Linie zwischen zwei gegebenen Curven oder Flächen gezogen werden soll. In solchen Fällen sind die Functionen ξ, η an den Grenzen, d. h. für $t = t_0$ und $t = t_1$, nicht nothwendig Null, sondern gewissen Bedingungen unterworfen. Hierauf wird noch in einem späteren Kapitel zurückzukommen sein. —

Wir wollen zunächst noch einige andere specielle Aufgaben der Variationsrechnung formuliren. Eine der ältesten rührt von Jacob Bernoulli her, das Problem der Brachistochrone, und lautet folgendermassen: Zwischen zwei gegebenen Punkten soll eine Curve gezogen werden, die von einem dem Einfluss der Schwerkraft unterworfenen beweglichen Punkte bei gegebener Anfangsgeschwindigkeit in kürzester Zeit durchlaufen wird.

Es sei A der Anfangspunkt der Curve, der zugleich als Ursprung eines Coordinatensystems gewählt werde, dessen y-Achse mit der Richtung der Schwerkraft zusammenfalle, während die x-Achse in der durch den gegebenen Endpunkt B der Curve bestimmten lothrechten Ebene gelegen sei und ihre positive Richtung so bestimmt werde, dass die Abscisse von B positiv wird (Fig. 11).

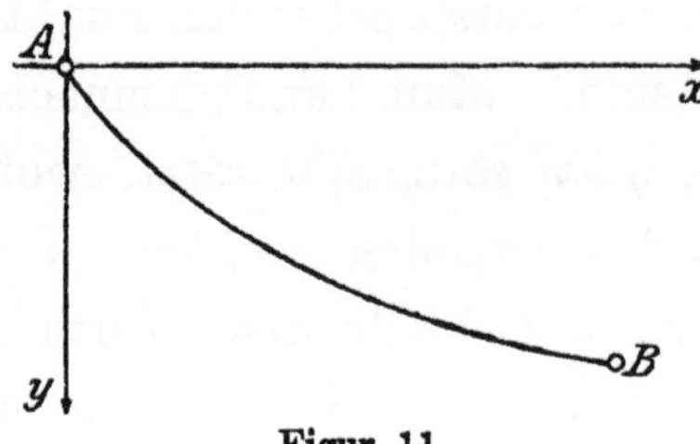

Figur 11.

Aus den Gesetzen der Mechanik ist leicht zu beweisen, dass die Curve ganz in der durch die Punkte A, B bestimmten Verticalebene verlaufen muss. Die Zeit nämlich, in der der bewegliche Punkt einen nicht vollständig in dieser Ebene gelegenen Curvenbogen AB durchlaufen würde, wäre grösser als diejenige, die er bei der gleichen Anfangsgeschwindigkeit zum Durchlaufen der Projection dieses Bogens auf die Verticalebene brauchte. Auch kann man sich auf den Fall beschränken, wo der Anfangspunkt A höher als der Endpunkt B gelegen ist. Denn der bewegliche Punkt kommt in B mit derselben Geschwindigkeit an, mit der er von B ausgehen müsste, um nach A mit der ursprünglichen Geschwindigkeit zu gelangen, und er wird daher auf der den Bedingungen der Aufgabe genügenden Curve auch von B nach A schneller kommen als auf irgend einer anderen Curve.

Bezeichnet man die Zeit mit τ und die gegebene Anfangsgeschwindigkeit mit α, so ist nach dem Satze von der lebendigen Kraft

$$(2.)\qquad \left(\frac{dx}{d\tau}\right)^2 + \left(\frac{dy}{d\tau}\right)^2 = 2gy + \alpha^2;$$

daraus folgt

$$(3.)\qquad d\tau = \frac{\sqrt{dx^2 + dy^2}}{\sqrt{2gy + \alpha^2}}.$$

Da der Ausdruck $2gy + \alpha^2$ stets positiv ist und nur verschwinden kann, wenn $\alpha = 0$ ist und zugleich y verschwindet, so darf man für $y > 0$ der Quadratwurzel $\sqrt{2gy + \alpha^2}$ stets das positive Vorzeichen ertheilen.

Man betrachte nun zunächst y als Function von x.

Ist x_1 die Abscisse des Endpunktes B und bedeutet T die Zeit, zu der

der bewegliche Punkt an der Stelle B angelangt ist, so hat man

$$(4.)\qquad T = \int_0^{x_1} \frac{\sqrt{1+\left(\frac{dy}{dx}\right)^2}}{\sqrt{2gy+\alpha^2}}\,dx,$$

und die Aufgabe besteht nun darin, die Grösse y als Function von x so zu bestimmen, dass das Integral (4.) zu einem Minimum wird. Dabei ist zu bemerken, dass innerhalb des Intervalls von $\tau = 0$ bis $\tau = T$ die Abscisse x nicht vom Zunehmen zum Abnehmen übergehen kann. Wäre nämlich x für einen Zwischenpunkt C (Fig. 12) ein Maximum, so construire man durch C

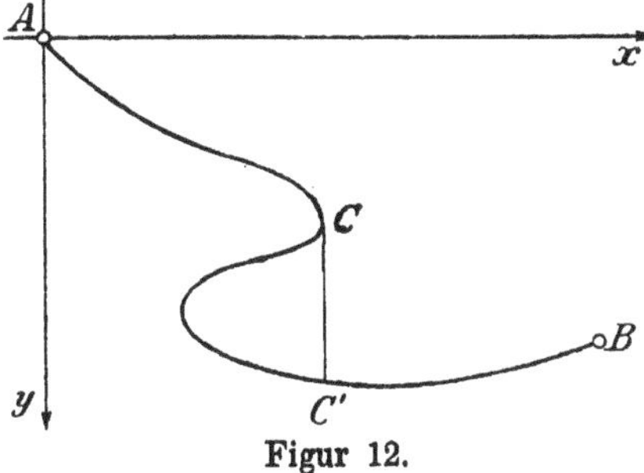

Figur 12.

eine verticale Gerade, die den Curvenbogen CB nochmals in C' schneiden möge, und ersetze den Bogen CC' durch die verticale Strecke CC'. Dadurch würde die Dauer der Fallzeit abgekürzt werden, weil dann an die Stelle von $\sqrt{dx^2+dy^2}$ der Werth $|dy|$ zu setzen ist. Nunmehr kann man im Innern des Bereiches $(x_0 \ldots x_1)$ sowohl dx als auch die Quadratwurzel des Zählers unter dem Integralzeichen in der Gleichung (4.) als positive Grössen betrachten, abgesehen von den Theilen der Curve, längs denen etwa x einen constanten Werth hat.

Man fasse andrerseits y als die unabhängige Variable auf und betrachte x als Function von y. Dann tritt an Stelle des Integrals (4.) das folgende:

$$T = \int_0^{y_1} \frac{\sqrt{1+\left(\frac{dx}{dy}\right)^2}}{\sqrt{2gy+\alpha^2}}\,dy,$$

worin y_1 die Ordinate des Endpunktes B der Curve bedeutet. Nimmt man nun an, dass die Curve anfangs absteige, zu Beginn der Curve also y

zunehme, d. h. dy positiv sei, so muss auch zu Beginn der Curve die Quadratwurzel im Zähler, $\sqrt{1+\left(\frac{dx}{dy}\right)^2}$, positiv genommen werden. Im weiteren Verlauf der Curve ist es aber keineswegs ausgeschlossen, dass dy gleich Null und sogar negativ angenommen werden muss; dann wird die Quadratwurzel unendlich gross und wechselt dabei das Vorzeichen zugleich mit dy, damit die Grösse unter dem Integralzeichen positiv bleibe. Dies würde mit Nothwendigkeit eintreten, wenn die Curve zuerst anstiege, da ja der Punkt B tiefer als A gelegen ist. Diese Erscheinung findet darin ihre Erklärung, dass x längs der betrachteten Curve keine eindeutige Function von y zu sein braucht.

Derartiger Schwierigkeiten, wie sie bei dem hier besprochenen Problem auftreten, wenn eine der Coordinaten als Function der anderen betrachtet wird, ist man überhoben, wenn man sich x und y als eindeutige Functionen eines Parameters t der Art dargestellt denkt, dass der bewegliche Punkt die Curve von A nach B in stetigem Fortschreiten durchläuft, wenn t, von t_0 beginnend, das Intervall $(t_0 \ldots t_1)$ wachsend durchschreitet. Das Integral (4.) geht dann über in

$$(5.) \qquad T = \int_{t_0}^{t_1} \frac{\sqrt{\left(\frac{dx}{dt}\right)^2 + \left(\frac{dy}{dt}\right)^2}}{\sqrt{2gy+\alpha^2}}\, dt.$$

Man kann nun wieder, wie oben (S. 85) auseinandergesetzt worden ist, die Curve so variiren, dass $x+\xi$, $y+\eta$ an Stelle von x, y gesetzt werden, wobei die sonst willkürlichen Grössen ξ, η ebenfalls Functionen von t bedeuten, die jedoch für $t = t_0$ und für $t = t_1$ verschwinden, und deren absolute Beträge im Intervall $(t_0 \ldots t_1)$ unterhalb einer bestimmten Grenze bleiben. Die Aufgabe besteht jetzt darin, x und y als eindeutige Functionen von t so zu bestimmen, dass die durch das Einsetzen von $x+\xi$, $y+\eta$ an Stelle von x, y hervorgehende Variation des Integrals T stets positiv ist, solange nur die absoluten Beträge von ξ, η hinlänglich klein sind. —

Eine dritte, sehr berühmt gewordene Aufgabe der Variationsrechnung ist das Problem der kürzesten Linie auf einer Fläche. Zwischen zwei Punkten auf einer gegebenen regulären Fläche soll eine ganz auf der Fläche gelegene Curve so gezogen werden, dass ihre Bogenlänge ein Minimum wird.

Es seien X, Y, Z die Coordinaten irgend eines Punktes der gegebenen

Fläche, so kann man sie als eindeutige Functionen zweier Veränderlichen x, y darstellen, die man ihrerseits wieder als Coordinaten eines Punktes einer Ebene auffassen kann, auf die die Fläche Punkt für Punkt bezogen ist. Das Bogenelement einer Curve auf der Fläche wird dann durch die Formel

$$(6.) \qquad \sqrt{dX^2 + dY^2 + dZ^2} = \sqrt{P dx^2 + 2Q\, dx\, dy + R\, dy^2}$$

ausgedrückt, wo die Grössen P, Q, R durch folgende Gleichungen bestimmt sind:

$$P = \left(\frac{\partial X}{\partial x}\right)^2 + \left(\frac{\partial Y}{\partial x}\right)^2 + \left(\frac{\partial Z}{\partial x}\right)^2,$$
$$Q = \frac{\partial X}{\partial x}\frac{\partial X}{\partial y} + \frac{\partial Y}{\partial x}\frac{\partial Y}{\partial y} + \frac{\partial Z}{\partial x}\frac{\partial Z}{\partial y},$$
$$R = \left(\frac{\partial X}{\partial y}\right)^2 + \left(\frac{\partial Y}{\partial y}\right)^2 + \left(\frac{\partial Z}{\partial y}\right)^2.$$

Der Quadratwurzel in der Formel (6.) ist das positive Vorzeichen beizulegen, und die quadratische Form unter dem Wurzelzeichen muss stets positive Werthe annehmen, sodass also

$$PR - Q^2 > 0$$

ist. Den gegebenen Punkten A, B auf der Fläche mögen die Punkte a, b der Ebene entsprechen; zieht man nun von A nach B irgend eine Linie auf der Fläche, so entspricht ihr in der Ebene ebenfalls eine Curve, die vom Punkte a nach dem Punkte b läuft. Die Coordinaten x, y eines Punktes dieser Curve kann man sich als eindeutige Functionen einer unabhängigen Veränderlichen t dargestellt denken, und nun besteht die Aufgabe, um die es sich hier handelt, darin, diese Functionen x, y des Parameters t so zu bestimmen, dass das Integral

$$(7.) \qquad I = \int_{t_0}^{t_1} \sqrt{P\left(\frac{dx}{dt}\right)^2 + 2Q\frac{dx}{dt}\frac{dy}{dt} + R\left(\frac{dy}{dt}\right)^2}\, dt$$

ein Minimum werde; dabei bedeuten noch t_0 und t_1 diejenigen Werthe von t, für die die Functionswerthe x, y die Coordinaten der Punkte a, b ergeben.

Es ist übrigens durchaus nicht nothwendig, dass die Grössen t_0 und t_1 feste Werthe besitzen, d. h. dass die beiden Punkte A, B auf der gegebenen Fläche feste Punkte seien; es ist auch sehr wohl möglich, dass sie beweglich seien. Dies tritt zum Beispiel bei folgender Erweiterung der soeben betrachteten Aufgabe ein. Auf der gegebenen Fläche seien zwei Curven gegeben; es soll unter allen Curven, die sich zwischen irgend einem Punkte der einen gegebenen Curve und irgend einem der anderen Curve auf der Fläche ziehen lassen, eine solche gefunden werden, deren Bogenlänge am kleinsten ist. Man pflegt diese den geodätischen Abstand der beiden Curven zu nennen.

Um diese Aufgabe zu lösen, muss man aber die vorher besprochene bereits behandelt haben; denn wenn eine Curve die geforderte Minimaleigenschaft des geodätischen Abstands besitzt, so muss sie diese auch beibehalten, wenn ihre Endpunkte als feste Punkte betrachtet werden. Dadurch wird offensichtlich zunächst die Natur der Curve festgelegt; danach liefert die Variation der Endpunkte noch specielle Eigenschaften, die überdies diese Curve besitzen muss. So zum Beispiel ist die kürzeste Linie zwischen zwei in derselben Ebene liegenden Curven eine gerade Linie, die zugleich auf beiden Curven senkrecht stehen muss.

Die folgende vierte Aufgabe, die hier noch besprochen werden soll, ist von den bisher behandelten wesentlich verschieden. Sie bildet eine Art Gegenstück zu dem im sechsten Kapitel (S. 70 u. f.) betrachteten Beispiel, dasjenige ebene Polygon mit n Ecken zu bestimmen, das bei gegebenem Umfang ein Minimum des Flächeninhalts besitzt. Diese Aufgabe lautet: Eine ebene geschlossene Curve mit gegebenem Umfang von der Eigenschaft zu construiren, dass die eingeschlossene Fläche einen möglichst grossen Inhalt habe. Es handelt sich hier um ein sogenanntes isoperimetrisches Problem.

Hier müssen zunächst die Coordinaten x, y eines beliebigen Punktes der Curve solche eindeutige Functionen eines Parameters t sein, dass sie für zwei bestimmte, aber von einander verschiedene Werthe t_0 und t_1 dieselben Werthe annehmen, und dass wenn t von dem kleineren Werthe t_0 zum grösseren t_1 übergeht, der Punkt (x, y) die Curve im positiven Sinne vollständig durchläuft, ähnlich wie im sechsten Kapitel (S. 71) auseinandergesetzt worden ist. Der doppelte Inhalt der von der Curve umschlossenen Fläche wird dann durch das Integral

$$(8.)\qquad I = \int_{t_0}^{t_1} \left(x \frac{dy}{dt} - y \frac{dx}{dt} \right) dt$$

ausgedrückt, während der gegebene Umfang durch das Integral

$$I_1 = \int_{t_0}^{t_1} \sqrt{\left(\frac{dx}{dt}\right)^2 + \left(\frac{dy}{dt}\right)^2}\, dt \tag{9.}$$

bestimmt ist.

Die vorgelegte Aufgabe verlangt nun, x und y als Functionen der Veränderlichen t so zu bestimmen, dass das Integral I einen möglichst grossen Werth annimmt, während zugleich das Integral I_1 den gegebenen festen Werth beibehält. Diese Art von Aufgaben kommt sehr häufig vor; sie entsprechen in der Theorie der Maxima und Minima den Aufgaben mit Nebenbedingungen und erfordern zu ihrer Lösung eine wesentlich andere Behandlung als die vorher besprochenen Probleme. Hierauf wird in einem späteren Kapitel genauer eingegangen werden.

Neuntes Kapitel.

Eigenschaften der Function $F(x, y, x', y')$.

Die in den beiden vorhergehenden Kapiteln besprochenen speciellen Beispiele werden einen Begriff davon geben, von welcher Art die in der Variationsrechnung auftretenden Aufgaben sind. Der gemeinschaftliche Charakter dieser Aufgaben besteht im einfachsten Falle in Folgendem. Es soll eine ebene Curve von der Art bestimmt werden, dass ein über diese Linie zu erstreckendes bestimmtes Integral von gegebener Form

$$(1.) \qquad I = \int_{t_0}^{t_1} F\left(x, y, \frac{dx}{dt}, \frac{dy}{dt}\right) dt$$

ein Maximum oder ein Minimum werde; dabei hängt die Function F von den Coordinaten eines beliebigen Punktes der Curve, sowie von der Richtung der Curve in diesem Punkte ab. Damit die Richtung der Curve in jedem ihrer Punkte bestimmt sei, dürfen die beiden Grössen $\frac{dx}{dt}, \frac{dy}{dt}$ nicht gleichzeitig verschwinden.

Über die Function $F(x, y, x', y')$ von vier Argumenten, wobei zur Abkürzung

$$x' = \frac{dx}{dt}, \qquad y' = \frac{dy}{dt}$$

gesetzt worden ist, gilt nun eine wichtige Bemerkung. Diese Function ist durchaus nicht ganz willkürlich zu wählen, sondern die Argumente x', y' kommen in ganz bestimmter Weise darin vor, wenn die betrachtete Aufgabe überhaupt eine geometrische Bedeutung haben soll. Bei den beiden ersten im siebenten und achten Kapitel behandelten Beispielen hatte das Integral — vgl. S. 83 (8.) und S. 86 (4.) — die Gestalt

$$(2.) \qquad \int_{x_0}^{x_1} f\left(x, y, \frac{dy}{dx}\right) dx = \int_{x_0}^{x_1} F\left(x, y, 1, \frac{dy}{dx}\right) dx,$$

die in der allgemeineren Form (1.) enthalten ist, wenn man $t = x$ annimmt. Im Allgemeinen wird freilich eine solche Darstellung, bei der die eine Coordinate als unabhängige Veränderliche auftritt, nicht in allen Punkten der Curve ihre Gültigkeit besitzen, z. B. dann nicht, wenn $\frac{dy}{dx}$ unendlich gross wird, oder wenn y keine eindeutige Function von x ist. Jedoch wird es auch in solchen Fällen möglich sein, durch Zerlegung des Integrals eine Curvenstrecke zu erhalten, längs der eine Darstellung von der Form (2.) zulässig ist. Daraus folgt, dass die Beziehung

$$F(x, y, x', y')\, dt = f\left(x, y, \frac{dy}{dx}\right) dx \tag{3.}$$

oder, in anderer Form geschrieben,

$$F(x, y, x', y') = x'.f\left(x, y, \frac{y'}{x'}\right)$$

bestehen muss, und man sieht, dass wenn x' und y' gleichzeitig mit einer von Null verschiedenen Grösse $\varkappa$ multiplicirt werden, die Grösse $\frac{dy}{dx}$ zwar ungeändert bleibt, dagegen dx und daher auch $F dt$ mit $\varkappa$ multiplicirt werden, d. h. die Gleichung

$$F(x, y, \varkappa x', \varkappa y') = \varkappa F(x, y, x', y') \tag{4.}$$

bestehen muss.

Die vorstehende Herleitung der Formel (4.) kann freilich als eine wirkliche Beweisführung nicht gelten. Es soll daher eine rein analytische Begründung dieser Formel gegeben werden, wobei von der soeben gemachten Annahme, dass sich eine der beiden Coordinaten als eindeutige Function der anderen darstellen liesse, kein Gebrauch gemacht werden soll.

Die analytische Darstellung einer Curve in der Form, dass die Coordinaten eines beliebigen ihrer Punkte als eindeutige Functionen einer unabhängigen Variablen ausgedrückt werden, kann auf unendlich viele Arten geschehen. Denn liegt eine solche Darstellung durch den Parameter t vor, so erhält man beliebig viele andere, indem man

$$t = \varphi(\tau)$$

setzt, wo τ die neue Variable bedeutet. Die als differentiirbar anzunehmende Function $\varphi(\tau)$ ist dabei nur den folgenden Bedingungen unterworfen: die Werthe von t und τ entsprechen einander eindeutig; da ferner t wachsen soll, wenn die Curve in einem bestimmten Sinne durchlaufen wird, so muss im gleichen Falle auch τ zunehmen; es muss also

$$(5.)\qquad \frac{dt}{d\tau} = \varphi'(\tau) > 0$$

sein. Dies vorausgeschickt, soll nun aber der Werth des Integrals (1.) nur von der Gestalt und Lage der Curve, aber nicht von der Wahl des Parameters abhängen; er darf sich also nicht ändern, wenn die Substitution $t = \varphi(\tau)$ vorgenommen wird. Daher muss die Gleichung

$$(6.)\qquad \int_{t_0}^{t_1} F\left(x, y, \frac{dx}{dt}, \frac{dy}{dt}\right) dt = \int_{\tau_0}^{\tau_1} F\left(x, y, \frac{dx}{d\tau}, \frac{dy}{d\tau}\right) d\tau$$

bestehen, worin $t_0 = \varphi(\tau_0)$, $t_1 = \varphi(\tau_1)$ ist. Setzt man

$$(7.)\qquad \varphi'(\tau) = \varkappa,$$

so wird

$$\frac{dx}{d\tau} = \varkappa \frac{dx}{dt} = \varkappa x', \quad \frac{dy}{d\tau} = \varkappa \frac{dy}{dt} = \varkappa y',$$

$$dt = \varkappa\, d\tau.$$

Damit wird aus der Gleichung (6.) die folgende:

$$(8.)\qquad \int_{t_0}^{t_1} F(x, y, x', y')\, dt = \int_{t_0}^{t_1} F(x, y, \varkappa x', \varkappa y') \frac{1}{\varkappa}\, dt.$$

Da diese Gleichung nicht nur für die betrachtete Curve zwischen dem gegebenen Anfangs- und Endpunkt, sondern für jedes beliebige Curvenstück, also zwischen beliebigen im Intervall $(t_0 \dots t_1)$ gelegenen Grenzen gelten muss, so folgt daraus

$$(9.)\qquad F(x, y, \varkappa x', \varkappa y') = \varkappa F(x, y, x', y');$$

hierin bedeutet $\varkappa$ eine beliebige, aber positive Grösse. Da ferner diese Gleichung für jede beliebige Curve giltig sein muss, so sind darin die Grössen x', y' als von x, y völlig unabhängige Argumente zu betrachten, die nur der einen Bedingung unterworfen sind, dass sie nicht beide zugleich den Werth Null haben dürfen.

Die Gleichung (9.) sagt aus, dass die Function $F(x, y, x', y')$ in Bezug auf die Argumente x', y' homogen von der ersten Dimension sein muss. In manchen Fällen gilt die Gleichung auch für negative Werthe von $\varkappa$, so z. B. für

$$F = xy' - yx';$$

ist aber etwa

$$F = f(x, y)\sqrt{x'^2 + y'^2},$$

wo der Quadratwurzel ihr positiver Werth beigelegt werde, so können nur positive Werthe von $\varkappa$ in Frage kommen.

Wir werden uns im Folgenden auf solche Functionen $F(x, y, x', y')$ beschränken, die für alle Werthsysteme ihrer vier stets reell anzunehmenden Argumente eindeutig definirt und regulär sind. Es kann allerdings vorkommen, dass dies bezüglich der Variablen x, y nur gilt, solange sie auf einen bestimmten Bereich der Ebene, z. B. auf eine Halbebene beschränkt bleiben; in Bezug auf die Veränderlichen x', y' soll jedoch eine solche Einschränkung nicht gelten, da bei den zu behandelnden Aufgaben stets der Fall eintritt, dass die Function F für Curven, die in beliebiger Richtung gezogen werden, die Eigenschaft, regulär zu sein, beibehalten muss. Es soll also angenommen werden, dass die Function $F(x, y, x', y')$ für alle Werthsysteme x, y innerhalb eines bestimmten Bereiches und für alle möglichen Werthsysteme x', y', die von dem Werthepaare $x' = 0$, $y' = 0$ verschieden sind, eindeutig und regulär sei. Diese Voraussetzung ist zweckmässig, um allgemeine Regeln für die Lösung der im Folgenden behandelten Probleme zu geben.

Setzt man in der Gleichung (9.)

$$\varkappa = 1 + h,$$

so erhält man, $F(x, y, x', y')$ kurz mit F bezeichnend,

$$F(x, y, x' + hx', y' + hy') = F + hF.$$

Nach der soeben gemachten Voraussetzung lässt sich die linke Seite nach dem Taylorschen Satze nach Potenzen von h entwickeln:

$$F(x, y, x' + hx', y' + hy') = F + hx'\frac{\partial F}{\partial x'} + hy'\frac{\partial F}{\partial y'} + \cdots,$$

und durch Coeffizientenvergleichung ergiebt sich die partielle Differentialgleichung

$$F = x'\frac{\partial F}{\partial x'} + y'\frac{\partial F}{\partial y'}. \tag{10.}$$

Aus dieser Differentialgleichung lassen sich noch einige für das Folgende nützliche Formeln ableiten. Differentiirt man nämlich beiderseits partiell nach

x' und y', so erhält man

$$
(11.)\qquad \begin{cases} x'\dfrac{\partial^2 F}{\partial x'^2} + y'\dfrac{\partial^2 F}{\partial x'\partial y'} = 0, \\[2ex] x'\dfrac{\partial^2 F}{\partial x'\partial y'} + y'\dfrac{\partial^2 F}{\partial y'^2} = 0, \end{cases}
$$

woraus folgt:

$$
(12.)\qquad \frac{\partial^2 F}{\partial x'^2} : \frac{\partial^2 F}{\partial x'\partial y'} : \frac{\partial^2 F}{\partial y'^2} = y'^2 : -x'y' : x'^2.
$$

Hieraus schliesst man, dass es eine bestimmte Function F_1 der Argumente x, y, x', y' geben muss von der Art, dass die Gleichungen

$$
(13.)\qquad \begin{cases} \dfrac{\partial^2 F}{\partial x'^2} = F_1 y'^2 \\[2ex] \dfrac{\partial^2 F}{\partial x'\partial y'} = -F_1 x'y' \\[2ex] \dfrac{\partial^2 F}{\partial y'^2} = F_1 x'^2 \end{cases}
$$

zugleich bestehen.

Es leuchtet ein, dass die bisherigen Betrachtungen in mehrfacher Beziehung verallgemeinert werden können. Zunächst können an Stelle zweier Functionen x, y von einer unabhängigen Variablen t und des durch sie definirten analytischen Gebildes — worunter die Gesammtheit aller Werthepaare (x, y) verstanden werden soll, deren geometrische Veranschaulichung eine ebene Curve sein kann — drei Functionen x, y, z eines Parameters t treten. Das analytische Gebilde kann dann durch eine Raumkurve dargestellt werden. Wenn ein darauf bezogenes vorgelegtes Integral von der Form

$$
\int_{t_0}^{t_1} F(x, y, z, x', y', z')\, dt
$$

einen nur von dem Gebilde, aber nicht von der Wahl der unabhängigen Veränderlichen t abhängenden Werth besitzen soll, so muss für die Function F eine der Gleichung (9.) oder der Differentialgleichung (10.) entsprechende Bedingung, aber in Bezug auf alle drei Variablen x', y', z' bestehen. Offenbar kann man diese Betrachtung auf eine beliebige Anzahl von Functionen einer unabhängigen Variablen und das dadurch definirte analytische Gebilde ausdehnen. Auf eine geometrische Veranschaulichung durch eine Curve muss man dann freilich verzichten.

Es war ferner bisher lediglich der Fall betrachtet worden, dass die Function F unter dem Integralzeichen nur x, y selbst und ihre ersten Ableitungen enthalte, also nur von den Coordinaten eines Punktes und der Richtung der Curve in diesem abhänge. Es können aber auch höhere Ableitungen auftreten, z. B. wenn die Krümmung der Curve eine Rolle spielt.

Schliesslich kann man eine weitere Ausdehnung der Aufgabe der Variationsrechnung dadurch vornehmen, dass man Gebilde höherer Stufe betrachtet, also etwa x, y, z als Functionen zweier unabhängiger Variablen u, v darstellt. Geometrisch würde hier eine Fläche in Frage kommen. Es würde sich dann z. B. um ein Doppelintegral

$$\int\int F\left(x, y, z, \frac{\partial x}{\partial u}, \frac{\partial x}{\partial v}, \frac{\partial y}{\partial u}, \frac{\partial y}{\partial v}, \frac{\partial z}{\partial u}, \frac{\partial z}{\partial v}\right) du\, dv$$

handeln, das über einen bestimmten Bereich der Variablen u, v zu erstrecken wäre. Noch allgemeiner könnte man ein Gebilde m^{ter} Stufe im Gebiete von n Grössen behandeln, worunter die Gesammtheit aller Werthsysteme $(x_1, x_2, \ldots x_n)$ verstanden wird, die Functionen von m $(m < n)$ unabhängigen Variablen sind (S. 55). Im Folgenden sollen jedoch nur Aufgaben mit zwei Functionen behandelt werden, und es sollen auch keine Ableitungen von höherer als erster Ordnung auftreten.

Um die Aufgabe mit den Mitteln der Differentialrechnung in Angriff nehmen zu können, soll hinsichtlich der zu untersuchenden Curven die Voraussetzung gemacht werden, dass sie entweder sich in ihrem ganzen für die Aufgabe in Frage kommenden Verlaufe regulär verhalten oder doch in reguläre Theile zerlegt werden können. Da jedoch die Gültigkeit oder Nothwendigkeit dieser Annahme allgemein weder bewiesen noch durch die Aufgabe selbst begründet werden kann, so ist damit die Verpflichtung verknüpft, für die den übrigen Bedingungen der Aufgabe genügenden Curven dieser Art nachträglich zu beweisen, dass sie und zwar sie allein die Lösung der Aufgabe darstellen. So findet man zum Beispiel, dass unter den geschlossenen regulären Curven von gegebenem Umfang der Kreis allein die Eigenschaft hat, den grössten Flächeninhalt einzuschliessen. Man kann aber von vornherein nicht wissen, ob überhaupt eine reguläre Curve der Aufgabe genügt. Nun kann man zwar beweisen (S. 75), dass unter allen Polygonen von gegebener Seitenanzahl und gegebenem Umfang das reguläre den grössten Flächeninhalt besitzt, und man könnte hierdurch zu dem Schlusse verleitet werden, dass deshalb der Kreis, dem sich ja ein regelmässiges Polygon mit wachsender Seitenzahl unbegrenzt nähert, unter allen überhaupt möglichen geschlossenen Curven die gleiche Eigenschaft besitze. Jedoch ist das gewiss kein strenger Beweis, und es bedarf in der That besonderer Kunstgriffe, um diese Eigenschaft des Kreises wirklich nachzuweisen. Mit diesen Bemerkungen soll zugleich auf die Schwierigkeit hingewiesen werden, von der sich die Variationsrechnung auch heute noch nicht vollständig hat befreien lassen. Man schliesst in der Regel bei den analytischen Untersuchungen der Variationsrechnung folgendermassen: Wenn die durch die vorgelegte Aufgabe geforderte analytische Grösse existirt, so muss sie gewisse, aus den Bedingungen der Aufgabe folgende Eigenschaften besitzen; hierdurch erhält man nothwendige Bedingungen für die gesuchte Grösse. Nun muss aber noch nachträglich gezeigt werden, dass die so gefundene Grösse auch wirklich die sämmtlichen Forderungen der Aufgabe befriedigt. Die Unterlassung dieses Nachweises lässt manche Lösungen von Aufgaben der Variationsrechnung unzulänglich erscheinen.

Zehntes Kapitel.

Die erste Variation und die Differentialgleichung $G = 0$.

Es wird sich nun zunächst darum handeln, **nothwendige** Bedingungen für die Curven aufzustellen, deren Coordinaten x, y als Functionen der unabhängigen Veränderlichen t, in das betrachtete Integral

$$I = \int_{t_0}^{t_1} F(x, y, x', y')\, dt \tag{1.}$$

eingesetzt, dieses zu einem Minimum (Maximum) machen können.

Dazu ist es jedoch erforderlich, den Begriff des Maximums oder Minimums des Integrals (1.) noch genauer zu erklären. Die im siebenten Kapitel (S. 77) gemachten Bemerkungen werden hierbei von Nutzen sein. In der Theorie der Maxima und Minima war definirt worden, dass eine gegebene Function von einer oder mehreren Veränderlichen an einer bestimmten Stelle ein Minimum hat, wenn ihr Werth an dieser Stelle kleiner ist als für jedes andere hinreichend benachbarte Werthsystem. Dementsprechend wird man in der Variationsrechnung sagen, ein Integral (1.) habe für eine bestimmte Curve, oder genauer für ein bestimmtes Gebilde (S. 96), ein Minimum, wenn sein Werth für diese Curve kleiner ist als für jede benachbarte Curve.

Hier ist nun jedoch noch der Begriff der **benachbarten Curve** genauer zu erklären. Man denke sich zunächst die betrachtete Curve durch eine gebrochene Linie ersetzt und verschiebe jeden ihrer Eckpunkte in einen andern, ihm benachbarten Punkt; dann entsteht eine andere gebrochene Linie, deren Eckpunkte den Ecken der ursprünglichen zugeordnet sind, wobei die Abstände entsprechender Eckpunkte eine beliebig klein zu wählende Grösse nicht überschreiten. Lässt man nun die erste gebrochene Linie durch unbegrenzte Vermehrung der Ecken in eine Curve übergehen, so wird im Allgemeinen dies auch für die entsprechende zweite gebrochene Linie der Fall sein. Diese Betrachtung führt darauf, unter einer Curve, die zu einer gegebenen benachbart ist, eine solche zu verstehen, die ihr Punkt für Punkt zugeordnet und so beschaffen ist, dass die Entfernung entsprechender Punkte eine gegebene Grenze nicht überschreitet.

Den Übergang von einer Curve zu einer benachbarten pflegt man eine Variation der Curve, und die so entstehende die variirte Curve zu nennen. Sind x, y, die Coordinaten eines beliebigen Punktes der ursprünglichen Curve, Functionen einer unabhängigen Veränderlichen t, so lassen sich die Coordinaten des entsprechenden Punktes der variirten Curve stets in der Form

$$x+\xi, \quad y+\eta$$

schreiben, wo ξ, η ebenfalls Functionen von t bedeuten, die jedoch für alle in einem gewissen Bereiche gelegenen Werthe von t dem absoluten Betrage nach eine beliebig gegebene positive Grenze nicht überschreiten dürfen.

Wenn wie im Falle des Integrales (1.) die Grenzen der Integration, t_0 und t_1, feste Werthe haben, dann gehen alle variirten Curven durch dieselben beiden Punkte, daher verschwinden in diesem Falle ξ und η sowohl für $t=t_0$ als auch für $t=t_1$. Diese Annahme soll zunächst beibehalten werden.

Die Functionen ξ, η, die die Variationen von x, y heissen, sollen ferner als differentiirbar vorausgesetzt werden. Hier ist nun auf einen Umstand aufmerksam zu machen, der früher nicht immer die nöthige Beachtung gefunden hat. Aus der für die Grössen ξ und η selbst gemachten Voraussetzung, dass ihre absoluten Beträge für alle Werthe von t im Bereiche $(t_0 \ldots t_1)$ beliebig klein werden können, darf man nicht etwa schliessen, dass auch $\frac{d\xi}{dt}$ und $\frac{d\eta}{dt}$ diese Eigenschaft haben müssen. Man hat sich die Variationen von x und y häufig so vorgestellt, dass man sie als willkürliche Functionen von t und von einer unbestimmten Grösse $\varkappa$ betrachtete, die mit $\varkappa$ zugleich unendlich klein werden; indem man sie dann weiter als reguläre Functionen von t voraussetzte, schloss man, dass auch $\frac{d\xi}{dt}$ und $\frac{d\eta}{dt}$ mit $\varkappa$ zugleich unendlich klein werden müssten. Dass dieser Schluss jedoch nicht bindend ist, zeigt folgendes einfache Beispiel:

$$\xi = \varkappa \sin \frac{t}{\varkappa^{\lambda}},$$

wo λ eine positive Constante bedeutet. Diese Function wird für jeden bestimmten Werth von t mit $\varkappa$ zugleich unendlich klein, ihre Ableitung

$$\frac{d\xi}{dt} = \varkappa^{1-\lambda} \cos\frac{t}{\varkappa^{\lambda}}$$

hingegen nur dann, wenn $\lambda < 1$ ist, während sie für $\lambda = 1$ zwischen den Werthen -1 und $+1$ schwankt, und für $\lambda > 1$ sogar unendlich gross wird.

Wenn daher im Folgenden die Voraussetzung gemacht wird, dass $\frac{d\xi}{dt}$ und $\frac{d\eta}{dt}$ unterhalb einer gegebenen Grenze gelegen sein sollen, so muss man sich darüber klar sein, dass es sich dabei um eine ausdrückliche Festsetzung handelt, die eine Beschränkung auf eine specielle Art von Variationen nach sich zieht. Da wir uns jedoch zunächst nur mit der Aufstellung solcher Bedingungen beschäftigen wollen, die nothwendig erfüllt sein müssen, wenn ein Minimum oder Maximum des Integrals (1.) vorhanden sein soll, so ist es zulässig, sich auf Variationen der angenommenen Eigenschaft zu beschränken. Danach ist es zum Beispiel erlaubt, mit Lagrange

$$\xi = \varkappa u, \quad \eta = \varkappa v$$

zu setzen, wobei unter u, v differentiirbare Functionen von t verstanden werden, deren erste Ableitungen innerhalb des Bereiches $(t_0 \ldots t_1)$ nur endliche Werthe annehmen.

Führt man nun die Grössen $x+\xi$, $y+\eta$ an Stelle von x, y in das Integral ein, so erhält man das variirte Integral. Die Differenz

$$(2.) \qquad \Delta I = \int_{t_0}^{t_1} F\left(x+\xi, y+\eta, x'+\frac{d\xi}{dt}, y'+\frac{d\eta}{dt}\right) dt - \int_{t_0}^{t_1} F(x, y, x', y')\, dt$$

heisst die vollständige Variation des vorgelegten Integrals I. Soll dieses für die ursprüngliche Curve ein Minimum (Maximum) sein, so muss das variirte Integral für jede hinreichend benachbarte Curve einen grösseren (kleineren) Werth annehmen. Mithin muss die vollständige Variation für alle Werthe von $|\xi|$ und $|\eta|$, die unterhalb einer hinreichend kleinen Grenze bleiben, im Falle eines Minimums stets positiv, im Falle eines Maximums stets negativ sein.

Nun war (S. 95) die Function $F(x, y, x', y')$ als reguläre Function ihrer vier Argumente vorausgesetzt worden. Daher lässt sich der Ausdruck unter dem ersten Integral in (2.) nach Potenzen von ξ, η, $\frac{d\xi}{dt}$, $\frac{d\eta}{dt}$ entwickeln, und man erhält

$$(3.)\quad \Delta I = \int_{t_0}^{t_1}\left\{\frac{\partial F}{\partial x}\xi + \frac{\partial F}{\partial y}\eta + \frac{\partial F}{\partial x'}\frac{d\xi}{dt} + \frac{\partial F}{\partial y'}\frac{d\eta}{dt}\right\}dt + \int_{t_0}^{t_1}\left[\xi, \eta, \frac{d\xi}{dt}, \frac{d\eta}{dt}\right]^2 dt,$$

worin die Klammergrösse unter dem zweiten Integral die vier darin angeführten Argumente in mindestens der zweiten Dimension enthält. Das erste Integral

$$(4.)\quad \delta I = \int_{t_0}^{t_1}\left\{\frac{\partial F}{\partial x}\xi + \frac{\partial F}{\partial y}\eta + \frac{\partial F}{\partial x'}\frac{d\xi}{dt} + \frac{\partial F}{\partial y'}\frac{d\eta}{dt}\right\}dt$$

wird die erste Variation des vorgelegten Integrals I genannt. Es ist also

$$(5.)\quad \Delta I = \delta I + \int_{t_0}^{t_1}\left[\xi, \eta, \frac{d\xi}{dt}, \frac{d\eta}{dt}\right]^2 dt.$$

Um den Ausdruck (4.) weiter umformen zu können, soll vorläufig die Voraussetzung gemacht werden, dass die betrachtete Curve im ganzen Integrationsbereiche $(t_0 \dots t_1)$ regulär verlaufe, oder dass doch wenigstens die Grössen $\frac{dx'}{dt}, \frac{dy'}{dt}$ überall endlich und stetig seien. Dann gelten nämlich die Formeln

$$(6.)\quad \begin{cases} \dfrac{\partial F}{\partial x'}\dfrac{d\xi}{dt} = \dfrac{d}{dt}\left(\dfrac{\partial F}{\partial x'}\xi\right) - \xi\dfrac{d}{dt}\dfrac{\partial F}{\partial x'} \\[2ex] \dfrac{\partial F}{\partial y'}\dfrac{d\eta}{dt} = \dfrac{d}{dt}\left(\dfrac{\partial F}{\partial y'}\eta\right) - \eta\dfrac{d}{dt}\dfrac{\partial F}{\partial y'} \end{cases}$$

und es ergiebt sich weiter durch partielle Integration

$$(7.)\quad \delta I = \int_{t_0}^{t_1}\left\{\left(\frac{\partial F}{\partial x} - \frac{d}{dt}\frac{\partial F}{\partial x'}\right)\xi + \left(\frac{\partial F}{\partial y} - \frac{d}{dt}\frac{\partial F}{\partial y'}\right)\eta\right\}dt + \left[\frac{\partial F}{\partial x'}\xi + \frac{\partial F}{\partial y'}\eta\right]_{t_0}^{t_1}.$$

In diesem Ausdrucke verschwindet der zweite Theil identisch, wenn, wie oben (S. 100) vorausgesetzt worden ist, die Variationen ξ, η an den Grenzen t_0 und t_1 verschwinden, also die Endpunkte der Curve bei ihrer Variation festgehalten werden. Setzt man noch zur Abkürzung

$$(8.)\quad \begin{cases} \dfrac{\partial F}{\partial x} - \dfrac{d}{dt}\dfrac{\partial F}{\partial x'} = G_1 \\[2ex] \dfrac{\partial F}{\partial y} - \dfrac{d}{dt}\dfrac{\partial F}{\partial y'} = G_2, \end{cases}$$

so wird

$$(9.)\qquad \delta I = \int_{t_0}^{t_1} (G_1 \xi + G_2 \eta)\, dt.$$

Nun wähle man für ξ und η die speciellen Variationen

$$\xi = \varkappa u, \quad \eta = \varkappa v.$$

Dann ergiebt sich

$$(10.)\qquad \delta I = \varkappa \int_{t_0}^{t_1} (G_1 u + G_2 v)\, dt.$$

Die Gleichung (5.) lehrt aber, dass sich die vollständige Variation in der Form einer Summe darstellen lässt, deren erster Summand, δI, die willkürlich zu wählende Grösse $\varkappa$ nur in der ersten Potenz enthält, während der zweite mindestens das Quadrat dieser Grösse als Factor besitzt. Da nun ΔI für alle dem absoluten Betrage nach hinreichend kleinen Werthe ξ, η, also für alle hinreichend kleinen Werthe von $\varkappa$ dasselbe Vorzeichen behalten muss, nämlich im Falle eines Minimums das positive, im Falle eines Maximums das negative, so folgt, dass der erste Summand verschwinden muss; andernfalls könnte nämlich durch Änderung des Vorzeichens von $\varkappa$ bewirkt werden, dass ΔI sowohl positive als negative Werthe annimmt. Man erhält somit für das Eintreten eines Maximums oder Minimums des Integrals I als eine nothwendige Bedingung

$$(11.)\qquad \delta I = 0,$$

d. h. die erste Variation des zu untersuchenden Integrals muss verschwinden.

Der Gleichung (10.) zufolge lässt sich diese Bedingung aber weiter in der Form

$$\int_{t_0}^{t_1} (G_1 u + G_2 v)\, dt = 0$$

schreiben, und diese Gleichung muss für beliebig zu wählende Functionen u, v erfüllt sein. Man kann zum Beispiel eine von ihnen identisch gleich Null wählen, und der anderen von Null verschiedene Werthe beilegen. Daher muss sowohl

$$(12.)\qquad \int_{t_0}^{t_1} G_1 u\, dt = 0$$

als auch

$$\int_{t_0}^{t_1} G_2 v\,dt = 0 \tag{13.}$$

sein, und zwar für beliebige Functionen $u(t)$, $v(t)$, die jedoch für $t = t_0$ und $t = t_1$ verschwinden.

Man hat nun wohl früher ohne Weiteres den Schluss gezogen, dass weil ja u, v willkürliche Werthe annehmen, die Gleichungen (12.) und (13.) nur bestehen können, wenn längs des ganzen Integrationsbereiches $(t_0 \dots t_1)$

$$G_1 = 0 \text{ und } G_2 = 0$$

ist. Allein diese Folgerung bedarf eines Beweises, der auf Grund eines von Heine und von Du Bois-Reymond bewiesenen Satzes streng geführt werden kann.

Dieser Satz lautet folgendermassen:

Es sei $\varphi(t)$ eine für alle Werthe ihres Argumentes von $t = t_0$ bis $t = t_1$ endliche und stetige gegebene Function, $\psi(t)$ dagegen eine willkürliche, aber ebenfalls in dem genannten Bereiche stetige Function, die überdies für $t = t_0$ und für $t = t_1$ verschwindet; dann kann die Gleichung

$$\int_{t_0}^{t_1} \varphi(t)\psi(t)\,dt = 0$$

nur dann für willkürlich zu wählende Functionen $\psi(t)$ erfüllt sein, wenn $\varphi(t)$ für jeden Werth von t, der dem Integrationsbereich $(t_0 \dots t_1)$ angehört, verschwindet.

Um diesen Satz zu beweisen, nehme man für $\psi(t)$ eine Function, die durchweg dasselbe Vorzeichen wie $\varphi(t)$ hat, setze also etwa

$$\psi(t) = \theta(t)\varphi(t),$$

wo $\theta(t)$ eine zwischen $t = t_0$ und $t = t_1$ positive und stetige Function bedeutet, die nur für $t = t_0$ und für $t = t_1$ verschwindet. Dann ist das Integral

$$\int_{t_0}^{t_1} \varphi(t)\psi(t)\,dt = \int_{t_0}^{t_1} \varphi^2(t)\theta(t)\,dt$$

eine bestimmte positive Grösse, die nicht verschwinden kann, wenn $\varphi(t)$ in irgend einer zwischen den Stellen $t = t_0$ und $t = t_1$ gelegenen Strecke $(t_2 \dots t_3)$

von Null verschieden ist. Denn man hätte dann

$$\int_{t_2}^{t_3} \varphi^2(t)\,\Theta(t)\,dt = \overline{\varphi}^2.\overline{\Theta}.(t_3-t_2),$$

wo $\overline{\varphi}$ und $\overline{\Theta}$ Mittelwerthe bedeuten, und die Factoren auf der rechten Seite stets grösser als Null sind. Also kann das Integral nur verschwinden, wenn die Function $\varphi(t)$ in jeder Strecke verschwindet, und da sie als stetig vorausgesetzt war, so muss sie überall gleich Null sein. Damit ist der oben ausgesprochene Hilfssatz bewiesen.

Diese Beweisführung, die von Heine herrührt, ist jedoch nicht ausreichend, wenn man den Hilfssatz auf die Integrale (12.) und (13.) anwenden will; denn die Grössen u und v, die in ihnen an die Stelle der Function $\psi(t)$ getreten sind, waren nicht nur als stetige, sondern auch als differentiirbare Functionen vorausgesetzt worden (S. 101), während doch der Ausdruck $\Theta(t)\,\varphi(t)$ diese Eigenschaft nicht zu besitzen braucht, da $\varphi(t)$ nicht nothwendiger Weise differentiirbar ist.

Diesen Übelstand vermeidet der Beweis, den Du Bois-Reymond gegeben hat. Angenommen es sei $\varphi(t)$ nicht im ganzen Bereiche $(t_0 \ldots t_1)$ gleich Null, sondern etwa $\varphi(t') > 0$, wo $t_0 < t' < t_1$ ist, so giebt es wegen der vorausgesetzten Stetigkeit von $\varphi(t)$ einen die Stelle t' in seinem Innern enthaltenden Bereich $(t_2 \ldots t_3)$, sodass $\varphi(t)$ für alle der Bedingung $t_2 \leqq t \leqq t_3$ genügenden Werthe von t einen positiven Werth hat. Nun nehme man die Function $\psi(t)$ folgendermassen an:

$$\psi(t) = 0 \qquad \text{für } t_0 \leqq t \leqq t_2 \text{ und } t_3 \leqq t \leqq t_1,$$
$$\psi(t) = (t-t_2)^2(t-t_3)^2 \quad \text{für } t_2 \leqq t \leqq t_3.$$

Zerlegt man das vorgelegte Integral in drei Theile:

$$\int_{t_0}^{t_1} \varphi(t)\,\psi(t)\,dt = \int_{t_0}^{t_2} \varphi(t)\,\psi(t)\,dt + \int_{t_2}^{t_3} \varphi(t)\,\psi(t)\,dt + \int_{t_3}^{t_1} \varphi(t)\,\psi(t)\,dt,$$

so verschwindet das erste und dritte der Theilintegrale, während das zweite und somit auch das vorgelegte Integral einen von Null verschiedenen positiven Werth hat. Die Annahme, dass $\varphi(t)$ an der Stelle t' von Null verschieden sei, kann also nicht aufrecht erhalten werden. Da die gewählte Function

$\psi(t)$ im ganzen Bereiche $(t_1 \dots t_2)$ differentiirbar ist, so entfällt bei diesem Beweise der oben gemachte Einwand.

Nunmehr kann man aus den Gleichungen (12.) und (13.) das Bestehen der Formeln

$$(14.)\quad \begin{cases} G_1 = \dfrac{\partial F}{\partial x} - \dfrac{d}{dt}\dfrac{\partial F}{\partial x'} = 0 \\ G_2 = \dfrac{\partial F}{\partial y} - \dfrac{d}{dt}\dfrac{\partial F}{\partial y'} = 0 \end{cases}$$

in aller Strenge folgern. Da diese Bedingungen die Functionen u und v nicht mehr enthalten, so stellen sie eine Eigenschaft der betrachteten Curve selbst dar.

Wir wollen nun zeigen, dass diese beiden Differentialgleichungen (14.) einer einzigen äquivalent sind. Man kann nämlich die Ausdrücke G_1 und G_2 so umformen, dass sie einer und derselben Grösse proportional werden, während die Proportionalitätsfactoren selbst von Null verschieden sind.

Aus der Gleichung S. 95 (10.) folgt zunächst

$$\frac{\partial F}{\partial x} = \frac{\partial^2 F}{\partial x\,\partial x'}x' + \frac{\partial^2 F}{\partial x\,\partial y'}y',$$

$$\frac{\partial F}{\partial y} = \frac{\partial^2 F}{\partial y\,\partial x'}x' + \frac{\partial^2 F}{\partial y\,\partial y'}y'.$$

Andrerseits hat man

$$-\frac{d}{dt}\frac{\partial F}{\partial x'} = -\frac{\partial^2 F}{\partial x\,\partial x'}x' - \frac{\partial^2 F}{\partial y\,\partial x'}y' - \frac{\partial^2 F}{\partial x'^2}\frac{dx'}{dt} - \frac{\partial^2 F}{\partial x'\partial y'}\frac{dy'}{dt},$$

$$-\frac{d}{dt}\frac{\partial F}{\partial y'} = -\frac{\partial^2 F}{\partial x\,\partial y'}x' - \frac{\partial^2 F}{\partial y\,\partial y'}y' - \frac{\partial^2 F}{\partial x'\partial y'}\frac{dx'}{dt} - \frac{\partial^2 F}{\partial y'^2}\frac{dy'}{dt}.$$

In den beiden letzten Gleichungen lassen sich noch die mit $\frac{dx'}{dt}$ und $\frac{dy'}{dt}$ multiplicirten Glieder unter Benutzung der im vorigen Kapitel eingeführten Function F_1 mittels der Formeln S. 96 (13.) umformen, und man erhält leicht

$$\frac{\partial F}{\partial x} - \frac{d}{dt}\left(\frac{\partial F}{\partial x'}\right) = y'\left\{\frac{\partial^2 F}{\partial x\,\partial y'} - \frac{\partial^2 F}{\partial y\,\partial x'} - F_1 y'\frac{dx'}{dt} + F_1 x'\frac{dy'}{dt}\right\},$$

$$\frac{\partial F}{\partial y} - \frac{d}{dt}\left(\frac{\partial F}{\partial y'}\right) = x'\left\{\frac{\partial^2 F}{\partial y\,\partial x'} - \frac{\partial^2 F}{\partial x\,\partial y'} - F_1 x'\frac{dy'}{dt} + F_1 y'\frac{dx'}{dt}\right\}.$$

Führt man daher zur Abkürzung die Grösse

$$(15.)\quad G = \frac{\partial^2 F}{\partial y\,\partial x'} - \frac{\partial^2 F}{\partial x\,\partial y'} - F_1\left(x'\frac{dy'}{dt} - y'\frac{dx'}{dt}\right)$$

ein, so erhält man in Verbindung mit den Formeln (14.):

$$(16.)\qquad \begin{cases} G_1 = -y'G \\ G_2 = x'G. \end{cases}$$

Dies ist die gewünschte Umformung der Ausdrücke G_1 und G_2.

Da die Grössen x', y' nicht gleichzeitig gleich Null sein dürfen (S. 92), so folgt aus den Gleichungen (14.) mit Nothwendigkeit das Bestehen der Gleichung $G = 0$.

Die eine Differentialgleichung

$$(17.)\qquad G = 0$$

ersetzt also die beiden Gleichungen (14.). Dies leuchtet übrigens auch unmittelbar ein, wenn man den Ausdruck für die erste Variation in der Form

$$(18.)\qquad \delta I = \int_{t_0}^{t_1} G.(x'\eta - y'\xi)\,dt$$

schreibt, der sich unmittelbar aus den Formeln (9.) und (16.) ergiebt.

Aus dieser Thatsache ersieht man, dass es nicht möglich ist, aus den beiden Differentialgleichungen $G_1 = 0$ und $G_2 = 0$ die Functionen x und y der Veränderlichen t alle beide zu bestimmen. Dies findet darin seine Erklärung, dass in jenen Gleichungen der Parameter t noch ganz willkührlich gelassen worden ist. Man kann also irgend eine Relation zwischen x, y, x', y', t hinzunehmen, zum Beispiel die Gleichung

$$x'^2 + y'^2 = 1,$$

die stattfindet, wenn t die Bogenlänge der Curve bedeuten soll.

Die Gleichung $G = 0$ stellt eine Differentialgleichung zweiter Ordnung dar, der die Coordinaten eines beliebigen Punktes einer jeden Curve genügen müssen, für die das Integral (1.) ein Maximum oder ein Minimum besitzen kann. Man kann sich leicht über ihre geometrische Bedeutung Aufschluss verschaffen. Denn setzt man

$$ds^2 = (x'^2 + y'^2)\,dt^2$$

und bezeichnet mit k die Krümmung der betrachteten Curve im Punkte (x, y), so hat man

$$k = \frac{dx\,d^2y - dy\,d^2x}{ds^3} = \frac{x'\dfrac{dy'}{dt} - y'\dfrac{dx'}{dt}}{\left(\dfrac{ds}{dt}\right)^3}$$

und erhält weiter, der Gleichung (15.) zufolge,

$$(19.)\qquad \mathrm{G} = \frac{\partial^2 F}{\partial y\,\partial x'} - \frac{\partial^2 F}{\partial x\,\partial y'} - F_1 k \left(\frac{ds}{dt}\right)^3.$$

Die Differentialgleichung $\mathrm{G} = 0$ stellt also eine Relation dar, die zwischen den Coordinaten, den Richtungscosinus der Tangente und der Krümmung in jedem Punkte der Curve bestehen muss. Hierauf ist noch im folgenden Kapitel zurückzukommen.

Aus (16.) folgt

$$x'\mathrm{G}_1 + y'\mathrm{G}_2 = 0;$$

es ist daher jede der beiden Differentialgleichungen

$$\mathrm{G}_1 = 0, \quad \mathrm{G}_2 = 0$$

eine Folge der anderen. In manchen Fällen sind sie bequemer als die Gleichung $\mathrm{G} = 0$, zum Beispiel wenn die Function F die eine oder alle beide der Grössen x, y überhaupt nicht enthält, denn dann ist es leicht möglich, die eine oder beide Gleichungen (14.) sofort zu integriren.

Elftes Kapitel.

Die Stetigkeit von $\frac{\partial F}{\partial x'}$ und $\frac{\partial F}{\partial y'}$.
Andere Formen der Differentialgleichung $G = 0$.

An die letzten Betrachtungen des vorhergehenden Kapitels schliesst sich noch ein wichtiger Satz an, dessen Unentbehrlichkeit man sofort erkennt, wenn man diese Betrachtungen auf ein einzelnes Beispiel anzuwenden versucht. Für das Problem der Rotationsfläche kleinsten Flächeninhalts war (S. 84)

$$F = y\sqrt{x'^2 + y'^2}; \tag{1.}$$

die Veränderliche x tritt also in der Function F nicht auf, und man hat

$$\frac{\partial F}{\partial x} = 0.$$

Die erste Gleichung S. 106 (14.), $G_1 = 0$, ergiebt jetzt sofort durch Integration

$$\frac{\partial F}{\partial x'} = \text{const.} \tag{2.}$$

Allein man ist keineswegs berechtigt, ohne Weiteres zu schliessen, dass diese Constante längs der ganzen Curve denselben Werth besitze. Es kann nämlich vorkommen, dass die Curve aus mehreren Stücken zusammengesetzt ist, die nicht mit derselben Richtung ihrer Tangenten aneinander stossen. Eine plötzliche Richtungsänderung der Tangente bedingt aber eine Unterbrechung der Stetigkeit von x' und y' und könnte demnach im Allgemeinen auch ein solche von $\frac{\partial F}{\partial x'}$ bewirken. An einer solchen Stelle würde es daher möglich sein, dass auch die Constante ihren Werth plötzlich ändere. Da man hierüber nicht von vornherein entscheiden kann und oft im Zweifel sein wird, an welchen Stellen solche Änderungen möglicherweise eintreten, so wird man auch über die Natur der gesuchten Curve oft im Dunkeln bleiben; denn der Zusammenhang zwischen x und y lässt sich ja erst nach Bestimmung der Werthe der obigen Constanten feststellen. Es ist daher von grosser Wichtigkeit, dass man die Richtigkeit des folgenden Satzes beweisen kann:

Selbst wenn die Curve an einer oder an mehreren Stellen ihre Tangentenrichtung plötzlich ändert, so erleiden doch die Grössen

$$\frac{\partial F}{\partial x'} \quad \text{und} \quad \frac{\partial F}{\partial y'}$$

keine Unterbrechung der Stetigkeit, vorausgesetzt, dass solche Stellen nur in endlicher Anzahl in dem zu Grunde gelegten Bereiche $(t_0 \ldots t_1)$ vorhanden sind.

Um diesen Satz zu beweisen, nehme man an, in dem zum Werthe $t = t'$ gehörigen Punkte C, wobei

$$t_0 < t' < t_1$$

sei, finde eine unstetige Änderung der Tangentenrichtung der Curve statt. Nach der gemachten Voraussetzung lassen sich aber zwei Werthe t'' und t''' der Art finden, dass

$$t'' < t' < t'''$$

ist, und dass ferner für alle den Bedingungen

$$t'' < t < t',$$
$$t' < t < t'''$$

genügenden Werthe von t die Curve ihre Richtung stetig ändert (Fig. 13).

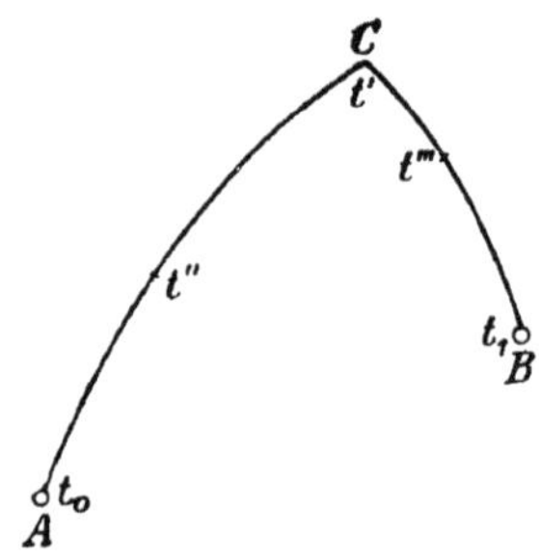

Figur 13.

Dies vorausgeschickt, betrachte man nun eine Variation der Curve, bei der die den Bereichen $(t_0 \ldots t'')$ und $(t''' \ldots t_1)$ entsprechenden Curvenstücke überhaupt nicht geändert, dagegen für den Bereich $(t'' \ldots t''')$ als Variationen von x, y (S. 100) folgende Grössen genommen werden:

$$\xi = \varkappa u,$$
$$\eta = \varkappa v,$$

worin $\varkappa$ eine beliebige Constante, u und v aber willkürliche stetige Functionen von t bezeichnen, die jedoch sowohl für $t = t''$, wie auch für $t = t'''$ verschwinden sollen. Nach den Untersuchungen des vorhergehenden Kapitels (S. 101 u. f) hat man die vollständige Variation ΔI nach Potenzen der Grösse $\varkappa$ zu entwickeln und den Coefficienten der ersten Potenz gleich Null zu setzen. Man erhält dann einen Ausdruck von der Form (S. 102 (4.))

$$\int_{t_0}^{t_1} \left\{ \frac{\partial F}{\partial x} u + \frac{\partial F}{\partial y} v + \frac{\partial F}{\partial x'} \frac{du}{dt} + \frac{\partial F}{\partial y'} \frac{dv}{dt} \right\} dt,$$

den man durch partielle Integration ebenso umformen kann, wie das auf S. 102 geschehen ist, jedoch mit dem Unterschiede, dass die dort vorausgesetzte Stetigkeit in der Änderung der Tangentenrichtung nicht mehr für den gesammten Integrationsbereich Gültigkeit hat, indem der Punkt t' ausgenommen worden ist. Wenn man diesen Umstand beachtet und zugleich dieselben Umformungen vornimmt, die zu der Formel S. 107 (18.) geführt haben, erhält man folgenden Ausdruck

$$(3.) \qquad \int_{t_0}^{t_1} \mathrm{G}.(x'v - y'u)\, dt + \left[\frac{\partial F}{\partial x'} u + \frac{\partial F}{\partial y'} v \right]_{t''}^{t'} + \left[\frac{\partial F}{\partial x'} u + \frac{\partial F}{\partial y'} v \right]_{t'}^{t'''},$$

der, wie oben bemerkt, für willkürliche Werthe von u und v verschwinden muss. Nun gilt aber für alle Curven, für die das vorgelegte Integral ein Maximum oder ein Minimum haben kann, mit Nothwendigkeit die Differentialgleichung

$$\mathrm{G} = 0$$

(S. 107), und da überdies u und v für $t = t''$ und für $t = t'''$ den Werth Null haben sollten, so ergiebt sich

$$u \left\{ \left(\frac{\partial F}{\partial x'} \right)_{t'}^{-} - \left(\frac{\partial F}{\partial x'} \right)_{t'}^{+} \right\} + v \left\{ \left(\frac{\partial F}{\partial y'} \right)_{t'}^{-} - \left(\frac{\partial F}{\partial y'} \right)_{t'}^{+} \right\} = 0.$$

Die hierin auftretenden Grössen $\left(\frac{\partial F}{\partial x'} \right)_{t'}^{-}$, $\left(\frac{\partial F}{\partial y'} \right)_{t'}^{-}$ sollen die Grenzwerthe bedeuten, denen die partiellen Ableitungen $\frac{\partial F}{\partial x'}, \frac{\partial F}{\partial y'}$ beliebig nahe kommen, wenn sich die Veränderliche t innerhalb des Bereiches $t'' < t < t'$ dem Werthe t' nähert, während die Grössen $\left(\frac{\partial F}{\partial x'}\right)^{+}_{t'}, \left(\frac{\partial F}{\partial y'}\right)^{+}_{t'}$ die entsprechende Bedeutung für den Bereich $t' < t < t'''$ haben sollen. Da nun die vorstehende Gleichung für willkürliche Grössen u, v Gültigkeit behalten soll, also auch für $u \lesseqgtr 0, v = 0$ und für $u = 0, v \lesseqgtr 0$, so muss

$$(4.)\qquad \left(\frac{\partial F}{\partial x'}\right)^{-}_{t'} = \left(\frac{\partial F}{\partial x'}\right)^{\pm}_{t'}, \quad \left(\frac{\partial F}{\partial y'}\right)^{-}_{t'} = \left(\frac{\partial F}{\partial y'}\right)^{+}_{t'}$$

sein. Damit ist der oben ausgesprochene Satz bewiesen.

Hieraus kann man nun schliessen, dass die in der Gleichung (2.) auftretende Integrationskonstante im ganzen Verlauf der Curve einen und denselben Werth besitzen muss, selbst an den Stellen, an denen die Curve eine unstetige Richtungsänderung erleidet.

Man kann aber auch in vielen Fällen den Schluss ziehen, dass die Curve selbst im Allgemeinen ihre Richtung nicht plötzlich ändern kann. Aus der im neunten Kapitel S. 94 (9.) bewiesenen identisch bestehenden Formel

$$F(x, y, \varkappa x', \varkappa y') = \varkappa F(x, y, x', y')$$

folgt nämlich durch Differentiation nach x' und y', wenn man noch

$$(5.)\qquad \frac{\partial F}{\partial x'} = F^{(1)}, \quad \frac{\partial F}{\partial y'} = F^{(2)}$$

setzt:

$$(6.)\qquad \begin{cases} F^{(1)}(x, y, \varkappa x', \varkappa y') = F^{(1)}(x, y, x', y'), \\ F^{(2)}(x, y, \varkappa x', \varkappa y') = F^{(2)}(x, y, x', y'), \end{cases}$$

d. h. die Ableitungen $\frac{\partial F}{\partial x'}, \frac{\partial F}{\partial y'}$ bleiben ungeändert, wenn x' und y' mit einer und derselben positiven (S. 94) Grösse $\varkappa$ multiplicirt werden. Nimmt man nun speciell

$$\varkappa = \frac{1}{\sqrt{x'^2 + y'^2}}$$

und bezeichnet mit λ den Winkel, den die positive Richtung der Curventangente mit der positiven x-Achse einschliesst, so hat man wegen

$$\varkappa x' = \cos\lambda, \quad \varkappa y' = \sin\lambda:$$

$$(7.)\qquad \begin{cases} F^{(1)}(x, y, x', y') = F^{(1)}(x, y, \cos\lambda, \sin\lambda), \\ F^{(2)}(x, y, x', y') = F^{(2)}(x, y, \cos\lambda, \sin\lambda). \end{cases}$$

Hieraus geht hervor, dass eine plötzliche Änderung von λ im Allgemeinen auch eine Unstetigkeit der Functionen $F^{(1)}$ und $F^{(2)}$ nach sich ziehen würde, die nach dem soeben bewiesenen Satze nicht statthaben kann.

Bei dem Beispiele der Rotationsfläche kleinsten Flächeninhalts ergiebt sich aus (1.)

$$F^{(1)} = y\cos\lambda, \quad F^{(2)} = y\sin\lambda.$$

Eine sprungweise Änderung von λ würde daher auch eine solche von $F^{(1)}$ und $F^{(2)}$ zur Folge haben, ausser wenn $y = 0$ ist. Man kann daher in diesem Falle schliessen, dass eine plötzliche Richtungsänderung der Curve nur in einem Punkte der x-Achse stattfinden kann.

Aus den vorstehenden Betrachtungen lassen sich nun noch eine Reihe von Folgerungen ziehen, die sowohl die Form der Differentialgleichung $G = 0$ betreffen, wie auch Aufschlüsse über den Verlauf der gesuchten Curven ergeben. Zunächst sagen die Gleichungen (7.) aus, dass die Functionen $F^{(1)}$ und $F^{(2)}$ von der Art und Weise, wie die Grössen x, y als Functionen eines Parameters dargestellt werden, gänzlich unabhängig sind; sie hängen vielmehr nur von den Coordinaten und von den Richtungscosinus der Tangente des betrachteten Curvenpunktes ab. Sodann folgt aus den Gleichungen (6.), wenn man die erste nach y' oder die zweite nach x' differentiirt und $\frac{\partial^2 F}{\partial x'\partial y'} = F^{(12)}$ setzt,

$$F^{(12)}(x, y, x', y') = \varkappa F^{(12)}(x, y, \varkappa x', \varkappa y'),$$

und daraus weiter im Hinblick auf die mittlere der Formeln S. 96 (13.)

$$F_1(x, y, x', y') = \varkappa^3 F_1(x, y, \varkappa x', \varkappa y'). \tag{8.}$$

Setzt man jetzt wieder, mit s den Parameter der Bogenlänge bezeichnend,

$$\varkappa = \frac{1}{\sqrt{x'^2 + y'^2}} = \frac{1}{\frac{ds}{dt}},$$

$$\varkappa x' = \frac{dx}{ds}, \quad \varkappa y' = \frac{dy}{ds},$$

so ergiebt sich

$$F_1(x, y, x', y') = \frac{1}{\left(\frac{ds}{dt}\right)^3} F_1\left(x, y, \frac{dx}{ds}, \frac{dy}{ds}\right). \tag{9.}$$

Hiermit geht der Ausdruck G (S. 106 (15.)) oder

$$G = \frac{\partial F^{(1)}}{\partial y} - \frac{\partial F^{(2)}}{\partial x} - F_1 \cdot \left(\frac{ds}{dt}\right)^3 \left(\frac{dx}{ds}\frac{d^2y}{ds^2} - \frac{dy}{ds}\frac{d^2x}{ds^2}\right),$$

worin jedoch als Argumente der Functionen $F^{(1)}$, $F^{(2)}$ und F_1 noch die Grössen x, y, x', y' auftreten, in folgende Form über:

$$(10.)\quad G = \frac{\partial}{\partial y} F^{(1)}\left(x, y, \frac{dx}{ds}, \frac{dy}{ds}\right) - \frac{\partial}{\partial x} F^{(2)}\left(x, y, \frac{dx}{ds}, \frac{dy}{ds}\right)$$
$$- \left(\frac{dx}{ds}\frac{d^2y}{ds^2} - \frac{dy}{ds}\frac{d^2x}{ds^2}\right) F_1\left(x, y, \frac{dx}{ds}, \frac{dy}{ds}\right).$$

Aus dieser Darstellung ist unmittelbar ersichtlich, dass auch der Werth des Ausdruckes G von der Wahl des Parameters t völlig unabhängig ist.

Führt man, wie dies bereits früher geschehen war (S. 108), wieder die Krümmung der Curve

$$k = \frac{dx}{ds}\frac{d^2y}{ds^2} - \frac{dy}{ds}\frac{d^2x}{ds^2}$$

ein und setzt weiter zur Abkürzung

$$(11.)\quad \frac{\partial}{\partial y} F^{(1)}\left(x, y, \frac{dx}{ds}, \frac{dy}{ds}\right) - \frac{\partial}{\partial x} F^{(2)}\left(x, y, \frac{dx}{ds}, \frac{dy}{ds}\right) = H\left(x, y, \frac{dx}{ds}, \frac{dy}{ds}\right),$$

so wird

$$(12.)\quad G = H\left(x, y, \frac{dx}{ds}, \frac{dy}{ds}\right) - k F_1\left(x, y, \frac{dx}{ds}, \frac{dy}{ds}\right),$$

ein Ausdruck, den man auch leicht aus der Formel S. 108 (19.) hätte herleiten können. Er zeigt wieder, dass die Grösse G nur von den Coordinaten, von den Richtungscosinus der Tangente und von der Krümmung in dem betrachteten Curvenpunkte abhängig ist.

Nimmt man nun noch die Bogenlänge s selbst als unabhängige Variable, so besteht nicht nur die Gleichung

$$\left(\frac{dx}{ds}\right)^2 + \left(\frac{dy}{ds}\right)^2 = 1,$$

sondern auch die daraus durch Differentiation nach s folgende

$$\frac{dx}{ds}\frac{d^2x}{ds^2} + \frac{dy}{ds}\frac{d^2y}{ds^2} = 0,$$

und es gelten die Formeln

$$(13.)\quad k = -\frac{d^2x}{ds^2} : \frac{dy}{ds} = \frac{d^2y}{ds^2} : \frac{dx}{ds}.$$

Hiermit lässt sich die Differentialgleichung G = 0 unter Benutzung des Ausdrucks (12.) auf folgende zwei Arten darstellen:

$$(14.)\quad \begin{cases} \frac{d^2x}{ds^2} F_1\left(x, y, \frac{dx}{ds}, \frac{dy}{ds}\right) + \frac{dy}{ds} H\left(x, y, \frac{dx}{ds}, \frac{dy}{ds}\right) = 0 \\ \frac{d^2y}{ds^2} F_1\left(x, y, \frac{dx}{ds}, \frac{dy}{ds}\right) - \frac{dx}{ds} H\left(x, y, \frac{dx}{ds}, \frac{dy}{ds}\right) = 0. \end{cases}$$

Man übersieht leicht, wie man hieraus durch weitere Differentiation nach s neue Gleichungen aufstellen kann, in denen die dritten und höheren Ableitungen der Coordinaten nach der Bogenlänge vorkommen.

Wenn nun die Coordinaten x, y, sowie die Richtungscosinus der Tangente $\frac{dx}{ds}, \frac{dy}{ds}$ in einem bestimmten Punkte der Curve gegeben sind, so lassen sich aus den vorstehenden Gleichungen (14.) die Grössen $\frac{d^2x}{ds^2}, \frac{d^2y}{ds^2}$ berechnen, falls in dem betrachteten Punkte

$$F_1\left(x, y, \frac{dx}{ds}, \frac{dy}{ds}\right) \lesseqgtr 0$$

ist, und $H\left(x, y, \frac{dx}{ds}, \frac{dy}{ds}\right)$ einen bestimmten endlichen Werth hat. Dadurch sind auch alle höheren Differentialquotienten in diesem Punkte bekannt. Wenn sich daher x und y in der Umgebung dieses Punktes in Reihen entwickeln lassen, die nach Potenzen der Bogenlänge fortschreiten, so sind diese durch Angabe der Coordinaten und der Richtungscosinus der Tangente in dem betrachteten Punkte vollständig bestimmt, und damit ist auch der ganze reguläre Theil der Curve bekannt. Das gilt unter den gemachten Voraussetzungen insbesondere, wenn Anfangspunkt und Anfangsrichtung der Curve gegeben sind. Ändert man nun die Anfangsrichtung, so erhält man im Allgemeinen andere und andere Curven, die in der Umgebung des Anfangspunktes die Ebene bedecken werden. Man sieht, dass es im Allgemeinen sogar möglich sein wird, bei geeigneter Wahl der Anfangsrichtung die Curve noch durch einen zweiten Punkt zu ziehen, falls dieser nur dem Anfangspunkte hinreichend nahe gelegen ist.

Sind übrigens erst x, y als Functionen der Bogenlänge s ausgedrückt, so bietet die Einführung einer beliebigen anderen unabhängigen Veränderlichen keine Schwierigkeit.

Zwölftes Kapitel.

Einige Beispiele zum zehnten und elften Kapitel.

Wir wollen nun von den Ergebnissen der beiden vorhergehenden Kapitel Anwendungen auf einige specielle Probleme machen, von denen schon im siebenten und achten Kapitel die Rede gewesen ist.

Für die **Rotationsfläche kleinsten Flächeninhalts** war bereits (S. 109) durch Integration der Gleichung $G_1 = 0$ die Formel

$$\frac{\partial F}{\partial x'} = c$$

gefunden worden, wo c eine Constante bedeutet, die längs der Curve denselben Werth behält (S. 113). Es werde nun zunächst angenommen, der Anfangspunkt A des Curvenbogens (S. 76) sei nicht auf der Abscissenachse gelegen, und die Anfangsrichtung der Curve sei nicht parallel zur Ordinatenachse, d. h. es sollen im Punkte A sowohl y als auch $\frac{dx}{ds}$ von Null verschiedene Werthe besitzen. Wegen

$$F = y\sqrt{x'^2 + y'^2} \tag{1.}$$

ist nun

$$\left\{\begin{aligned} \frac{\partial F}{\partial x'} &= \frac{yx'}{\sqrt{x'^2+y'^2}} = y\frac{dx}{ds} \\ \frac{\partial F}{\partial y'} &= \frac{yy'}{\sqrt{x'^2+y'^2}} = y\frac{dy}{ds}. \end{aligned}\right. \tag{2.}$$

Es folgt daher aus den oben gemachten Annahmen, dass

$$y\frac{dx}{ds} = c \tag{3.}$$

einen von Null verschiedenen Werth haben muss, und da die Constante im ganzen Verlauf der Curve denselben Werth beibehält, so folgt weiter, dass y nirgends verschwinden darf. Die Curve liegt also ganz auf der Seite der Abscissenachse, auf der auch der Punkt A gelegen ist, etwa auf der Seite der positiven Ordinaten. Ebenso sieht man, dass $\frac{dx}{ds}$ sein Zeichen nicht ändern kann; es muss also x mit fortschreitender Bogenlänge entweder beständig wachsen oder beständig abnehmen. Das Letztere darf aber nicht stattfinden, da sonst niemals der Endpunkt B erreicht werden würde, dessen Abscisse grösser als die des Punktes A angenommen worden war. Da also

$$y > 0 \text{ und } \frac{dx}{ds} > 0$$

sind, so muss auch

$$c > 0$$

sein.

Ebenso schliesst man aus der Gleichung $G_2 = 0$, d. h.

$$\frac{\partial F}{\partial y} - \frac{d}{dt}\left(\frac{\partial F}{\partial y'}\right) = 0$$

oder wegen $t = s$

(4.) $$\frac{d}{ds}\left(y\frac{dy}{ds}\right) = 1,$$

dass sich $\frac{dy}{ds}$ ebenfalls in stetiger Weise ändern muss. Dies muss also auch für $\frac{dy}{dx} = \frac{dy}{ds} : \frac{dx}{ds}$ der Fall sein, da $\frac{dx}{ds}$ nicht gleich Null werden kann; d. h. die Tangentenrichtnng ändert sich längs der Curve in stetiger Weise. Da x mit fortschreitender Bogenlänge bestimmt wächst, so folgt daraus, dass y eine eindeutige Function von x sein muss.

Nachdem dies festgestellt ist, kann man die Gleichung (3.) in der Form

(5.) $$\left(\frac{dy}{dx}\right)^2 = \frac{y^2 - c^2}{c^2}$$

schreiben, und erhält daraus durch Differentiation

(6.) $$\frac{d^2y}{dx^2} = \frac{y}{c^2},$$

eine Differentialgleichung, die mit der im siebenten Kapitel (S. 81 (6.)) erhaltenen übereinstimmt. Ihre Integration führt, wie dort gezeigt worden ist, auf die Gleichung einer Kettenlinie

$$(7.)\qquad y = \frac{c}{2}\left(e^{\frac{x-x_0}{c}} + e^{-\frac{x-x_0}{c}}\right).$$

Durch die vorstehenden Betrachtungen ist bewiesen worden, dass wenn es eine aus regulären Stücken bestehende Curve giebt, durch deren Umdrehung um die Abscissenachse eine Rotationsfläche kleinsten Flächeninhalts entsteht, es nur die durch die Gleichung (7.) dargestellte Kettenlinie sein kann, vorausgesetzt dass der Constanten c ein von Null verschiedener positiver Werth beigelegt wird. Will man eine Parameterdarstellung benutzen, so kann man etwa setzen:

$$(8.)\qquad \begin{cases} x = x_0 + ct \\ y = \frac{1}{2}c(e^t + e^{-t}). \end{cases}$$

Es bleibt nun noch der bisher ausgeschlossene Fall

$$c = 0$$

zu betrachten, der zu denjenigen gehört, von denen man früher glaubte, dass die Mittel der Variationsrechnung zu seiner Erledigung nicht ausreichten. Man kann ihn aber folgendermassen behandeln. Da jetzt

$$y\frac{dx}{ds} = 0$$

sein soll, im Punkte A aber $y > 0$ ist, so muss in diesem Punkte $\frac{dx}{ds}$ verschwinden, d. h. die Anfangstangente muss der Ordinatenachse parallel laufen, und diese Richtung wird die Curve beibehalten müssen, solange $y > 0$ bleibt. Da aber die Curve den Punkt B erreichen soll, so muss sie einmal ihre Richtung ändern, und dies kann nach dem oben (S. 113) Bewiesenen nur geschehen, wenn $y = 0$ ist, d. h. wenn sie (Fig. 14) nach C gelangt ist.

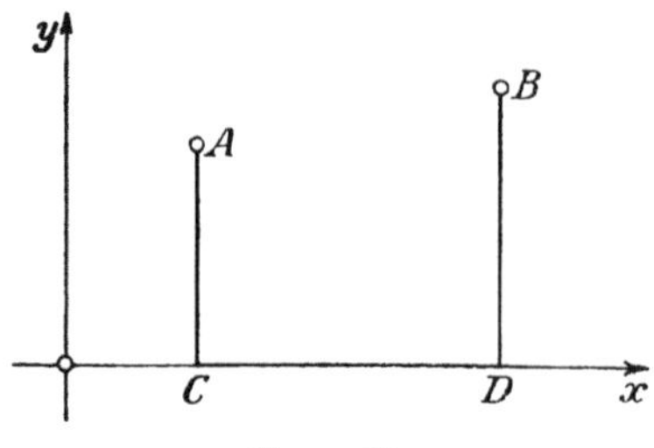

Figur 14.

Von da an braucht $\frac{dx}{ds}$ nicht mehr gleich Null zu sein, da ja y verschwindet, und der die Curve beschreibende Punkt kann auf der Kante der Halbebene beliebig vorwärts und rückwärts wandern. Da er aber nach B gelangen soll, so muss er die Kante irgendwo verlassen, falls die Ordinate von B positiv ist, und da dann wieder $y > 0$ wird, muss jetzt $\frac{dx}{ds}$ wieder gleich Null werden, d. h. der Punkt muss sich wieder senkrecht zur Abscissenachse bewegen. Die ganze Curve muss also aus den drei geradlinigen Stücken AC, CD, DB bestehen. Die in dem Stück CD liegenden Theile der Curve tragen ersichtlich zum Flächeninhalt der entstehenden Rotationsfläche nichts bei, wohl aber die Strecken AC und DB. Soll nun wirklich ein Minimum des Flächeninhalts stattfinden, so muss sich der die Curve beschreibende Punkt von A ausgehend in stetigem Fortschreiten nach C hinbewegen, d. h. das in AC liegende Stück der Curve kann nicht aus mehreren Strecken von entgegengesetztem Richtungssinn bestehen, da andernfalls offenbar eine grössere Fläche bei der Rotation erzeugt werden würde als durch die einfach beschriebene Strecke AC. Dasselbe gilt von DB, während es, wie schon gesagt, ganz gleichgiltig ist, auf welche Weise der Punkt längs der Kante der Halbebene von C nach D gelangt. Für den Fall $c = 0$ ist also die Curve, für die ein Minimum des Inhalts der zugehörigen Rotationsfläche stattfinden kann, aus der einfachen Strecke AC, aus der einfachen oder auch mehrfach beschriebenen Strecke CD, die ganz in der Kante der Halbebene liegt, und aus der einfachen Strecke DB zusammengesetzt.

Es bleibt aber noch zu untersuchen, und zwar sowohl für die Kettenlinie, wie auch für die soeben betrachtete Curve, ob für sie ein Minimum des Flächeninhalts der Rotationsfläche wirklich eintritt.

Für das Problem der Brachistochrone war S. 88 (5.)

$$F = \frac{\sqrt{x'^2 + y'^2}}{\sqrt{2gy + \alpha^2}} \tag{9.}$$

gefunden worden, worin α die gegebene Anfangsgeschwindigkeit des der Schwerkraft unterworfenen Punktes und nicht etwa eine Integrationsconstante bedeutet. Da das zu untersuchende Integral

$$T = \int_{t_0}^{t_1} F dt$$

die Fallzeit bedeutet, also eine wesentlich positive Grösse ist, und dies auch für dt selbst, als Zuwachs der Zeit, gilt, so muss die Function F wesentlich positiv sein, und den beiden Quadratwurzeln ist daher das gleiche Vorzeichen zu ertheilen. Da nun $\sqrt{2gy+\alpha^2}$ stets positiv gewählt werden kann (S. 86), so muss auch $\sqrt{x'^2+y'^2}$ innerhalb des Integrationsintervalls $(t_0 \ldots t_1)$ einen positiven Werth erhalten. Nun könnten freilich x' und y' in diesem Bereiche gleichzeitig verschwinden; die Curve würde dann an der betreffenden Stelle einen singulären Punkt besitzen, an dem die Geschwindigkeit des beweglichen Punktes gleich Null sein würde. Es sei (x_0, y_0) eine solche Stelle, und es sei t' der zugehörige Parameterwerth; man hat dann in der Umgebung dieser Stelle:

$$(10.) \qquad \begin{cases} x = x_0 + A(t-t')^m + \cdots \\ y = y_0 + B(t-t')^m + \cdots, \end{cases}$$

worin der Exponent m mindestens den Werth 2 hat, und wenigstens eine der Grössen A und B von Null verschieden ist. Hieraus ergiebt sich

$$x'^2 + y'^2 = m^2(A^2+B^2)(t-t')^{2(m-1)} + \cdots,$$

also

$$(11.) \qquad \sqrt{x'^2+y'^2} = m\sqrt{A^2+B^2}\,(t-t')^{m-1} + \cdots.$$

Hierin darf die Grösse $\sqrt{A^2+B^2}$ als positiv vorausgesetzt werden.

Ist nun m eine ungerade Zahl, so wird für hinlänglich kleine Werthe von $|t-t'|$ der Ausdruck auf der rechten Seite der vorstehenden Formel beständig positiv sein, und somit hat in diesem Falle auch $\sqrt{x'^2+y'^2}$ stets das positive Zeichen. Wenn dagegen m eine gerade Zahl ist, also etwa $m = 2$, in welchem Falle die Curve an der betrachteten Stelle einen Rückkehrpunkt besitzt, so würde $\sqrt{x'^2+y'^2}$ einen positiven oder einen negativen Werth annehmen, jenachdem $t > t'$ oder $t < t'$ wäre. Soll daher das Integral T stets einen positiven Werth haben, so dürfte die Grösse $\sqrt{x'^2+y'^2}$ nicht stets derselben Potenzreihe von t gleichgesetzt werden, sondern es wäre nöthig, dieser Grösse nach Überschreiten des Rückkehrpunktes den entgegengesetzten Werth der Potenzreihe zu ertheilen. Aus diesem Grunde wollen wir uns im Folgenden zunächst auf ein von singulären Stellen freies Stück der Curve beschränken. Derartige Einschränkungen müssen oft gemacht werden, da sonst den zu untersuchenden Integralen selbst nicht überall eine eindeutig bestimmte Bedeutung beigelegt werden kann.

Dies vorausgeschickt, hat man aus (9.)

$$(12.)\quad \begin{cases} \dfrac{\partial F}{\partial x'} = \dfrac{1}{\sqrt{2gy+\alpha^2}} \dfrac{x'}{\sqrt{x'^2+y'^2}} = \dfrac{1}{\sqrt{2gy+\alpha^2}} \dfrac{dx}{ds} \\ \dfrac{\partial F}{\partial y'} = \dfrac{1}{\sqrt{2gy+\alpha^2}} \dfrac{y'}{\sqrt{x'^2+y'^2}} = \dfrac{1}{\sqrt{2gy+\alpha^2}} \dfrac{dy}{ds}. \end{cases}$$

Hieraus folgt, dass $\frac{\partial F}{\partial x'}, \frac{\partial F}{\partial y'}$ den Richtungscosinus der Tangente proportional sind. Da nun diese Ableitungen längs der ganzen Curve stetig sind, und der Proportionalitätsfactor in jedem Punkte der Curve einen bestimmten endlichen Werth hat, so muss sich auch die Richtung der Curve überall in dem betrachteten Integrationsbereiche stetig ändern (S. 113).

Da die Grösse F von x unabhängig ist, so ergiebt die Differentialgleichung $G_1 = 0$ ohne Weiteres

$$(13.)\quad \frac{1}{\sqrt{2gy+\alpha^2}} \frac{dx}{ds} = c,$$

wo c eine Integrationsconstante bedeutet, die dem eben Bewiesenen zu Folge längs des ganzen betrachteten Curvenstückes einen und denselben Werth hat. Wäre nun $c = 0$, so müsste auch $\frac{dx}{ds}$ beständig den Werth Null haben, d. h. die Curve müsste aus einer Parallelen zur Ordinatenachse bestehen, was wiederum nur dann eintreten könnte, wenn Anfangspunkt A und Endpunkt B vertical übereinander gelegen wären. Es ist selbstverständlich, dass in diesem Falle eine verticale Verbindungsgerade der beiden Punkte die gesuchte Lösung der Aufgabe ergiebt.

Es darf also c als von Null verschieden angesehen werden. Da nach den im achten Kapitel (S. 88) angestellten Überlegungen die Grösse $\frac{dx}{ds}$ bestimmt keine negativen Werthe besitzen kann, so folgt, dass man unbeschadet der Allgemeinheit der Aufgabe der Constanten c einen positiven Werth beilegen darf. Nun ergiebt sich aus der Differentialgleichung (13.) die folgende:

$$(1-c^2(2gy+\alpha^2))\,dx^2 = c^2(2gy+\alpha^2)\,dy^2,$$

oder wenn man darin statt der willkürlichen positiven Constanten $2gc^2$ wieder einfach c^2 schreibt und weiter

$$(14.)\quad \alpha^2 = 2ga$$

setzt, wo a eine gegebene nicht negative Constante bedeutet,

$$dx = \frac{c(y+a)\,dy}{\sqrt{(y+a)(1-c^2(y+a))}}. \tag{15.}$$

Zur Ausführung der Integration führe man eine Hilfsgrösse u durch die Gleichung

$$du(y+a) = dx \tag{16.}$$

ein. Da den gemachten Voraussetzungen zufolge $y+a$ niemals negativ wird, so muss u mit x zunehmen; dabei ist noch zu beachten, dass die Definition von u eine additive Constante unbestimmt lässt. Damit wird

$$du = c\,dy\,((y+a)(1-c^2(y+a)))^{-\frac{1}{2}}. \tag{17.}$$

Man bemerke, dass die Grösse $c^2(y+a)$ nicht grösser als $+1$ sein darf.

Nun setze man

$$2c^2(y+a) = 1-\xi, \tag{18.}$$

so wird

$$1-c^2(y+a) = \frac{1+\xi}{2},$$

$$dy = -\frac{d\xi}{2c^2},$$

mithin

$$du = -\frac{d\xi}{\sqrt{1-\xi^2}}. \tag{19.}$$

Ein Integral dieser Differentialgleichung ist aber

$$\xi = \cos u, \tag{20.}$$

wobei die Hinzufügung einer Integrationsconstante nicht nöthig ist, da schon u selbst eine solche enthält. Der Gleichung (18.) zufolge wird

$$y+a = \frac{1-\cos u}{2c^2}, \tag{21.}$$

und aus (16.) ergiebt sich

$$dx = \frac{1-\cos u}{2c^2}\,du,$$

woraus durch Integration

$$x = x_0 + \frac{u - \sin u}{2c^2} \tag{22.}$$

folgt, unter x_0 eine Integrationsconstante verstanden.

Die Gleichungen (21.) und (22.) stellen x und y als Functionen des Parameters u dar, während der ursprüngliche Parameter t die Zeit bedeutete. Diese Grösse kann nur wachsen, während u auch abnehmen kann, doch kann auch u sich stets nur in demselben Sinne ändern.

Die Curven, die durch die Gleichungen (21.) und (22.) dargestellt werden, erstrecken sich ins Unendliche. Da $y+a$ niemals negativ wird, so ist $y = -a$ der kleinste Werth, den y annehmen kann; die Curve wird also eine in der Entfernung a zur x-Achse gezogene Parallele nirgends überschreiten, aber unendlich oft erreichen. Die Curve ist eine Cykloide, die durch einen Punkt auf der Peripherie eines Kreises vom Radius

$$r = \frac{1}{2c^2} \tag{23.}$$

erzeugt wird, wenn der Kreis auf der soeben erwähnten Geraden ohne Gleiten rollt (Fig. 15).

Die Cykloide hat unendlich viele Spitzen. Entwickelt man die Aus-

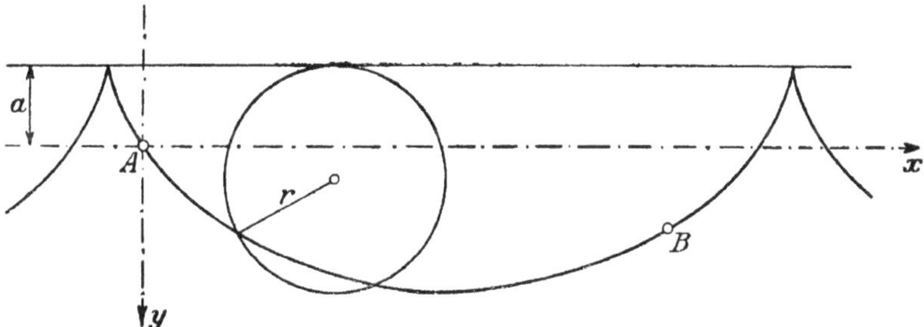

Figur 15.

drücke für x und y nach Potenzen von u, so erhält man

$$x = x_0 + \frac{1}{6} r u^3 + \cdots,$$

$$y = -a + \frac{1}{2} r u^2 + \cdots,$$

und man sieht, dass wenn u aus dem Negativen zum Positiven übergeht, die

Abscisse x wächst, während y vorher abnimmt und nachher zunimmt. Die Curve hat also für $x = x_0$, $y = -a$ eine Spitze, deren Tangente die Richtung der Schwerkraft hat. Dasselbe wiederholt sich, wenn man $u = 2\pi n + v$ setzt (für $n = \pm 1, \pm 2, \ldots$) und sodann nach Potenzen von v entwickelt. Diese Betrachtungen sind in den auf S. 120 angestellten enthalten, wenn man $A = 0$, $B = \frac{1}{2} r$, $m = 2$ setzt. Es war dort vorausgesetzt worden, dass das betrachtete Curvenstück von singulären Stellen frei sei. Es fragt sich also, ob in einem Stück der Cykloide, das den Punkt A mit dem Punkte B verbindet, eine Spitze enthalten sein könne. Dies ist aber nicht möglich; da nämlich die Geschwindigkeit des beweglichen Punktes der Grösse $\sqrt{y+a}$ proportional ist, so würde dieser eine die Spitze in hinreichender Nachbarschaft abschneidende horizontale Strecke in kürzerer Zeit durchlaufen, als wenn er sich über die Spitze bewegte, denn längs der geradlinigen Strecke ist sowohl die Weglänge kürzer als auch die Geschwindigkeit grösser. Dagegen kann sehr wohl im Anfangspunkte A eine solche Spitze liegen. Ist nämlich die gegebene Anfangsgeschwindigkeit α und somit auch die Constante a gleich Null, so wird im Anfangspunkte auch $\sqrt{y+a}$ gleich Null, es muss also auch, der Gleichung (13.) zufolge, $\frac{dx}{ds}$ gleich Null sein, d. h. die Tangente im Anfangspunkte fällt dann mit der Richtung der Schwere zusammen; dies ist aber nur in einer Spitze der Fall.

Man hat sich dann noch zu überzeugen, ob die beiden gegebenen Punkte stets durch einen Cykloidenbogen verbunden werden können, der ausser etwa an den Endpunkten keine Spitze enthält. Dabei wird sich zeigen, dass für eine gegebene Anfangsgeschwindigkeit α stets eine und nur eine solche Curve existirt. Es bleibt schliesslich noch der Nachweis zu erbringen, dass ein derartiger Cykloidenbogen von einem materiellen Punkte unter dem Einfluss der Schwerkraft wirklich in der kürzesten Zeit durchlaufen wird.

Das Problem der kürzesten Linie zwischen zwei auf einer gegebenen Fläche gelegenen Punkten lässt sich aus dem Grunde nicht allgemein durchführen, weil die Integration der sich ergebenden Differentialgleichung durch elementare Verfahren, wie z. B. durch Trennung der Veränderlichen, nicht ausführbar ist. Nur in wenigen Fällen ist es gelungen, die Integration wirklich durchzuführen und die in Frage kommenden Curven durch geschlossene

Ausdrücke analytisch darzustellen. Dies ist u. a. der Fall bei der Ebene, der Kugel und den anderen Flächen zweiten Grades. Als ein sehr einfaches Beispiel soll hier die Aufgabe behandelt werden, die kürzeste auf einer Kugel gelegene Verbindungslinie zwischen zwei gegebenen Punkten A und B der Kugel zu bestimmen.

Der Radius der Kugel sei gleich eins genommen, und die Gleichung der Kugel in der Form

$$x^2 + y^2 + z^2 = 1$$

gegeben. Setzt man

$$(24.)\qquad \begin{cases} x = \cos u \\ y = \sin u \cos v \\ z = \sin u \sin v, \end{cases}$$

so sind $u =$ const. die Gleichungen der Parallelkreise und $v =$ const. die der Meridiane auf der Kugel. Die Länge des Bogenelements ist

$$(25.)\qquad ds = \sqrt{du^2 + \sin^2 u\, dv^2},$$

und die Aufgabe besteht daher darin, das Integral

$$(26.)\qquad L = \int_{t_0}^{t_1} \sqrt{u'^2 + v'^2 \sin^2 u}\, dt$$

zu einem Minimum zu machen. Es ist also hier

$$(27.)\qquad F = \sqrt{u'^2 + v'^2 \sin^2 u}$$

zu setzen, und es wird

$$(28.)\qquad \begin{cases} \dfrac{\partial F}{\partial u'} = \dfrac{u'}{\sqrt{u'^2 + v'^2 \sin^2 u}} \\ \dfrac{\partial F}{\partial v'} = \dfrac{v' \sin^2 u}{\sqrt{u'^2 + v'^2 \sin^2 u}}. \end{cases}$$

Da die Function F die Grösse v nicht enthält, so benutze man die Differentialgleichung $G_2 = 0$, und man erhält

$$(29.)\qquad \frac{\partial F}{\partial v'} = \frac{v' \sin^2 u}{\sqrt{u'^2 + v'^2 \sin^2 u}} = C,$$

wo C eine willkürliche Constante bedeutet, die längs der ganzen Curve denselben Werth besitzt. Im Anfangspunkt A der Curve sei u von Null verschieden, d. h. A falle nicht mit dem Nordpole der Kugel zusammen. Dann wird C nur dann den Werth Null haben können, wenn $v' = 0$, also $v =$ const. ist, d. h. wenn die beiden gegebenen Punkte A und B auf demselben Meridiane gelegen sind. Ist dies nicht der Fall, dann ist C stets von Null verschieden und, wie leicht einzusehen, dem absoluten Betrage nach nicht grösser als eins. Man darf daher

$$C = \sin c$$

setzen und erhält die Differentialgleichung

$$(30.)\qquad dv = \frac{\sin c\, du}{\sin u \sqrt{\sin^2 u - \sin^2 c}}.$$

Führt man nun eine Grösse w mittels der Gleichung

$$(31.)\qquad \cos u = \cos c \cos w$$

ein, so erhält man

$$dv = \frac{\sin c\, dw}{1 - \cos^2 c \cos^2 w}$$

und weiter durch Integration

$$(32.)\qquad \operatorname{tg}(v-\beta) = \frac{1}{\sin c} \operatorname{tg} w,$$

worin β eine willkürliche Constante bedeutet. Eliminirt man hieraus wieder die Hilfsgrösse w mittels der Gleichung (31.), so entsteht

$$\operatorname{tg} u \cos(v-\beta) = \operatorname{tg} c,$$

und dies ist die Gleichung der gesuchten Curve in sphärischen Coordinaten u, v.

Um die Bedeutung dieser Gleichung näher kennen zu lernen, führe man die Bogenlänge s der Curve ein, gerechnet vom Schnittpunkte des Nullmeridians $v = 0$ mit der Curve. Aus den Gleichungen (25.) und (30.) ergiebt sich

$$ds = \frac{\sin u\, du}{\sqrt{\sin^2 u - \sin^2 c}},$$

und indem man wieder die Grösse w mittels (31.) einführt, erhält man

$$ds = dw,$$

d. h.

$$s - b = w,$$

unter b eine neue Constante verstanden. Damit lassen sich die Gleichungen (31.) und (32.) in folgende Gestalt bringen

$$(33.) \quad \begin{cases} \cos u = \cos c \cos (s-b) \\ \operatorname{ctg}(v-\beta) = \sin c \operatorname{ctg}(s-b). \end{cases}$$

Dies sind aber Relationen, wie sie zwischen den Seiten und Winkeln eines rechtwinkligen sphärischen Dreiecks bestehen. Nun gilt für den Winkel α, den die gesuchte Curve mit einem Meridiane einschliesst, die Gleichung

$$\cos \alpha = \frac{du}{ds} = \frac{\sqrt{\sin^2 u - \sin^2 c}}{\sin u}$$

oder unter Benutzung von (31.)

$$\cos \alpha = \cos c \frac{\sin w}{\sin u}.$$

Es giebt daher zwei Werthe $w = 0$ und $w = \pi$, und daher in Folge (32.) auch zwei Meridiane $v = \beta$ und $v = \pi + \beta$, für die der Winkel α ein rechter ist. Denkt man sich also vom Nordpol der Kugel einen solchen Meridian gezogen, der die gesuchte Curve senkrecht schneidet, so bildet dieser mit der Curve und irgend einem anderen Meridiane ein Dreieck, auf das die Relationen (33.) Anwendung finden. Es muss also die der Differentialgleichung genügende Curve selbst ein Bogen eines grössten Kreises sein.

Die Integrationsconstanten c, β und b sind so zu bestimmen, dass die Curve durch die beiden gegebenen Punkte A und B der Kugel geht. Was die geometrische Bedeutung dieser Constanten betrifft, so ist c die Länge der Normalen, die vom Nordpole der Kugel auf die Curve gefällt worden ist, $s-b$ bedeutet die Länge des Bogens der Curve, der vom Fusspunkte jener Normalen bis zu einem beliebigen Punkte reicht, und $v-\beta$ ist der diesem Bogen gegenüber liegende Winkel des betrachteten sphärischen Dreiecks, d. h. der Längenunterschied der Endpunkte dieses Bogens. Wählt man also als Nullmeridian $v = 0$ den durch den Punkt A gehenden Meridian, und rechnet die Bogenlänge der Curve vom Punkte A an, so ist b die Länge des Bogens der Curve vom Punkte A bis zum Fusspunkte der Normalen, und β bedeutet die geographische Länge dieses Fusspunktes. Die Figur 16 erläutert diese geometrischen Verhältnisse.

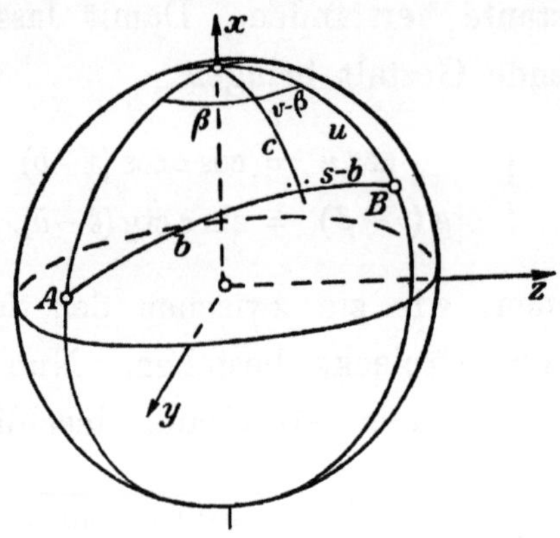

Figur 16.

Im Vorstehenden ist zwar bewiesen worden, dass wenn sich vom Punkte A nach dem Punkte B auf der Kugel eine kürzeste Verbindungslinie ziehen lässt, diese nur der Bogen eines grössten Kreises sein kann; es bleibt jedoch noch zu zeigen übrig, dass ein solcher Bogen auch wirklich ein Minimum der Länge besitzt.

Dreizehntes Kapitel.

Die zweite Variation.

Die bisherigen Untersuchungen des zehnten und elften Kapitels haben zu einer ersten nothwendigen Bedingung geführt, der die Curven zu genügen haben, für die das Integral

$$I = \int_{t_0}^{t_1} F(x, y, x', y')\, dt \tag{1.}$$

einen grössten oder einen kleinsten Werth annehmen kann. Diese Bedingung war das Bestehen der Differentialgleichung (S. 107)

$$G = 0. \tag{2.}$$

Es handelt sich nun um die Beantwortung der Frage, ob und wann der Werth des Integrals (1.) für eine der Differentialgleichung $G = 0$ genügende Curve wirklich ein Maximum oder ein Minimum wird. Dabei vereinfacht es den Gang der Untersuchungen, wenn man zunächst von folgender Fragestellung ausgeht. Man betrachte irgend eine Curve, die jedoch der Differentialgleichung (2.) Genüge leistet, wähle auf ihr zwei beliebige Punkte und frage nun nach der Bedingung, unter der das Integral (1.), erstreckt über das Curvenstück zwischen diesen Punkten, ein Maximum oder ein Minimum wird.

Hierzu hat man die vollständige Variation zu untersuchen, die das in Rede stehende Integral dadurch erfährt, dass jenes Stück der Curve in dem früher (S. 100) auseinander gesetzten Sinne variirt wird. Sind ξ, η differentiirbare Functionen von t, die nur der Bedingung unterworfen sein sollen, dass sie innerhalb der Grenzen t_0 und t_1 dem absoluten Betrage nach hinlänglich kleine Werthe annehmen können, sonst aber willkürlich sind, so lautet der Ausdruck für die vollständige Variation (S. 101 (2.)):

$$(3.)\qquad \Delta I = \int_{t_0}^{t_1}\Big(F\Big(x+\xi,\ y+\eta,\ x'+\frac{d\xi}{dt},\ y'+\frac{d\eta}{dt}\Big)-F(x,y,x',y')\Big)dt.$$

Hinsichtlich der Variationen ξ, η von x, y sollen nun zunächst noch dieselben Voraussetzungen wie im zehnten Kapitel (S. 101) gemacht werden, dass nämlich sowohl ξ, η, wie auch $\frac{d\xi}{dt}, \frac{d\eta}{dt}$ ihren absoluten Beträgen nach unterhalb so kleiner Grenzen gelegen seien, dass eine Entwickelung der Grösse ΔI nach Potenzen von $\xi, \eta, \frac{d\xi}{dt}, \frac{d\eta}{dt}$ nach dem Taylorschen Satze möglich ist.

Diese Einschränkung bewirkt allerdings, dass auch noch im Folgenden zunächst nur nothwendige Bedingungen erhalten werden.

Man bezeichnet die unter dem Integralzeichen in der Formel (3.) enthaltene Differenz als vollständige Variation der Function F und pflegt sie in der Form

$$(4.)\qquad \Delta F = \delta F + \frac{1}{2!}\delta^2 F + \frac{1}{3!}\delta^3 F + \cdots$$

darzustellen, indem man in der soeben erwähnten Entwickelung nach dem Taylorschen Lehrsatze die Glieder gleicher Dimension zusammenfasst. Im Gegensatz zu den Grössen dx, dy, die den Übergang von einem Punkte x, y zu einem benachbarten längs einer und derselben Curve ausdrücken, werden δx, δy gebraucht, um den Übergang von einer Curve zu einer variirten Curve zu bezeichnen Man hat früher für ξ, η gewöhnlich δx, δy geschrieben; wir wollen jedoch der grösseren Klarheit wegen von dieser Bezeichnungsweise keinen Gebrauch machen.

Die Grössen δF, $\delta^2 F$, ... heissen die erste, zweite, ... Variation der Function F. Die erste Variation ist bereits im zehnten Kapitel untersucht worden; denn die auf S. 102 betrachtete erste Variation des Integrals I lässt sich ja in der Form

$$\delta I = \int_{t_0}^{t_1} \delta F\, dt$$

schreiben.

Für die zweite Variation der Function F ergiebt sich folgender Ausdruck:

$$(5.)\quad \delta^2 F = \frac{\partial^2 F}{\partial x^2}\xi^2 + 2\frac{\partial^2 F}{\partial x\,\partial y}\xi\eta + \frac{\partial^2 F}{\partial y^2}\eta^2 + \frac{\partial^2 F}{\partial x'^2}\left(\frac{d\xi}{dt}\right)^2 + 2\frac{\partial^2 F}{\partial x'\,\partial y'}\frac{d\xi}{dt}\frac{d\eta}{dt} + \frac{\partial^2 F}{\partial y'^2}\left(\frac{d\eta}{dt}\right)^2$$
$$+ 2\frac{\partial^2 F}{\partial x\,\partial x'}\xi\frac{d\xi}{dt} + 2\frac{\partial^2 F}{\partial x\,\partial y'}\xi\frac{d\eta}{dt} + 2\frac{\partial^2 F}{\partial y\,\partial x'}\eta\frac{d\xi}{dt} + 2\frac{\partial^2 F}{\partial y\,\partial y'}\eta\frac{d\eta}{dt}.$$

Es wird sich im Folgenden um das Vorzeichen dieser Grösse handeln. Um darüber einen Aufschluss zu erhalten, soll der vorstehende Ausdruck noch umgeformt werden.

Zu dem Zweck werde von der schon oben angeführten Voraussetzung Gebrauch gemacht, dass die betrachtete Curve der Differentialgleichung

$$G = 0$$

Genüge leiste. Die folgenden Ergebnisse gelten daher auch ausschliesslich für eine solche Curve, was man nicht immer beachtet hat.

Führt man jetzt, unter F_1 die durch die Formeln S. 96 (13.) definirte Function verstehend, die drei Grössen

$$(6.)\quad \begin{cases} \dfrac{\partial^2 F}{\partial x\,\partial x'} - y'\dfrac{dy'}{dt}F_1 = L \\[2ex] \dfrac{\partial^2 F}{\partial x\,\partial y'} + x'\dfrac{dy'}{dt}F_1 = \dfrac{\partial^2 F}{\partial y\,\partial x'} + y'\dfrac{dx'}{dt}F_1 = M \\[2ex] \dfrac{\partial^2 F}{\partial y\,\partial y'} - x'\dfrac{dx'}{dt}F_1 = N \end{cases}$$

ein, wo die Gleichheit der beiden Ausdrücke für die Grösse M eben auf Grund der Differentialgleichung $G = 0$ besteht, so geht die betrachtete zweite Variation (5.) der Function F in die folgende Form über:

$$(7.)\quad \delta^2 F = \frac{\partial^2 F}{\partial x^2}\xi^2 + 2\frac{\partial^2 F}{\partial x\,\partial y}\xi\eta + \frac{\partial^2 F}{\partial y^2}\eta^2$$
$$+ F_1\left\{y'^2\left(\frac{d\xi}{dt}\right)^2 - 2x'y'\frac{d\xi}{dt}\frac{d\eta}{dt} + x'^2\left(\frac{d\eta}{dt}\right)^2\right.$$
$$\left. + 2y'\frac{dy'}{dt}\xi\frac{d\xi}{dt} + 2x'\frac{dx'}{dt}\eta\frac{d\eta}{dt} - 2x'\frac{dy'}{dt}\xi\frac{d\eta}{dt} - 2y'\frac{dx'}{dt}\eta\frac{d\xi}{dt}\right\}$$
$$+ 2\left\{L\xi\frac{d\xi}{dt} + M\left(\xi\frac{d\eta}{dt} + \eta\frac{d\xi}{dt}\right) + N\eta\frac{d\eta}{dt}\right\}.$$

Zur weiteren Vereinfachung dieses Ausdrucks werde nun

$$(8.)\qquad x'\eta - y'\xi = w$$

und

$$(9.)\qquad L\xi^2 + 2M\xi\eta + N\eta^2 = R$$

gesetzt. Damit wird

$$(10.)\qquad \frac{dw}{dt} = x'\frac{d\eta}{dt} - y'\frac{d\xi}{dt} + \eta\frac{dx'}{dt} - \xi\frac{dy'}{dt}$$

und

$$(11.)\quad \frac{dR}{dt} = \xi^2\frac{dL}{dt} + 2\xi\eta\frac{dM}{dt} + \eta^2\frac{dN}{dt} + 2\left\{L\xi\frac{d\xi}{dt} + M\left(\xi\frac{d\eta}{dt} + \eta\frac{d\xi}{dt}\right) + N\eta\frac{d\eta}{dt}\right\}.$$

Unter Benutzung dieser Formeln ergiebt sich leicht

$$(12.)\quad \begin{aligned} \delta^2 F = {} & \frac{\partial^2 F}{\partial x^2}\xi^2 + 2\frac{\partial^2 F}{\partial x\,\partial y}\xi\eta + \frac{\partial^2 F}{\partial y^2}\eta^2 + F_1\left\{\left(\frac{dw}{dt}\right)^2 - \left(\eta\frac{dx'}{dt} - \xi\frac{dy'}{dt}\right)^2\right\} \\ & + \frac{dR}{dt} - \xi^2\frac{dL}{dt} - 2\xi\eta\frac{dM}{dt} - \eta^2\frac{dN}{dt}. \end{aligned}$$

Schliesslich mögen noch die folgenden Abkürzungen eingeführt werden:

$$(13.)\quad \begin{cases} \dfrac{\partial^2 F}{\partial x^2} - F_1\left(\dfrac{dy'}{dt}\right)^2 - \dfrac{dL}{dt} = L_1 \\ \dfrac{\partial^2 F}{\partial x\,\partial y} + F_1\dfrac{dx'}{dt}\dfrac{dy'}{dt} - \dfrac{dM}{dt} = M_1 \\ \dfrac{\partial^2 F}{\partial y^2} - F_1\left(\dfrac{dx'}{dt}\right)^2 - \dfrac{dN}{dt} = N_1, \end{cases}$$

so nimmt damit der Ausdruck (12.) die einfache Form

$$(14.)\qquad \delta^2 F = F_1\left(\frac{dw}{dt}\right)^2 + L_1\xi^2 + 2M_1\xi\eta + N_1\eta^2 + \frac{dR}{dt}$$

an.

Aus den Gleichungen (vgl. S. 106)

$$\begin{aligned} \frac{\partial F}{\partial x} &= \frac{\partial^2 F}{\partial x\,\partial x'}x' + \frac{\partial^2 F}{\partial x\,\partial y'}y', \\ \frac{\partial F}{\partial y} &= \frac{\partial^2 F}{\partial y\,\partial x'}x' + \frac{\partial^2 F}{\partial y\,\partial y'}y' \end{aligned}$$

folgt nun aber wegen des Bestehens der Gleichung G = 0

$$\frac{\partial F}{\partial x} = \frac{\partial^2 F}{\partial x\,\partial x'}x' + \frac{\partial^2 F}{\partial y\,\partial x'}y' - x'y'F_1\frac{dy'}{dt} + y'^2F_1\frac{dx'}{dt},$$

$$\frac{\partial F}{\partial y} = \frac{\partial^2 F}{\partial y\,\partial y'}y' + \frac{\partial^2 F}{\partial x\,\partial y'}x' - x'y'F_1\frac{dx'}{dt} + x'^2F_1\frac{dy'}{dt},$$

und daraus ergiebt sich unter Benutzung der Formeln (6.)

$$(15.)\quad \left\{\begin{aligned} \frac{\partial F}{\partial x} &= Lx' + My' \\ \frac{\partial F}{\partial y} &= Mx' + Ny'. \end{aligned}\right.$$

Differentiirt man in der ersten dieser Gleichungen beiderseits nach t, so erhält man

$$\frac{\partial^2 F}{\partial x^2}x' + \frac{\partial^2 F}{\partial x\,\partial y}y' + \frac{\partial^2 F}{\partial x\,\partial x'}\frac{dx'}{dt} + \frac{\partial^2 F}{\partial x\,\partial y'}\frac{dy'}{dt} = L\frac{dx'}{dt} + M\frac{dy'}{dt} + x'\frac{dL}{dt} + y'\frac{dM}{dt}$$

oder, unter abermaliger Benutzung der Formeln (6.)

$$\frac{\partial^2 F}{\partial x^2}x' + \frac{\partial^2 F}{\partial x\,\partial y}y' + F_1y'\frac{dx'}{dt}\frac{dy'}{dt} - F_1x'\left(\frac{dy'}{dt}\right)^2 - x'\frac{dL}{dt} - y'\frac{dM}{dt} = 0.$$

Den Formeln (13.) zufolge kann man dieser Gleichung die einfache Gestalt

$$L_1x' + M_1y' = 0$$

geben; und auf genau demselben Wege leitet man aus der zweiten Formel (15.) die entsprechende Gleichung

$$M_1x' + N_1y' = 0$$

her. Aus diesen beiden Gleichungen schliesst man, dass es eine bestimmte Function F_2 der Argumente x, y, x', y' von der Beschaffenheit geben muss, dass die drei Gleichungen

$$(16.)\quad \left\{\begin{aligned} L_1 &= y'^2F_2 \\ M_1 &= -x'y'F_2 \\ N_1 &= x'^2F_2 \end{aligned}\right.$$

zugleich bestehen. Hieraus ergiebt sich sogleich mit Benutzung der Formel (8.):

$$(17.)\quad L_1\xi^2 + 2M_1\xi\eta + N_1\eta^2 = F_2w^2,$$

und die zweite Variation $\delta^2 F$ nimmt, der Gleichung (14.) zufolge, die Gestalt

$$(18.)\qquad \delta^2 F = F_1\left(\frac{dw}{dt}\right)^2 + F_2 w^2 + \frac{dR}{dt}$$

an. Dies ist die gewünschte Umformung von $\delta^2 F$.

Aus dieser Formel folgt durch Integration zwischen den Grenzen t_0 und t_1 als zweite Variation des vorgelegten Integrals (1.):

$$(19.)\qquad \delta^2 I = \int_{t_0}^{t_1} \left\{ F_1\left(\frac{dw}{dt}\right)^2 + F_2 w^2 \right\} dt + [R]_{t_0}^{t_1}.$$

Handelt es sich um ein Integral zwischen festen Grenzen, so verschwinden für die Argumentwerthe $t = t_0$ und $t = t_1$ die Variationen ξ, η, mithin auch die Grösse

$$R = L\xi^2 + 2M\xi\eta + N\eta^2,$$

und wenn dieser Ausdruck längs der ganzen Curve eine stetige Function von t darstellt, so verschwindet das zweite Glied auf der rechten Seite der Gleichung (19.), und man hat dann

$$(20.)\qquad \delta^2 I = \int_{t_0}^{t_1} \left\{ F_1\left(\frac{dw}{dt}\right)^2 + F_2 w^2 \right\} dt.$$

Nach der eingangs (S. 131) gemachten Voraussetzung sollten nur solche Curven in Frage kommen, für die die Gleichung $G = 0$ besteht. Für solche Curven muss aber, wie aus der Formel (S. 107 (18.)) oder

$$(21.)\qquad \delta I = \int_{t_0}^{t_1} G\, w\, dt$$

unmittelbar erhellt, die erste Variation des vorgelegten Integrals verschwinden. Infolgedessen lässt sich die vollständige Variation des Integrals in der Form

$$(22.)\qquad \Delta I = \frac{1}{2!}\delta^2 I + \frac{1}{3!}\delta^3 I + \cdots$$

schreiben.

Im Falle eines Minimums des Integrals I muss ΔI positiv sein; daraus schliesst man, dass die zweite Variation $\delta^2 I$ ebenfalls positiv sein muss oder doch wenigstens nicht negativ sein darf. Setzt man nämlich $\varkappa\xi$, $\varkappa\eta$ an Stelle von ξ, η und bezeichnet die dann entstehende vollständige Variation des

Integrals mit $\Delta' I$, so nimmt diese Grösse die Gestalt

$$\Delta' I = \frac{\varkappa^2}{2!}\delta^2 I + \frac{\varkappa^3}{3!}\delta^3 I + \cdots$$

an, wie man sogleich einsieht, wenn man beachtet, dass die in den Integralen auf der rechten Seite der Gleichung (22.) auftretenden Ausdrücke $\delta^2 F$, $\delta^3 F$, ... homogene Functionen der Argumente ξ, η, $\frac{d\xi}{dt}$, $\frac{d\eta}{dt}$, $\cdots$ sind. Man kann nun aber die Constante $\varkappa$ dem absoluten Betrage nach so klein wählen, dass das Vorzeichen der Grösse $\Delta' I$ nur von dem Vorzeichen des ersten nicht verschwindenden Gliedes auf der rechten Seite abhängt. Hieraus ergiebt sich, dass im Falle eines Minimums des Integrals I die zweite Variation $\delta^2 I$ beständig einen positiven Werth, im Falle eines Maximums einen negativen Werth besitzen muss, wofern sie nicht verschwindet.

In dem Falle aber, wo $\delta^2 I$ für alle möglichen Variationen ξ, η verschwindet, muss auch die dritte Variation $\delta^3 I$ verschwinden, wenn überhaupt das vorgelegte Integral I ein Maximum oder Minimum ergeben soll. Man ist alsdann auf die Betrachtung der vierten Variation angewiesen, ähnlich wie man in der gewöhnlichen Theorie der Maxima oder Minima beim Verschwinden der zweiten Ableitungen auf die Ableitungen vierter Ordnung zurückgreifen muss. In diesem Falle häufen sich aber die dann zu erfüllenden Bedingungen in solchem Masse, dass eine mathematische Behandlung sehr complicirt und schwierig werden dürfte. Wir wollen daher im Folgenden diesen Fall ausschliessen.

Das Ergebniss der Betrachtungen ist also eine zweite nothwendige Bedingung für das Eintreten eines Minimums oder Maximums des vorgelegten Integrals (1.): es muss das Integral (20.)

$$\int_{t_0}^{t_1} \left\{ F_1 \left(\frac{dw}{dt}\right)^2 + F_2 w^2 \right\} dt$$

einen positiven oder einen negativen Werth haben, und zwar für alle der Differentialgleichung $G = 0$ genügenden Curven.

Hieran sind zunächst noch einige Bemerkungen zu knüpfen. Im zehnten Kapitel (S. 102) war die Voraussetzung gemacht worden, dass die Functionen x, y in dem Bereiche $(t_0 \ldots t_1)$, abgesehen von einzelnen Punkten, in Bezug auf die Variable t stetige Ableitungen zweiter Ordnung besitzen. Die hier in die

Rechnung eingeführten Grössen L, M, N enthalten nun die zweiten Ableitungen von x und y nach t, die Grössen L_1, M_1, N_1 mithin sogar die Ableitungen dritter Ordnung. Es soll also vorausgesetzt werden, dass diese Ableitungen existiren und stetig seien. Es ist aber nicht erforderlich, dass dies in allen Punkten des Curvenstückes, über das die Integration erstreckt wird, der Fall sei, ja nicht einmal, dass die Grössen x', y', $\frac{dx'}{dt}$, $\frac{dy'}{dt}$ in allen Punkten stetig verlaufen, vorausgesetzt, dass sich die Curve in eine endliche Anzahl von Stücken zerlegen lässt, in denen diese Bedingungen erfüllt sind. Eine solche Zerlegung ist aber deswegen möglich, weil es sich ja um eine die Differentialgleichung $G = 0$ befriedigende Curve handelt; denn für eine solche lassen sich die Ableitungen zweiter und höherer Ordnung aus x, y und den Ableitungen erster Ordnung berechnen (S. 115), vorausgesetzt, dass die Grösse F_1 nicht an der betreffenden Stelle verschwindet. Was aber die Stetigkeit von x' und y' anlangt, so lässt sich in vielen Fällen eine Entscheidung auf Grund des im elften Kapitel bewiesenen Satzes treffen, dass sich die Grössen $\frac{\partial F}{\partial x'}$ und $\frac{\partial F}{\partial y'}$ auch dann stetig ändern, wenn dies für x' und y' nicht der Fall ist (S. 110).

Bei der Ausführung des Integrals

$$\int_{t_0}^{t_1} \frac{dR}{dt}\, dt = [R]_{t_0}^{t_1},$$

die bei dem Übergang von der Formel (18.) zum Integral (19.) erforderlich war, wird ferner die Grösse $\frac{dR}{dt}$ als stetig vorauszusetzen sein, und zu den soeben besprochenen Stetigkeitsannahmen über die Coordinaten x, y und deren Ableitungen tritt noch die Annahme über die Stetigkeit der Grössen $\frac{d\xi}{dt}$, $\frac{d\eta}{dt}$. Aber diese Annahme ist nach dem im zehnten Kapitel (S. 100) Bemerkten offenbar nicht zulässig, wenn die Variation der Curve allgemein genug bleiben soll. Man kann sich jedoch auch von dieser Annahme bis zu einem gewissen Grade freimachen, wofern es nur möglich ist, die Curve in eine endliche Anzahl von Theilen zu zerlegen, längs denen sich $\frac{d\xi}{dt}$, $\frac{d\eta}{dt}$ stetig ändern, oder mit anderen Worten, falls nur angenommen werden darf, dass diese Grössen nicht etwa in einem Theile der variirten Curve unendlich oft unstetig werden. Unter dieser Voraussetzung behält nämlich das obige Integral auch dann seine Bedeutung, wenn die zu integrirende Function innerhalb des Bereiches $(t_0 \ldots t_1)$ eine Unterbrechung der

Stetigkeit erleidet; nur muss dann eine entsprechende Zerlegung des Integrals vorgenommen werden, und für die rechte Seite ist nicht die Grösse

$$R(t_1) - R(t_0),$$

sondern ein Ausdruck von der Form

$$-R(t_0) + R(t_2)^- - R(t_2)^+ + R(t_3)^- - R(t_3)^+ + - \cdots + R(t_1)$$

zu setzen, wobei $t_2, t_3, \ldots$ solche Stellen sind, an denen eine Unterbrechung der Stetigkeit möglich ist; unter den mit einem oberen Index versehenen Grössen sind dabei die Grenzwerthe zu verstehen, denen die Grösse $R(t)$ bei der Annäherung der Variablen t an eine der Unstetigkeitsstellen von kleineren oder von grösseren Werthen her beliebig nahe kommt. Dass diese Grenzwerthe wirklich vorhanden sind, folgt aus der vorausgesetzten Stetigkeit der Grössen ξ, η selbst, die in dem Ausdruck $R(t)$ auftreten. Eine entsprechende Betrachtung kann man auch auf das erste Integral der rechten Seite der Formel (19.) anwenden, wo in dem Ausdruck unter dem Integralzeichen ebenfalls die Grössen $\frac{d\xi}{dt}$ und $\frac{d\eta}{dt}$ vorkommen; das folgt unmittelbar aus dem Begriffe des bestimmten Integrals, der auch für den Fall gilt, wo die Function unter dem Integralzeichen innerhalb des Integrationsintervalles eine endliche Anzahl von Unstetigkeiten besitzt. Man hat nur bei der wirklichen Ausführung der Integration das Integral in soviele Theile zu zerlegen, dass die Function innerhalb eines jeden von ihnen stetig verläuft.

Die vorstehenden Betrachtungen lassen also erkennen, dass das Ergebnis der Formel (19.) bestehen bleibt, wenn nur die Stetigkeit der Grössen $x, y, x', y', \frac{dx'}{dt}, \frac{dy'}{dt}, \xi, \eta$ vorausgesetzt und ferner angenommen wird, dass $\frac{d\xi}{dt}, \frac{d\eta}{dt}$ nicht in einem Theile der variirten Curve unendlich oft unstetig werden.

Schliesslich ist hier noch eine Bemerkung einzufügen, die sich auf die Schlussweise bezieht, nach der aus der Formel (22.) die Übereinstimmung zwischen dem Vorzeichen der zweiten Variation $\delta^2 I$ und dem der vollständigen Variation ΔI gefolgert worden ist. Dort sind nämlich für ξ, η die schon früher (S. 111) benutzten speciellen Variationen

$$\xi = \varkappa u, \quad \eta = \varkappa v$$

eingeführt worden — wir hatten nur der Einfachheit der Bezeichnung zu

Liebe statt u, v von vornherein wieder ξ, η geschrieben —. Infolgedessen gelten die bisherigen Schlussfolgerungen streng genommen auch nur für diese Variationen, und sie stellen daher zunächst nur nothwendige Bedingungen für das Auftreten eines Maximums oder Minimums des Integrals (1.) dar. Eine hinreichende Bedingung ist jedoch — wie man früher wohl geglaubt hatte — auf diesem Wege im Allgemeinen schon deshalb nicht zu erreichen, weil sich unter der Form $\xi = \varkappa u$, $\eta = \varkappa v$ ja nicht sämmtliche möglichen Variationen darstellen lassen (S. 100). Die Gründe, aus denen wir für diese Untersuchungen nur Variationen der speciellen Form berücksichtigen, sind zunächst mehr praktischer Natur; dazu kommt noch, dass bei den meisten Aufgaben, die in der Variationsrechnung wirklich durchgeführt worden sind, nur Variationen der betrachteten Art in Frage kommen. Es wird später bei der Aufstellung der hinreichenden Bedingungen allerdings erforderlich sein, von der Wahl specieller Variationen überhaupt abzusehen.

Vierzehntes Kapitel.

Fortsetzung. Vorzeichenbedingung der Function F_1.

Es soll nun näher untersucht werden, unter welchen Bedingungen die zweite Variation

$$(1.)\qquad \delta^2 I = \int_{t_0}^{t_1} \left\{ F_1 \left(\frac{dw}{dt} \right)^2 + F_2 w^2 \right\} dt + [R]_{t_0}^{t_1}$$

ihr Vorzeichen bei Variation der Curve nicht ändert. Hierzu hat zuerst Lagrange einen Weg eingeschlagen, zu dem er durch die entsprechenden Betrachtungen aus der Theorie der Maxima und Minima von Functionen mehrerer Variablen veranlasst worden ist. Um nämlich zu entscheiden, ob die Function

$$F(x_1, x_2, \dots x_n)$$

an der Stelle $(x_1, x_1, \dots x_n)$ ein Maximum oder Minimum habe, ertheilte man den n Veränderlichen $x_1, x_2, \dots x_n$ die geänderten Werthe $x_1 + \xi_1, x_2 + \xi_2, \dots x_n + \xi_n$ und untersuchte, unter welchen Bedingungen die Differenz

$$F(x_1 + \xi_1, x_2 + \xi_2, \dots x_n + \xi_n) - F(x_1, x_2, \dots x_n)$$

beständig dasselbe Vorzeichen behalte, wie man auch die Grössen $\xi_1, \xi_2, \dots \xi_n$ wählen mag. Dazu entwickelte man diese Differenz nach Potenzen der Grössen $\xi_1, \xi_2, \dots \xi_n$, brachte die Glieder erster Dimension zum Verschwinden und verwandelte das Aggregat der Glieder zweiter Dimension, das eine homogene quadratische Form dieser Grössen ist, in eine Summe von Quadraten linearer Functionen dieser Grössen, wobei die Coeffizienten der einzelnen Quadrate sämmtlich das gleiche Vorzeichen haben mussten. In ähnlicher Weise kann man nun auch im vorliegenden Falle verfahren: dem Aggregat der Glieder zweiter Dimension entspricht das die zweite Variation darstellende Integral (1.).

Man denke sich den Integrationsbereich $(t_0 \dots t_1)$ in Theilbereiche der Länge τ zerlegt, und betrachte das Integral als den Grenzwerth einer Summe von der Form

$$\sum_\nu \left\{ F_1^{(\nu)} \left(\frac{w_{\nu+1} - w_\nu}{\tau} \right)^2 + F_2^{(\nu)} w_\nu^2 \right\} \tau,$$

worin die Grössen w_ν, $F_1^{(\nu)}$, $F_2^{(\nu)}$ die dem Werthe

$$t = t_0 + \nu\tau$$

entsprechenden Werthe der Functionen w, F_1, F_2 bedeuten mögen. Diese Summe hat man, dem soeben Bemerkten zufolge, in eine Summe von Quadraten zu verwandeln:

$$\sum_\nu H^{(\nu)} v_\nu^2,$$

in der die Grössen v_ν lineare Functionen der Grössen w_ν bedeuten und die Coefficienten $H^{(\nu)}$ sämmtlich das gleiche Vorzeichen besitzen, also im Falle eines Minimums sämmtlich positiv sind.

Diese Überlegung hat Lagrange dazu geführt, die zweite Variation auf die Form

$$\delta^2 I = \int_{t_0}^{t_1} H v^2 dt$$

zu bringen, und er vollzog diese Transformation etwa auf folgendem Wege.

Es sei v eine noch zu bestimmende Function des Arguments t. Durch Addition und Subtraction des Integrales

$$\int_{t_0}^{t_1} \frac{d}{dt}(vw^2)\,dt = [vw^2]_{t_0}^{t_1}$$

lässt sich die Formel (1.) in der Form

$$(2.) \qquad \delta^2 I = \int_{t_0}^{t_1} \left\{ F_1 \left(\frac{dw}{dt} \right)^2 + F_2 w^2 + \frac{d}{dt}(vw^2) \right\} dt + [R - vw^2]_{t_0}^{t_1}$$

schreiben. Dem Ausdrucke unter dem Integralzeichen lässt sich die Gestalt

$$F_1 \left(\frac{dw}{dt} \right)^2 + 2vw\frac{dw}{dt} + \left(F_2 + \frac{dv}{dt} \right) w^2$$

geben; er wird also ein vollständiges Quadrat werden, wenn die Bedingung

$$v^2 - F_1\left(F_2 + \frac{dv}{dt}\right) = 0 \tag{3.}$$

erfüllt werden kann. Angenommen, es sei die Function v dieser Differentialgleichung gemäss bestimmt worden, dann nimmt der in Rede stehende Ausdruck die Form

$$F_1\left\{\frac{dw}{dt} + \frac{vw}{F_1}\right\}^2$$

an, vorausgesetzt, dass die Grösse F_1 einen von Null verschiedenen Werth hat. Dadurch erhält die zweite Variation die Gestalt

$$\delta^2 I = \int_{t_0}^{t_1} F_1\left\{\frac{dw}{dt} + \frac{vw}{F_1}\right\}^2 dt + [R - vw^2]_{t_0}^{t_1}. \tag{4.}$$

Wenn die Variationen der Curve so gewählt werden, dass ihre Endpunkte fest bleiben, so verschwindet der zweite Ausdruck auf der rechten Seite, und man erhält einfach

$$\delta^2 I = \int_{t_0}^{t_1} F_1\left\{\frac{dw}{dt} + \frac{vw}{F_1}\right\}^2 dt. \tag{5.}$$

Wir werden daraus sogleich den Schluss ziehen, dass die Function F_1 innerhalb des Integrationsbereiches ihr Vorzeichen nicht wechseln darf. Zuvor ist jedoch noch der Nachweis zu erbringen, dass die soeben angenommene Umformung des Integrals auch wirklich statthaft ist.

Die Differentialgleichung (3.) wird nämlich zwar zur Bestimmung der Function v im Allgemeinen ausreichen und sogar noch eine Integrationsconstante willkürlich lassen. Aber die oben ausgeführte Transformation ist offensichtlich nur dann statthaft, wenn die Grösse v innerhalb des Integrationsbereiches überall endlich und stetig bleibt. Ob jedoch eine durch die Differentialgleichung (3.) bestimmte Function diese Eigenschaft hat, lässt sich aus der Differentialgleichung selbst nicht ohne Weiteres beurtheilen. Es ist daher wichtig, dass man zeigen kann, dass sie sich auf ein System von zwei linearen Differentialgleichungen zurückführen lässt. Diese sind zwar von zweiter Ordnung, aber es ist bekannt, dass es für lineare Differentialgleichungen bestimmte Kriterien giebt, durch die man entscheiden kann, ob die Functionen, die ihnen Genüge leisten, stetig und endlich bleiben, oder ob dies nicht eintritt.

Zu dem Ende setze man, unter u und u^* Functionen des Arguments t verstehend, von denen die erste innerhalb des Bereiches $(t_0 \ldots t_1)$ nirgends verschwinden soll,

$$v = \frac{u^*}{u},$$

so geht die Differentialgleichung (3.) in folgende über:

$$u^{*2} - F_1\left(F_2 u^2 + u\frac{du^*}{dt} - u^*\frac{du}{dt}\right) = 0$$

oder

$$(6.)\qquad u^*\left(u^* + F_1\frac{du}{dt}\right) - uF_1\left(F_2 u + \frac{du^*}{dt}\right) = 0.$$

Diese Differentialgleichung wird offenbar befriedigt, wenn man festsetzt, die Functionen u, u^* sollen gleichzeitig dem System der beiden linearen Differentialgleichungen erster Ordnung

$$(7.)\qquad \begin{cases} u^* + F_1\dfrac{du}{dt} = 0 \\ F_2 u + \dfrac{du^*}{dt} = 0 \end{cases}$$

Genüge leisten. Die Elimination der Grösse u^* ergiebt

$$F_2 u - \frac{d}{dt}\left(F_1\frac{du}{dt}\right) = 0$$

oder

$$(8.)\qquad F_1\frac{d^2u}{dt^2} + \frac{dF_1}{dt}\frac{du}{dt} - F_2 u = 0;$$

die Function u genügt also einer linearen Differentialgleichung zweiter Ordnung, deren Coefficienten als bekannte Functionen von t zu betrachten sind. Hat man nun hieraus u bestimmt, so ergiebt die erste der Gleichungen (7.) die Grösse u^*, und damit ist auch $\frac{u^*}{u} = v$ als Function des Arguments t bestimmt.

Hierzu ist nun zunächst Folgendes zu bemerken. Der sich auf diesem Wege ergebende Ausdruck von v enthält scheinbar zwei willkürliche Constanten, während ihm nach der Differentialgleichung (3.) nur eine Constante zukommen kann. Man muss aber beachten, dass die allgemeine Lösung einer linearen Differentialgleichung zweiter Ordnung von der Form

$$u = c_1 u_1(t) + c_2 u_2(t)$$

ist, wo $u_1(t)$, $u_2(t)$ irgend zwei von einander functional unabhängige specielle Integrale der Differentialgleichung, und c_1, c_2 die willkürlichen Constanten bedeuten. Aus der ersten Gleichung (7.) würde sich aber weiter

$$u^* = -F_1\left(c_1\frac{du_1}{dt} + c_2\frac{du_2}{dt}\right)$$

und daher

$$v = \frac{u^*}{u} = -F_1\frac{c_1\frac{du_1}{dt} + c_2\frac{du_2}{dt}}{c_1u_1 + c_2u_2}$$

ergeben, und in diesem Ausdrucke treten die beiden Constanten nur in ihrem Verhältniss auf, sodass in der That die Grösse v auch nur eine willkürliche Constante enthält.

Mittels der ersten Gleichung (7.) ergiebt sich ferner

$$(9.)\qquad v = \frac{u^*}{u} = -\frac{F_1}{u}\frac{du}{dt},$$

und damit geht der Ausdruck (5.) für die zweite Variation über in

$$(10.)\qquad \delta^2 I = \int_{t_0}^{t_1} F_1\left\{\frac{dw}{dt} - \frac{w}{u}\frac{du}{dt}\right\}^2 dt.$$

Diese Umformung hat aber nur dann einen Sinn, wenn die Differentialgleichung (8.) eine Lösung u besitzt, die innerhalb des Integrationsintervalles $(t_0 \ldots t_1)$ nirgends verschwindet. Auf diesen wesentlichen Punkt wird in den beiden nächsten Kapiteln noch genauer eingegangen werden.

Aus der Theorie der linearen Differentialgleichungen ist nun Folgendes bekannt. Wenn in einer Differentialgleichung von der Form

$$\frac{d^2u}{dt^2} + P\frac{du}{dt} + Qu = 0$$

die Coefficienten P, Q für alle Werthe des Argumentes t, die einem bestimmten Bereiche angehören, stetig sind, so giebt es eine in demselben Bereiche stetige und zweimal differentiirbare Function u, die der vorstehenden Differentialgleichung genügt und so beschaffen ist, dass für einen beliebig vorgeschriebenen Werth t des Bereiches sowohl sie selbst wie auch ihre erste Ableitung beliebig gegebene Werthe annehmen. Die Differentialgleichung (8.)

kann aber auf die vorstehende Form gebracht werden, wenn F_1 von Null verschieden ist, und die Bedingungen des soeben ausgesprochenen Satzes sind erfüllt, wenn die beiden Coefficienten

$$\frac{d \log F_1}{dt} \quad \text{und} \quad -\frac{F_2}{F_1}$$

innerhalb des betrachteten Bereiches stetige Functionen von t sind.

Wenn die Functionen F_1 und F_2 in dem Bereiche Ableitungen beliebig hoher Ordnung besitzen, so lassen sich aus der Differentialgleichung (8.) durch Differentiation die zweite und die höheren Ableitungen von u an irgend einer Stelle t' des Bereiches berechnen, wenn die Werthe von u und $\frac{du}{dt}$ an dieser Stelle irgendwie vorgeschrieben sind. Diese Ableitungen enthalten, wie man sieht, sämmtlich eine Potenz der Grösse F_1 im Nenner; wenn daher noch $F_1(t')$ von Null verschieden ist, so kann man leicht für u eine Potenzreihe

$$u = \mathfrak{P}(t-t')$$

bestimmen, die der Differentialgleichung (8.) genügt.

Nach diesen Bemerkungen wollen wir nun zum Beweise der schon oben ausgesprochenen Behauptung übergehen, dass wenn das vorgelegte Integral ein Minimum (oder Maximum) sein soll, die Function F_1 nothwendigerweise innerhalb der Integrationsgrenzen nirgends negativ (oder positiv) sein darf.

Angenommen es sei (für den Fall des Minimums) für irgend eine Stelle t', wobei $t_0 < t' < t_1$ sein soll, F_1 negativ, so behält die Function F_1 in Folge ihrer vorausgesetzten Stetigkeit dasselbe Vorzeichen auch in einer bestimmten Umgebung der Stelle t'. Andrerseits kann man, dem oben Bemerkten zu Folge, für $t = t'$ sowohl den Werth von u wie auch den von $\frac{du}{dt}$ beliebig, insbesondere also auch $u(t')$ von Null verschieden annehmen. Wegen der Stetigkeit der Function $u(t)$ als Lösung der Differentialgleichung (8.) ist sie auch in einer gewissen Umgebung der Stelle t' von Null verschieden. Es sei $(t_2 \dots t_3)$ ein die Stelle t' umgebender Bereich, in dem weder die Grösse F_1 noch die Grösse u das Zeichen wechseln. Alsdann variire man die Curve der Art, dass sie innerhalb des Bereiches $(t_2 \dots t_3)$ ihre Gestalt in zulässiger Weise ändert, dagegen in den übrigen Theilen des Integrationsbereiches $(t_0 \dots t_1)$ ungeändert bleibt. Die Transformation der zweiten Variation $\delta^2 I$ in die Form

(10.) ist unter diesen Voraussetzungen jedenfalls zulässig. Man wähle nun statt ξ, η wieder Variationen von der speciellen Form

$$\varkappa\xi,\ \varkappa\eta,$$

wo $\varkappa$ eine hinreichend kleine Constante bedeutet und unter ξ, η solche Functionen zu verstehen sind, die sammt ihren ersten Ableitungen im ganzen Integrationsbereiche stetig sind und für alle Werthe von t ausserhalb des soeben betrachteten Theilbereiches identisch verschwinden. Das ist immer möglich, zum Beispiel, indem man

$$\xi = \eta = 0 \qquad \text{für } t_0 \leqq t \leqq t_2 \text{ und } t_3 \leqq t \leqq t_1,$$
$$\xi = \eta = (t-t_2)^2(t-t_3)^2 \qquad \text{für } t_2 \leqq t \leqq t_3$$

setzt. Unter diesen Annahmen hat man

$$\delta^2 I = \varkappa^2 \int_{t_2}^{t_3} F_1 \left\{ \frac{dw}{dt} - \frac{w}{u}\frac{du}{dt} \right\}^2 dt,$$

und diese Grösse hat dasselbe Vorzeichen wie die vollständige Variation $\Delta' I$ des vorgelegten Integrals (S. 135), wenn nur die Constante $\varkappa$ genügend klein gewählt wird. Andrerseits hat $\delta^2 I$ dasselbe Vorzeichen wie die Grösse F_1 an der Stelle t'. Daraus ergiebt sich:

Wenn die Function F_1 auch nur an einer Stelle des Integrationsbereiches $(t_0 \dots t_1)$ einen negativen (positiven) Werth annimmt, so kann die Curve so variirt werden, dass die vollständige Variation ebenfalls einen negativen (positiven) Werth erhält. Wenn ferner die Function F_1 innerhalb der Integrationsgrenzen ihr Vorzeichen wechselt, so lässt sich die Curve auf mannigfache Weise sowohl in der Art variiren, dass die vollständige Variation positiv, wie auch der Art, dass sie negativ wird; in diesem Fall kann also der Werth des vorgelegten Integrals weder ein Maximum noch ein Minimum sein. Daraus schliesst man:

Damit der Werth des, über eine der Differentialgleichung $G = 0$ genügende Curve erstreckten, vorgelegten Integrals ein Minimum (Maximum) werde, ist nothwendig, dass die Function F_1 im ganzen Integrationsbereiche nirgends negativ (positiv) sei.

Diese Bedingung hat zuerst Legendre aufgestellt, wenn auch nicht in der vorliegenden Form.

Fünfzehntes Kapitel.

Untersuchungen von Jacobi.

Man hat vielfach geglaubt, die im vorhergehenden Kapitel aufgestellte nothwendige Bedingung über das Vorzeichen der Function F_1 sei zusammen mit dem Bestehen der Differentialgleichung $G = 0$ nicht nur nothwendig, sondern auch hinreichend für das Eintreten eines Maximums oder Minimums des vorgelegten Integrals. Diese Annahme trifft jedoch keineswegs zu. Ein sehr einfaches Beispiel hierfür bietet, wie im nächsten Kapitel gezeigt werden wird, die Bestimmung der Umdrehungsfläche kleinsten Flächeninhalts. Hier war (S. 84)

$$F = y\sqrt{x'^2 + y'^2},$$

und die die Function F_1 definirenden Formeln S. 96 (13.) ergeben

$$F_1 = \frac{y}{\sqrt{(x'^2 + y'^2)^3}}.$$

Da (S. 117) sowohl $y > 0$ ist, als auch für die Quadratwurzel nur positive Werthe in Frage kommen, so ist die Function F_1 gewiss beständig positiv und also die in Rede stehende Bedingung für das Eintreten eines Minimums erfüllt. Gleichwohl findet kein Minimum statt, sobald der Endpunkt des Curvenstückes, für das, wie gezeigt worden ist, nur eine Kettenlinie in Frage kommen kann, jenseits einer bestimmten Grenze gelegen ist.

Der Grund für diese Erscheinung ist darin zu suchen, dass, wie schon früher bemerkt worden war, die Transformation der zweiten Variation $\delta^2 I$ auf die Form S. 143 (10.) und die daraus gezogenen Schlussfolgerungen nur dann gültig sind, wenn die Differentialgleichung (8.) eine Lösung besitzt, die im ganzen Integrationsbereiche $(t_0 \dots t_1)$ niemals verschwindet. Wenn man auch unter der Voraussetzung, dass die Function F_1 in diesem Bereiche stetig verlaufe und nicht verschwinde, zwei Functionen $u_1(t)$, $u_2(t)$ finden kann, die der Differentialgleichung (8.) Genüge leisten, sodass der Ausdruck

$$u = c_1 u_1(t) + c_2 u_2(t)$$

das allgemeine Integral dieser Differentialgleichung darstellt und innerhalb des genannten Bereiches stetig bleibt, so kann doch der Fall eintreten, dass es nicht möglich ist, die willkürlichen Constanten c_1, c_2 so zu wählen, dass die Function u in dem Bereiche nirgends den Werth Null annimmt. Dann aber verliert die Transformation der zweiten Variation ihre Gültigkeit, und damit wird auch die am Schluss des vorhergehenden Kapitels aufgestellte Bedingung für das Auftreten eines Maximums oder Minimums hinfällig.

Man ist also vor die Nothwendigkeit gestellt, zu untersuchen, unter welchen Bedingungen eine der Differentialgleichung S. 142 (8.) genügende Function u innerhalb des Integrationsbereiches $(t_0 \dots t_1)$ nirgends verschwindet. Hierzu ist nun eine Entdeckung Jacobis von Wichtigkeit; dieser hat nämlich gefunden, dass jene Differentialgleichung, nämlich

$$F_2 u - \frac{d}{dt}\left(F_1 \frac{du}{dt}\right) = 0, \tag{1.}$$

sich stets durch blosse Differentiation integriren lässt, sobald die Differentialgleichung der Curve selbst,

$$\mathrm{G} = 0,$$

allgemein integrirt worden ist. Man kann dann weiter für die Function u einen Ausdruck finden, der leicht erkennen lässt, ob sie innerhalb des Integrationsbereiches verschwindet oder nicht.

Dem Beweise der soeben ausgesprochenen Behauptung Jacobis soll eine Berechnung der Variation der Grösse G vorausgeschickt werden, die sie erfährt, wenn man darin $x+\xi$, $y+\eta$ an Stelle von x, y einführt. Bezeichnet man mit $\mathrm{G}+\Delta\mathrm{G}$ den Ausdruck, in den die Function G durch diese Substitution übergeht, und wendet die entsprechende Bezeichnung auch auf die Functionen G_1, G_2 an, so hat man nach den Formeln S. 107 (16.) zunächst

$$\mathrm{G}_1 + \Delta\mathrm{G}_1 = -\left(y' + \frac{d\eta}{dt}\right)(\mathrm{G} + \Delta\mathrm{G}),$$

$$\mathrm{G}_2 + \Delta\mathrm{G}_2 = \left(x' + \frac{d\xi}{dt}\right)(\mathrm{G} + \Delta\mathrm{G})$$

oder, jene Formeln nochmals benutzend,

$$\Delta G_1 = -y'\Delta G - \frac{d\eta}{dt}G - \frac{d\eta}{dt}\Delta G,$$

$$\Delta G_2 = \quad x'\Delta G + \frac{d\xi}{dt}G + \frac{d\xi}{dt}\Delta G.$$

Denkt man sich hierin wieder statt ξ, η die speciellen Variationen $\varkappa\xi$, $\varkappa\eta$ eingeführt, die auftretenden Ausdrücke nach Potenzen der Grösse $\varkappa$ entwickelt, und beschränkt man sich sodann auf die Glieder erster Dimension, so erhält man

$$(2.)\quad \begin{cases} \delta G_1 = -y'\delta G - \dfrac{d\eta}{dt}G \\ \delta G_2 = \quad x'\delta G + \dfrac{d\xi}{dt}G, \end{cases}$$

und daraus durch Elimination der Grösse G

$$(3.)\quad \left(x'\frac{d\eta}{dt} - y'\frac{d\xi}{dt}\right)\delta G = \frac{d\xi}{dt}\delta G_1 + \frac{d\eta}{dt}\delta G_2.$$

Nun hat man aber nach den Formeln S. 106 (14.)

$$\delta G_1 = \frac{\partial^2 F}{\partial x^2}\xi + \frac{\partial^2 F}{\partial x\,\partial y}\eta + \frac{\partial^2 F}{\partial x\,\partial x'}\frac{d\xi}{dt} + \frac{\partial^2 F}{\partial x\,\partial y'}\frac{d\eta}{dt}$$
$$-\frac{d}{dt}\left\{\frac{\partial^2 F}{\partial x\,\partial x'}\xi + \frac{\partial^2 F}{\partial y\,\partial x'}\eta + \frac{\partial^2 F}{\partial x'^2}\frac{d\xi}{dt} + \frac{\partial^2 F}{\partial x'\,\partial y'}\frac{d\eta}{dt}\right\};$$

in den vorstehenden Ausdruck führe man unter Benutzung der Formeln S. 96 (13.) die Function F_1 ein, so erhält man für die zweite Zeile:

$$-\frac{d}{dt}\left\{\frac{\partial^2 F}{\partial x\,\partial x'}\xi + \frac{\partial^2 F}{\partial y\,\partial x'}\eta - y'F_1\left(x'\frac{d\eta}{dt} - y'\frac{d\xi}{dt}\right)\right\}.$$

Benutzt man ferner die Grösse w (S. 132 (8.)), sodass (S. 132 (10.))

$$(4.)\quad \frac{dw}{dt} = x'\frac{d\eta}{dt} - y'\frac{d\xi}{dt} + \eta\frac{dx'}{dt} - \xi\frac{dy'}{dt}$$

wird, sowie die Grössen L, M, N (S. 131 (6.)), so geht der vorstehende Ausdruck in den folgenden über:

$$-\frac{dL}{dt}\xi - \frac{dM}{dt}\eta - L\frac{d\xi}{dt} - M\frac{d\eta}{dt} + \frac{d}{dt}\left(y'F_1\frac{dw}{dt}\right),$$

und für δG_1 erhält man die Gleichung

$$(5.)\qquad \delta G_1 = \left(L_1 + F_1\left(\frac{dy'}{dt}\right)^2\right)\xi + \left(M_1 - F_1\frac{dy'}{dt}\frac{dx'}{dt}\right)\eta$$
$$- F_1\frac{dy'}{dt}\left(x'\frac{d\eta}{dt} - y'\frac{d\xi}{dt}\right) + \frac{d}{dt}\left(y' F_1\frac{dw}{dt}\right),$$

wenn man sich auch noch der Grössen L_1, M_1, N_1 (S. 132 (13.)) bedient. Schliesslich führe man die Function F_2 mittels der Formeln S. 133 (16.) ein, so wird

$$(6.)\qquad \delta G_1 = -y'\left(F_2 w - \frac{d}{dt}\left(F_1\frac{dw}{dt}\right)\right).$$

In entsprechender Weise findet man

$$(7.)\qquad \delta G_2 = x'\left(F_2 w - \frac{d}{dt}\left(F_1\frac{dw}{dt}\right)\right).$$

Mittels der Gleichung (3.) folgt aus (6.) und (7.) der gewünschte Ausdruck für die erste Variation der Grösse G:

$$(8.)\qquad \delta G = F_2 w - \frac{d}{dt}\left(F_1\frac{dw}{dt}\right),$$

vorausgesetzt, dass $x'\frac{d\eta}{dt} - y'\frac{d\xi}{dt}$ von Null verschieden ist, was sich stets durch passende Wahl der Functionen ξ, η erreichen lässt. Die erste Variation δG hat somit genau dieselbe Form wie die linke Seite der Differentialgleichung (1.).

Wir gehen nun zum Beweise der oben (S. 147) ausgesprochenen Behauptung Jacobis über: Kennt man die allgemeine Lösung der Differentialgleichung $G = 0$, so ist dadurch auch die allgemeine Lösung der Differentialgleichung (1.) vollständig bestimmt, und zwar allein durch Differentiationen.

Es seien

$$(9.)\qquad \begin{cases} x = \varphi(t;\, \alpha, \beta) \\ y = \psi(t;\, \alpha, \beta) \end{cases}$$

zwei Functionen des Argumentes t, die zwei willkürliche Constanten α, β enthalten und die allgemeine Lösung der Differentialgleichung $G = 0$ darstellen sollen. Darunter soll Folgendes verstanden werden. Die sämmtlichen Curven der doppelt-unendlichen Schaar (9.) sollen der Differentialgleichung $G = 0$ genügen; ist ferner $(t_0;\, \alpha_0, \beta_0)$ irgend ein Werthsystem, in dessen Umgebung die Functionen $\varphi(t;\alpha,\beta)$, $\psi(t;\alpha,\beta)$ stetige partielle Ableitungen der ersten und zweiten Ordnung haben, so soll es stets möglich sein, eine Curve der Schaar so zu legen, dass sie nicht nur durch einen beliebigen, dem Punkte $x_0 = \varphi(t_0;\alpha_0,\beta_0)$, $y_0 = \psi(t_0;\alpha_0,\beta_0)$ hinreichend benachbarten Punkt hindurchgeht, sondern dass ihre Tangentenrichtung auch beliebig, wenn auch von der im Punkte x_0, y_0 hinreichend wenig verschieden, gewählt werden kann. Das ist aber dann und nur dann möglich, wenn die Functionaldeterminante

$$(10.)\qquad \begin{vmatrix} \varphi' & \varphi_1 & \varphi_2 \\ \psi' & \psi_1 & \psi_2 \\ \dfrac{\partial}{\partial t}\left(\dfrac{\psi'}{\varphi'}\right) & \dfrac{\partial}{\partial \alpha}\left(\dfrac{\psi'}{\varphi'}\right) & \dfrac{\partial}{\partial \beta}\left(\dfrac{\psi'}{\varphi'}\right) \end{vmatrix}$$

von Null verschieden ist. Hierin ist zur Abkürzung

$$\frac{\partial\varphi}{\partial t} = \varphi', \quad \frac{\partial\varphi}{\partial\alpha} = \varphi_1, \quad \frac{\partial\varphi}{\partial\beta} = \varphi_2,$$
$$\frac{\partial\psi}{\partial t} = \psi', \quad \frac{\partial\psi}{\partial\alpha} = \psi_1, \quad \frac{\partial\psi}{\partial\beta} = \psi_2$$

gesetzt worden.

Dies vorausgeschickt betrachte man die Curve

$$\bar{x} = \varphi(t;\alpha+\varkappa\alpha_1,\beta+\varkappa\beta_1),$$
$$\bar{y} = \psi(t;\alpha+\varkappa\alpha_1,\beta+\varkappa\beta_1),$$

die der Schaar (9.) angehört; dabei mögen α_1, β_1 beliebige Constanten bedeuten und unter $\varkappa$ eine hinreichend klein zu wählende Grösse verstanden werden. Auch diese Curve genügt der Differentialgleichung $G = 0$. Setzt man nun

$$\bar{x} = x + \xi,$$
$$\bar{y} = y + \eta,$$

so kann man die so bestimmten Grössen ξ, η als Variationen von x, y betrachten. Die Entwickelung nach Potenzen der Grösse $\varkappa$ ergiebt

$$\xi = \varkappa\left(\frac{\partial\varphi}{\partial\alpha}\alpha_1 + \frac{\partial\varphi}{\partial\beta}\beta_1\right) + \cdots = \varkappa\bar{\xi} + \cdots,$$
$$\eta = \varkappa\left(\frac{\partial\psi}{\partial\alpha}\alpha_1 + \frac{\partial\psi}{\partial\beta}\beta_1\right) + \cdots = \varkappa\bar{\eta} + \cdots,$$

wo mit $\bar{\xi}, \bar{\eta}$ die Glieder erster Dimension bezeichnet sind. Setzt man ferner die variirten Ausdrücke für x, y in die Grösse G ein und entwickelt den variirten Ausdruck von G ebenfalls nach Potenzen von $\varkappa$, so ist der Coefficient von $\varkappa^0$ die ursprüngliche Grösse G selbst, die nach der oben gemachten Voraussetzung verschwinden muss; der Factor von $\varkappa^1$ aber ist δG, d. h. der Formel (8.) zufolge

$$\delta G = F_2(x'\bar{\eta} - y'\bar{\xi}) - \frac{d}{dt}\left(F_1 \frac{d}{dt}(x'\bar{\eta} - y'\bar{\xi})\right),$$

und da auch er verschwinden muss, weil ja der variirte Ausdruck von G für jeden Werth von $\varkappa$ den Werth Null hat, so folgt daraus, dass die Differentialgleichung (1.) die Lösung

$$u = x'\bar{\eta} - y'\bar{\xi}$$

hat. Nun enthält diese Lösung noch die beiden beliebig zu wählenden Constanten α_1, β_1. Daher sind auch

$$(11.) \qquad u_1 = x'\frac{\partial\psi}{\partial\alpha} - y'\frac{\partial\varphi}{\partial\alpha} = \varphi'\psi_1 - \psi'\varphi_1$$

und

$$(12.) \qquad u_2 = x'\frac{\partial\psi}{\partial\beta} - y'\frac{\partial\varphi}{\partial\beta} = \varphi'\psi_2 - \psi'\varphi_2$$

zwei Integrale der Differentialgleichung (1.), die man aus u erhält, wenn man darin den Grössen α_1 oder β_1 die Werthe Null oder Eins ertheilt.

Die Lösungen (11.) und (12.) sind aus dem allgemeinen Integral (9.) der Differentialgleichung G $= 0$ durch Differentiationen zu berechnen. Kann man nun nachweisen, dass sie von einander linear unabhängig sind, so stellt die Grösse

$$u = c_1 u_1 + c_2 u_2$$

das allgemeine Integral der Differentialgleichung (1.) dar, wenn c_1, c_2 willkürliche Constanten bedeuten; und damit wäre dann die Behauptung Jacobis im vollen Umfange bewiesen. Jener Nachweis lässt sich aber folgendermassen erbringen. Die Bedingung, dass u_1, u_2 von einander linear unabhängig seien, ist mit der folgenden gleichwerthig: es muss die Determinante

$$u_1\frac{du_2}{dt} - u_2\frac{du_1}{dt}$$

von Null verschieden sein. Nun ist diese Determinante aber gleich

$$(x'\psi_1-y'\varphi_1)(x''\psi_2-y''\varphi_2+x'\psi_2'-y'\varphi_2')-(x'\psi_2-y'\varphi_2)(x''\psi_1-y''\varphi_1+x'\psi_1'-y'\varphi_1')$$

oder gleich

$$(x'y''-y'x'')(\varphi_1\psi_2-\psi_1\varphi_2)+(x'\psi_1-y'\varphi_1)(x'\psi_2'-y'\varphi_2')-(x'\psi_2-y'\varphi_2)(x'\psi_1'-y'\varphi_1');$$

die oberen Striche bedeuten hierin die Ableitungen nach der Variablen t. Die Determinante ist daher, von einem nicht verschwindenden Factor abgesehen, identisch mit der Determinante (10.), also thatsächlich von Null verschieden.

Sechzehntes Kapitel.

Die conjugirten Punkte.

Die im vorhergehenden Kapitel besprochenen Untersuchungen Jacobis haben ihn nun auch zu einem Kriterium geführt, durch das man leicht entscheiden kann, ob die Grösse u, die der Differentialgleichung (S. 147 (1.))

$$F_2 u - \frac{d}{dt}\left(F_1 \frac{du}{dt}\right) = 0 \qquad (1.)$$

genügt, innerhalb des Integrationsbereiches verschwinden kann, oder ob das nicht der Fall ist.

Es seien $\vartheta_1(t)$ und $\vartheta_2(t)$ irgend zwei linear unabhängige Integrale der Differentialgleichung (1.), also

$$c_1 \vartheta_1(t) + c_2 \vartheta_2(t)$$

ihre allgemeine Lösung. Man kann dann leicht ein Integral der Differentialgleichung bilden, das für einen vorgeschriebenen Werth t' des Argumentes t verschwindet, nämlich

$$\Theta(t, t') = \vartheta_1(t)\,\vartheta_2(t') - \vartheta_1(t')\,\vartheta_2(t). \qquad (2.)$$

Nun betrachte man ein Stück der Curve — von der nach wie vor angenommen werden soll, dass sie der Differentialgleichung $G = 0$ genüge —, in dem die Function F_1 nirgends verschwinden und auch nirgends unendlich gross werden möge. Es sei t' ein Werth von t, dem ein Punkt des betrachteten Curvenstückes entspreche. Lässt man nun die Veränderliche t, vom Werthe t' beginnend, wachsen, so ist es entweder möglich, dass die Function $\Theta(t, t')$ für keinen zweiten Werth von t verschwindet, oder es tritt der Fall ein, wo $\Theta(t, t')$ ausser t' noch andere Nullstellen besitzt. Dann sei t'' die nächste auf t' folgende Nullstelle, für die also

$$t'' > t'$$

ist. Zwei zu solchen aufeinander folgenden Nullstellen von $\Theta(t, t')$ zugehörige Punkte der Curve sollen conjugirte Punkte genannt werden.

Dies vorausgeschickt, gelten nun folgende, zuerst ebenfalls von Jacobi gefundene Sätze: Wenn innerhalb des Integrationsbereiches $(t_0 \dots t_1)$ keine zwei zu einander conjugirte Punkte gelegen sind, so ist es stets möglich, eine Lösung u der Differentialgleichung (1.) zu finden, die innerhalb des genannten Bereiches nirgends verschwindet.

Wenn dagegen innerhalb des Integrationsbereiches zwei conjugirte Punkte enthalten sind, oder wenn die Integration über einen zum Anfangspunkte t_0 conjugirten Punkt hinaus erstreckt wird, dann kann das betrachtete Integral I weder ein Maximum noch ein Minimum werden.

Sind die Endpunkte des Integrationsbereiches selbst zu einander conjugirt, so lässt sich eine Entscheidung darüber, ob ein Maximum oder Minimum oder keines von beiden eintritt, durch die bisherigen Kriterien nicht treffen.

Bevor wir zum Beweise dieser Behauptungen übergehen, empfiehlt es sich, die bisherigen Betrachtungen und den Begriff der conjugirten Punkte an einem einfachen Beispiele zu verfolgen.

Für das Problem der Rotationsfläche kleinsten Flächeninhalts hatte sich als allgemeine Lösung der Differentialgleichung $G = 0$ die zweifach-unendliche Schaar von Kettenlinien (S. 118)

$$\begin{cases} x = x_0 + ct \\ y = \frac{1}{2} c (e^t + e^{-t}) \end{cases}$$

ergeben, wobei x_0 und c an Stelle der im vorigen Kapitel mit α und β bezeichneten Integrationsconstanten zu setzen sind. Es wird

$$\frac{\partial x}{\partial t} = x' = c, \quad \frac{\partial x}{\partial x_0} = 1, \quad \frac{\partial x}{\partial c} = t,$$

$$\frac{\partial y}{\partial t} = y' = \frac{1}{2} c (e^t - e^{-t}), \quad \frac{\partial y}{\partial x_0} = 0, \quad \frac{\partial y}{\partial c} = \frac{1}{2}(e^t + e^{-t}),$$

mithin (S. 151 (11.) und (12.))

$$u_1 = -\frac{1}{2}c(e^t - e^{-t}),$$

$$u_2 = \frac{1}{2}c(e^t + e^{-t}) - \frac{1}{2}ct(e^t - e^{-t}),$$

oder auch

$$u_1 = -y',$$

$$u_2 = y - \frac{y'}{x'}(x - x_0).$$

Um die Bedingung (2.) für die conjugirten Punkte aufzustellen, kann man

$$\vartheta_1(t) = u_1, \quad \vartheta_2(t) = u_2$$

setzen; um die Berechnung der Grösse $\Theta(t, t')$ zu vereinfachen und um das Ergebniss geometrisch deuten zu können, mag ferner die Bezeichnung so abgeändert werden, dass die Grössen x, y, x', y' dem Punkte t, dagegen die Grössen x_1, y_1, x_1', y_1 dem Punkte t' entsprechen. Dann hat man

$$\Theta(t, t') = -y'\Big(y_1 - \frac{y_1'}{x_1'}(x_1 - x_0)\Big) + y_1'\Big(y - \frac{y'}{x'}(x - x_0)\Big)$$

$$= y'\frac{y_1'}{x_1'}(x_1 - x_0) - y'y_1 - y_1'\frac{y'}{x'}(x - x_0) + y_1'y;$$

es ist aber $x' = x_1'$, daher wird

$$\Theta(t, t') = \frac{y'y_1'}{x'}\Big(x_1 - \frac{x_1'}{y_1'}y_1 - x + \frac{x'}{y'}y\Big).$$

Die rechte Seite verschwindet, wenn

$$x_1 - \frac{x_1'}{y_1'}y_1 = x - \frac{x'}{y'}y$$

ist, und dieses Ergebniss besagt in geometrischer Deutung, dass die Tangenten in den beiden Punkte (x, y) und (x_1, y_1) der betrachteten Kettenlinie die Abscissenachse, d. h. die Achse der Kettenlinie, in demselben Punkte treffen. Nun lassen sich von jedem Punkte ihrer Achse an eine Kettenlinie zwei Tangenten legen. Zieht man also im Anfangspunkte A des Curvenstückes AB, über das das Integral I erstreckt werden soll, die Tangente der Kettenlinie und von ihrem Schnittpunkte mit der Abscissenachse die andere Tangente, deren Berührungspunkt A' sei, und findet sich, dass der Punkt A' im

Innern des Bogens AB gelegen ist, dann ist der Inhalt der von diesem Bogen bei einer Umdrehung um die Abscissenachse erzeugten Fläche kein Minimum. Es tritt in diesem Falle an Stelle des Curvenbogens $AA'B$ entweder eine andere Kettenlinie, die ebenfalls durch die Punkte A und B hindurchgeht,

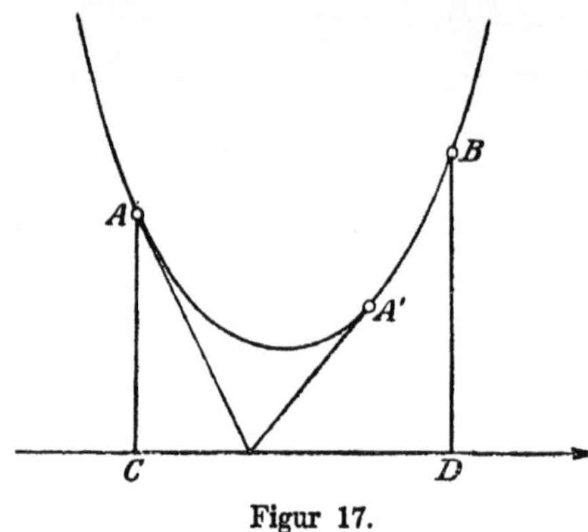

Figur 17.

oder die gebrochene Linie $ACDB$ (Fig. 17). Der Punkt A' ist der zu A conjugirte Punkt der Kettenlinie. Zwei conjugirte Punkte einer Kettenlinie besitzen die Eigenschaft, dass sich die Tangenten in ihnen auf der Achse der Kettenlinie schneiden. —

Um nunmehr die oben (S. 154) ausgesprochenen allgemeinen Sätze beweisen zu können, werde zunächst folgender Hülfssatz vorausgeschickt.

Durchläuft ein Punkt (t') eine der Differentialgleichung $G = 0$ genügende Curve in einerlei Richtung, so durchläuft sie der zu (t') conjugirte Punkt (t'') in derselben Richtung.

Man betrachte ausser den beiden zu einander conjugirten Punkten (t') und (t'') noch den dem Werthe $t'+\tau$ entsprechenden Curvenpunkt, wobei $\tau > 0$ sein soll. Dann wird, so behauptet der Hülfssatz, falls auch $(t'+\tau)$ einen conjugirten Punkt hat, dieser nothwendigerweise über (t'') hinaus liegen müssen. Bei der Kettenlinie leuchtet dies aus geometrischen Gründen sofort ein (Fig. 18, wo A, A' und B, B' je ein Paar zu einander conjugirter Punkte sein sollen). Nach der Erklärung der conjugirten Punkte (S. 154) muss zunächst

$$\Theta(t'', t') = 0$$

sein, ausserdem darf die Function $\Theta(t, t')$ für keinen Werth von t innerhalb der Strecke $(t' \dots t'')$ mehr verschwinden. Es ist zu beweisen, dass auch

$\theta(t, t'+\tau)$ keine Nullstelle in dem Bereiche $(t'+\tau \dots t'')$ haben kann. Der Beweis beruht auf der Eigenschaft der linearen Differentialgleichungen zweiter Ordnung, dass sobald ein Integral der Differentialgleichung bekannt ist, ein zweites durch blosse Quadraturen gefunden werden kann. Sind nämlich u_1, u_2

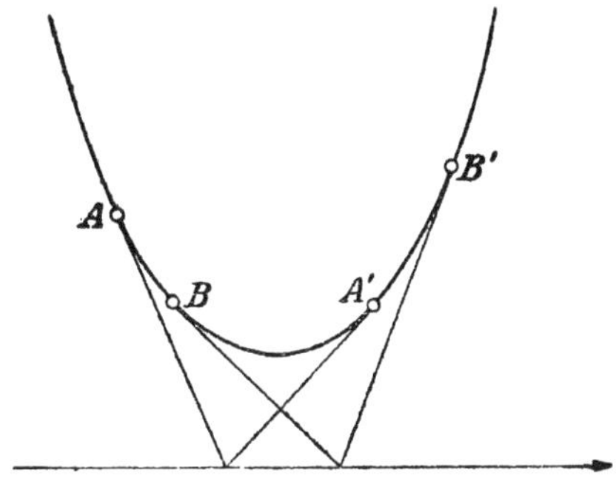

Figur 18.

zwei von Null verschiedene Integrale der Differentialgleichung (1.), d. h. ist

$$F_2 u_1 - \frac{d}{dt}\left(F_1 \frac{du_1}{dt}\right) = 0$$

und

$$F_2 u_2 - \frac{d}{dt}\left(F_1 \frac{du_2}{dt}\right) = 0,$$

so erhält man durch Elimination von F_2:

$$u_2 \frac{d}{dt}\left(F_1 \frac{du_1}{dt}\right) - u_1 \frac{d}{dt}\left(F_1 \frac{du_2}{dt}\right) = 0$$

oder,

(3.) $$u_2 \frac{du_1}{dt} - u_1 \frac{du_2}{dt} = p$$

setzend,

$$\frac{d}{dt}(F_1 p) = 0$$

und hieraus durch Integration

(4.) $$F_1 p = C,$$

wo C eine Constante bedeutet. Nun ist weiter

$$\frac{d}{dt}\frac{u_2}{u_1} = -\frac{p}{u_1^2} = -\frac{C}{F_1 u_1^2},$$

falls nicht F verschwindet, mithin

$$\frac{u_2}{u_1} = -\int_{t_0}^{t} \frac{C}{F_1 u_1^2} dt,$$

wobei die untere Integrationsgrenze t_0 eine willkürliche additive Integrationsconstante vertritt, also schliesslich

$$(5.) \qquad u_2 = -Cu_1 \int_{t_0}^{t} \frac{dt}{F_1 u_1^2}.$$

Nun genügt die Function $\Theta(t, t')$, in der t' eine willkürliche Constante bedeutet, der Differentialgleichung (1.). Man kann daher in der vorstehenden Formel (5.)

$$u_1 = \Theta(t, t'),$$
$$u_2 = \Theta(t, t'+\tau)$$

setzen, und weil u_2 für $t = t'+\tau$ verschwindet, hat man der Constanten t_0 den Werth $t'+\tau$ beizulegen. Auf diese Weise erhält man

$$(6.) \qquad \Theta(t, t'+\tau) = -C\Theta(t, t') \int_{t'+\tau}^{t} \frac{dt}{F_1 \Theta(t, t')^2}.$$

Beschränkt man nun die Veränderliche t auf das Innere des Bereiches zwischen $t'+\tau$ und t'', so bleibt die Function F_1 entweder bestimmt positiv oder bestimmt negativ, und auch $\Theta(t, t')$ wird nicht gleich Null. Das Integral auf der rechten Seite der vorstehenden Formel hat also für jeden Werth von t innerhalb des betrachteten Bereiches dasselbe Vorzeichen wie F_1 und kann nicht verschwinden. Es kann daher auch $\Theta(t, t'+\tau)$ für keinen Werth von t zwischen $t'+\tau$ und t'' verschwinden.

Aber auch $\Theta(t'', t'+\tau)$ kann nicht den Werth Null haben. In diesem Falle ($t = t''$) gilt zwar die soeben durchgeführte Schlussweise nicht, da die Grösse $\Theta(t'', t')$ verschwindet. Man kann den Beweis jedoch folgendermassen führen. Es ist

$$\Theta(t'', t') = \vartheta_1(t'')\vartheta_2(t') - \vartheta_1(t')\vartheta_2(t'') = 0;$$

wäre nun auch noch

$$\Theta(t'', t'+\tau) = \vartheta_1(t'')\vartheta_2(t'+\tau) - \vartheta_1(t'+\tau)\vartheta_2(t'') = 0,$$

so folgte, da $\vartheta_1(t'')$ und $\vartheta_2(t'')$ nicht zugleich den Werth Null haben können,

$$\Theta(t', t'+\tau) = \vartheta_1(t')\vartheta_2(t'+\tau) - \vartheta_1(t'+\tau)\vartheta_2(t') = 0.$$

Das ist aber nicht möglich, da der Punkt $(t'+\tau)$ nicht zum Punkte (t') conjugirt sein kann; denn der Punkt $(t'+\tau)$ liegt zwischen den conjugirten Punkten (t') und (t''). Wenn also die Function $\Theta(t, t'+\tau)$ für irgend einen Werth von t, der grösser als $t'+\tau$ ist, verschwindet, so liegt der entsprechende Punkt gewiss nicht innerhalb des Bereiches $(t'+\tau \dots t'')$, was zu beweisen war.

Hierbei ist stillschweigend die Constante C der Formel (6.) als von Null verschieden vorausgesetzt worden. Diese Annahme ist aber berechtigt. Denn wäre $C = 0$, so würde, da ja F_1 nirgends verschwinden soll, nach der Formel (4.) die Grösse

$$p = -u_1^2 \frac{d}{dt}\frac{u_2}{u_1}$$

verschwinden müssen, d. h. es müsste $\frac{u_2}{u_1}$ eine Constante sein, der Voraussetzung zuwider, nach der u_1, u_2 zwei von einander linear unabhängige Integrale der Differentialgleichung (1.) sein sollten.

Es ist ferner zweckmässig, zu zeigen, dass wenn nur die positive Grösse τ hinreichend klein angenommen wird, über den Punkt (t'') hinaus wirklich ein Punkt liegt, der zum Punkte $(t'+\tau)$ conjugirt ist. Es ist nämlich

$$(7.)\qquad \frac{d}{dt}\Theta(t, t') = \frac{d\vartheta_1(t)}{dt}\vartheta_2(t') - \vartheta_1(t')\frac{d\vartheta_2(t)}{dt}.$$

Wäre nun gleichzeitig für irgend einen von t' verschiedenen Werth von t

$$\Theta(t, t') = 0 \quad \text{und} \quad \frac{d}{dt}\Theta(t, t') = 0,$$

so würde im Hinblick auf die Gleichung (2.) daraus folgen, da ja $\vartheta_1(t')$ und $\vartheta_2(t')$ nicht zugleich verschwinden:

$$\vartheta_1(t)\frac{d\vartheta_2(t)}{dt} - \vartheta_2(t)\frac{d\vartheta_1(t)}{dt} = 0.$$

Infolge der Gleichung (4.), die bestehen bleibt, wenn man $u_1 = \vartheta_1(t)$, $u_2 = \vartheta_2(t)$ setzt, würde dann $C = 0$ sein; es müsste also für jeden Werth von t in dem betrachteten Bereiche die Grösse p verschwinden, was nach dem soeben Bemerkten nicht zutreffen kann. Demnach können die Functionen $\Theta(t, t')$ und $\frac{d}{dt}\Theta(t, t')$ niemals zugleich verschwinden. Daher muss die Function $\Theta(t, t')$

an allen Stellen, wo sie verschwindet, zugleich das Zeichen wechseln. Dies vorausgeschickt, sei τ' eine Grösse, für die

$$\Theta(t''+\tau', t'+\tau) = 0$$

ist. Bezeichnet man mit $\Theta_1(t,t')$ und $\Theta_2(t,t')$ die partiellen Ableitungen der Function $\Theta(t,t')$ nach t und nach t', so hat man unter der Voraussetzung, dass die Grössen τ, τ' bestimmte hinlänglich kleine Grenzen nicht überschreiten, durch Entwickelung nach Potenzen dieser Grössen die Gleichung

$$(8.)\qquad \Theta_1(t'',t')\tau' + \Theta_2(t'',t')\tau + [\tau,\tau']^2 = 0,$$

wo das dritte Glied auf der linken Seite die Grössen τ und τ' von mindestens zweiter Dimension enthält. Wegen

$$\Theta(t'',t') = -\Theta(t',t'')$$

ist aber

$$\Theta_1(t'',t') = -\Theta_2(t',t'').$$

Da nun, wie soeben gezeigt worden ist, die Grössen $\Theta(t'',t')$ und $\Theta_1(t'',t')$ nicht zugleich verschwinden können, so sind die Coefficienten von τ' und von τ in der Reihenentwickelung (8.) nicht gleich Null; man kann daher nach einem bekannten Satze der Functionentheorie die Grösse τ' nach Potenzen von τ in der Form

$$(9.)\qquad \tau' = a\tau + \tau^2\mathfrak{P}(\tau)$$

entwickeln, wo a ein von Null verschiedener Coefficient ist, vorausgesetzt, dass die Grösse τ genügend klein angenommen wird. Unter derselben Voraussetzung kann man aber auch zeigen, dass τ' dasselbe Vorzeichen wie τ hat. Dazu hat man nur festzustellen, dass die Grösse a einen positiven Werth hat. Durch Einsetzen der Entwickelung (9.) in die Gleichung (8.) ergiebt sich nämlich

$$a = -\frac{\Theta_2(t'',t')}{\Theta_1(t'',t')}.$$

Man hat aber mit Rücksicht auf die Gleichung $\Theta(t'',t') = 0$ und unter Benutzung der Grösse p der Formel (3.) entsprechend, jedoch für $u_1 = \vartheta_1(t)$, $u_2 = \vartheta_2(t)$:

$$\Theta_1(t'',t') = \frac{\vartheta_1(t')}{\vartheta_1(t'')}p(t''),$$

$$\Theta_2(t'',t') = -\frac{\vartheta_1(t'')}{\vartheta_1(t')}p(t');$$

benutzt man schliesslich noch die Gleichung (4.), so erhält man

$$a = \left(\frac{\vartheta_1(t'')}{\vartheta_1(t')}\right)^2 \frac{F_1(t'')}{F_1(t')}.$$

Da aber die Function F_1 in dem ganzen Bereiche $(t_0 \ldots t_1)$ dasselbe Vorzeichen besitzen soll und auch nirgends verschwindet, so sieht man, dass die Grösse a thatsächlich einen positiven Werth haben muss.

Wir sind nunmehr in der Lage, die erste der im Anfang dieses Kapitels (S. 154) ausgesprochenen Behauptungen zu beweisen. Es sei $(t_0 \ldots t_1)$ das Integrationsintervall, und es werde angenommen, dass in seinem Innern keine zwei zu einander conjugirten Punkte gelegen seien. Man setze nun

$$u = \Theta(t, t'); \tag{10.}$$

giebt es einen zum Punkte (t_0) conjugirten Punkt (t_2), so muss er jedenfalls über (t_1) hinaus gelegen sein. Man kann dann den Punkt (t') so nahe vor (t_0) annehmen, dass wenn es einen zu ihm conjugirten Punkt (t'') giebt, dieser beliebig nahe vor (t_2), also jedenfalls noch über t_1 hinaus gelegen ist, so dass also die Reihenfolge

$$t', \; t_0, \; t_1, \; t'', \; t_2$$

entsteht. Dies ist nach dem im Vorstehenden Bewiesenen stets möglich. Man kann daher durch geeignete Wahl der Grösse t' bewirken, dass die Grösse u weder im Innern der Strecke $(t_0 \ldots t_1)$ noch an deren Grenzen t_0 und t_1 selbst verschwindet.

Nachdem dieser wesentliche Umstand festgestellt worden ist, steht nichts mehr im Wege, die zweite Variation $\delta^2 I$ auf die im vierzehnten Kapitel (S. 143 (10.)) entwickelte Form

$$\delta^2 I = \int_{t_0}^{t_1} F_1 \left\{\frac{dw}{dt} - \frac{w}{u}\frac{du}{dt}\right\}^2 dt \tag{11.}$$

zu bringen. Damit besteht auch der S. 145 gezogene Schluss zu Recht, dass das Vorzeichen von $\delta^2 I$ allein durch das Vorzeichen von F_1 bestimmt ist.

Siebzehntes Kapitel.

Beweis des Jacobischen Kriteriums.

Die weitere Schlussfolgerung, dass auch die vollständige Variation ΔI dasselbe Vorzeichen haben müsse wie die zweite, bedarf jedoch nach mehreren Seiten hin einer Ergänzung. Erstens ist es fraglich, ob die soeben erwähnte Umformung der zweiten Variation $\delta^2 I$ und daher auch die Bedingungen, unter der eine solche Umformung möglich ist, nicht überhaupt überflüssig seien, oder ob nicht über das Vorzeichen von $\delta^2 I$ unabhängig von dieser Umformung und unabhängig von der Wahl der Variationen ξ, η eine Entscheidung getroffen werden könne. Zweitens wird sich kaum nachweisen lassen, dass alle möglichen Variationen auf die Form $\varkappa\xi$, $\varkappa\eta$ gebracht werden können. Aber selbst wenn dies der Fall wäre, so bliebe es drittens noch fraglich, ob unter allen dann vorkommenden Möglichkeiten das Vorzeichen der vollständigen Variation allein durch das der zweiten bedingt sei; wenn man freilich zuerst die Grössen ξ, η willkürlich annimmt und sodann die unbestimmte Constante $\varkappa$ genügend klein wählt, kann man immer eine Übereinstimmung der Vorzeichen von ΔI und $\delta^2 I$ herbeiführen; wenn jedoch $\varkappa$ als feste Zahl genommen und sodann ξ, η willkürlich gewählt werden, können die Grössen $\varkappa\xi$ und $\varkappa\eta$ durchaus zulässige Variationen darstellen, aber es könnte bei geeigneter Wahl von ξ, η doch möglich sein, dass die unter dem Integralzeichen der Formel S. 161 (11.) für die zweite Variation vorkommende Function selbst schon unendlich klein würde, sodass zur Entscheidung über das Vorzeichen von ΔI auch das der dritten und der höheren Variationen hinzuzunehmen ist. Schliesslich ist noch daran zu erinnern, dass über die Functionen ξ, η die Voraussetzung gemacht war (S. 136), nicht nur sie selbst, sondern auch ihre Ableitungen $\frac{d\xi}{dt}$, $\frac{d\eta}{dt}$ sollten stetige Functionen von t sein, die letzteren wenigstens innerhalb einzelner Stücke, in die sich die betrachtete Curve längs des Integrationsbereiches $(t_0 \dots t_1)$ zerlegen liesse. Insbesondere die Beibehaltung der zuletzt genannten Voraussetzung würde, wie schon im zehnten Kapitel (S. 100) bemerkt worden ist, eine wesentliche Beschränkung der Variationsrechnung bedeuten.

Dies vorausgeschickt, soll nun die zweite der zu Beginn des vorhergehenden Kapitels (S. 154) ausgesprochenen Behauptungen Jacobis besprochen werden: dass nämlich bestimmt weder ein Maximum noch ein Minimum des betrachteten Integrales vorliege, wenn der Integrationsbereich über zwei zu einander conjugirte Punkte hinaus erstreckt werde. Bevor der Beweis dieses Satzes erbracht werden wird, soll noch kurz auf die Überlegungen eingegangen werden, die Jacobi selbst darüber angestellt hat. Der Einfachheit wegen kann man sich auf den Fall beschränken, dass die Grenzen t_0 und t_1 des Integrationsbereiches selbst zu einander conjugirte Punkte sind; denn man kann ja stets die Curve so variiren, dass die etwa ausserhalb des Bereiches $(t_0 \dots t_1)$ liegenden Curvenstücke unverändert bleiben, und nur die Strecke zwischen den beiden conjugirten Punkten variirt wird.

Jacobi geht von der ursprünglichen Form der zweiten Variation (S. 134 (20.)) aus:

$$\delta^2 I = \int_{t_0}^{t_1} \left\{ F_1 \left(\frac{dw}{dt} \right)^2 + F_2 w^2 \right\} dt,$$

unter der Voraussetzung, dass die Endpunkte der Curve bei der Variation festgehalten werden. Wenn man unter Benutzung der Formel

$$\frac{d}{dt}\left(F_1 w \frac{dw}{dt} \right) = F_1 \left(\frac{dw}{dt} \right)^2 + w \frac{d}{dt}\left(F_1 \frac{dw}{dt} \right)$$

theilweise integrirt, so erhält man

$$\delta^2 I = \int_{t_0}^{t_1} \left\{ -\frac{d}{dt}\left(F_1 \frac{dw}{dt} \right) + F_2 w \right\} w\, dt + \left[w F_1 \frac{dw}{dt} \right]_{t_0}^{t_1},$$

wobei wiederum der ausserhalb des Integralzeichens stehende Theil bei festgehaltenen Endpunkten verschwinden muss. Man beachte nun, dass die Grösse w nur der Bedingung, dass sie an den Grenzen der Integration verschwinden soll, unterworfen, sonst aber willkürlich zu wählen ist, und setze, unter u eine Lösung der Differentialgleichung S. 147 (1.) verstehend, die für $t = t_0$ und $t = t_1$ verschwindet,

$$w = \varkappa u,$$

wo $\varkappa$ eine unbestimmte Grösse ist, deren absoluter Werth eine hinreichend kleine Grenze nicht übersteigt. Für u kann man etwa die Function

$$u = \Theta(t, t_0)$$

wählen, unter der Voraussetzung, dass sie auch für $t = t_1$ verschwindet, dagegen für keinen Werth von t zwischen t_0 und t_1 Bei dieser Wahl von w verschwindet die zweite Variation identisch, da der Factor von w unter dem Integralzeichen genau dieselbe Form wie die linke Seite der Differentialgleichung S. 147 (1.) hat.

Die Entwickelung der vollständigen Variation ΔI nach Potenzen der Grösse $\varkappa$ beginnt also jetzt im Allgemeinen mit dem Gliede, das die dritte Potenz, $\varkappa^3$, enthält. Ist der Factor von $\varkappa^3$ von Null verschieden, so kann man durch passende Wahl der Grösse $\varkappa$ sowohl bewirken, dass die vollständige Variation einen positiven, wie auch dass sie einen negativen Werth annimmt. Es findet dann also weder ein Maximum noch ein Minimum statt. Dieser Schluss lässt sich aber nicht ziehen, wenn jener Factor verschwindet. Jacobi spricht sich daher vorsichtiger Weise dahin aus, dass wenn der Integrationsbereich über eine grössere Strecke ausgedehnt wird, als in der Behauptung angegeben, man nicht mehr sicher sein kann, dass ein Maximum oder ein Minimum wirklich stattfinde.

In einem Anhang zu der von ihm herausgegebenen Mécanique analytique von Lagrange hat Bertrand bei Gelegenheit der Aufgabe über die kürzeste Entfernung zwischen zwei Punkten einer Fläche ein Bedenken gegen die Jacobische Behauptung erhoben, das sich auf den soeben betrachteten Ausnahmefall zu stützen scheint. Eine kürzeste Linie AB auf einer Fläche (vgl. S. 88) ist durch den Anfangspunkt A und durch die Anfangsrichtung bestimmt. Denkt man sich diese beliebig wenig verändert, so erhält man eine »geodätische« Linie, die die ursprüngliche in einem zweiten Punkte schneiden kann. Lässt man den Winkel, den die Tangenten der beiden Curven im Punkte A einschliessen, unendlich klein werden, so nähert sich der zweite Punkt einer bestimmten Grenzlage; diese ist der zu A conjugirte Punkt A'.

Nun behauptet Bertrand, durch Jacobis Untersuchungen sei bewiesen, dass der Curvenbogen AA' ein Minimum der Bogenlänge besitze, aber es sei nicht bewiesen, dass die Curve, über A' verlängert, diese Eigenschaft nicht noch weiter besitze.

In Wirklichkeit verhält sich jedoch die Sache genau umgekehrt: Es ist nicht bewiesen, dass das zu untersuchende Integral stets ein Minimum (oder ein Maximum) ergebe, wenn die Integration bis zu einem dem Anfangspunkte conjugirten Punkt erstreckt wird. Lässt sich dagegen beweisen, dass das Integral weder ein Minimum noch ein Maximum ergiebt, wenn die Integration über einen dem Anfangspunkte conjugirten Punkt hinaus ausgedehnt wird, so entfällt die Berechtigung des Bertrandschen Einwandes gegen das Jacobische Kriterium. Dieser Nachweis lässt sich nun aber in der That erbringen.

Wollte man die soeben ausgesprochene Behauptung auf dem von Jacobi selbst begonnenen Wege (S. 163) zu beweisen versuchen, so müsste man jedenfalls untersuchen, ob die Glieder dritter Dimension in der Entwickelung der vollständigen Variation nach Potenzen der Grösse $\varkappa$ verschwinden oder nicht. Diese ohne Zweifel recht verwickelte Untersuchung kann jedoch umgangen werden.

Es sei ε eine von Null verschiedene Constante, deren Vorzeichen mit dem der Function F_1 übereinstimmt. Dann lässt sich die zweite Variation

$$(1.)\qquad \delta^2 I = \int_{t_0}^{t_1} \left\{ F_1 \left(\frac{dw}{dt}\right)^2 + F_2 w^2 \right\} dt$$

auch in der Form schreiben:

$$(2.)\qquad \delta^2 I = \int_{t_0}^{t_1} \left\{ (F_1+\varepsilon)\left(\frac{dw}{dt}\right)^2 + (F_2+\varepsilon) w^2 \right\} dt - \varepsilon \int_{t_0}^{t_1} \left(\left(\frac{dw}{dt}\right)^2 + w^2 \right) dt,$$

worin das zweite Integral auf der rechten Seite sicher einen positiven Werth hat. Gelingt es daher, durch geeignete Wahl der Grösse w das erste Integral zum Verschwinden zu bringen; so hat die zweite Variation das entgegengesetzte Vorzeichen wie die Grösse ε.

Nun wende man auf das erste Integral mittels partieller Integration dieselbe Transformation an, wie sie oben (S. 163) ausgeführt worden ist, so erhält man

$$(3.)\qquad \delta^2 I = \int_{t_0}^{t_1}\left\{-\frac{d}{dt}\left((F_1+\varepsilon)\frac{dw}{dt}\right)+(F_2+\varepsilon)w\right\}w\,dt+\left[w(F_1+\varepsilon)\frac{dw}{dt}\right]_{t_0}^{t_1}$$
$$-\varepsilon\int_{t_0}^{t_1}\left(\left(\frac{dw}{dt}\right)^2+w^2\right)dt.$$

Daraus folgt, dass man den ersten Theil thatsächlich zum Verschwinden bringen kann, wenn es gelingt, für die Grösse w eine Lösung der Differentialgleichung

$$(4.)\qquad (F_2+\varepsilon)u-\frac{d}{dt}\left((F_1+\varepsilon)\frac{du}{dt}\right) = 0$$

zu finden, die zugleich für $t=t_0$ und $t=t_1$ verschwindet. Für $\varepsilon = 0$ geht diese Differentialgleichung in die im vorhergehenden Kapitel behandelte (S. 153 (1.)) über, deren Lösung die Form

$$u = \Theta(t,t_0) = \vartheta_1(t)\,\vartheta_2(t_0)-\vartheta_1(t_0)\,\vartheta_2(t)$$

hat, wobei $\vartheta_1(t)$, $\vartheta_2(t)$ zwei linear unabhängige Particularlösungen der Differentialgleichung waren, und t_1 die auf t_0 unmittelbar folgende Nullstelle von u sein sollte. Es kommt nun also nur darauf an, zu zeigen, dass auch die Differentialgleichung (4.) eine Lösung besitzt, die sich innerhalb des Bereiches $(t_0 \ldots t_1)$ stetig ändert und an den Grenzen t_0 und t_1 selbst verschwindet. Dies lässt sich aber mit Hilfe des folgenden allgemeinen Satzes aus der Theorie der linearen Differentialgleichungen leicht darthun.

Es seien $x_1, x_2, \ldots x_n$ n Functionen des Arguments t, die dem Systeme linearer Differentialgleichungen

$$(5.)\qquad \frac{dx_\lambda}{dt} = \sum_{\mu=1}^{n} F_{\lambda\mu}(t)\,x_\mu \qquad (\lambda = 1,2,\ldots n)$$

Genüge leisten, worin die gegebenen Grössen $F_{\lambda\mu}(t)$ innerhalb eines bestimmten Bereiches eindeutige und stetige Functionen von t bedeuten sollen. Dann giebt es stets n stetige Functionen

$$x_\lambda = \varphi_\lambda(t), \qquad (\lambda = 1,2,\ldots n)$$

die diesem Systeme von Differentialgleichungen genügen und ausserdem für einen beliebig gewählten Werth t_0 des erwähnten Bereiches n beliebig vorgeschriebene Werthe annehmen. Setzt man ferner

$$(6.)\qquad \frac{d\bar{x}_\lambda}{dt} = \sum_{\mu=1}^{n} (F_{\lambda\mu}(t) + \varepsilon f_{\lambda\mu}(t, \varepsilon))\,\bar{x}_\mu, \qquad (\lambda = 1, 2, \dots n)$$

worin unter $f_{\lambda\mu}(t, \varepsilon)$ Functionen verstanden werden, die für alle Werthe von t in dem betrachteten Intervall und für alle Werthe von ε, die unterhalb einer bestimmten Grenze gelegen sind, stetig sind, so lassen auch diese Differentialgleichungen stetige Lösungen

$$\bar{x}_\lambda = \varphi_\lambda(t, \varepsilon) \qquad (\lambda = 1, 2, \dots n)$$

zu, die für $t = t_0$ vorgeschriebene Anfangswerthe annehmen, und die überdies die Eigenschaft haben, dass sie sich für unendlich kleine Werthe von ε auch unendlich wenig von den Functionen x_λ unterscheiden, oder m. a. W.: nach Annahme einer beliebig kleinen positiven Grösse δ lässt sich für ε stets eine obere Grenze ε' feststellen, sodass für jeden der Bedingung

$$|\varepsilon| < \varepsilon'$$

genügenden Werth der Grösse ε auch die Ungleichheit

$$|\varphi_\lambda(t, \varepsilon) - \varphi_\lambda(t)| < \delta$$

Giltigkeit hat, welchen Werth das Argument t innerhalb des erwähnten Bereiches auch annehmen mag.

Nun kann man die Differentialgleichung (4.) leicht durch folgendes System linearer Differentialgleichungen ersetzen:

$$(7.)\qquad \begin{cases} \dfrac{du}{dt} = u_1 \\[2mm] \dfrac{du_1}{dt} = -\dfrac{F_1'}{F_1+\varepsilon}u_1 + \dfrac{F_2+\varepsilon}{F_1+\varepsilon}u, \end{cases}$$

das dem obigen System (6.) entspricht und für das auch die Voraussetzungen des soeben ausgesprochenen Satzes erfüllt sind, da die Functionen F_1 und F_2 innerhalb des Bereiches $(t_0 \dots t_1)$ stetig sind, die Function F_1 nirgends verschwindet, und ε dasselbe Vorzeichen wie F_1 hat, also auch der Nenner $F_1+\varepsilon$ niemals gleich Null sein kann. Man kann mithin die Coefficienten in den rechten Seiten der Gleichungen (7.) auf die in (6.) angenommene Form bringen.

Nun genügt der Differentialgleichung, die aus (4.) für $\varepsilon = 0$ hervorgeht, und der ein System linearer Differentialgleichungen entspricht, das aus dem System (7.) gleichfalls für $\varepsilon = 0$ entsteht, unter anderem die für $t = t'$ verschwindende Function

$$u = \Theta(t, t'). \tag{8.}$$

Nach dem eben ausgesprochenen Satze giebt es daher auch eine Function, die der Differentialgleichung (4.) genügt, gleichfalls für $t = t'$ verschwindet und sich in der Form

$$\Theta(t, t', \varepsilon) = \Theta(t, t') + \overline{\Theta}(t, t', \varepsilon) \tag{9.}$$

darstellen lässt, wo die Grösse $\overline{\Theta}$ für unendlich kleine Werthe von ε und für jeden Werth von t innerhalb des Bereiches $(t_0 \ldots t_1)$ unendlich klein wird.

Es möge jetzt ein dem Punkte t' conjugirter Punkt t'' existiren, sodass

$$\Theta(t'', t') = 0$$

ist, und sich zwischen t' und t'' keine weitere Nullstelle der Function $\Theta(t, t')$ befindet. Im sechzehnten Kapitel (S. 160) ist bewiesen worden, dass mit dem Verschwinden der Function $\Theta(t, t')$ stets ein Wechsel ihres Vorzeichens verbunden ist, sodass also, wenn τ eine hinreichend kleine Grösse bedeutet, die Werthe $\Theta(t''+\tau, t')$ und $\Theta(t''-\tau, t')$ entgegengesetzte Zeichen haben.

Dies vorausgeschickt, denke man sich nun die Grösse ε so klein gewählt, dass $\overline{\Theta}(t, t', \varepsilon)$ für alle in Betracht kommenden Werthe von t dem absoluten Betrage nach kleiner als jeder der beiden Werthe $\Theta(t''+\tau, t')$ und $\Theta(t''-\tau, t')$ sei; dann folgt aus der Formel (9.), dass auch $\Theta(t''+\tau, t', \varepsilon)$ und $\Theta(t''-\tau, t', \varepsilon)$ entgegengesetzte Vorzeichen haben. Daraus folgt aber wegen der Stetigkeit der Function $\Theta(t, t', \varepsilon)$, dass sie mindestens einmal verschwinden muss, während das Argument t die Strecke $t''-\tau$ bis $t''+\tau$ wachsend durchläuft. Es wird sich also in jeder Nähe der Stelle t'' ein Argumentwerth t''' finden lassen, für den

$$\Theta(t''', t', \varepsilon) = 0$$

ist, vorausgesetzt, dass ε dem absoluten Betrage nach hinlänglich klein ist.

Angenommen nun, es seien t_0 und t_1 wieder die Grenzen des vorgelegten Integrals, t_0' sei ein zum Punkte t_0 conjugirter Punkt und t_1 liege über t_0' hinaus, so kann man nach dem soeben Bemerkten in jeder Nähe von t_0', also jedenfalls noch innerhalb der Integrationsgrenzen einen Punkt t_2 finden, sodass eine Lösung der Differentialgleichung (4.) angegeben werden kann, die nicht nur für $t = t_0$, sondern auch für $t = t_2$ verschwindet.

Nun betrachte man die durch die Formel (3.) gegebene zweite Variation $\delta^2 I$, zerlege den Integrationsbereich in die beiden Theile $(t_0 \dots t_2)$ und $(t_2 \dots t_1)$, und denke sich die ursprüngliche Curve so variirt, dass sie im zweiten Theile ungeändert bleibt, und nur der erste variirt wird. Das kommt auf dasselbe hinaus, als wenn in der Formel (3.) die Integration nur von t_0 bis t_2, statt bis t_1, erstreckt wird. Jetzt wähle man

$$w = \Theta(t, t_0, \varepsilon),$$

so verschwindet w an den Stellen t_0 und t_2, d. h. an den Grenzen der Integration, und genügt der Differentialgleichung (4.), und man bewirkt somit, dass

$$\delta^2 I = -\varepsilon \int_{t_0}^{t_2} \left(\left(\frac{d\Theta(t, t_0, \varepsilon)}{dt} \right)^2 + \Theta(t, t_0, \varepsilon)^2 \right) dt$$

wird.

Da das Vorzeichen von ε mit dem von F_1 übereinstimmen soll, so ergiebt sich, dass die zweite Variation und damit auch die vollständige Variation das entgegengesetzte Vorzeichen wie das der Grösse F_1 annehmen könnte, während doch im vierzehnten Kapitel (S. 145) bewiesen worden war, dass im Falle eines Maximums oder Minimums die vollständige Variation ΔI dasselbe Vorzeichen wie die Grösse F_1 hat.

Mithin kann das Integral weder ein Maximum noch ein Minimum sein, wenn der zu t_0 conjugirte Punkt im Innern des Integrationsbereiches gelegen ist. Das war die zu beweisende Behauptung.

Ist der Endpunkt t_1 des Integrationsbereiches selbst dem Anfangspunkt t_0 conjugirt, so lässt sich auch auf diesem Wege eine allgemeine Entscheidung nicht treffen. Wenn in der Entwickelung der vollständigen Variation die Glieder dritter Dimension nicht verschwinden, wird zwar weder ein Maximum noch ein Minimum eintreten; aber eine für alle Fälle gültige Regel lässt sich dann nicht angeben.

Achtzehntes Kapitel.

Geltungsbereich der bisher gefundenen Bedingungen. Beispiele.

Es mögen zunächst die bisher gefundenen Bedingungen, die für das Eintreten eines Maximums oder eines Minimums des betrachteten Integrals I nothwendig sind, zusammengefasst werden.

Erste Bedingung: Die Coordinaten x, y eines beliebigen Punktes der Curve, über die das Integral zu erstrecken ist, müssen als Functionen der Integrationsvariablen t der Differentialgleichung

$$G = 0$$

genügen.

Zweite Bedingung: Längs einer so bestimmten Curve darf die Function F_1 für ein Maximum nicht positiv, für ein Minimum nicht negativ sein. Der Fall, dass F_1 an einzelnen Punkten oder längs der Curve verschwindet, muss dabei einer besonderen Betrachtung vorbehalten bleiben.

Dritte Bedingung: Der Integrationsbereich darf sich, wenn ein Maximum oder ein Minimum überhaupt in Frage kommen soll, von einem Anfangspunkte beginnend höchstens bis zu dem ihm conjugirten Punkte erstrecken, sicher aber nicht über diesen hinaus.

Die letzten beiden, aus der Untersuchung der zweiten Variation des vorgelegten Integrals hergeleiteten Bedingungen bedürfen noch gewisser Ergänzungen, wie bereits am Beginn des vorhergehenden Kapitels (S. 162) bemerkt worden ist. Zunächst nämlich ist noch der Beweis zu erbringen, dass das Vorzeichen der zweiten Variation auch dann noch mit dem der vollständigen übereinstimmt, wenn für die Grössen x, y nicht nur Variationen von der Form $\varkappa\xi$, $\varkappa\eta$ benutzt werden, sondern beliebige Variationen, wofern sie nur den Voraussetzungen genügen, unter denen die bisherigen Entwickelungen überhaupt angestellt waren (S. 137).

Es sind nämlich nur solche Variationen ξ, η in Betracht gezogen worden, die nicht nur selbst, sondern mit denen zugleich auch ihre Ableitungen $\frac{d\xi}{dt}$, $\frac{d\eta}{dt}$ beliebig klein werden können. Die vorstehenden Untersuchungen beruhten ja wesentlich auf der Möglichkeit, die vollständige Variation nach Potenzen von ξ, η, $\frac{d\xi}{dt}$, $\frac{d\eta}{dt}$ zu entwickeln. Diese Voraussetzung soll also auch im Folgenden zunächst noch beibehalten werden.

Es soll nun aber untersucht werden, ob die Vorzeichen von ΔI und von $\delta^2 I$ für solche Variationen übereinstimmen, ohne dass jedoch angenommen werde, sie liessen sich in der Form $\varkappa\xi$, $\varkappa\eta$ darstellen, wo $\varkappa$ eine hinreichend kleine Constante ist. Die geometrische Bedeutung solcher Variationen besagt, dass nicht nur zwei entsprechende Punkte, von denen der eine auf der ursprünglichen, der andere auf der variirten Curve gelegen ist, einander unendlich benachbart sind, sondern dass auch die entsprechenden Tangenten in ihnen unendlich kleine Winkel mit einander bilden. Eine Variation der hier vorausgesetzten Art kann man immer folgendermassen bewirken. Man errichte in einem beliebigen Punkte P der ursprünglichen Curve die Normale, so wird diese nach der eben ausgesprochenen Voraussetzung die variirte Curve nur in einem Punkte P' schneiden. Man kann also die beiden Curven punktweise auch so einander zuordnen, dass je zwei Punkte P, P', die auf einer Normalen der ursprünglichen Curve gelegen sind, einander entsprechen. Die erste Bedingung, nämlich dass ξ, η unendlich klein werden können, sagt dann aus,

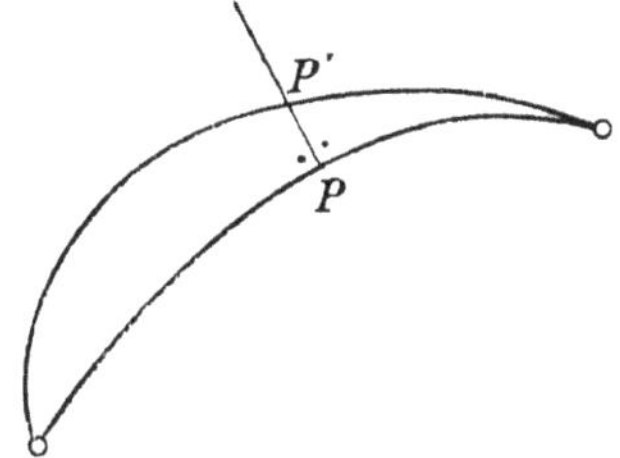

Figur 19.

dass nur solche variirten Curven in Frage kommen, bei denen die Entfernung PP' unterhalb einer beliebig klein anzunehmenden Grenze liegt (Fig. 19).

Nun ist die Gleichung der Tangente im Punkte P mit den Coordinaten x, y

$$x'(Y-y)-y'(X-x) = 0,$$

und daher der Abstand des Punktes P' mit den Coordinaten $x+\xi$, $y+\eta$ von ihr

$$PP' = \frac{x'\eta - y'\xi}{\sqrt{x'^2+y'^2}},$$

d. h. mit Einführung der Grösse (S. 132 (8.))

$$w = x'\eta - y'\xi \tag{1.}$$

weiter

$$PP' = \frac{w}{\sqrt{x'^2+y'^2}}, \tag{2.}$$

und die Gleichung der Normale im Punkte P ist

$$x'(X-x)+y'(Y-y) = 0.$$

Man hat also

$$x'\xi + y'\eta = 0. \tag{3.}$$

Aus den Formeln (1.) und (3.) folgt

$$\left\{\begin{aligned} \xi &= -\frac{y'w}{x'^2+y'^2} \\ \eta &= \frac{x'w}{x'^2+y'^2}, \end{aligned}\right. \tag{4.}$$

sodass also die Variationen ξ, η durch die Grösse w bestimmt sind. Demnach sind auch $\frac{d\xi}{dt}$, $\frac{d\eta}{dt}$ durch w und $\frac{dw}{dt}$ bestimmt, nämlich

$$\left\{\begin{aligned} \frac{d\xi}{dt} &= \frac{d}{dt}\left(\frac{-y'}{x'^2+y'^2}\right)w - \frac{y'}{x'^2+y'^2}\frac{dw}{dt} \\ \frac{d\eta}{dt} &= \frac{d}{dt}\left(\frac{x'}{x'^2+y'^2}\right)w + \frac{x'}{x'^2+y'^2}\frac{dw}{dt}. \end{aligned}\right. \tag{5.}$$

Nimmt man also die Grösse w als beliebige differentiirbare Function von t an, jedoch so, dass sowohl w als auch $\frac{dw}{dt}$ unterhalb beliebig kleiner Grenzen liegen können, so ist dasselbe nicht nur für die Grössen ξ, η, sondern zugleich auch für $\frac{d\xi}{dt}$, $\frac{d\eta}{dt}$ der Fall. Die Grössen ξ, η sind dabei noch stetige Functionen von t, während dies bei ihren Ableitungen nicht der Fall zu sein braucht.

Unter der Voraussetzung, dass die vier Grössen $\xi, \eta, \frac{d\xi}{dt}, \frac{d\eta}{dt}$ hinreichend kleine Grössen sind, soll jetzt die vollständige Variation

$$(6.)\qquad \Delta I = \int_{t_0}^{t_1}\left(F\left(x+\xi, y+\eta, x'+\frac{d\xi}{dt}, y'+\frac{d\eta}{dt}\right) - F(x, y, x', y')\right)dt$$

auf eine Form gebracht werden, aus der unmittelbar ersichtlich ist, dass ihr Vorzeichen mit dem der zweiten Variation übereinstimmt. Zu dem Zweck werde der Taylorsche Lehrsatz für n Variable in der Form

$$F(x_1+\xi_1, x_2+\xi_2, \ldots x_n+\xi_n) - F(x_1, x_2, \ldots x_n)$$
$$= \sum_\alpha \frac{\partial F}{\partial x_\alpha}\xi_\alpha + \int_0^1 (1-\varepsilon)\left(\sum_{\alpha,\beta} F_{\alpha\beta}(x_1+\varepsilon\xi_1, x_2+\varepsilon\xi_2, \ldots x_n+\varepsilon\xi_n)\,\xi_\alpha\,\xi_\beta\right)d\varepsilon$$

benutzt, worin

$$\frac{\partial^2 F}{\partial x_\alpha\,\partial x_\beta} = F_{\alpha\beta}$$

gesetzt worden ist, und die Marken α, β die ganzen Zahlen $1, 2, \ldots n$ durchlaufen. Da in der Entwickelung von ΔI nach dieser Formel die Glieder erster Dimension (wegen $\delta I = 0$) verschwinden müssen, wenn überhaupt ein Maximum oder Minimum stattfinden soll, so erhält man

$$(7.)\quad \Delta I = \int_{t_0}^{t_1}\int_0^1 (1-\varepsilon)\left(\sum_{\alpha,\beta} F_{\alpha\beta}(x+\varepsilon\xi_1, y+\varepsilon\xi_2, x'+\varepsilon\xi_3, y'+\varepsilon\xi_4)\,\xi_\alpha\,\xi_\beta\right)d\varepsilon\,dt,$$

worin α, β die Werthe 1, 2, 3, 4 durchlaufen, und

$$(8.)\qquad \xi_1 = \xi,\quad \xi_2 = \eta,\quad \xi_3 = \frac{d\xi}{dt},\quad \xi_4 = \frac{d\eta}{dt}$$

zu setzen ist.

Entwickelt man nun weiter die Functionen $F_{\alpha\beta}$ nach Potenzen von ε und bemerkt, dass dann das erste Glied auf der rechten Seite der Gleichung (7.) in die zweite Variation $\frac{1}{2}\delta^2 I$ übergeht, so erhält man einen Ausdruck von der Form

$$(9.)\qquad \Delta I = \frac{1}{2}\delta^2 I + \frac{1}{2}\int_{t_0}^{t_1}\sum_{\alpha,\beta}\varepsilon_{\alpha\beta}\,\xi_\alpha\,\xi_\beta\,dt,$$

worin die Coefficienten $\varepsilon_{\alpha\beta}$ der quadratischen Form

$$\sum_{\alpha,\beta}\varepsilon_{\alpha\beta}\,\xi_\alpha\,\xi_\beta \qquad (\alpha, \beta = 1, 2, 3, 4)$$

Functionen der Argumente ξ_α sind, die für hinreichend kleine Beträge dieser

Grössen den absoluten Werthen nach unterhalb einer beliebig klein zu wählenden Constanten gelegen sind, welchen Werth auch die Variable t im Bereiche $(t_0 \dots t_1)$ annehmen möge.

Setzt man nun an Stelle der Grössen $\xi, \eta, \frac{d\xi}{dt}, \frac{d\eta}{dt}$ ihre Werthe (4.) und (5.), d. h. führt man die Grössen w und $\frac{dw}{dt}$ ein, so nimmt unter der Voraussetzung, dass die Endpunkte der Curve bei der Variation festgehalten werden, die zweite Variation die Form (S. 134 (20.))

$$(10.)\qquad \delta^2 I = \int_{t_0}^{t_1} \left(F_1\left(\frac{dw}{dt}\right)^2 + F_2 w^2\right) dt$$

an, während die quadratische Form der Grössen ξ_α in eine ebensolche der Grössen $w, \frac{dw}{dt}$ übergeht:

$$(11.)\qquad f w^2 + 2 g w \frac{dw}{dt} + h\left(\frac{dw}{dt}\right)^2,$$

wo jetzt unter f, g, h Functionen von w und $\frac{dw}{dt}$ verstanden werden, die die nämliche Eigenschaft besitzen, wie sie oben für die Grössen $\varepsilon_{\alpha\beta}$ ausgesprochen worden ist.

Nach einem bekannten Theorem aus der Lehre von den quadratischen Formen kann eine jede quadratische Form durch eine lineare Substitution mit reellen Coefficienten auf die Form

$$(12.)\qquad f_1 u_1^2 + f_2 u_2^2$$

gebracht werden, während zugleich die Summe der Quadrate der Variablen ihren Werth ungeändert beibehält, d. h. im vorliegenden Falle, während zugleich die Relation

$$(13.)\qquad u_1^2 + u_2^2 = w^2 + \left(\frac{dw}{dt}\right)^2$$

besteht. Die beiden Coefficienten f_1 und f_2 sind die Wurzeln der quadratischen Gleichung

$$(f-s)(h-s) - g^2 = 0$$

oder

$$s^2 - (f+h)s + (fh - g^2) = 0.$$

Die Coefficienten dieser Gleichung können nach dem oben Bemerkten für jeden Werth von t im Bereiche $(t_0 \dots t_1)$ ihren absoluten Beträgen nach kleiner als eine beliebig klein anzunehmende Constante gemacht werden, wenn nur die absoluten Werthe der Grössen w und $\frac{dw}{dt}$ hinreichend klein gewählt werden; mithin besitzen auch die Grössen f_1 und f_2 diese Eigenschaft. Ferner kann man einen zwischen f_1 und f_2 gelegenen Werth l, der also ebenfalls die genannte Eigenschaft besitzt, der Art bestimmen, dass

$$f_1 u_1^2 + f_2 u_2^2 = l(u_1^2 + u_2^2) = l\left(w^2 + \left(\frac{dw}{dt}\right)^2\right)$$

wird, wobei man noch von der Gleichung (13.) Gebrauch gemacht hat.

Führt man diese Ergebnisse in die Gleichung (9.) ein, so erhält man für die vollständige Variation ΔI den Ausdruck

$$\Delta I = \frac{1}{2}\int_{t_0}^{t_1}\left(F_1\left(\frac{dw}{dt}\right)^2 + F_2 w^2\right)dt + \frac{1}{2}\int_{t_0}^{t_1} l\left(w^2 + \left(\frac{dw}{dt}\right)^2\right)dt$$

oder schliesslich

$$\Delta I = \frac{1}{2}\int_{t_0}^{t_1}\left((F_1 + l)\left(\frac{dw}{dt}\right)^2 + (F_2 + l)w^2\right)dt. \tag{14.}$$

Hiermit ist die vollständige Variation auf dieselbe Form gebracht worden, wie sie für die zweite Variation in der Formel (10.) früher erhalten worden war.

Es soll nun vorausgesetzt werden, dass die nothwendigen Bedingungen für die Existenz eines Maximums oder Minimums erfüllt seien, dass also die Grösse F_1 längs des ganzen Integrationsbereiches einerlei Vorzeichen habe, nirgends verschwinde und auch nicht unendlich gross werde, dass sich ferner weder innerhalb noch an den Grenzen des Integrationsgebietes ein Paar conjugirter Punkte befinden, und dass sich daher eine Function u bestimmen lasse, die der Differentialgleichung (S. 153 (1.))

$$\frac{d}{dt}\left(F_1\frac{du}{dt}\right) - F_2 u = 0 \tag{15.}$$

genügt und weder innerhalb, noch an den Grenzen des Integrationsbereiches verschwindet (S. 154). Versteht man unter k eine positive, sogleich noch näher zu bestimmende Constante, so kann man die Gleichung (14.) in folgender Form schreiben:

$$\Delta I = \frac{1}{2}\int_{t_0}^{t_1}\left((F_1 - k)\left(\frac{dw}{dt}\right)^2 + (F_2 - k)w^2\right)dt + \frac{1}{2}\int_{t_0}^{t_1}(l + k)\left(\left(\frac{dw}{dt}\right)^2 + w^2\right)dt. \tag{16.}$$

Der Constanten k ertheile man dasselbe Vorzeichen wie F_1, und wähle sodann die Grössen w und $\frac{dw}{dt}$ so klein, dass auch noch die Grösse $l + k$ das nämliche Vorzeichen hat; das ist stets möglich, da — wie oben gezeigt — die Grösse l bei hinlänglich kleinen Werthen von w und $\frac{dw}{dt}$ für jeden, dem Bereiche $(t_0 \dots t_1)$ angehörenden Werth von t kleiner als eine beliebig klein zu wählende Constante wird. Das zweite Integral auf der rechten Seite der vorstehenden Formel (16.) hat dann gewiss ebenfalls das Vorzeichen der Function F_1. Kann man also darthun, dass sich die Constante k so wählen lässt, dass auch das erste Integral dasselbe Vorzeichen wie F_1 hat, so ist man sicher, dass wenn F_1 bestimmt positiv ist, ein Minimum des gegebenen Integrales I vorliegt, und wenn F_1 bestimmt negativ ist, ein Maximum.

Nun ist aber im siebzehnten Kapitel (S. 167) gezeigt worden, dass wenn die Differentialgleichung (15.) eine stetige Lösung u besitzt, die weder an den Grenzen noch im Innern des Bereiches $(t_0 \dots t_1)$ verschwindet, dies auch für die Differentialgleichung

$$\frac{d}{dt}\left((F_1-k)\frac{d\bar{u}}{dt}\right)-(F_2-k)\bar{u} = 0 \tag{17.}$$

gilt, vorausgesetzt dass die Grösse k eine gewisse Grenze dem absoluten Betrage nach nicht überschreitet. Man braucht nur in der Differentialgleichung S. 166 (4.) $-k$ statt ε zu schreiben. Es ist aber dort weiter gezeigt worden, dass sich die Lösung $\bar{u}$ der Differentialgleichung (17.) in der Form

$$\bar{u} = u+(t, k)$$

darstellen lässt, wo (t, k) eine Grösse bedeutet, die für jeden Werth von t im Bereiche $(t_0 \dots t_1)$ mit k zugleich unendlich klein wird. Man kann daher dadurch, dass man die Constante k dem absoluten Betrage nach unterhalb einer bestimmten Grenze festsetzt, bewirken, dass auch diese Function $\bar{u}$ im Bereiche $(t_0 \dots t_1)$ nirgends verschwindet, und man kann schliesslich auch noch k so klein wählen, dass die Grösse F_1-k dasselbe Vorzeichen wie F_1 selbst erhält.

Dann aber lässt sich das erste Integral auf der rechten Seite der Gleichung (16.) in genau derselben Weise umformen, wie dies im vierzehnten Kapitel an der zweiten Variation gezeigt worden ist (S. 143), nämlich in

$$\int_{t_0}^{t_1}(F_1-k)\left(\frac{dw}{dt}-\frac{w}{\bar{u}}\frac{d\bar{u}}{dt}\right)^2 dt,$$

und man sieht, dass es dasselbe Vorzeichen wie F_1-k, also auch wie F_1 hat. Das war aber zu beweisen.

Die Ergebnisse der vorstehenden Untersuchungen lassen sich folgendermassen zusammenfassen:

Wenn die Grössen w und $\frac{dw}{dt}$ der Bedingung unterworfen werden, im Integrationsbereiche $(t_0 \dots t_1)$ nur solche Werthe anzunehmen, die dem absoluten Betrage nach kleiner als eine beliebig anzunehmende Grösse δ gemacht werden können, so lässt sich diese Grenze δ so klein wählen, dass bei allen dann noch zulässigen Variationen für die der Differentialgleichung $G = 0$ genügenden Curven die vollständige Variation des vorgelegten Integrals stets dasselbe Vorzeichen wie die Function F_1 hat, sofern diese stetig ist und nicht verschwindet.

Beschränkt man also die Variationen der Curve auf den Fall, dass sowohl die Abstände entsprechender Punkte der ursprünglichen und der variirten Curve beliebig klein gemacht werden können, als auch die Richtungen beider Curventangenten in diesen Punkten nur beliebig wenig von einander abweichen dürfen, so sind die am Eingang dieses Kapitels ausgesprochenen drei Bedingungen nicht nur nothwendig, sondern auch hinreichend dafür, dass das vorgelegte Integral ein Maximum habe, wenn die Function F_1 negativ ist, dagegen ein Minimum, wenn F_1 positiv ist.

Mit diesen Ergebnissen ist die Variationsrechnung zunächst wenigstens für eine specielle Klasse von Variationen zu einem gewissen Abschlusse gebracht worden.

Wir wollen die gefundenen Bedingungen noch auf einige schon früher besprochene Beispiele anwenden.

1) Bezüglich des Problems der Rotationsfläche kleinsten Flächeninhalts ergaben die im zwölften, fünfzehnten und sechzehnten Kapitel (S. 116, 146 und 154) ausgeführten Rechnungen, dass als Lösungen der Differentialgleichung $G = 0$ nur Kettenlinien in Frage kommen, deren Leitlinie mit der Achse der Rotation zusammenfällt, dass die Function F_1 beständig positiv ist, und dass ferner ein Minimum der Oberfläche nur dann stattfinden kann, wenn der Bogen der Kettenlinie, durch deren Rotation die Fläche entsteht, zwischen zwei Punkten der Curve gelegen ist, deren Tangenten sich auf der Achse schneiden. Für ein in solcher Weise entstandenes Flächenstück sind demnach die drei in Rede stehenden Bedingungen erfüllt. Nach den soeben

angestellten Untersuchungen kann man also jetzt mit vollem Recht behaupten, dass ein Bogen einer Kettenlinie, der zwischen zwei Punkten der genannten Eigenschaft gelegen ist, bei der Rotation um die Abscissenachse wirklich ein Flächenstück kleinsten Flächeninhalts erzeugt, freilich zunächst noch unter der Voraussetzung, dass zum Vergleich nur Flächenstücke zugelassen werden, die durch Rotation solcher Curven entstehen, welche aus der betrachteten durch unendlich kleine Variation ihrer Punkte, sowie ihrer Tangentenrichtungen hervorgegangen sind. Wie schon früher (S. 146) bemerkt worden ist, zeigt diese Aufgabe, dass die Bedingung über das Vorzeichen der Function F_1 für die Existenz des Minimums keineswegs ausreicht.

2) Für das Problem der Brachistochrone waren als Lösungen der Differentialgleichung $G = 0$ Cykloiden gefunden worden, deren Coordinaten sich als Functionen eines Parameters t in der Form (vgl. S. 122 und S. 123, (21.), (22.), (23.))

$$(18.)\qquad \begin{cases} x = x_0 + r(t - \sin t) \\ y = -a + r(1 - \cos t) \end{cases}$$

darstellen lassen, wobei a eine gegebene zunächst als von Null verschieden vorausgesetzte Constante, dagegen x_0 und r willkürliche Integrationsconstanten bedeuten. Für die Function F_1 ergiebt sich nach den Formeln S. 96 (13.) unter Benutzung der Gleichungen S. 121 (12.) und (14.) durch eine einfache Rechnung:

$$(19.)\qquad F_1 = \frac{1}{(\sqrt{x'^2 + y'^2})^3}\,\frac{1}{\sqrt{2g(y+a)}}.$$

Nach dem im zwölften Kapitel Bemerkten ist diese Function beständig positiv, verschwindet nirgends und wird auch nicht unendlich gross, wofern nur der in Frage kommende Bogen der Cykloide keine Spitze enthält. Es ist aber stets möglich, durch zwei gegebene Punkte A, B eine (und nur eine) Cykloide zu legen, deren Achse eine gegebene mit den Punkten A, B in derselben Ebene befindliche Gerade ist, und wobei überdies der Cykloidenbogen AB keine Spitze der Curve enthält. Wählt man das Coordinatensystem der Figur 15 (S. 123) entsprechend so, dass der Punkt A mit dem Ursprung zusammenfällt, so ist

$$(20.)\qquad \begin{cases} -x_0 = r(t_0 - \sin t_0) \\ a = r(1 - \cos t_0), \end{cases}$$

und es ist einleuchtend, dass zu jedem Werthe t_0 die Constanten x_0 und r der Cykloide aus den vorstehenden Formeln eindeutig bestimmt werden können. Damit gehen die Gleichungen (18.) in die folgenden über:

$$(21.)\quad \begin{cases} \dfrac{x}{a}(1-\cos t_0) = t - t_0 - \sin t + \sin t_0 \\ \dfrac{y}{a}(1-\cos t_0) = \cos t_0 - \cos t, \end{cases}$$

und man hat sich nur klar zu machen, dass es zwei eindeutig bestimmte Werthe t_0 und t giebt, die diesen Gleichungen für ein vorgeschriebenes Paar von Werthen x, y genügen. Ohne Einschränkung der Allgemeinheit kann dabei $y > 0$ vorausgesetzt, d. h. der Punkt B tiefer als A angenommen werden. Unter dieser Voraussetzung gehört zu jedem zwischen 0 und π gelegenen Werthe von t_0 ein einziger, ebenfalls dem Bereiche $(0 \dots \pi)$ angehörender Werth von t $(t > t_0)$ der Art, dass der Ausdruck

$$\frac{t - t_0 - \sin t + \sin t_0}{\cos t_0 - \cos t}$$

einen vorgeschriebenen Werth $\frac{x}{y}$ behält; wenn die Veränderliche t_0 stetig zunehmend den Bereich $0 < t_0 < \pi$ durchläuft, so nimmt die Variable t continuirlich ab. Hierbei ändert sich die Function

$$\frac{\cos t_0 - \cos t}{1 - \cos t_0}$$

stets in demselben Sinne, indem sie abnehmend alle positiven Werthe und jeden nur einmal annimmt, also auch den vorgeschriebenen Werth $\frac{y}{a}$.

Es bleibt nun noch die dritte nothwendige Bedingung für das Eintreten eines Minimums zu untersuchen, dass nämlich zwischen den Punkten A und B des Cykloidenbogens kein zu A conjugirter Punkt gelegen ist. Eine einfache Rechnung nach den Vorschriften des fünfzehnten und sechzehnten Kapitels, wobei an Stelle der dort mit α und β bezeichneten Integrationsconstanten die Grössen x_0 und r treten, liefert (vgl. S. 151 (11.) und (12.), S. 153 (2.))

$$\vartheta_1(t) = \frac{\partial x}{\partial t}\frac{\partial y}{\partial x_0} - \frac{\partial y}{\partial t}\frac{\partial x}{\partial x_0} = -r \sin t,$$

$$\vartheta_2(t) = \frac{\partial x}{\partial t}\frac{\partial y}{\partial r} - \frac{\partial y}{\partial t}\frac{\partial x}{\partial r} = r(2(1-\cos t) - t \sin t),$$

$$\Theta(t, t') = 2r^2 \sin t \sin t'\left(\frac{t'}{2} - \operatorname{tg}\frac{t'}{2} - \frac{t}{2} + \operatorname{tg}\frac{t}{2}\right).$$

Nach dem zuvor Bemerkten kann die Variable t auf den Bereich $0 < t < 2\pi$ beschränkt werden. Dies vorausgesetzt, sieht man leicht ein, dass die Grösse $\Theta(t, t')$ für keine zwei von einander verschiedenen Werthe dieses Bereiches verschwinden kann. Denn die Function $\operatorname{tg}\frac{t}{2} - \frac{t}{2}$ ist für $0 < t < \pi$ stets positiv und mit wachsendem t zunehmend, kann also für zwei verschiedene Argumentwerthe nicht denselben Werth annehmen. Innerhalb eines zwischen zwei Spitzen gelegenen Cykloidenbogens existiren also keine zwei zu einander conjugirten Punkte. Mithin ist die dritte nothwendige Bedingung von selbst erfüllt.

Bei diesem Beispiele hätte somit die zweite Bedingung, $F_1 > 0$, schon hingereicht, um die Existenz des Minimums sicherzustellen.

Man kann also behaupten, dass ein die Punkte A und B verbindender Cykloidenbogen, dessen Achse horizontal läuft und der keine Spitze enthält, eine kürzere Fallzeit eines schweren Punktes ermöglicht als jeder andere Curvenbogen, der jenem genügend benachbart ist und dessen Tangentenrichtungen sich hinreichend wenig von jenen unterscheiden.

Die Anfangsgeschwindigkeit des Punktes ist noch von Null verschieden angenommen worden. Ist sie gleich Null, so werden die Formeln (21.) und die daraus gezogenen Schlussfolgerungen zwar ungiltig; allein da jetzt auch die Constante x_0 den Werth Null erhält, so handelt es sich nur darum, die Constante r und einen Werth der Veränderlichen t im Bereiche $(0 < t < 2\pi)$ so zu bestimmen, dass die Gleichungen

$$x = r(t - \sin t)$$
$$y = r(1 - \cos t)$$

für ein vorgeschriebenes Werthepaar x, y erfüllt werden können. Es ist leicht einzusehen, dass das in der That, und zwar nur auf eine Weise, möglich ist.

3) Bei dem Problem der kürzesten Linie auf einer Kugeloberfläche (S. 125) erhält man

$$F_1 = \frac{\sin^2 u}{(\sqrt{u'^2 + v'^2 \sin^2 u})^3}.$$

Dieser Ausdruck behält stets einen endlichen Werth, da u' und v' niemals zugleich verschwinden können. Dagegen wird F_1 selbst gleich Null, wenn u die Werthe 0 oder π annimmt, d. h. an den Polen der Kugel. Dieser Fall lässt sich aber durch eine Abänderung des Coordinatensystems auf der Kugel stets vermeiden. Ist dies geschehen, so ist F_1 längs des ganzen Bogens AB positiv und wird weder Null noch unendlich gross.

Aus den Formeln S. 127 (33.) oder

$$u = \operatorname{arc}\cos(\cos c \cos(s-b)) = \varphi(s, c, \beta),$$
$$v = \beta + \operatorname{arc}\operatorname{ctg}(\sin c \operatorname{ctg}(s-b)) = \psi(s, c, \beta)$$

folgt

$$\vartheta_1(s) = \frac{\partial\varphi}{\partial s}\frac{\partial\psi}{\partial c} - \frac{\partial\psi}{\partial s}\frac{\partial\varphi}{\partial c} = -\frac{\cos(s-b)}{\sqrt{1-\cos^2 c \cos^2(s-b)}},$$
$$\vartheta_2(s) = \frac{\partial\varphi}{\partial s}\frac{\partial\psi}{\partial\beta} - \frac{\partial\psi}{\partial s}\frac{\partial\varphi}{\partial\beta} = \frac{\cos c \sin(s-b)}{\sqrt{1-\cos^2 c \cos^2(s-b)}}.$$

Damit wird

$$\Theta(s, s') = \frac{\cos c \sin(s-s')}{\sqrt{1-\cos^2 c \cos^2(s-b)}\sqrt{1-\cos^2 c \cos^2(s'-b)}}.$$

Um den zum Anfangspunkt A des Bogens conjugirten Punkt zu bestimmen, hat man $s' = 0$ zu setzen und die der Gleichung

$$\Theta(s, 0) = 0$$

genügenden Werthe von s zu ermitteln. Da der Nenner nicht unendlich gross werden kann, so muss $\sin s = 0$ sein. Für den zu $s = 0$ conjugirten Punkt muss also $s = \pi$ sein, d. h. es ist der andere Endpunkt des durch A gezogenen Durchmessers der Kugel. Man kann demnach behaupten: Der Bogen eines grössten Kreises zwischen den gegebenen Punkten A, B, gemessen in der als positiv festgesetzten Richtung, ist nur dann die kürzeste Entfernung auf der Kugeloberfläche, wenn diese Punkte um weniger als 180° von einander entfernt sind, ein Ergebniss, das geometrisch von vornherein einleuchtet. Übrigens bemerke man, dass die Bedingung, F_1 dürfe längs des Curvenbogens nirgends verschwinden, im vorliegenden Falle nicht nothwendigerweise erfüllt sein muss; denn ein Bogen eines grössten Kreises der Kugel behält seine Minimumeigenschaft unabhängig von der besonderen Wahl des Coordinatensystems auf der Kugel bei.

Neunzehntes Kapitel.

Fortsetzung. Functionentheoretische Hülfssätze.

Über die der Differentialgleichung

$$\mathrm{G} = 0$$

genügenden Curven ist bereits im elften Kapitel (S. 115) unter gewissen Voraussetzungen die Bemerkung gemacht worden, dass durch willkürliche Angabe eines Punktes, durch den die Curve gehen soll, und der Richtung ihrer Tangente in diesem Punkte der ganze reguläre Theil der Curve bestimmt ist. Dies bedarf noch einer näheren Untersuchung.

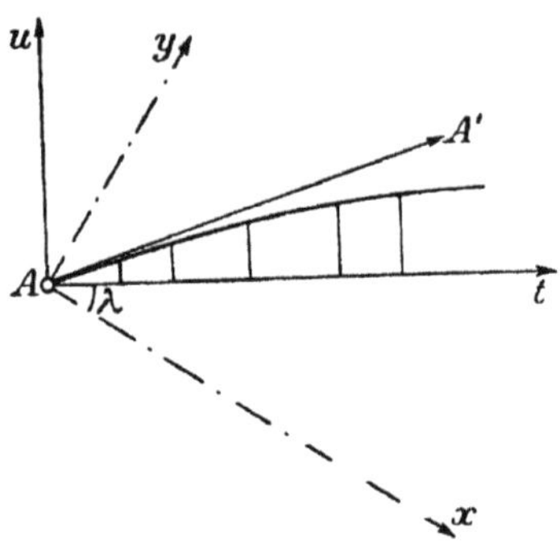

Figur 20.

Es sei (Fig. 20) A ein beliebiger Punkt mit den Coordinaten a, b, und AA' eine beliebige, von ihm ausgehende Richtung, und es werde ferner angenommen, durch A gehe eine der Gleichung $\mathrm{G} = 0$ genügende Curve, deren Tangente dort die Gerade AA' sei. Schliesslich sei At eine Richtung, die mit der Richtung AA' einen hinreichend kleinen Winkel bildet. Fällt man von den Punkten der Curve auf die Gerade At Lothe, so schreiten ihre Fusspunkte in einerlei Sinne auf der Geraden fort, wofern man sich nur auf ein dem Punkte A genügend nahe gelegenes Stück der Curve beschränkt. Man kann daher, wenn x, y die Coordinaten eines Punktes der betrachteten Curve bedeuten,

$$(1.)\qquad \begin{cases} x = a + t\cos\lambda - u\sin\lambda \\ y = b + t\sin\lambda + u\cos\lambda \end{cases}$$

setzen, wo die geometrische Bedeutung der Grössen λ, t und u leicht ersichtlich ist. Da die Variable t wächst, wenn der Punkt auf der Curve fortschreitet, so kann man sie als unabhängige Veränderliche bei dem vorgelegten Integral benutzen. Dabei wird u eine Function von t; setzt man $\frac{du}{dt} = u'$, so wird

$$(2.)\qquad \begin{cases} x' = \cos\lambda - u'\sin\lambda \\ y' = \sin\lambda + u'\cos\lambda. \end{cases}$$

Damit geht die Function $F(x, y, x', y')$ unter dem Integralzeichen in $f(t, u, u')$ über.

Für die der Differentialgleichung $G = 0$ entsprechende Gleichung findet man

$$(3.)\qquad \frac{\partial f}{\partial u} - \frac{d}{dt}\left(\frac{\partial f}{\partial u'}\right) = 0$$

oder

$$\frac{\partial^2 f}{\partial u'^2}\frac{du'}{dt} + \frac{\partial^2 f}{\partial u\,\partial u'}u' + \frac{\partial^2 f}{\partial t\,\partial u'} - \frac{\partial f}{\partial u} = 0,$$

worin die partiellen Differentiationen so auszuführen sind, als ob t, u, u' drei von einander unabhängige Variable wären. Nun ist

$$\frac{\partial^2 f}{\partial u'^2} = \frac{\partial^2 F}{\partial x'^2}\sin^2\lambda - 2\frac{\partial^2 F}{\partial x'\,\partial y'}\sin\lambda\cos\lambda + \frac{\partial^2 F}{\partial y'^2}\cos^2\lambda$$

oder, unter Benutzung der Formeln S. 96 (13.) und im Hinblick auf (2.),

$$(4.)\qquad \frac{\partial^2 f}{\partial u'^2} = F_1.(y'\sin\lambda + x'\cos\lambda)^2 = F_1;$$

dies ist also der Factor, mit dem in der Gleichung (3.) die Grösse $\frac{du'}{dt}$ multiplicirt ist.

Soll eine Lösung der Differentialgleichung $G = 0$ bestimmt werden, die durch den Punkt A geht, dort aber die Tangentenrichtung At hat, so ist die Gleichung (3.) so zu integriren, dass im Punkte A sowohl u, wie auch

$\frac{du}{dt}$ verschwinden. Dies wird nur dann möglich sein, wenn dort die Function F_1 von Null verschieden ist. Nun sind die Werthe $x = a$, $y = b$ im Punkte A fest gegeben; man muss also die Werthe x', y', d. h. die durch den zugehörigen Winkel λ bestimmte Richtung AA' so wählen, dass F_1 für diesen Werth von λ einen von Null verschiedenen Werth erhält. Aus der Stetigkeit der Function F_1 folgt dann, dass sie auch für hinlänglich wenig davon verschiedene Werthe von λ noch von Null verschieden ist. Man hat also nur den Winkel, den die Tangentenrichtung mit der gegebenen Anfangsrichtung AA' bildet, hinlänglich klein zu wählen.

Wie schon auf S. 115 bemerkt worden ist, lassen sich aus der Gleichung (3.) auch die höheren Ableitungen von u berechnen; man erhält für jede einen Quotienten, dessen Zähler als rationale und ganze Function aus den Ableitungen der Function f zusammengesetzt ist, während der Nenner eine Potenz der Grösse F_1 ist. Man kann also für die Grösse u eine Potenzreihe von der Form

(5.) $$u = ct + \frac{1}{2}c't^2 + \frac{1}{6}c''t^3 + \cdots$$

aufstellen, und es ist bekannt, dass diese Potenzreihe für alle unterhalb einer gewissen Grenze gelegenen Werthe von $|t|$ convergirt und, dem oben Bemerkten entsprechend, für alle solche Werthe von c eine Lösung der Differentialgleichung darstellt, die zwischen zwei bestimmten Grenzen enthalten sind.

Damit ist nunmehr bewiesen, dass man von einem gegebenen Punkte A aus, durch den überhaupt eine Curve möglich ist, die der Differentialgleichung $G = 0$ genügt, auch ein solches Curvenelement legen kann, dessen Tangentenrichtung im Punkte A vorgeschrieben ist, wenn auch vielleicht nicht nach allen Richtungen hin. Denkt man sich um A als Mittelpunkt einen Kreis beschrieben, so kann man ihn so in Sectoren teilen, dass für jede Richtung innerhalb eines jeden solchen Sectors die Grösse $\frac{\partial^2 f}{\partial u'^2}$ nicht gleich Null ist, also jede solche Richtung Tangente einer der Differentialgleichung genügenden Curve werden kann.

Man kann auch den Punkt bestimmen, und zwar eindeutig, in dem die Curve den Kreis schneidet. Bezeichnet man nämlich mit ϱ den Radius des Kreises und setzt

(6.) $$u^2 + t^2 = \varrho^2, \quad \varrho > 0,$$

so erhält man mittels (5.) für ϱ die Potenzreihe

$$\varrho = \sqrt{1+c^2}\,t + C_2 t^2 + C_3 t^3 + \cdots,$$

und da die Grösse $\sqrt{1+c^2}$ einen von Null verschiedenen Werth hat, so lässt sich diese Reihe umkehren:

$$t = \frac{1}{\sqrt{1+c^2}}\varrho + \cdots; \tag{7.}$$

durch Einsetzen in (5.) ergiebt sich weiter

$$u = \frac{c}{\sqrt{1+c^2}}\varrho + \cdots, \tag{8.}$$

und diese Reihen convergiren für jeden Werth von ϱ unterhalb einer bestimmten positiven Grenze. Beschränkt man also die Grössen c und ϱ auf die erwähnten Grenzen, so convergiren alle vorstehenden Reihen, und damit ist die oben ausgesprochene Behauptung bewiesen.

Die Curven der Schaar, die einem und demselben Sector des Kreises angehören, verlaufen in genügender Nähe des Punktes A völlig von einander getrennt. Die Sectoren selbst bestimmt man dadurch, dass man $x = a$, $y = b$, $x' = \cos\lambda$, $y' = \sin\lambda$ in die Function $F_1(x, y, x', y')$ einsetzt und die Werthe von λ $(0 \leqq \lambda < 2\pi)$ ermittelt, für die $F_1 = 0$ ist.

Im weiteren Verlaufe aber ist es nicht ausgeschlossen, dass zwei demselben Sector angehörende Curven der Schaar sich abermals schneiden. Hierauf werden sich die Untersuchungen des folgenden Kapitels beziehen. Um den Gang der Betrachtungen nicht zu unterbrechen, ist es zweckmässig, einige functionentheoretische Hülfssätze vorauszuschicken.

In der Functionentheorie wird folgender Satz bewiesen:

Wenn zwischen den $2n$ Variablen $x_1, x_2, \ldots x_n$; $y_1, y_2, \ldots y_n$ n Gleichungen von der Form

$$y_\lambda = a_{\lambda 1} x_1 + a_{\lambda 2} x_2 + \cdots + a_{\lambda n} x_n + (x_1, \ldots x_n)_\lambda^2 + \cdots \qquad (\lambda = 1, 2, \ldots n) \tag{9.}$$

bestehen, deren rechte Seiten Potenzreihen der Grössen x_λ sind, die innerhalb bestimmter Grenzen convergiren, so ist es unter der Voraussetzung, dass die Determinante

$$A = |a_{\lambda\mu}| \tag{10.}$$

von Null verschieden ist, möglich, Potenzreihen der Argumente y_λ zu finden, die, an Stelle der Grössen $x_1, x_2, \ldots x_n$ in die Gleichungen eingesetzt, diese identisch befriedigen.

Der Beweis wird häufig so geführt: man denkt sich die Glieder höherer Dimension auf die andere Seite gebracht, die Gleichungen sodann wie lineare auflöst, so dass man

$$x_\lambda = \sum_{\mu=1}^{n} \frac{A_{\lambda\mu}}{A}(y_\mu + \mathrm{X}_{\lambda\mu}) \qquad (\lambda = 1, 2, \ldots n) \tag{11.}$$

erhält — hierin ist

$$A_{\lambda\mu} = \frac{\partial A}{\partial a_{\lambda\mu}}$$

gesetzt worden, und die Grössen $\mathrm{X}_{\lambda\mu}$ bedeuten Potenzreihen der x_λ, die mit den Gliedern zweiter Dimension beginnen —, betrachtet die unter Weglassung der $\mathrm{X}_{\lambda\mu}$ aus (11.) gewonnenen Werthe x_λ als erste Annäherungen, setzt sie in die rechten Seiten ein, berücksichtigt noch die Glieder zweiter Dimension, um eine zweite Annäherung zu erhalten, setzt wieder ein, u. s. f. Auf diese Weise gewinnt man Potenzreihen der Grössen $y_1, y_2, \ldots y_n$, von denen bewiesen werden kann, dass sie innerhalb bestimmter Grenzen convergiren und den Gleichungen (9.) genügen. Im Nenner eines jeden ihrer Coefficienten erscheint dabei eine Potenz der Determinante A.

Für manche Betrachtungen ist es zweckmässig, Satz und Beweis etwas anders zu formuliren.

Es seien n Gleichungen von der Form

$$y_\lambda = \sum_{\mu=1}^{n} (a_{\lambda\mu} + X_{\lambda\mu})\, x_\mu \qquad (\lambda = 1, 2, \ldots n) \tag{12.}$$

gegeben, wo alle vorkommenden Functionen reell sein und den Grössen $y_1, y_2, \cdots y_n$ nur reelle Werthe beigelegt werden mögen; von den Functionen $X_{\lambda\mu}$ soll nur bekannt sein, dass sie stetige Functionen von $x_1, x_2, \ldots x_n$ seien, die mit ihren Argumenten zugleich verschwinden, und dass ihre partiellen Ableitungen existiren und bestimmte endliche Werthe besitzen. Es soll nun bewiesen werden: es ist stets möglich, Grenzen $g_1, g_2, \cdots g_n$ und $h_1, h_2, \ldots h_n$ der Art festzulegen, dass es für jedes den Bedingungen

$$|y_1| < h_1,\ |y_2| < h_2,\ \ldots\ |y_n| < h_n$$

genügende Werthsystem ein und nur ein den Bedingungen

$$|x_1| < g_1,\ |x_2| < g_2,\ \dots\ |x_n| < g_n$$

genügendes Werthsystem giebt, das die Gleichungen (12.) befriedigt. Dies zunächst als bewiesen angenommen, wird man weiter zeigen können, dass die Auflösung der Gleichungen (12.) sich in der Gestalt

$$(13.)\qquad x_\lambda = \sum_{\mu=1}^{n} \left(\frac{A_{\lambda\mu}}{A} + Y_{\lambda\mu} \right) y_\mu \qquad (\lambda = 1, 2, \dots n)$$

darstellen lässt, wo die $Y_{\lambda\mu}$ bestimmte stetige Functionen von $y_1, y_2, \dots y_n$ bedeuten, die zugleich mit diesen Variablen unendlich klein werden.

Der Beweis des ersten Theiles dieses Satzes soll hier ohne Zuhülfenahme von Reihenentwickelungen lediglich auf Grund der Theorie der Maxima und Minima geführt werden. Zunächst beachte man, dass die Variablen y_λ nur dann sämmtlich den Werth Null haben können, wenn auch die Grössen x_λ alle verschwinden, falls nur die Determinante

$$(14.)\qquad D = |a_{\lambda\mu} + X_{\lambda\mu}|$$

von Null verschieden ist. Für hinlänglich kleine Werthe der x_λ hat diese aber in Folge der Voraussetzung über die Functionen $X_{\lambda\mu}$ dasselbe Vorzeichen wie die Determinante A, die als von Null verschieden vorausgesetzt worden war. Man kann also die Grenzen $g_1, g_2, \dots g_n$ so klein festsetzen, dass auch die Determinante D nicht verschwindet.

Sodann setze man, die Gleichungen (12.) in anderer Form schreibend,

$$y_\lambda = F_\lambda(x_1, x_2, \dots x_n)$$

und betrachte die Gesammtheit aller Werthe, die die Function

$$S = \sum_{\lambda=1}^{n} F_\lambda^2(x_1, x_2, \dots x_n)$$

annimmt, wenn den Variablen $x_1, x_2, \dots x_n$ alle diejenigen Werthsysteme ertheilt werden, in denen mindestens eine von ihnen ihre Grenze erreicht, während die übrigen innerhalb ihres Gebietes beliebige Werthe annehmen. Die Gesammtheit dieser Werthsysteme der Variablen x_λ werde die Grenze ihres Gebietes genannt. Aus den soeben angestellten Überlegungen geht dann hervor, dass an der Grenze des Gebietes kein Werthsystem der x_λ existirt, für das die Function S gleich Null wäre; da sie sich mit diesen Werthsystemen stetig ändert, muss es daher eine bestimmte untere Grenze g geben, unter die der Werth von S für keines der erwähnten Werthsysteme herabsinkt.

Nun betrachte man den Ausdruck

$$S' = \sum_{\lambda=1}^{n} (F_\lambda(x_1, x_2, \ldots x_n) - y_\lambda)^2 = S - 2\sum_{\lambda=1}^{n} F_\lambda y_\lambda + \sum_{\lambda=1}^{n} y_\lambda^2$$

und bemerke zunächst, dass

$$\left|\sum_{\lambda=1}^{n} F_\lambda y_\lambda\right| \leqq \sqrt{S} \sum_{\lambda=1}^{n} \left|\frac{F_\lambda}{\sqrt{S}} y_\lambda\right|$$

und wegen

$$|F_\lambda| \leqq \sqrt{S}$$

auch sicher

$$\left|\sum_{\lambda=1}^{n} F_\lambda y_\lambda\right| \leqq \sqrt{S} \sum_{\lambda=1}^{n} |y_\lambda| < \sqrt{S} \sum_{\lambda=1}^{n} h_\lambda$$

ist. Daraus folgt die Ungleichheit

$$S' \geqq S - 2\sqrt{S} \sum_{\lambda=1}^{n} h_\lambda.$$

Man kann mithin die Grössen $h_1, h_2, \ldots h_n$ so klein annehmen, dass auch S' noch positiv bleibt. Daraus folgt, dass man die Grenzen h_λ für die absoluten Beträge der Variablen y_λ so festsetzen kann, dass der Werth von S' für kein Werthsystem der Variablen x_λ an der Grenze ihres Gebietes beliebig klein werden kann, sondern immer grösser bleibt als eine bestimmte positive Zahl g'. Andrerseits kann im Innern jenes Gebietes aber S' kleiner als g' gemacht werden. Um das einzusehen, braucht man nur den sämmtlichen Variablen x_λ den Werth Null zu ertheilen, sodass S' den Werth $\sum y_\lambda^2$ annimmt, und sodann die Grenzen h_λ so klein zu wählen, dass dieser Werth kleiner wird als jeder der Werthe, die S' an der Grenze des Gebietes annehmen kann und von denen soeben gezeigt war, dass sie alle oberhalb der positiven Zahl g' gelegen sind.

Nachdem dies festgestellt ist, kann man nach den im fünften Kapitel (S. 59) angestellten Überlegungen wegen der Stetigkeit der Function S' schliessen, dass im Innern des Gebietes der Variablen $x_1, x_2, \ldots x_n$ wenigstens eine Stelle liegen muss, für die S' seinen kleinsten Werth wirklich erreicht; uud nunmehr kann man zur Bestimmung dieses Minimums sich der bekannten nothwendigen Bedingungen bedienen. Danach muss das Gleichungssystem

$$\sum_{\lambda=1}^{n} (F_\lambda(x_1, x_2, \dots x_n) - y_\lambda) \frac{\partial F_\lambda}{\partial x_\mu} = 0 \qquad (\mu = 1, 2, \dots n) \tag{15.}$$

erfüllt werden. Da aber die Determinante

$$\left| \frac{\partial F_\lambda}{\partial x_\mu} \right|$$

sich von der Determinante D nur um Grössen unterscheidet, die mit den Variablen x_λ zugleich unendlich klein werden, so ist sie von Null verschieden, falls nur die Grenzen g_λ hinreichend klein gewählt wurden (S. 187).. Das Gleichungssystem (15.) kann mithin nur bestehen, wenn

$$F_\lambda(x_1, x_2, \dots x_n) - y_\lambda = 0 \qquad (\lambda = 1, 2, \dots n)$$

ist, d. h. wenn die vorgelegten Gleichungen (12.) erfüllt sind. Es giebt also mindestens ein Werthsystem der Grössen x_λ, das für ein vorgegebenes Werthsystem der Grössen y_λ diesen Gleichungen Genüge leistet, vorausgesetzt, dass die sämmtlichen Variablen ihren absoluten Beträgen nach gewisse Grenzen nicht überschreiten.

Es kann aber auch nur ein einziges solches Werthsystem der Grössen x_λ geben. Wenn nämlich $x'_1, x'_2, \dots x'_n$ ein zweites wäre, so hätte man

$$F_\lambda(x'_1, x'_2, \dots x'_n) - F_\lambda(x_1, x_2, \dots x_n) = 0$$

oder nach dem Taylorschen Satze

$$\sum_{\lambda=1}^{n} (x_\lambda - x'_\lambda)\left(\frac{\partial F_\mu}{\partial x_\lambda} - X'_{\lambda\mu}\right) = 0, \qquad (\mu = 1, 2, \dots n) \tag{16.}$$

wo die Grössen $X'_{\lambda\mu}$ zugleich mit den x_λ und den x'_λ verschwinden. Die Determinante der Gleichungen ist aber aus denselben Gründen, wie sie oben angegeben waren, von Null verschieden, vorausgesetzt, dass auch die Grössen x'_λ ihren absoluten Werthen nach unterhalb der Grenzen g_λ bleiben, und diese hinreichend klein genommen werden. Die Gleichungen (16.) können daher nur für $x'_\lambda = x_\lambda$ bestehen.

Damit ist der erste Theil des in Rede stehenden Hülfssatzes bewiesen. Die oben gemachte Einschränkung, dass die vorkommenden Grössen nur reelle Werthe haben sollen, ist dabei nebensächlich; denn jede der Gleichungen (12.)

lässt sich andernfalls in zwei zwischen reellen Grössen bestehende zerspalten, auf die man die gleichen Überlegungen anwenden kann.

Nachdem auf diese Weise die Existenz der Lösungen des Gleichungssystems (12.) festgestellt worden ist, ergiebt sich die Form dieser Lösungen sehr einfach. Bezeichnet man mit $D_{\lambda\mu}$ die Unterdeterminanten von D, so ist zunächst

$$x_\mu = \sum_{\lambda=1}^{n} \frac{D_{\lambda\mu}}{D} y_\lambda \qquad (\mu = 1, 2, \dots n). \tag{17.}$$

Hierin sind die Grössen $D_{\lambda\mu} : D$ stetige Functionen der Variablen $x_1, x_2, \dots x_n$, die bestimmte Grenzen nicht überschreiten. Für unendlich kleine Werthe von $y_1, y_2, \dots y_n$ werden also auch $x_1, x_2, \dots x_n$ unendlich klein; daraus lässt sich weiter schliessen, dass sie stetige Functionen von $y_1, y_2, \dots y_n$ sind. Nimmt man nämlich an, dass irgend einem bestimmten Werthsystem $b_1, b_2, \dots b_n$ der Variablen y_λ ein bestimmtes Werthsystem $a_1, a_2, \dots a_n$ der Grössen x_λ entspreche, und setzt man sodann

$$y_\lambda = b_\lambda + \eta_\lambda, \qquad x_\lambda = a_\lambda + \xi_\lambda,$$

so erhält man

$$\eta_\lambda = F_\lambda(a_1 + \xi_1, \dots a_n + \xi_n) - F(a_1, \dots a_n) = \sum_{\mu=1}^{n} a'_{\lambda\mu} \xi_\mu, \tag{18.}$$

worin die Grössen $a'_{\lambda\mu}$ Functionen der Grössen a_λ und ξ_λ sind, die sich für verschwindende ξ_λ den Grenzwerthen

$$\left(\frac{\partial F_\lambda}{\partial x_\mu}\right)_{x_1 = a_1, \dots x_n = a_n}$$

nähern. Man kann daher für die absoluten Beträge der Grössen ξ_λ solche Grenzen festsetzen, dass die Determinante $|a'_{\lambda\mu}|$ von Null verschieden ist. Dann lassen sich aus den vorstehenden Gleichungen (18.) die Grössen ξ_λ als Functionen der Grössen η_λ darstellen, die zugleich mit diesen unendlich klein werden. Das heisst aber, die Grössen x_λ sind stetige Functionen der y_λ.

Man kann nun beweisen, dass die Grössen x_λ auch partielle Ableitungen erster Ordnung in Bezug auf die Variablen $y_1, y_2, \dots y_n$ besitzen. Drückt man nämlich die Auflösung der Gleichungen (18.) in der Form

$$\xi_\mu = \sum_{\lambda=1}^{n} \frac{\Delta_{\lambda\mu}}{\Delta} \eta_\lambda \qquad (\mu = 1, 2, \dots n) \tag{19.}$$

aus und kann man ferner zeigen, dass sich die Grössen $\Delta_{\lambda\mu} : \Delta$ für verschwindende Werthe der ξ_λ bestimmten Grenzwerthen nähern, so sind eben diese die partiellen Ableitungen der Grössen x_μ nach den Variablen y_λ. Man sieht aber leicht ein, dass diese Grenzwerthe mit den Grössen

$$\left(\frac{D_{\lambda\mu}}{D}\right)_{x_1 = a_1, \ldots x_n = a_n}$$

übereinstimmen. Dagegen lassen sich über die Existenz der Ableitungen höherer Ordnung unter den hier gemachten Voraussetzungen keinerlei Aussagen machen. Nach diesen Feststellungen ist es nicht schwer, die Grössen x_λ in der durch die Formeln (13.) gegebenen Gestalt darzustellen.

Gerade in der hier aufgestellten Form ist das Theorem von besonderer Wichtigkeit. Denn es kommen oft Fälle vor, in denen man in der That von den Functionen $F_\lambda(x_1, x_2, \ldots x_n)$ nichts anderes weiss, als dass sie stetig sind und stetige Ableitungen erster Ordnung besitzen.

Zwanzigstes Kapitel.

Geometrische Bedeutung der conjugirten Punkte.

Von den vorstehenden Betrachtungen soll sogleich Gebrauch gemacht werden, um einen wichtigen Satz über die der Differentialgleichung $G = 0$ genügenden Curven zu beweisen. Es seien

$$x = \varphi(t, \alpha, \beta), \quad y = \psi(t, \alpha, \beta) \tag{1.}$$

die eine solche Curve bestimmenden Gleichungen, und es werde wie auf S. 150

$$\frac{\partial\varphi}{\partial t} = \varphi'(t), \quad \frac{\partial\varphi}{\partial\alpha} = \varphi_1(t), \quad \frac{\partial\varphi}{\partial\beta} = \varphi_2(t),$$

$$\frac{\partial\psi}{\partial t} = \psi'(t), \quad \frac{\partial\psi}{\partial\alpha} = \psi_1(t), \quad \frac{\partial\psi}{\partial\beta} = \psi_2(t)$$

gesetzt; bei der Differentiation sind α, β als Variable zu behandeln, dann aber diejenigen Werthe einzusetzen, die der gerade betrachteten Curve angehören, von der vorausgesetzt werde, dass sie durch einen gegebenen Punkt A gehe. Nun werde die Curve in bestimmter Weise dadurch variirt, dass man $\alpha + \alpha'$, $\beta + \beta'$ für α, β einführt; dabei ist zu bemerken, dass man auch die Variable t um eine willkürliche Constante τ vermehren darf, da es gleichgültig ist, durch welche unabhängige Variable die Coordinaten ausgedrückt werden. Es werde also

$$\bar{x} = \varphi(t+\tau, \alpha+\alpha', \beta+\beta'), \quad \bar{y} = \psi(t+\tau, \alpha+\alpha', \beta+\beta') \tag{2.}$$

gesetzt, und nun soll gezeigt werden, dass sich die Constanten α', β', τ so bestimmen lassen, dass die Curve wiederum durch den Punkt A geht und ihre Anfangsrichtung mit der der ursprünglichen Curve einen vorgeschriebenen genügend kleinen Winkel einschliesst.

Dem Punkte A entspreche der Parameterwerth $t = t_0$. Setzt man

$$(3.)\qquad \bar{x} = x + \xi, \quad \bar{y} = y + \eta,$$

so wird die erste Forderung durch die Bedingung $\xi = 0$, $\eta = 0$ für $t = t_0$ ausgedrückt. Setzt man ferner

$$(4.)\qquad \begin{cases} \dfrac{dx}{dt} = x' = \varrho \cos\lambda, & \dfrac{dy}{dt} = y' = \varrho \sin\lambda, \\ \dfrac{d\bar{x}}{dt} = \bar{\varrho} \cos\bar{\lambda}, & \dfrac{d\bar{y}}{dt} = \bar{\varrho} \sin\bar{\lambda}, \end{cases}$$

so ist die Determinante

$$(5.)\qquad x'\frac{d\bar{y}}{dt} - y'\frac{d\bar{x}}{dt} = x'\frac{d\eta}{dt} - y'\frac{d\xi}{dt} = \varrho\bar{\varrho}\sin(\bar{\lambda} - \lambda) = \varkappa$$

eine Grösse, die zugleich mit dem Winkel $\bar{\lambda} - \lambda$ verschwindet. Zur Bestimmung der Constanten α', β', τ hat man die Grössen ξ, η und $\varkappa$ nach Potenzen von α', β', τ zu entwickeln, soweit Glieder erster Ordnung in Frage kommen, und sodann $t = t_0$ zu setzen. So entstehen die Gleichungen

$$(6.)\qquad \begin{cases} 0 = (\varphi'(t_0) + r_1)\tau + (\varphi_1(t_0) + p_1)\alpha' + (\varphi_2(t_0) + q_1)\beta' \\ 0 = (\psi'(t_0) + r_2)\tau + (\psi_1(t_0) + p_2)\alpha' + (\psi_2(t_0) + q_2)\beta' \\ \varkappa = (\varphi'(t_0)\psi''(t_0) - \varphi''(t_0)\psi'(t_0) + r)\tau \\ \quad + (\varphi'(t_0)\psi_1'(t_0) - \varphi_1'(t_0)\psi'(t_0) + p)\alpha' \\ \quad + (\varphi'(t_0)\psi_2'(t_0) - \varphi_2'(t_0)\psi'(t_0) + q)\beta', \end{cases}$$

worin $p, q, r, p_1, q_1, r_1, p_2, q_2, r_2$ Grössen bedeuten, die zugleich mit α', β', τ verschwinden. Nach den functionentheoretischen Bemerkungen des vorhergehenden Kapitels hat man zwecks Ermittelung der Grössen α', β', τ zunächst das Gleichungssystem aufzulösen, das aus dem vorstehenden hervorgeht, wenn man darin die Grössen $p, q, \ldots r_2$ ausser Betracht lässt:

$$(7.)\qquad \begin{cases} 0 = \varphi'(t_0)\tau + \varphi_1(t_0)\alpha' + \varphi_2(t_0)\beta' \\ 0 = \psi'(t_0)\tau + \psi_1(t_0)\alpha' + \psi_2(t_0)\beta' \\ \varkappa = (\varphi'(t_0)\psi''(t_0) - \varphi''(t_0)\psi'(t_0))\tau \\ \quad + (\varphi'(t_0)\psi_1'(t_0) - \varphi_1'(t_0)\psi'(t_0))\alpha' \\ \quad + (\varphi'(t_0)\psi_2'(t_0) - \varphi_2'(t_0)\psi'(t_0))\beta'. \end{cases}$$

Nun ist der Gleichung (5.) zufolge

$$\frac{d}{dt}(\eta x' - \xi y') = \varkappa + \eta\frac{dx'}{dt} - \xi\frac{dy'}{dt}$$

oder

$$(8.)\qquad \varkappa+\eta\varphi''(t)-\xi\psi''(t) = \frac{d}{dt}(\eta x'-\xi y').$$

Auf der rechten Seite dieses Ausdrucks mögen für die Grössen ξ und η die Entwickelungen nach den Grössen τ, α', β' benutzt werden, wie sie schon oben bei der Bildung der Gleichungen (6.) gebraucht wurden. Dann erhält man, indem man sich der Bezeichnungen des fünfzehnten und sechzehnten Kapitels bedient und (S. 151 (11.) und (12.))

$$(9.)\qquad \begin{cases} \vartheta_1(t) = \varphi'(t)\psi_1(t)-\psi'(t)\varphi_1(t) \\ \vartheta_2(t) = \varphi'(t)\psi_2(t)-\psi'(t)\varphi_2(t), \end{cases}$$

dazu noch

$$(10.)\qquad \vartheta_0(t) = \varphi_2(t)\psi_1(t)-\psi_2(t)\varphi_1(t)$$

setzt:

$$\eta x'-\xi y' = s\tau+(\vartheta_1(t)+s_1)\alpha'+(\vartheta_2(t)+s_2)\beta',$$

worin s, s_1, s_2 Grössen bedeuten, die zugleich mit τ, α', β' unendlich klein werden. Differentiirt man diesen Ausdruck in Bezug auf t und setzt sodann $t=t_0$, so erhält man mit Rücksicht auf die Gleichung (8.), in der jetzt das zweite und dritte Glied auf der linken Seite verschwinden:

$$(11.)\qquad \varkappa = \sigma\tau+(\vartheta_1'(t_0)+\sigma_1)\alpha'+(\vartheta_2'(t_0)+\sigma_2)\beta',$$

wobei σ, σ_1, σ_2 wieder Grössen bezeichnen, die zugleich mit τ, α', β' unendlich klein werden. Diese Gleichung kann an die Stelle der dritten Gleichung (6.) treten, und an die Stelle der dritten Gleichung (7.) somit die folgende:

$$(12.)\qquad \varkappa = \vartheta_1'(t_0)\alpha'+\vartheta_2'(t_0)\beta'.$$

Die Determinante des so entstehenden Systems von drei linearen Gleichungen mit den Unbekannten τ, α', β' ist

$$(13.)\qquad D(t_0) = \begin{vmatrix} \varphi'(t_0) & \varphi_1(t_0) & \varphi_2(t_0) \\ \psi'(t_0) & \psi_1(t_0) & \psi_2(t_0) \\ 0 & \vartheta_1'(t_0) & \vartheta_2'(t_0) \end{vmatrix} = \vartheta_1(t_0)\vartheta_2'(t_0)-\vartheta_1'(t_0)\vartheta_2(t_0),$$

eine Grösse, die nach dem im sechzehnten Kapitel (S. 157) Bewiesenen den Werth $-\frac{C}{F_1}$ besitzt, also von Null verschieden ist. Damit sind die Lösungen des vereinfachten Gleichungssystems (7.):

$$(14.)\qquad \tau = -\frac{\vartheta_0(t_0)}{D(t_0)}\varkappa, \quad \alpha' = -\frac{\vartheta_2(t_0)}{D(t_0)}\varkappa, \quad \beta' = \frac{\vartheta_1(t_0)}{D(t_0)}\varkappa,$$

und die des ursprünglichen Systems (6.) lassen sich also in der Form darstellen:

$$(15.)\qquad \begin{cases} \tau = \left(-\dfrac{\vartheta_0(t_0)}{D(t_0)} + k\right)\varkappa \\ \alpha' = \left(-\dfrac{\vartheta_2(t_0)}{D(t_0)} + k_1\right)\varkappa \\ \beta' = \left(\dfrac{\vartheta_1(t_0)}{D(t_0)} + k_2\right)\varkappa, \end{cases}$$

wobei k, k_1, k_2 Grössen sind, die mit $\varkappa$ zugleich unendlich klein werden. Für die Gültigkeit dieser Formeln ist vorauszusetzen, dass die Grösse $\varkappa$ ihrem absoluten Betrage nach eine bestimmte Grenze nicht überschreitet. Schliesslich sieht man, dass man $\varkappa$ so klein annehmen kann, dass die zweite Curve und die ursprünglich betrachtete in einander entsprechenden Punkten, d. h. solchen, die durch denselben Werth von t bestimmt sind, sich beliebig nahe kommen können.

Hiermit ist bewiesen, dass man zu einer gegebenen, der Differentialgleichung $G = 0$ genügenden Curve stets eine zweite bestimmen kann, die die erste in einem gegebenen Punkte A unter einem gegebenen hinreichend kleinen Winkel schneidet, und dass die zweite Curve sich so weit wie die erste erstreckt.

Nunmehr soll die Frage untersucht werden, ob die zweite Curve mit der ursprünglichen noch einen weiteren Punkt gemeinsam haben kann. Zu dem Ende errichte man im Punkte (t) der ursprünglichen Curve ihre Normale und bestimme den Punkt auf dieser, in dem sie die zweite Curve schneidet. Falls beide Curven einen Punkt gemeinsam haben, so muss der Abstand der beiden Punkte der Normalen gleich Null sein.

Sind X, Y die laufenden Coordinaten eines Punktes der Normale, so ist ihre Gleichung

$$x'(X-x) + y'(Y-y) = 0.$$

Man hat also unter Benutzung der im Vorhergehenden gebrauchten Bezeichnungen

$$(16.)\quad \varphi'(t)(\varphi(t+\tau,\alpha+\alpha',\beta+\beta')-\varphi(t,\alpha,\beta))+\psi'(t)(\psi(t+\tau,\alpha+\alpha',\beta+\beta')-\psi(t,\alpha,\beta))=0,$$

wobei das Werthsystem t, α, β dem Punkte der ursprünglichen Curve, dagegen $t+\tau$, $\alpha+\alpha'$, $\beta+\beta'$ dem Schnittpunkte der zweiten Curve mit der Normalen der ersten beigelegt worden ist. Entwickelt man nach Potenzen der Grössen τ, α', β', so erhält man unter Beschränkung auf die Glieder erster Ordnung:

$$(\varphi'(t)^2+\psi'(t)^2)\tau+(\varphi'(t)\varphi_1(t)+\psi'(t)\psi_1(t))\alpha'+(\varphi'(t)\varphi_2(t)+\psi'(t)\psi_2(t))\beta' = 0.$$

Der Abstand des Schnittpunktes der Normalen mit der zweiten Curve von ihrem Fusspunkte auf der ersten ist nun durch den Ausdruck

$$\frac{x'(Y-y)-y'(X-x)}{\sqrt{x'^2+y'^2}}$$

gegeben. Unter der Annahme, dass die erste Curve vom Anfangspunkte an innerhalb des in Frage kommenden Stückes keinen singulären Punkt enthalte, verschwindet der Nenner dieses Ausdruckes nirgends. Der Zähler lässt sich wieder nach Potenzen von τ, α', β' entwickeln, und man erhält bis auf Glieder höherer Ordnung den Ausdruck

$$\varphi'(t)(\psi'(t)\tau+\psi_1(t)\alpha'+\psi_2(t)\beta')-\psi'(t)(\varphi'(t)\tau+\varphi_1(t)\alpha'+\varphi_2(t)\beta') = \vartheta_1(t)\alpha'+\vartheta_2(t)\beta',$$

wobei noch von den Formeln (9.) Gebrauch gemacht worden ist. Setzt man nun die durch die Gleichungen (15.) bestimmten Werthe für die Grössen α', β' ein, so findet man schliesslich mit Benutzung der im sechzehnten Kapitel (S. 153) eingeführten Function $\Theta(t,t')$:

$$\left(\frac{-\vartheta_1(t)\vartheta_2(t_0)+\vartheta_2(t)\vartheta_1(t_0)}{D(t_0)}+(\varkappa)\right)\varkappa = \left(\frac{\Theta(t_0,t)}{D(t_0)}+(\varkappa)\right)\varkappa,$$

wobei unter $(\varkappa)$ eine zugleich mit $\varkappa$ verschwindende Grösse verstanden ist. Aus diesem Ergebniss ist ersichtlich, dass wenn nur der Winkel, unter dem sich die beiden betrachteten Curven im Anfangspunkte schneiden, hinlänglich klein angenommen wird, die zweite Curve die erste so begleitet, dass jedem Punkte der ersten Curve ein benachbarter Punkt ihrer Normale zugeordnet werden kann, in dem diese von der zweiten Curve geschnitten wird.

Soll nun der Abstand beider Punkte wirklich Null sein, so muss nothwendiger Weise die Gleichung

$$\frac{\Theta(t_0, t)}{D(t_0)} + (\varkappa) = 0 \tag{17.}$$

erfüllt sein. Das ist aber nicht anders möglich, als dass mit verschwindendem $\varkappa$ das erste Glied auf der linken Seite dieser Gleichung selbst beliebig klein wird. Daraus schliesst man: mit verschwindendem $\varkappa$ muss sich der Schnittpunkt der beiden Curven einem zum Anfangspunkte (t_0) conjugirten Punkte der ursprünglichen Curve unbegrenzt nähern. Denn setzt man in die vorstehende Gleichung für t einen Werth ein, der nicht einem zu (t_0) conjugirten Punkte angehört, so hat die Grösse $\Theta(t_0, t)$ einen bestimmten von Null verschiedenen Werth; man kann dann aber $\varkappa$ stets so klein wählen, dass die Gleichung (17.) nicht befriedigt wird. In der Nähe eines solchen Punktes werden sich also die beiden betrachteten Curven niemals schneiden. Setzt man andrerseits für t einen Werth $t_0' + \tau$, der einem zu t_0 conjugirten Werthe t_0' hinreichend benachbart ist, so wird sich die Grösse τ so bestimmen lassen, dass die Gleichung (17.) erfüllt ist. Da nämlich im Punkte t_0' die Grösse $\Theta(t_0, t)$ unter Wechsel des Vorzeichens verschwindet (S. 160), so lassen sich zwei positive Grössen τ_1 und τ_2 der Art finden, dass die linke Seite der Gleichung (17.) für $t = t_0' - \tau_1$ das entgegengesetzte Vorzeichen wie für $t = t_0' + \tau_2$ annimmt. Da sie aber weiter eine stetige Function des Argumentes t ist, so muss es einen zwischen $t_0' - \tau_1$ und $t_0' + \tau_2$ liegenden Werth $t_0' + \tau$ geben, für den sie gleich Null ist. Setzt man also auf der betrachteten Curve vor und hinter dem zu (t_0) conjugirten Punkte (t_0') je einen ihm beliebig nahen Punkt fest, so ist man sicher, dass für hinlänglich kleine Werthe von $\varkappa$ die zweite Curve die erste innerhalb des dadurch abgegrenzten Stückes schneiden muss. Zugleich verschwindet die Entfernung dieses Schnittpunktes vom Punkte (t_0'), wenn $\varkappa$ selbst verschwindet, d. h. der Bedeutung der Grösse $\varkappa$ entsprechend, zufolge der Formel (5.), wenn der Winkel der beiden Curven im Anfangspunkte (t_0) selbst verschwindet.

Man kann dieses Ergebniss in folgendem Satze zusammenfassen:

Wenn von einem beliebigen Anfangspunkte aus zwei der Differentialgleichung

$$G = 0$$

genügende Curven unter hinlänglich kleinem Winkel gezogen werden, und wenn diese Curven noch einen weiteren Punkt gemeinsam haben, so kann sich dieser Punkt mit dem Verschwinden jenes Winkels einer bestimmten Grenzlage nähern; diese ist dann ein zum Anfangspunkte conjugirter Punkt.

Hierbei ist, was ausdrücklich hervorgehoben sei, als ein zum Punkte (t_0) conjugirter Punkt (t) ein jeder aufzufassen, für den die Gleichung

$$\Theta(t_0, t) = 0$$

erfüllt ist, nicht nur, wie bisher (S. 154), der nächstgelegene. Der vorstehende Satz gilt für jeden zum Anfangspunkte conjugirten Punkt.

Die soeben bewiesene geometrische Eigenschaft der conjugirten Punkte ist namentlich dann von Wichtigkeit, wenn die Integration der Differentialgleichung $G = 0$ nicht gelingt. Zum Beispiel kann eine geodätische Linie auf einem einschaligen Hyperboloide eine ihr hinreichend benachbarte niemals wieder treffen, woraus man schliessen kann, dass sie in ihrer ganzen Ausdehnung eine kürzeste Linie ist.

Wir wollen im Anschluss an die vorangehenden Betrachtungen die Frage untersuchen, wie sich eine solche Lösung der Differentialgleichung $G = 0$ finden lässt, die durch zwei vorgeschriebene Punkte geht. Um diese Fragestellung handelt es sich schliesslich bei der vollständigen Lösung der meisten Aufgaben der Variationsrechnung. Zu dem Ende hat man von den beiden Integrationsconstanten, die in der allgemeinen Lösung der Differentialgleichung auftreten, die eine so zu bestimmen, dass die Curve durch den vorgeschriebenen Anfangspunkt A geht, was ja keine Schwierigkeiten macht. Die zweite Constante bestimmt alsdann die Anfangsrichtung, und diese ist nun so zu wählen, dass die Curve durch den gegebenen zweiten Punkt B hindurch geht, falls dies möglich ist. Angenommen, es gebe eine solche Curve AB, so kann man zeigen, dass sich stets um den Punkt B ein Bereich, etwa ein Kreis mit dem Mittelpunkte B und mit hinreichend kleinem Radius, so abgrenzen lässt, dass sich nach jedem Punkte B' im Innern dieses Kreises eine der Differentialgleichung genügende Curve von A aus ziehen lässt, von der Beschaffenheit, dass sie sich mit der Lage des Punktes B' stetig ändert und in die ursprüngliche Curve AB übergeht, wenn B' sich dem Punkte B unbegrenzt nähert. Dabei ist nur vorauszusetzen, dass nicht B ein zu A conjugirter Punkt sei — in dem soeben ausgesprochenen erweiterten Sinne —, während ein etwa zwischen A und B gelegener zu A conjugirter Punkt die Gültigkeit des Satzes nicht beeinträchtigt.

Es seien nämlich die durch die Gleichungen (1.) und (2.) bestimmten Curven die betrachteten; damit sie beide durch den Punkt A gehen, müssen diese Gleichungen für den Werth $t = t_0$ befriedigt sein, d. h. es müssen die Gleichungen

$$(18.)\quad \begin{cases} \varphi(t_0+\tau, \alpha+\alpha', \beta+\beta') - \varphi(t_0, \alpha, \beta) = 0 \\ \psi(t_0+\tau, \alpha+\alpha', \beta+\beta') - \psi(t_0, \alpha, \beta) = 0 \end{cases}$$

bestehen. Sind ferner $x+\xi_1, y+\eta_1$ die Coordinaten von B', dagegen t_1 der zum Punkte B und $t_1+\tau_1$ der zu B' gehörige Werth von t, so hat man

$$(19.)\quad \begin{cases} \xi_1 = \varphi(t_1+\tau_1, \alpha+\alpha', \beta+\beta') - \varphi(t_1, \alpha, \beta) \\ \eta_1 = \psi(t_1+\tau_1, \alpha+\alpha', \beta+\beta') - \psi(t_1, \alpha, \beta). \end{cases}$$

Entwickelt man nun nach Potenzen von $\tau, \tau_1, \alpha', \beta'$ und beschränkt sich wieder auf die Glieder erster Dimension, so erhält man folgende vier Gleichungen:

$$(20.)\quad \begin{cases} \varphi'(t_0)\tau + \varphi_1(t_0)\alpha' + \varphi_2(t_0)\beta' = 0 \\ \psi'(t_0)\tau + \psi_1(t_0)\alpha' + \psi_2(t_0)\beta' = 0 \\ \varphi'(t_1)\tau_1 + \varphi_1(t_1)\alpha' + \varphi_2(t_1)\beta' = \xi_1 \\ \psi'(t_1)\tau_1 + \psi_1(t_1)\alpha' + \psi_2(t_1)\beta' = \eta_1. \end{cases}$$

Nach dem im vorigen Kapitel (S. 186) bewiesenen functionentheoretischen Hülfssatz dienen diese vier linearen Gleichungen zur Bestimmung der vier Grössen $\tau, \tau_1, \alpha', \beta'$, vorausgesetzt, dass der Winkel, unter dem die beiden betrachteten Curven sich im Punkte A schneiden, hinreichend klein sei.

Die Determinante D der Gleichungen (20.) lässt sich folgendermassen umformen:

$$D = \begin{vmatrix} \varphi'(t_0) & 0 & \varphi_1(t_0) & \varphi_2(t_0) \\ \psi'(t_0) & 0 & \psi_1(t_0) & \psi_2(t_0) \\ 0 & \varphi'(t_1) & \varphi_1(t_1) & \varphi_2(t_1) \\ 0 & \psi'(t_1) & \psi_1(t_1) & \psi_2(t_1) \end{vmatrix}$$
$$= (\varphi'(t_0)\psi_2(t_0) - \psi'(t_0)\varphi_2(t_0))(\varphi'(t_1)\psi_1(t_1) - \psi'(t_1)\varphi_1(t_1))$$
$$- (\varphi'(t_0)\psi_1(t_0) - \psi'(t_0)\varphi_1(t_0))(\varphi'(t_1)\psi_2(t_1) - \psi'(t_1)\varphi_2(t_1))$$

oder mit Benutzung der Formeln (9.) und S. 153 (2.)

$$D = \vartheta_1(t_1)\vartheta_2(t_0) - \vartheta_1(t_0)\vartheta_2(t_1) = \Theta(t_1, t_0). \tag{21.}$$

Nach der oben gemachten Voraussetzung, dass A und B keine zu einander conjugirten Punkte sein sollen, ist diese Determinante stets von Null verschieden. Die Gleichungen (20.) sind daher auflösbar, und man erhält die vier gesuchten Grössen in der Form

$$\left\{\begin{aligned} \tau &= \frac{G_1\xi_1 + H_1\eta_1}{D}, \\ \tau_1 &= \frac{G_2\xi_1 + H_2\eta_1}{D}, \\ \alpha' &= \frac{G_3\xi_1 + H_3\eta_1}{D}, \\ \beta' &= \frac{G_4\xi_1 + H_4\eta_1}{D}, \end{aligned}\right. \tag{22.}$$

wo die Grössen $G_1, H_1, \ldots G_4, H_4$ sämmtlich innerhalb bestimmter Grenzen für die absoluten Werthe von ξ_1, η_1 stetige Functionen dieser Argumente sind.

Die Lage des Punktes B' ist durch diese vier Werthe völlig bestimmt, und da sie überdies zugleich mit ξ_1, η_1 verschwinden, so ist der oben ausgesprochene Satz bewiesen.

Die gefundenen Ausdrücke (22.) verlieren ihre Gültigkeit, wenn der Punkt B dem Punkte A näher und näher kommt. Denn dann wird einerseits die Grösse D immer kleiner, da ja $\Theta(t_0, t_0)$ verschwindet, andrerseits verringern sich auch die Grenzen für $|\xi_1|$ und $|\eta_1|$ mehr und mehr, und der Radius des Kreises um den Punkt B würde danach immer kleiner werden. Eine genauere Untersuchung über die Art des Nullwerdens von Zähler und Nenner der gefundenen Ausdrücke (22.) würde aber zeigen, dass dies thatsächlich nicht immer der Fall zu sein braucht. Nun ist im vorhergehenden Kapitel (S. 184) bereits festgestellt worden, dass sich vom Punkte A aus immer zwei Geraden unter einem so kleinen Winkel ziehen lassen, dass sich nach jedem Punkte innerhalb eines durch sie begrenzten Kreissectors von hinreichend kleinem Radius von A aus eine der Differentialgleichung $\mathfrak{G} = 0$ genügende Curve ziehen lässt. An diesen Kreissector kann man die um die einzelnen Punkte der Curve beschriebenen Kreise schliessen, wie sie soeben betrachtet worden sind. Dadurch erhält man folgenden Satz:

Es sei AB ein Stück einer der Differentialgleichung $G = 0$ genügenden Curve, das keinen zu A conjugirten Punkt enthält; dann lässt sich zu beiden Seiten der Curve ein Flächenstreifen von der Beschaffenheit abgrenzen, dass von A aus nach jedem Punkte B' in ihm eine Curve gezogen werden kann, die ebenfalls der Differentialgleichung $G = 0$ genügt, sich mit B' stetig ändert und, wenn sich B' dem Punkte B nähert, mit der urspünglichen Curve AB zusammenfällt.

Damit ist jedoch nicht behauptet, dass nur eine solche Curve nach dem Punkte B' möglich sei, noch dass sie ganz innerhalb des betreffenden Flächenstreifens liegen müsse. Die ursprünglich betrachtete Curve AB befindet sich aber unter der oben angegebenen Voraussetzung ganz innerhalb des Streifens, ausgenommen höchstens der Punkt A, der auch der Begrenzung angehören kann. Jedoch liegt auch er dann ganz im Innern des Flächenstreifens, wenn die Function $F_1(x_0, y_0, x', y')$ für kein Werthsystem x', y' verschwindet oder unendlich gross wird; denn dann geht der oben erwähnte Kreissektor in einen vollen Kreis über, der den Punkt A umgiebt und dem Flächenstreifen zuzurechnen ist.

Wir werden im dreiundzwanzigsten Kapitel auf diese wichtige Thatsache zurückkommen.

Man kann übrigens leicht zeigen, dass die Function F_1 innerhalb des betrachteten Gebietes nicht verschwinden kann, solange die Grössen $\varphi(t, \alpha, \beta)$, $\psi(t, \alpha, \beta)$ reguläre Functionen ihrer drei Argumente sind. Denn die linke Seite der Formel

$$\vartheta_1(t)\,\vartheta_2'(t) - \vartheta_1'(t)\,\vartheta_2(t) = -\frac{C}{F_1}$$

— vgl. S. 194 (13.) — ist eine ganze rationale Function der Ableitungen erster und zweiter Ordnung von φ und ψ nach t, α, β; würde aber F_1 verschwinden, so müsste wenigstens eine dieser Ableitungen unendlich gross werden.

Einundzwanzigstes Kapitel.

Über den Rotationskörper, deren Begrenzungsfläche die Luft einen geringsten Widerstand entgegensetzt.

Es soll nun zunächst an einem nach mehreren Richtungen hin lehrreichen Beispiel gezeigt werden, dass die im achtzehnten Kapitel (S. 170) zusammengestellten drei Bedingungen durchaus nicht immer hinreichen, um zu entscheiden, ob ein vorgelegtes Integral I zu einem Maximum oder Minimum gemacht werden könne.

Wenn man eine Curve kennt, die der Differentialgleichung $G = 0$ genügt, so kann man auf ihr stets ein Stück abgrenzen, auf dem die Function F_1 weder verschwindet noch unendlich gross wird, auf dem auch keine zwei conjugirten Punkte liegen, und auf dem schliesslich auch der Endpunkt zum Anfangspunkt nicht conjugirt ist. Es wäre dann aber nicht richtig, wenn man behaupten wollte, das vorgelegte Integral, erstreckt über das betrachtete Curvenstück, ergäbe ein Minimum, wenn F_1 bestimmt positiv, ein Maximum, wenn F_1 bestimmt negativ ist. —

Schon in Newtons Principia mathematica wird das Problem gestellt — das man heute der Variationsrechnung zuweisen würde —: wie muss ein Rotationskörper gestaltet sein, wenn er, in einer homogenen Flüssigkeit in der Richtung seiner Achse bewegt, von dieser den geringsten Widerstand erfahren soll. Dabei setzt Newton voraus, dass der Widerstand, den ein Element der Oberfläche dieses Körpers erfährt, sowohl der Grösse der Projection dieses Elementes auf eine zur Richtung der Geschwindigkeit senkrechte Ebene als auch dem Quadrate der Componente seiner Geschwindigkeit in Bezug auf die Normale des Flächenelements proportional sei, dass ferner von Reibung und ähnlichen Einflüssen abgesehen und schliesslich angenommen werde, dass eine Verschiebung der Fläche in sich selbst keinen Widerstand hervorrufe. Dass diese Annahmen in Wirklichkeit, zum Beispiel bei der Bewegung eines Geschosses in der Luft, nicht strenge zutreffen, kommt hier nicht in Betracht, da die Aufgabe nur rein mathematisch behandelt wird. Newton selbst hat das Problem nicht völlig durchgeführt; er findet zwar für die die Rotationsfläche erzeugende Curve eine geometrische Eigenschaft, die eine Beziehung zwischen der einen Coordinate und der zugehörigen Tangentenrichtung ausdrückt, also eine Differentialgleichung darstellen würde, er hat jedoch diese Differentialgleichung nicht integrirt. Indessen ist aus der beigegebenen Figur ersichtlich, dass er sich den Körper eiförmig vorstellte, die Spitze des Eies nach vorn gerichtet (Fig 21). Diese Figur ist in mehrere

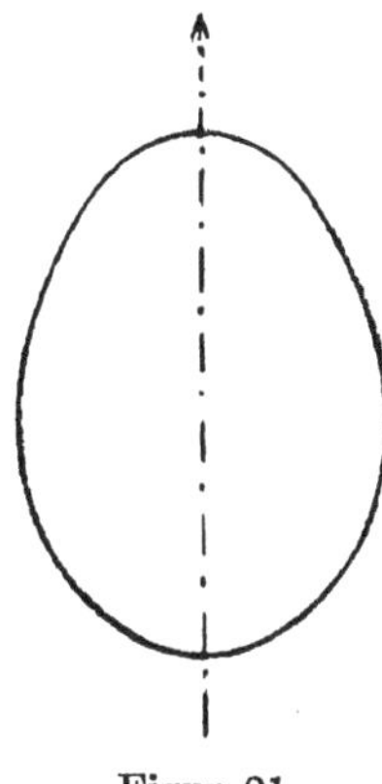

Figur 21.

Bücher übergegangen, obwohl sie, wie sich sogleich zeigen wird, nicht richtig ist.

Bei Euler ist dagegen eine Abbildung angegeben, aus der ersichtlich ist, dass der Körper in eine Spitze auslaufen soll (Fig. 22).

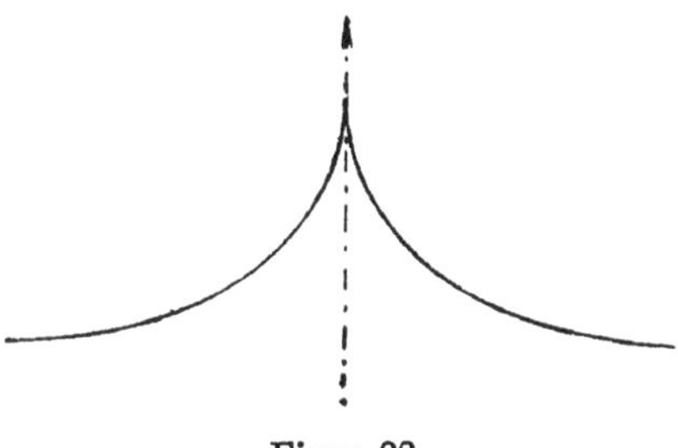

Figur 22.

Ein Druck infolge des Widerstands der Flüssigkeit wird nur auf diejenigen Theile der Oberfläche ausgeübt, für die eine von ihnen in der Richtung der Bewegung gezogene Gerade ausserhalb der Oberfläche des Körpers gelegen ist. Wählt man daher die Rotationsachse zur y-Achse, deren positive Richtung mit der Richtung der Bewegung des Körpers übereinstimme, so muss y eine eindeutige Function der Abscisse x sein. Setzt man die Geschwindigkeit des Körpers der Einfachheit wegen gleich Eins, und bezeichnet man mit μ den Winkel, den die Normale in einem Punkte P der Oberfläche mit der Bewegungsrichtung bildet (Fig. 23), so ist $\cos\mu$ die Componente der

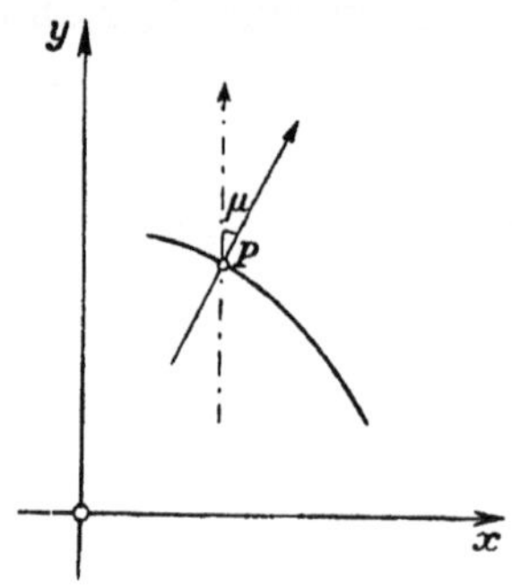

Figur 23.

Geschwindigkeit in der Richtung der Normale, und somit der Widerstand proportional zur Grösse $\cos^2\mu$. Der Widerstand, den eine Zone der Oberfläche des Körpers erleidet, ist demnach proportional zum Ausdruck

$$2\pi \cos^3\mu\, x\, ds,$$

worin unter ds ein Bogenelement der erzeugenden Curve zu verstehen ist. Wegen

$$\cos\mu = \frac{x'}{\sqrt{x'^2+y'^2}}$$

ist das zu untersuchende Integral proportional zu

$$I = \int \frac{xx'^3}{x'^2+y'^2}\,dt,$$

und man hat

$$F = \frac{xx'^3}{x'^2+y'^2}. \qquad (1.)$$

Dem oben Bemerkten zu Folge ist $x' > 0$ anzunehmen, da ja x beständig wächst, und das Integral ist zwischen bestimmten Grenzen zu erstrecken.

Da die Function F die Variable y nicht enthält, liefert die Gleichung (S. 106 (14.))

$$G_2 = 0$$

sofort

$$\frac{d}{dt}\left(\frac{\partial F}{\partial y'}\right) = 0,$$

d. h.

$$(2.)\qquad \frac{xx'^3 y'}{(x'^2+y'^2)^2} = c,$$

worin c eine Integrationsconstante bedeutet.

Soll die Curve — was ja im Sinne der Aufgabe liegt — die Rotationsachse treffen, so muss für irgend einen ihrer Punkte $x = 0$ sein; da aber der Factor von x auf der linken Seite der Gleichung (2.) nicht unendlich gross werden kann, so muss $c = 0$ sein. Nach dem im elften Kapitel (S. 112) Bemerkten muss diese Constante übrigens längs der ganzen Curve denselben Werth beibehalten. Daraus folgt nun aber weiter, dass entweder $x' = 0$ oder $y' = 0$ sein muss, d. h. die Fläche ist unter der gemachten Annahme entweder eine zur Rotationsachse senkrechte Ebene, oder sie ist ein Rotationscylinder, der bei seiner Bewegung nirgends einen Widerstand erfahren würde.

Sieht man von diesen Fällen ab, so muss man annehmen, die Curve schneide die Rotationsachse nicht, d. h. es sei nur ein Theil der Fläche dem Widerstande der Flüssigkeit ausgesetzt. Dann muss, da die Grössen x und x' beide positiv sind, die Constante c dasselbe Vorzeichen wie y' haben, also auch dasselbe Zeichen wie die Grösse

$$(3.)\qquad p = \frac{x'}{y'},$$

und diese darf daher längs der ganzen Curve das Zeichen nicht wechseln. Aus der Gleichung (2.) folgt nun

$$(4.)\qquad x = c\frac{(1+p^2)^2}{p^3} = c(p+2p^{-1}+p^{-3}).$$

Andrerseits ist

$$dy = \frac{dx}{p} = c(p^{-1}-2p^{-3}-3p^{-5})\,dp$$

und daraus

$$(5.)\qquad y = y_0 + c\left(\frac{1}{2}\log p^2 + p^{-2} + \frac{3}{4}p^{-4}\right),$$

wo y_0 eine zweite Integrationsconstante bedeutet.

Es wäre nicht zweckmässig, aus den Formeln (4.) und (5.) die Grösse p zu eliminiren. Da c und p dasselbe Vorzeichen haben, so führe man, um alle möglichen Fälle zu umfassen, einen neuen Parameter t und eine neue Constante a dadurch ein, dass man

$$(6.)\qquad t = \pm p, \quad a = \pm c$$

setzt, wo gleichzeitig das obere oder gleichzeitig das untere Vorzeichen zu benutzen ist, und zwar so, dass t und a zugleich positive Grössen werden. Dann erhält man

$$(7.)\qquad \begin{cases} x = a(t+2t^{-1}+t^{-3}) \\ y = y_0 \pm a\left(\log t + t^{-2} + \frac{3}{4}t^{-4}\right). \end{cases}$$

Wie man sieht, erstreckt sich die Curve ins Unendliche.

Eine einfache Rechnung ergiebt nach den Formeln (S. 96 (13.))

$$(8.)\qquad F_1 = 2xx'\frac{3y'^2-x'^2}{(x'^2+y'^2)^3},$$

und daraus folgt, dass die Function F_1 einen positiven oder negativen Werth annimmt, jenachdem t kleiner oder grösser ist als die positive Grösse $\sqrt{3}$. Der Punkt $t = \sqrt{3}$ teilt die Curve in zwei Zweige, die in ihm in einer Spitze zusammenstossen. Um das zu zeigen, setze man

$$t = \sqrt{3}(1+\tau),$$

unter τ eine Veränderliche verstehend, die dem absoluten Betrage nach innerhalb einer bestimmten Grenze bleibt, und entwickele die Grössen x und y nach Potenzen von τ, so erhält man

$$x = a\sqrt{3}\left(1+\tau+\frac{2}{3}(1+\tau)^{-1}+\frac{1}{9}(1+\tau)^{-3}\right) = a\sqrt{3}\left(\frac{16}{9}+\frac{4}{3}\tau^2+\cdots\right),$$

$$\begin{aligned} y &= y_0 \pm a\left(\log\sqrt{3}+\log(1+\tau)+\frac{1}{3}(1+\tau)^{-2}+\frac{1}{12}(1+\tau)^{-4}\right) \\ &= y_0 \pm a\left(\log\sqrt{3}+\frac{5}{12}+\frac{4}{3}\tau^2+\cdots\right). \end{aligned}$$

Aus dieser Darstellung folgt, dass die Curve im Punkte mit den Coordinaten

$$x = \frac{16}{9}a\sqrt{3}, \quad y = y_0 \pm a\left(\log\sqrt{3}+\frac{5}{12}\right)$$

thatsächlich eine Spitze hat, und man stellt ferner leicht fest, dass die Tangente in diesem Punkte S mit der Richtung der Ordinatenachse einen Winkel von 60 Grad bildet (Fig. 24). Sowohl für unendlich kleine, als auch für

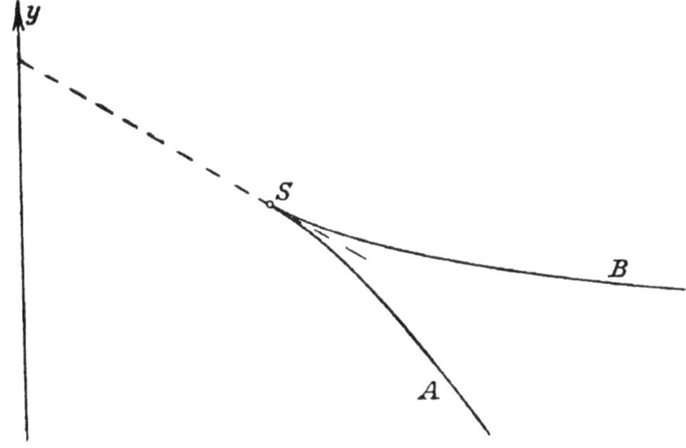

Figur 24.

unendlich grosse Werthe von t werden x und y unendlich gross, und zwar die Abscisse x im ersten Falle von der dritten Ordnung, im zweiten Falle von der ersten Ordnung. Aus der Formel (8.) oder

$$F_1 = \frac{2x}{y'^3} \cdot \frac{t(3-t^2)}{(1+t^2)^3}$$

ergiebt sich somit, dass die Function F_1 in demjenigen Theile negativ ist, in dem die Abscisse x rascher anwächst. Wenn t wachsend den Werth $\sqrt{3}$ überschreitet, wird die Curve von A über S nach B durchlaufen, und F_1 ist im Theile AS positiv. Dieser Theil könnte also allein für ein Minimum des Integrals in Frage kommen. Aber dieser Curventheil erstreckt sich nicht bis zur Rotationsachse. In der Spitze S selbst wird F_1 gleich Null.

Man kann nun leicht zeigen, dass wenn irgend ein Stück einer Curve von der im neunten Kapitel (S. 97) angegebenen Eigenschaft gegeben ist, in dem sich eine zur y-Achse nicht parallele Tangente befindet, man stets ein Stück von ihr abtrennen kann, in dem die Tangente an keiner Stelle zur y-Achse parallel verläuft. Nimmt man ferner an, dass die Tangente auch nirgends zur x-Achse parallel ist, also die Grösse p nirgends unendlich gross wird, dann kann man beweisen, dass das über jenes Curvenstück erstreckte Integral bestimmt kein Minimum ergiebt. Der Anfangspunkt des Curvenstücks werde mit (t_0), seine Abscisse mit x_0 bezeichnet, während (t_1) und x_1 für den Endpunkt gelten. Dann ist das zu behandelnde Integral

$$I_{01} = \int_{t_0}^{t_1} \frac{x x'^2}{x'^2 + y'^2} dt = \int_{x_0}^{x_1} \frac{p^2 x\,dx}{1+p^2} = \frac{1}{2}(x_1^2 - x_0^2)\frac{p_0^2}{1+p_0^2},$$

wo p_0^2 einen Mittelwerth zwischen dem kleinsten und dem grössten Werth bedeutet, den die Grösse p^2 längs des Curvenstückes annehmen kann. Nun mögen durch die Punkte (t_0) und (t_1) zwei Geraden gezogen werden, die mit der Richtung der Ordinatenachse zwei kleine Winkel von entgegengesetztem Drehungssinne bilden und nach der Seite der zunehmenden Ordinaten con-

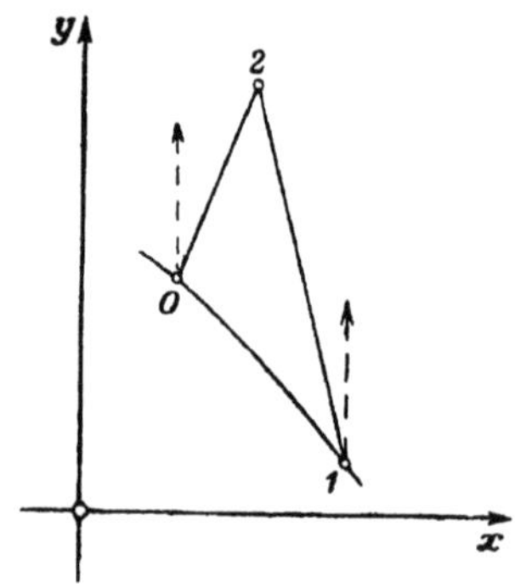

Figur 25.

vergiren (Fig. 25); ihr Schnittpunkt (2) habe die Coordinaten x_2, y_2. Dann gilt für die Strecke (0 2)

$$y = y_0 + \frac{y_2 - y_0}{x_2 - x_0}(x - x_0) \quad \text{und} \quad p_1 = \frac{x_2 - x_0}{y_2 - y_0},$$

mithin wird das über dieses geradlinige Stück erstreckte Integral

$$I_{02} = \frac{1}{2}(x_2^2 - x_0^2)\frac{p_1^2}{1+p_1^2},$$

und entsprechend für die Strecke (2 1)

$$I_{21} = \frac{1}{2}(x_1^2 - x_2^2)\frac{p_2^2}{1+p_2^2}.$$

Daraus ergiebt sich

$$\frac{I_{02} + I_{21}}{I_{01}} = \frac{p_1^2}{p_0^2}\,\frac{1+p_0^2}{1+p_1^2}\,\frac{x_2^2 - x_0^2}{x_1^2 - x_0^2} + \frac{p_2^2}{p_0^2}\,\frac{1+p_0^2}{1+p_2^2}\,\frac{x_1^2 - x_2^2}{x_1^2 - x_0^2}.$$

Nun haben die beiden aus den Grössen x_0, x_1, x_2 gebildeten Brüche auf der rechten Seite des vorstehenden Ausdruckes dasselbe Vorzeichen, weil x_2 zwischen x_0 und x_1 gelegen ist; ihre Summe ist gleich eins, folglich sind sie beide kleiner als eins. Die Grössen p_1^2 und p_2^2 können beliebig klein gemacht werden, während p_0^2 von Null verschieden ist. Man kann also die rechte Seite der vorstehenden Gleichung beliebig klein machen, daher zwischen den Punkten (t_0) und (t_1) stets eine gebrochene Linie so ziehen, dass das Integral über diese kleiner wird als das über die gegebene Curve erstreckte Integral. Dieses kann mithin kein Minimum sein. In dem hier betrachteten Falle existirt also unter den angegebenen Voraussetzungen keine Lösung der Aufgabe, obwohl die Curve allen bisher aufgestellten Bedingungen genügt. Damit ist freilich nicht bewiesen, dass die Aufgabe überhaupt keine Lösung zulasse.

Die soeben gebrauchte Variation der ursprünglichen Curve (0 1) (vgl. Fig. 25) ist, wie man sogleich sieht, nicht von der Beschaffenheit, wie sie im achtzehnten Kapitel (S. 177) angenommen werden musste, damit die daselbst aufgestellten drei Bedingungen nicht nur nothwendig, sondern auch hinreichend für das Eintreffen eines Maximums oder Minimums des vorgelegten Integrals waren.

Zweiundzwanzigstes Kapitel.

Die vierte nothwendige Bedingung.

Wir kehren nun zu den allgemeinen Untersuchungen zurück und stellen, zunächst noch unter den bisher gemachten einschränkenden Voraussetzungen über die Variationen der Curve, eine vierte nothwendige Bedingung für das Eintreten eines Maximums oder eines Minimums des vorgelegten Integrals auf.

Es sei irgend eine, der Differentialgleichung $G = 0$ genügende Curve gegeben, und (0 1) sei ein Stück dieser Curve (Fig. 26). Von einem zum

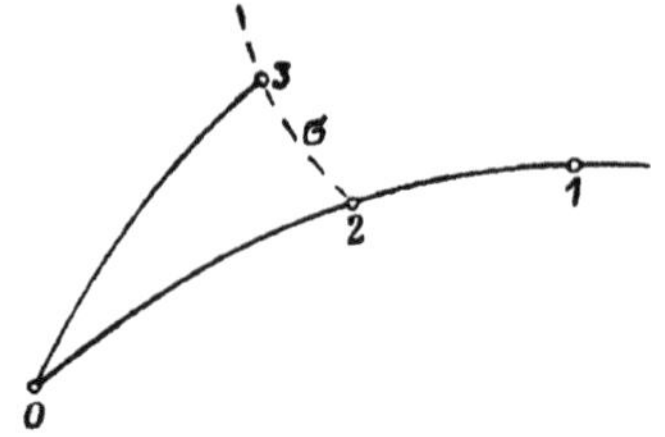

Figur 26.

Punkte 0 nicht conjugirten Punkte 2 des betrachteten Curvenstückes ziehe man eine beliebige (im allgemeinen der Differentialgleichung $G = 0$ nicht genügende) Curve und nehme auf dieser einen dem Punkte 2 so nahe liegenden Punkt 3 an, dass vom Punkte 0 aus nach ihm eine der Gleichung $G = 0$ genügende Curve (0 3) gezogen werden kann, die in ihrem ganzen Verlaufe von der Curve (0 2) hinreichend wenig verschieden ist. Sind x, y die Coordinaten eines beliebigen Punktes der Curve (0 2), und $x+\xi, y+\eta$ die Coordinaten des entsprechenden Punktes der Curve (0 3), ferner t_0 und $t_0+\tau'$ die für die beiden Curven auf den Punkt 0 bezüglichen Werthe des Parameters t, schliesslich t_2 der auf den Punkt 2, dagegen $t_2+\tau$ der auf Punkt 3 sich beziehende Werth, dann hat man, in den Bezeichnungen des zwanzigsten

Kapitels (S. 199)

$$(1.)\quad \begin{cases} 0 = \varphi'(t_0)\tau' + \quad * \quad + \varphi_1(t_0)\alpha' + \varphi_2(t_0)\beta' \\ 0 = \psi'(t_0)\tau' + \quad * \quad + \psi_1(t_0)\alpha' + \psi_2(t_0)\beta' \\ \xi_2 = \quad * \quad + \varphi'(t_2)\tau + \varphi_1(t_2)\alpha' + \varphi_2(t_2)\beta' \\ \eta_2 = \quad * \quad + \psi'(t_2)\tau + \psi_1(t_2)\alpha' + \psi_2(t_2)\beta'; \end{cases}$$

die beiden letzten Gleichungen ergeben die Variationen der Coordinaten x_2, y_2 des Punktes 2, sodass also $x_2+\xi_2$, $y_2+\eta_2$ die Coordinaten des Punktes 3 bedeuten.

Bezeichnet man mit $\bar{p}_2$, $\bar{q}_2$ zwei Grössen, die den Richtungscosinus der Tangente der Curve $(\overline{2\ 3})$ im Punkte 2 proportional sind, und mit σ einen die Punkte dieser Curve bestimmenden Parameter, sodass $\bar{p}_2$, $\bar{q}_2$ jene Richtungscosinus selbst darstellen, wenn σ die in der Richtung vom Punkte 2 nach dem Punkte 3 gemessene Bogenlänge bedeutet, dann hat man

$$(2.)\quad \begin{cases} \xi_2 = \sigma(\bar{p}_2+\sigma_1) \\ \eta_2 = \sigma(\bar{q}_2+\sigma_2), \end{cases}$$

wo σ_1, σ_2 zwei zugleich mit σ verschwindende Grössen sein sollen. Nun war bereits im zwanzigsten Kapitel (S. 195) gezeigt worden, dass für hinlänglich kleine Werthe der Variationen ξ_2, η_2, also auch der Grösse σ, stets Ausdrücke der vier Grössen α', β', τ', τ von der Beschaffenheit bestimmt werden können, dass sie die Gleichungen (1.) befriedigen und der Grösse σ proportional sind. Mit Benutzung dieser Ausdrücke erhalten mithin die Variationen der Coordinaten die Gestalt

$$(3.)\quad \begin{cases} \xi = (X+\sigma')\sigma \\ \eta = (Y+\sigma'')\sigma, \end{cases}$$

wo σ', σ'' zugleich mit σ unendlich klein werden, während X, Y bestimmte Functionen von t bedeuten.

Dies vorausgeschickt, bezeichne man nun mit I_{02}, I_{03}, $\bar{I}_{32}$ die Werthe des vorgelegten Integrals

$$I = \int F(x, y, x', y')\,dt,$$

wenn es der Reihe nach über die Curvenstücke (0 2), (0 3) und $(\overline{3\ 2})$ erstreckt wird, wobei durch die Reihenfolge der angefügten Marken auch die Richtung der Integration zum Ausdruck gebracht werden soll, und die Überstreichung darauf aufmerksam machen möge, dass die betreffende Integrationscurve der Differentialgleichung $G = 0$ nicht zu genügen braucht, während bei den anderen Curven diese Voraussetzung ausdrücklich erfüllt sein soll. Entwickelt man nun die Differenz $I_{03} - I_{02}$ nach Potenzen der Grössen $\xi, \eta, \frac{d\xi}{dt}, \frac{d\eta}{dt}$, benutzt die im zehnten Kapitel (S. 102) angestellten Überlegungen und bedient sich der Formel S. 107 (18.), so erhält man

$$I_{03} = I_{02} + \int_{t_0}^{t_2} G.(x'\eta - y'\xi)\,dt + \left[\frac{\partial F}{\partial x'}\xi + \frac{\partial F}{\partial y'}\eta\right]_{t_0}^{t_2} + \cdots, \tag{4.}$$

worin die nicht mehr hingeschriebenen Glieder reguläre Functionen von σ bedeuten, die als Factor die Grösse σ^2 enthalten. Nun verschwindet die Grösse G sowohl längs der Curve (0 2) wie auch längs (0 3), während die Variationen ξ, η an der unteren Integrationsgrenze t_0 den Werth Null haben. Infolgedessen vereinfacht sich die vorstehende Gleichung zu der folgenden:

$$I_{03} = I_{02} + \left(\left(\frac{\partial F}{\partial x'}\right)_{(2)} \bar{p}_2 + \left(\frac{\partial F}{\partial y'}\right)_{(2)} \bar{q}_2\right)\sigma + S\sigma, \tag{5.}$$

wo die eingeklammerten Ausdrücke der partiellen Ableitungen die Werthe dieser Grössen am Punkte 2 bedeuten sollen, und unter S eine mit σ zugleich verschwindende Grösse zu verstehen ist.

Um das Integral $\bar{I}_{32}$ zu bestimmen, beachte man, dass sich die Coordinaten eines beliebigen Punktes der Curve $(\overline{2\ 3})$ in der Form

$$\begin{cases} x = x_2 + (\bar{p}_2 + \sigma_1')\bar{\sigma} \\ y = y_2 + (\bar{q}_2 + \sigma_1'')\bar{\sigma} \end{cases} \tag{6.}$$

darstellen lassen, wo $\bar{\sigma}$ alle Werthe von 0 bis σ — diese eingeschlossen — annimmt, wenn der Punkt (x, y) die Curve $(\overline{2\ 3})$ vom Punkt 2 nach dem Punkte 3 durchläuft. Nun ist aber in umgekehrter Richtung zu integriren; man führt daher als Integrationsvariable besser die Grösse $\sigma - \bar{\sigma}$ ein und erhält

$$\bar{I}_{32} = \int_0^{\sigma} F(x, y, x', y')\,d\bar{\sigma} = \sigma \bar{F}, \tag{7.}$$

wo $\bar{F}$ einen Mittelwerth der Function $F(x, y, x', y')$ im Integrationsgebiete $0 \leqq \bar{\sigma} \leqq \sigma$ bedeutet. Da die Grösse σ unterhalb einer bestimmten Grenze gelegen ist, so gilt dasselbe für $\bar{\sigma}$, und man kann diese Grenze so klein wählen, dass man mit Rücksicht auf die Stetigkeit der Function $F(x, y, x', y')$

$$\bar{F} = F(x_2, y_2, -\bar{p}_2, -\bar{q}_2) + (\sigma)$$

setzen darf, wo (σ) zugleich mit σ unendlich klein wird.

Aus den Formeln (5.) und (7.) erhält man auf diese Weise schliesslich

$$(8.) \quad I_{03} + \bar{I}_{32} - I_{02} = \left\{ \left(\frac{\partial F}{\partial x'}\right)_{(2)} \bar{p}_2 + \left(\frac{\partial F}{\partial y'}\right)_{(2)} \bar{q}_2 + F(x_2, y_2, -\bar{p}_2, -\bar{q}_2) \right\} \sigma + S'\sigma,$$

worin unter S' eine mit σ zugleich verschwindende Grösse zu verstehen ist.

Nun ist der gebrochene Linienzug $(0\ \overline{3\ 2})$ offenbar eine mögliche Variation der Curve (0 2), wobei die Endpunkte festgehalten bleiben; er ist sogar eine solche Variation, bei der die zu Eingang dieses Kapitels angedeuteten Einschränkungen nicht bestehen. Soll das Integral I_{02} ein Minimum sein, so muss jedenfalls die linke Seite der vorstehenden Gleichung einen bestimmt positiven Werth haben. Man kann dann aber weiter schliessen, dass die in der geschweiften Klammer stehende Grösse keinen negativen Werth besitzen darf; denn andernfalls könnte man die Grösse σ dem absoluten Betrage nach so klein wählen, dass die ganze Variation des Integrals I_{02} negativ werden würde. Damit ist schon die gewünschte neue nothwendige Bedingung für das Eintreffen eines Minimums des vorgelegten Integrals gefunden.

Man kann diese Bedingung durch Änderung der Bezeichnung in eine einfachere Form bringen. Zur Abkürzung setze man (vgl. S. 112 (5.))

$$\frac{\partial F}{\partial x'} = F^{(1)}, \quad \frac{\partial F}{\partial y'} = F^{(2)}$$

und schreibe, den Punkt 2 als einen willkürlichen Punkt der Curve betrachtend, $\bar{p}, \bar{q}$ statt $-\bar{p}_2, -\bar{q}_2$; man führe ferner an Stelle der Grössen x', y' die ihnen proportionalen Richtungscosinus p, q der Curve (0 2) an diesem Punkte ein und berücksichtige die Formel S. 93 (4.), so erhält man für den erwähnten Klammerausdruck:

$$(9.) \quad \mathfrak{E}(x, y; p, q; \bar{p}, \bar{q}) = F(x, y, \bar{p}, \bar{q}) - F^{(1)}(x, y, p, q)\bar{p} - F^{(2)}(x, y, p, q)\bar{q},$$

und die vierte nothwendige Bedingung für das Eintreten eines Maximums oder eines Minimums des vorgelegten Integrals lautet nun so:

Die Function $\mathcal{E}(x, y; p, q; \bar{p}, \bar{q})$ darf für alle Werthe der Argumente x, y, p, q, die der betreffenden, der Differentialgleichung $G = 0$ genügenden Curve angehören, über die das Integral erstreckt wird, und für beliebige Werthe der Argumente $\bar{p}, \bar{q}$ niemals negativ werden, wenn ein Minimum, und niemals positiv, wenn ein Maximum des Integrals stattfinden soll.

Bedient man sich noch der Formel S. 95 (10.), aus der sich

$$F(x, y, \bar{p}, \bar{q}) = F^{(1)}(x, y, \bar{p}, \bar{q})\bar{p} + F^{(2)}(x, y, \bar{p}, \bar{q})\bar{q}$$

ergiebt, wenn man wieder die Homogenität der Function $F(x, y, x', y')$ berücksichtigt, so lässt sich die Function $\mathcal{E}$ auch in folgender Form schreiben:

$$(10.)\quad \mathcal{E}(x, y; p, q; \bar{p}, \bar{q}) = (F^{(1)}(x, y, \bar{p}, \bar{q}) - F^{(1)}(x, y, p, q))\bar{p} \\ + (F^{(2)}(x, y, \bar{p}, \bar{q}) - F^{(2)}(x, y, p, q))\bar{q}.$$

Schliesslich tritt für die vollständige Variation des Integrals an Stelle der Formel (8.) die folgende:

$$(11.)\quad I_{03} + \bar{I}_{32} - I_{02} = \mathcal{E}(x_2, y_2; p_2, q_2; \bar{p}_2, \bar{q}_2)\sigma + S'\sigma.$$

Die soeben eingeführte Function $\mathcal{E}(x, y; p, q; \bar{p}, \bar{q})$ von sechs Argumenten genügt der Gleichung

$$(12.)\quad \mathcal{E}(x, y; \varkappa p, \varkappa q; \bar{\varkappa}\bar{p}, \bar{\varkappa}\bar{q}) = \bar{\varkappa}\mathcal{E}(x, y; p, q; \bar{p}, \bar{q}),$$

wie sich leicht auf Grund der Formeln S. 94 (9.) und S. 112 (6.) beweisen lässt. Darin bedeuten $\varkappa$ und $\bar{\varkappa}$ zwei beliebige positive Grössen. Die Function $\mathcal{E}$ ist also in Bezug auf die Argumente p, q homogen von der Dimension Null, dagegen in Bezug auf $\bar{p}, \bar{q}$ positiv homogen von der Dimension Eins. Ferner gilt die Gleichung

$$(13.)\quad \mathcal{E}(x, y; p, q; \varkappa p, \varkappa q) = 0.$$

Die Function $\mathcal{E}$ steht weiter mit der Function F_1 in einem nahen und wichtigen Zusammenhange, der jetzt aufgedeckt werden soll. Zu dem Ende setze man

$$p = r\cos\chi, \quad q = r\sin\chi,$$
$$\bar{p} = \bar{r}\cos\bar{\chi}, \quad \bar{q} = \bar{r}\sin\bar{\chi},$$

mit der Bedingung, dass $r, \bar{r}$ positive Grössen seien. Dann ist

$$\mathcal{E}(x, y; p, q; \bar{p}, \bar{q}) = \bar{r}\mathcal{E}(x, y; \cos\chi, \sin\chi; \cos\bar{\chi}, \sin\bar{\chi}).$$

Die in der Formel (10.) für die Function $\mathfrak{E}$ auftretende Differenz

$$F^{(1)}(x, y, \bar{p}, \bar{q}) - F^{(1)}(x, y, p, q)$$

lässt sich im Hinblick auf die Formel S. 112 (6.) in der Gestalt

$$\int_{\chi}^{\bar{\chi}} \frac{d}{d\varphi} F^{(1)}(x, y, \cos\varphi, \sin\varphi)\, d\varphi$$

schreiben, wo φ die Integrationsvariable bezeichnet, und die Integration zwischen den angegebenen Grenzen dieser Variablen zu erstrecken ist. Eine entsprechende Formel gilt für die Function $F^{(2)}$. Führt man unter dem Integralzeichen die Differentiation aus, so erhält man

$$\frac{d}{d\varphi} F^{(1)}(x, y, \cos\varphi, \sin\varphi) = -\sin\varphi \frac{\partial^2 F}{\partial x'^2} + \cos\varphi \frac{\partial^2 F}{\partial x' \partial y'},$$

und entsprechend findet man

$$\frac{d}{d\varphi} F^{(2)}(x, y, \cos\varphi, \sin\varphi) = -\sin\varphi \frac{\partial^2 F}{\partial x' \partial y'} + \cos\varphi \frac{\partial^2 F}{\partial y'^2}.$$

Auf den rechten Seiten dieser Formeln führe man nun mittels der Gleichungen S. 96 (13.) oder

$$\frac{\partial^2 F}{\partial x'^2} = \sin^2\varphi\, F_1,$$

$$\frac{\partial^2 F}{\partial x' \partial y'} = -\cos\varphi \sin\varphi\, F_1,$$

$$\frac{\partial^2 F}{\partial y'^2} = \cos^2\varphi\, F_1,$$

die Function F_1 ein, so nehmen sie die Werthe $-\sin\varphi\, F_1$ und $\cos\varphi\, F_1$ an. Die Formel (10.) geht dadurch in die Gestalt

$$(14.)\quad \mathfrak{E}(x, y; \cos\chi, \sin\chi; \cos\bar{\chi}, \sin\bar{\chi}) = \int_{\chi}^{\bar{\chi}} F_1(x, y, \cos\varphi, \sin\varphi) \sin(\bar{\chi} - \varphi)\, d\varphi$$

über. In dem Integrationsbereiche nimmt die Function $\sin(\bar{\chi} - \varphi)$ alle zwischen $\sin(\bar{\chi} - \chi)$ und 0 gelegenen Werthe an, und da die Winkel χ und $\bar{\chi}$ nur bis auf Vielfache von 2π bestimmt sind, so kann man stets bewirken, dass die Function $\sin(\bar{\chi} - \varphi)$ innerhalb der Integrationsgrenzen ihr Vorzeichen nicht wechselt. Nunmehr ist es aber erlaubt, den bekannten Mittelwerthsatz der

Integralrechnung anzuwenden, der zu dem Ergebniss

$$(15.)\quad \mathcal{E}(x, y; \cos\chi, \sin\chi; \cos\bar{\chi}, \sin\bar{\chi}) = F_1(x, y, \cos\tilde{\chi}, \sin\tilde{\chi})(1-\cos(\bar{\chi}-\chi))$$

führt, wobei unter $\tilde{\chi}$ ein Ausdruck der Form

$$\tilde{\chi} = \chi + \theta(\bar{\chi}-\chi)$$

zu verstehen ist, und θ eine Grösse bedeutet, deren Werth zwischen 0 und 1 enthalten ist.

Beachtet man nun, dass die Grösse $1-\cos(\bar{\chi}-\chi)$ niemals negativ ist und nur dann verschwindet, wenn die Winkel χ und $\bar{\chi}$ bis auf Vielfache von 2π übereinstimmen, in welchem Falle die Function $\mathcal{E}$, der Formel (13.) zufolge, identisch gleich Null ist, so kann man aus der Gleichung (15.) folgenden Schluss ziehen: Wenn die Function $F_1(x, y, p, q)$ nicht nur für solche Werthe der Argumente p, q, die den Richtungscosinus längs der ursprünglichen Curve proportional sind, sondern für beliebige Argumente p, q ihr Vorzeichen beibehält, so gilt dasselbe für die Function $\mathcal{E}$, und es leuchtet ein, dass unter dieser Voraussetzung die oben aufgestellte vierte nothwendige Bedingung von selbst erfüllt ist.

Dies tritt bei vielen speziellen Aufgaben ein, zum Beispiel bei dem Problem der Rotationsfläche kleinsten Flächeninhalts (S. 146) und bei dem Problem der Brachistochrone (S. 178 (19.)), allgemeiner immer dann, wenn die Function F von der Form

$$F = f(x, y)\sqrt{x'^2 + y'^2}$$

ist, wobei die Function $f(x, y)$ längs der ganzen Curvenstrecke das Vorzeichen nicht ändert. Man hat nämlich dann

$$F^{(1)} = \frac{x'}{\sqrt{x'^2 + y'^2}} f(x, y),$$

$$F^{(2)} = \frac{y'}{\sqrt{x'^2 + y'^2}} f(x, y),$$

mithin

$$F_1 = \frac{1}{(\sqrt{x'^2 + y'^2})^3} f(x, y);$$

es ist demnach $F_1(x, y, p, q)$ der Function $f(x, y)$ mit einem stets positiven Factor proportional und behält daher für beliebige Argumente p, q das Vorzeichen. Die Formeln (9.) oder (10.) liefern ferner

$$(16.)\qquad \mathfrak{E}(x, y; p, q; \bar{p}, \bar{q}) = \left(\sqrt{\bar{p}^2+\bar{q}^2} - \frac{p\bar{p}+q\bar{q}}{\sqrt{p^2+q^2}}\right) f(x, y).$$

Hieraus folgt

$$\mathfrak{E}(x, y; \cos\chi, \sin\chi; \cos\bar{\chi}, \sin\bar{\chi}) = (1-\cos(\bar{\chi}-\chi)) . f(x, y).$$

Der Umstand, dass in vielen Fällen die Function F_1 nicht nur längs der Curve, sondern auch für beliebige Werthe von x', y' ihr Zeichen nicht wechselt, mag vielleicht dazu beigetragen haben, dass die Unzulänglichkeit der früheren drei nothwendigen Bedingungen oft nicht beachtet worden ist.

Bei dem im vorhergehenden Kapitel behandelten Beispiel der Rotationsfläche kleinsten Widerstandes hat man dagegen

$$\mathfrak{E} = x\frac{(p\bar{q}-q\bar{p})^2}{(p^2+q^2)^2(\bar{p}^2+\bar{q}^2)}(-\bar{p}p^2+\bar{p}q^2+2pq\bar{q})$$

oder

$$\mathfrak{E} = -x\sin^2(\bar{\chi}-\chi)\cos(2\chi+\bar{\chi}).$$

Man sieht, dass der Ausdruck mit Zeichenwechsel verschwindet, wenn $\bar{\chi}$ die Werthe $\frac{\pi}{2}-2\chi$ und $\frac{3\pi}{2}-2\chi$ annimmt, und dass daher die vierte, als nothwendig erkannte Bedingung hier nicht erfüllt ist. Unter den im vorigen Kapitel gemachten Annahmen kann daher hier weder ein Maximum noch ein Minimum des Integrals eintreten.

Dreiundzwanzigstes Kapitel.

Beweis, dass die vierte Bedingung auch eine hinreichende ist.

Es soll nun gezeigt werden, dass wenn die Function

$$\mathfrak{E}(x, y; p, q; \bar{p}, \bar{q})$$

für alle Argumentwerthe x, y, p, q längs der Curve und für beliebige von p, q verschiedene Argumentwerthe $\bar{p}, \bar{q}$ bestimmt positiv ist, dann in der That ein Minimum des vorgelegten Integrals, und wenn sie bestimmt negativ ist, ein Maximum eintritt. Diese Behauptung gilt selbstverständlich nur unter der Annahme, dass längs des Integrationsweges die im achtzehnten Kapitel (S. 170) aufgestellten drei nothwendigen Bedingungen erfüllt seien.

Im zwanzigsten Kapitel (S. 201) ist bereits gezeigt worden, dass sich um die Curve, längs der die Integration erstreckt wird, ein Flächenstreifen stets so abgrenzen lässt, dass sich von dem Anfangspunkte aus nach jedem in seinem Innern gelegenen Punkte eine bestimmte der Differentialgleichung $G = 0$ genügende Curve ziehen lässt.

Die Formel S. 216 (15.), die den Zusammenhang zwischen der Function $\mathfrak{E}$ und der Function F_1 ausdrückt, lässt sich unter der Voraussetzung, dass unter den Grössen $p, q, \bar{p}, \bar{q}$ jetzt die Werthe der Richtungscosinus selbst zu vestehen sind, in folgender Weise schreiben:

$$\mathfrak{E}(x, y; p, q; \bar{p}, \bar{q}) = (1 - p\bar{p} - q\bar{q})\overline{F}_1, \tag{1.}$$

wo $\overline{F}_1$ einen Werth der Function $F_1(x, y, x', y')$ bedeutet, den sie annimmt, wenn den Argumenten x', y' bestimmte Werthe beigelegt werden, sodass x' zwischen p und $\bar{p}$, und y' zwischen q und $\bar{q}$ gelegen ist. Wenn die Function $\overline{F}_1$ für kein Werthepaar x', y' des betrachteten Flächenstreifens verschwindet, so muss, da sie eine stetige Function dieser Argumente ist — wofern diese nur nicht beide zugleich verschwinden (S. 95) —, ihr absoluter Betrag in diesem Streifen eine bestimmte positive untere Grenze besitzen. Beim Übergang von der betrachteten Curve zu einer anderen, ebenfalls der Differentialgleichung $G = 0$ genügenden, der ersten jedoch hinreichend benachbarten Curve wird die Änderung dieser unteren Grenze unterhalb einer bestimmten Zahl gelegen sein, da ja dabei sowohl x, y, als auch x', y' sich nur um hinreichend kleine Beträge ändern. Die Gleichung (1.) lehrt dann aber, dass man den erwähnten Flächenstreifen so schmal wählen kann, dass für jede in ihm liegende, der Differentialgleichung $G = 0$ genügende Curve entweder die Bedingung $\mathfrak{G} \geqq 0$ oder die Bedingung $\mathfrak{G} \leqq 0$ erfüllt ist.

Nun variire man die Curve in der Art, dass die variirte Curve ganz innerhalb dieses Flächenstreifens gelegen ist; dann soll jetzt bewiesen werden, dass das vorgelegte Integral, erstreckt über die variirte Curve, stets einen grösseren (oder kleineren) Werth hat als das über die ursprüngliche Curve erstreckte. Hierbei ist besonders darauf hinzuweisen, dass es durchaus nicht nöthig ist, über die variirte Curve etwa diejenigen einschränkenden Voraussetzungen hinsichtlich der Variationen der Coordinaten und der Tangentenrichtungen zu machen, die in den vorhergehenden Kapiteln angenommen wurden, wo es sich hauptsächlich um die Aufstellung nothwendiger Bedingungen für das Eintreffen eines Maximums oder Minimums des Integrals handelte. Der hier gegebene Begriff der Variation der Curve ist vielmehr erheblich weiter gehend; es ist nicht einmal ein Entsprechen beider Curven Punkt für Punkt erforderlich.

Nach diesen Vorbemerkungen kann nun der Beweis der soeben ausgesprochenen Behauptungen folgendermassen geführt werden. Es sei (Fig. 27)

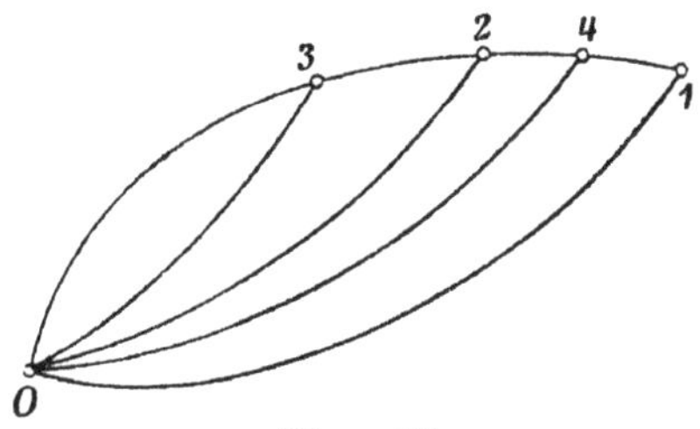

Figur 27.

0 der gegebene Anfangspunkt, 1 der Endpunkt, (0 1) die der Differentialgleichung $G = 0$ genügende Curve von der Beschaffenheit, dass auf ihr kein zum Punkte 0 conjugirter Punkt gelegen sei. Innerhalb des oben erklärten Flächenstreifens sei eine beliebige andere Curve $(\overline{0\ 1})$ von 0 nach 1 gezogen,

von der vorläufig angenommen werde, sie verlaufe regulär; nach einem beliebigen Punkte 2 dieser Curve sei von 0 aus die der Differentialgleichung $G = 0$ genügende Curve (0 2) gezogen. Die über diese Curvenstücke zu erstreckenden Integrale sollen — wie es schon im vorhergehenden Kapitel (S. 211) geschehen ist — so bezeichnet werden, dass durch die angehängten Marken der Integrationsweg auch dem Richtungssinne nach kenntlich gemacht wird, und ferner eine Überstreichung andeutet, dass die betreffende Integrationscurve die Differentialgleichung $G = 0$ nicht befriedigt. Schliesslich soll wie bisher die Untersuchung auf den Fall des Minimums beschränkt werden. Man hat dann

$$I_{02} + \bar{I}_{21} - I_{01} > 0,$$

wenn I_{01} ein Minimum ergeben soll. Lässt man den Punkt 2 die Curve $(\overline{0\ 1})$ von 0 ausgehend nach 1 durchlaufen, so nimmt die Differenz

$$I_{02} + \bar{I}_{21} - I_{01}$$

zuerst den Werth $\bar{I}_{01} - I_{01}$, und zuletzt, wenn 2 mit 1 zusammenfällt, den Werth Null an. Kann man nun beweisen, dass sie dabei beständig abnimmt, so wird man daraus schliessen können, dass sie bestimmt positiv sein muss, solange der Punkt 2 vom Punkte 1 verschieden ist. Dieser Beweis lässt sich aber folgendermassen erbringen.

Bestimmt man die Punkte der Curve $(\overline{0\ 1})$ durch die Werthe einer Variablen, etwa der von 0 aus gerechneten Bogenlänge s der Curve, so ist

$$I_{02} + \bar{I}_{21} - I_{01} = \varphi(s) \tag{2.}$$

eine wohlbestimmte Function der Veränderlichen s, die sich mit dieser stetig ändert. Es kommt nun darauf an, zu zeigen, dass $\varphi(s)$ einen Differentialquotienten besitzt, und dass dieser bestimmt negativ ist.

Um die folgenden Betrachtungen nicht zu unterbrechen, werde eine einfache Bemerkung eingeschaltet, die sich auf ein Integral von der Form

$$\int_{t_0}^{t_1} F(x, y, x', y')\, dt \tag{3.}$$

bezieht. Dieses Integral werde über ein hinreichend kleines Stück einer beliebigen Curve ausgedehnt, die in jedem Punkte eine bestimmte Tangentenrichtung zulässt, die sich ihrerseits längs der Curve stetig ändern möge. Es sei σ die vom Punkte (t_0) aus gerechnete Bogenlänge der Curve, und x_0, y_0, p_0, q_0 seien die Coordinaten dieses Punktes und die Richtungscosinus der Curventangente in dem Punkte. Versteht man unter $(\sigma)_1, (\sigma)_2, (\sigma)_3$ Functionen von σ, die zugleich mit dieser Grösse verschwinden, so kann man

$$x = x_0 + (p_0 + (\sigma)_1)\sigma,$$
$$y = y_0 + (q_0 + (\sigma)_2)\sigma$$

setzen, mithin weiter

$$F(x, y, x', y') = F(x_0, y_0, p_0, q_0) + (\sigma)_3;$$

damit wird das Integral (3.), wenn man darin σ als Integrationsvariable einführt und die Integration von $\sigma = 0$ beginnend bis zu einem hinreichend kleinen Werthe σ_1 erstreckt, übergehen in

$$(4.) \qquad \int_{t_0}^{t_1} F(x, y, x', y')\, dt = F(x_0, y_0, p_0, q_0)\,\sigma_1 + \bar{\sigma}_1 \sigma_1,$$

wo wieder unter $\bar{\sigma}_1$ eine mit σ_1 zugleich beliebig klein werdende Grösse zu verstehen ist. Andrerseits ist aber

$$F(x_1, y_1, p_1, q_1) - F(x_0, y_0, p_0, q_0)$$

eine mit σ_1 zugleich verschwindende Grösse; das Integral (3.) kann mithin auch in folgender Form geschrieben werden:

$$(5.) \qquad \int_{t_0}^{t_1} F(x, y, x', y')\, dt = F(x_1, y_1, p_1, q_1)\,\sigma_1 + \bar{\bar{\sigma}}_1 \sigma_1,$$

wo $\bar{\bar{\sigma}}_1$ von derselben Beschaffenheit wie $\bar{\sigma}_1$ ist.

Nunmehr wähle man auf der Curve $(\overline{0\ 1})$ einen Punkt 3, der zwischen 0 und 2 gelegen ist, und bezeichne mit σ die Länge des Bogens $(\overline{3\ 2})$, dann ist

$$\varphi(s - \sigma) = I_{03} + \bar{I}_{31} - I_{01},$$

mithin

$$\varphi(s - \sigma) - \varphi(s) = -I_{02} - \bar{I}_{21} + I_{01} + I_{03} + \bar{I}_{31} - I_{01}$$

oder

$$(6.) \qquad \varphi(s - \sigma) - \varphi(s) = -I_{02} + \bar{I}_{32} + I_{03}.$$

Wenn der Punkt 3 so nahe am Punkte 2 gelegen ist, dass die eben gemachte

Bemerkung auf das Integral $\bar{I}_{32}$ anwendbar ist, so liefert die Formel (5.) unmittelbar

$$(7.)\qquad \bar{I}_{32} = F(x_2, y_2, \bar{p}_2, \bar{q}_2)\sigma + \bar{\sigma}\sigma,$$

wobei zu beachten ist, dass die Grössen $\bar{p}_2, \bar{q}_2$ den Richtungscosinus der Curve $(\overline{0\ 1})$ im Punkte 2 proportional sind. Auf die Differenz $I_{03} - I_{02}$ lässt sich die Formel S. 212 (5.) anwenden; man hat jedoch darin an die Stelle der Grössen $\bar{p}_2, \bar{q}_2$ ihre negativen Werthe zu setzen, weil jetzt der Durchlaufungssinn des Integrationsweges vom Punkte 3 noch dem Punkte 2 gerichtet ist, im Gegensatz zu dem, der jener Formel zu Grunde lag. Danach erhält man

$$(8.)\qquad I_{03} - I_{02} = \{-F^{(1)}(x_2, y_2, p_2, q_2)\bar{p}_2 - F^{(2)}(x_2, y_2, p_2, q_2)\bar{q}_2 + S\}\sigma.$$

In den Formeln (7.) und (8.) bedeuten $\bar{\sigma}$ und S Grössen, die zugleich mit σ verschwinden.

Vereinigt man die Gleichungen (7.) und (8.) durch Addition und führt nun die Function $\mathcal{E}$ mittels der Formel S. 213 (9.) ein, so geht aus der Gleichung (6.) die folgende hervor:

$$(9.)\qquad \varphi(s-\sigma) - \varphi(s) = \mathcal{E}(x_2, y_2; p_2, q_2; \bar{p}_2, \bar{q}_2)\sigma + (\sigma)\sigma.$$

Hieraus schliesst man, dass der Differenzenquotient

$$\frac{\varphi(s-\sigma) - \varphi(s)}{-\sigma}$$

sich unbegrenzt dem Werthe $-\mathcal{E}(x_2, y_2; p_2, q_2; \bar{p}_2, \bar{q}_2)$ nähert, wenn σ selbst unendlich klein wird.

Man hat jedoch noch zu zeigen, dass wenn die Annäherung von der entgegengesetzten Seite erfolgt, derselbe Grenzwerth erhalten wird. Zu dem Ende wähle man auf der Curve $(\overline{0\ 1})$ einen zwischen den Punkten 2 und 1 gelegenen Punkt 4 und bezeichne die Länge des Bogens $(\overline{2\ 4})$ der Einfachheit wegen wieder mit σ. Dann hat man

$$\varphi(s+\sigma) - \varphi(s) = I_{04} + \bar{I}_{41} - I_{01} - I_{02} - \bar{I}_{21} + I_{01} = I_{04} - \bar{I}_{24} - I_{02}.$$

Die Formel S. 212 (5.) ergiebt jetzt ohne Weiteres

$$I_{04} - I_{02} = \{F^{(1)}(x_2, y_2, p_2, q_2)\bar{p}_2 + F^{(2)}(x_2, y_2, p_2, q_2)\bar{q}_2 + S'\}\sigma,$$

während der Gleichung (4.) zufolge

$$\bar{I}_{24} = F(x_2, y_2, \bar{p}_2, \bar{q}_2)\sigma + \bar{\sigma}'\sigma$$

wird. Man sieht, dass auch der Differenzenquotient

$$\frac{\varphi(s+\sigma) - \varphi(\sigma)}{\sigma}$$

sich dem Grenzwerth $-\mathfrak{E}(x_2, y_2; p_2, q_2; \bar{p}_2, \bar{q}_2)$ nähert, wenn σ selbst unendlich klein wird.

Damit ist in aller Strenge nachgewiesen, dass die Function $\varphi(s)$ den Differentialquotienten

$$(10.) \qquad \frac{d\varphi(s)}{ds} = -\mathfrak{E}(x_2, y_2; p_2, q_2; \bar{p}_2, \bar{q}_2)$$

besitzt. In dieser Formel bedeuten — um noch einmal darauf hinzuweisen — x_2, y_2 die Coordinaten eines beliebigen Punktes des Curvenbogens $(\overline{0\ 1})$, der der Differentialgleichung $G = 0$ nicht genügt, $\bar{p}_2, \bar{q}_2$ die Richtungscosinus der Tangente an diese Curve in dem betrachteten Punkte, dagegen p_2, q_2 die Richtungscosinus der Tangente an diejenige Curve (0 2) in demselben Punkte 2, die die Differentialgleichung $G = 0$ befriedigt. Im Hinblick auf die Formel S. 214 (12.) kann man sich leicht klarmachen, wie sich die Gleichung (10.) ändert, wenn unter $p_2, q_2; \bar{p}_2, \bar{q}_2$ nicht mehr die Richtungscosinus selbst, sondern zu diesen proportionale Grössen verstanden werden.

Bei dem Beweise der Formel (10.) ist von der Voraussetzung (S. 221) Gebrauch gemacht worden, dass die Curve $(\overline{0\ 1})$ überall ihre Tangentenrichtung stetig ändere.

Nimmt man nun an, dass die Function $\mathfrak{E}(x_2, y_2; p_2, q_2; \bar{p}_2, \bar{q}_2)$ für alle in Betracht kommenden Werthsysteme ihrer Argumente bestimmt positiv sei, so sagt die Gleichung (10.) aus, dass die Function $\varphi(s)$ beständig abnehme, wenn der Punkt 2 die Curve $(\overline{0\ 1})$ von 0 beginnend bis 1 durchläuft. Der Endwerth von $\varphi(s)$ ist aber gleich Null, also ist $\varphi(s)$ fortwährend positiv, d. h. nach der Erklärung der Function $\varphi(s)$ der Formel (2.) zufolge, es ist

$$I_{02} + \bar{I}_{21} - I_{01} > 0$$

oder

$$I_{02} + \bar{I}_{21} > I_{01},$$

und insbesondere, wenn der Punkt 2 mit 0 zusammenfällt,

$$\overline{I}_{01} > I_{01};$$

und zwar ist dabei das Zeichen $>$ im eigentlichen Sinne zu nehmen, ein Gleichwerden der beiden Integrale findet nicht statt.

Diese Schlussfolgerung gilt auch, wenn die Function $\mathcal{E}$ an einzelnen Punkten oder längs einzelner Stücke, jedoch nicht in jedem Punkte der Curve $(\overline{0\ 1})$ verschwindet. Man kann dann nämlich noch aussagen, dass die Function $\varphi(s)$ zwar nicht beständig abnehme, aber doch auch nicht zunehme und nicht konstant bleibe, während der Punkt 2 die Curve $(\overline{0\ 1})$ durchläuft, also jedenfalls für den Endpunkt 0 einen positiven Werth hat.

Man kann demnach folgenden Satz aussprechen:

Wenn die Function $\mathcal{E}$ in keinem Punkte einer beliebigen innerhalb des betrachteten Flächenstreifens gelegenen, die Punkte 0 und 1 verbindenden Curve $(\overline{0\ 1})$ positiv ist und nicht in allen Punkten der Curve verschwindet, so hat das vorgelegte Integral, über die der Differentialgleichung $G = 0$ genügende Curve $(0\ 1)$ erstreckt, einen grösseren Werth als dasselbe über die Curve $(\overline{0\ 1})$ erstreckte Integral; und wenn die Function $\mathcal{E}$ längs der Curve $(\overline{0\ 1})$ nirgends negativ ist und auch nicht in jedem Punkte verschwindet, so ist das über die ursprüngliche Curve $(0\ 1)$ erstreckte Integral stets kleiner als das über die willkürliche Curve $(\overline{0\ 1})$ erstreckte.

Von der Voraussetzung, dass die beliebige Curve $(\overline{0\ 1})$ überall eine stetige Änderung ihrer Tangentenrichtung besitzen soll, kann man absehen, wenn man nur annimmt, dass sich die Curve in eine endliche Anzahl solcher Stücke zerlegen lasse. Denn aus der Definition der Function $\varphi(s)$ (S. 220 (2.)) folgt, dass sie auch dann noch eine stetige Function ihres Argumentes bleibt, wenn das Integral $\overline{I}_{21}$ in eine endliche Anzahl Summanden zerlegt wird; daher behalten auch noch die Grenzübergänge bezüglich der Differenzenquotienten ihre Gültigkeit mit der Massgabe, dass für die Punkte mit unstetiger Tangentenrichtung nur eine Annäherung von dem Innern der betreffenden an einander stossenden Curvenstücke in Frage kommt. Hierdurch wird aber das Ergebniss über den Verlauf der Function $\varphi(s)$ selbst nicht beeinflusst.

Schliesslich bleibt noch übrig, den Fall zu untersuchen, wo die Function $\mathfrak{E}$ längs der Curve $(\overline{0\ 1})$ in jedem Punkte den Werth Null hat.

Unter der schon oben (S. 218) gemachten Voraussetzung, dass die Function $F_1(x, y, x', y')$ nicht nur längs der ursprünglichen Curve $(0\ 1)$, sondern für beliebige Argumentpaare x', y' des betrachteten Flächenstreifens von Null verschieden sei, kann der Formel (1.) zufolge die Function $\mathfrak{E}$ nur dann verschwinden, wenn der Factor $1-p\bar{p}-q\bar{q}$ den Werth Null hat. Das ist, wie leicht einzusehen, nur dann möglich, wenn die durch die Richtungscosinus p, q bestimmte Richtung mit der durch $\bar{p}, \bar{q}$ definirten übereinstimmt, d. h. wenn

$$p\bar{q}-q\bar{p} = 0$$

ist. In dem vorliegenden Falle muss dann die willkürliche Curve $(\overline{0\ 1})$ in dem beliebigen Punkte 2 von der dort eintreffenden, der Differentialgleichung $G = 0$ genügenden Curve $(0\ 2)$ berührt werden. Soll dies in jedem Punkte der Curve $(\overline{0\ 1})$ stattfinden, so müsste diese die sämmtlichen von 0 ausgehenden der Differentialgleichung $G = 0$ genügenden Curven, soweit sie mit ihr überhaupt einen Punkt gemeinsam haben, berühren, d. h. sie müsste eine Einhüllende jenes Curvensystems darstellen, wofern sie nicht selbst zu den Curven gehört, die die Differentialgleichung $G = 0$ befriedigen. Diese geometrische Überlegung lässt sich leicht analytisch beweisen.

Es soll nun gezeigt werden, dass die Curve, die den geometrischen Ort der zum Anfangspunkte 0 conjugirten Punkte bildet, mit dieser Einhüllenden des soeben erwähnten Systems der durch 0 gehenden und der Differentialgleichung $G = 0$ genügenden Curven übereinstimmt.

Man kann nämlich sämmtliche der Differentialgleichung $G = 0$ genügende Curven, die durch denselben Punkt gehen, und deren Anfangsrichtungen hinreichend wenig von einander verschieden sind, durch Gleichungen der Form

$$x = \varphi(t, \varkappa), \quad y = \psi(t, \varkappa)$$

darstellen, wo jedem Werthe der Constanten $\varkappa$, der zwischen zwei gewissen Grenzen gelegen ist, eine bestimmte Curve entspricht. Ertheilt man dieser Grösse einen bestimmten festen Werth $\varkappa$ und darauf einen zweiten, $\varkappa+\varkappa'$, so lässt sich die diesem Werthe entsprechende Curve durch die Gleichungen

$$\begin{cases} x+\xi = \varphi(t+\tau', \varkappa+\varkappa') \\ y+\eta = \psi(t+\tau', \varkappa+\varkappa') \end{cases}$$

darstellen, wo dem Anfangspunkte derselbe Werth t_0 von t entsprechen soll. Für hinreichend kleine Werthe von τ' und $\varkappa'$ hat man

$$\begin{cases} \xi = \varphi'(t)\tau' + \dfrac{\partial\varphi}{\partial\varkappa}\varkappa' + (\tau', \varkappa')_2 \\ \eta = \psi'(t)\tau' + \dfrac{\partial\psi}{\partial\varkappa}\varkappa' + (\tau', \varkappa')_2. \end{cases}$$

Sollen beide Curven einen zweiten Punkt gemeinsam haben, so muss $\xi = 0$, $\eta = 0$ sein, und die Determinante der linearen Glieder liefert, wie im zwanzigsten Kapitel gezeigt worden ist, gleich Null gesetzt die Gleichung zur Bestimmung des zum Anfangspunkte conjugirten Punktes, nämlich

$$\varphi'(t)\frac{\partial\psi}{\partial\varkappa} - \psi'(t)\frac{\partial\varphi}{\partial\varkappa} = 0. \tag{11.}$$

Ist t_1 die kleinste auf t_0 folgende Wurzel dieser Gleichung, so sind

$$\bar{x} = \varphi(t_1, \varkappa), \quad \bar{y} = \psi(t_1, \varkappa)$$

die Coordinaten dieses Punktes. Man betrachte nun t_1 als Function des Argumentes $\varkappa$, wie sie durch die Gleichung (11.) und durch die soeben ausgesprochene nähere Bestimmung von t_1 definirt wird, dann werden damit auch die Grössen $\bar{x}$, $\bar{y}$ bestimmte Functionen von $\varkappa$ und definiren eine Curve, den geometrischen Ort der zum Anfangspunkte 0 conjugirten Punkte auf den verschiedenen von 0 ausgehenden und der Differentialgleichung $G = 0$ genügenden Curven.

Die Richtungscosinus der Tangente in irgend einem Punkte des betrachteten geometrischen Ortes sind den Grössen $\frac{d\bar{x}}{d\varkappa}$, $\frac{d\bar{y}}{d\varkappa}$ proportional. Nun ist aber

$$\frac{d\bar{x}}{d\varkappa} = \frac{\partial\varphi(t_1, \varkappa)}{\partial t_1}\frac{dt_1}{d\varkappa} + \frac{\partial\varphi(t_1, \varkappa)}{\partial\varkappa},$$

$$\frac{d\bar{y}}{d\varkappa} = \frac{\partial\psi(t_1, \varkappa)}{\partial t_1}\frac{dt_1}{d\varkappa} + \frac{\partial\psi(t_1, \varkappa)}{\partial\varkappa},$$

und hieraus erhält man, wenn man wieder

$$\frac{\partial \varphi(t_1, \varkappa)}{\partial t_1} = \varphi'(t_1),$$

$$\frac{\partial \psi(t_1, \varkappa)}{\partial t_1} = \psi'(t_1)$$

setzt,

$$\varphi'(t_1)\frac{d\bar{y}}{d\varkappa} - \psi'(t_1)\frac{d\bar{x}}{d\varkappa} = 0. \tag{12.}$$

Da nun $\varphi'(t_1)$, $\psi'(t_1)$ den Richtungscosinus der Tangente proportional sind, die im Punkte (t_1) an eine von (t_0) nach (t_1) gezogene, der Differentialgleichung $G = 0$ genügende Curve gelegt werden kann, so sagt die vorstehende Gleichung aus, dass in dem erwähnten Punkte diese Tangente mit der des vorher betrachteten geometrischen Ortes zusammenfallen muss. Damit ist die Behauptung bewiesen, dass die Curve der zum Punkte 0 conjugirten Punkte für alle durch 0 gehenden Curven, die der Differentialgleichung $G = 0$ genügen, die Einhüllende dieser Curven ist.

Beschränkt man den die Curve (0 1) umgebenden Flächenstreifen so, dass er ganz in das Innere des von der Einhüllenden begrenzten Gebietes fällt, so kann man zeigen, dass eine Curve von der Beschaffenheit, dass sie von jeder durch 0 gehenden und der Differentialgleichung $G = 0$ genügenden Curve berührt wird, nicht vorkommen kann.

Es sei nämlich

$$\bar{x} = f(u), \quad \bar{y} = g(u)$$

eine beliebige, vom Anfangspunkte 0 ausgehende Curve die jedoch ganz innerhalb des von der Hüllcurve begrenzten Gebietes verläuft, und die mit keiner der von 0 ausgehenden, der Gleichnng $G = 0$ genügenden Curven gänzlich zusammenfällt. Soll sie von diesen Curven berührt werden, so müssen für einen Berührungspunkt folgende Gleichungen erfüllt sein:

$$\begin{aligned} \varphi(t, \varkappa) &= f(u), \\ \psi(t, \varkappa) &= g(u), \\ \frac{\partial \varphi}{\partial t}\frac{dg}{du} - \frac{\partial \psi}{\partial t}\frac{df}{du} &= 0; \end{aligned} \tag{13.}$$

durch die beiden ersten dieser Gleichungen bestimmen sich die dem Berührungspunkte zugehörigen Werthe von t und u als Functionen von $\varkappa$, und zwar, dem oben (S. 225) Bemerkten zufolge, für alle Werthe von $\varkappa$, deren absoluter Betrag hinreichend klein ist. Unter der hier gestatteten Voraussetzung der Differentiirbarkeit erhält man

$$\frac{\partial\varphi}{\partial t}\frac{dt}{d\varkappa}+\frac{\partial\varphi}{\partial\varkappa}=\frac{df}{du}\frac{du}{d\varkappa},$$

$$\frac{\partial\psi}{\partial t}\frac{dt}{d\varkappa}+\frac{\partial\psi}{\partial\varkappa}=\frac{dg}{du}\frac{du}{d\varkappa},$$

und hieraus in Verbindung mit der Gleichung (13.)

$$\frac{\partial\varphi}{\partial t}\frac{\partial\psi}{\partial\varkappa}-\frac{\partial\psi}{\partial t}\frac{\partial\varphi}{\partial\varkappa}=0.$$

Dies ist aber gerade die Gleichung, die zur Bestimmung des zu 0 conjugirten Punktes diente. Der Berührungspunkt irgend einer von 0 ausgehenden, der Differentialgleichung $G=0$ genügenden Curve mit der ebenfalls durch 0 gehenden, aber sonst beliebig angenommenen Curve muss also der zu 0 conjugirte Punkt sein. Dies wäre aber nur möglich, wenn die jetzt betrachtete Curve mit der Einhüllenden zusammenfiele, der Voraussetzung zuwider. Innerhalb des von der Hüllcurve begrenzten Gebietes kann es also keine Curve von der Beschaffenheit geben, dass jede der Differentialgleichung $G=0$ genügende Curve, die den Punkt 0 mit einem Punkte jener Curve verbindet, sie gleichzeitig berührt.

Schliesslich ist auch leicht einzusehen, dass die willkürlich gezogene Curve $(\overline{0\ 1})$ nicht in ihrer ganzen Ausdehnung der Differentialgleichung $G=0$ genügen kann. Denn da innerhalb des zu Eingang dieses Kapitels definirten Flächenstreifens zwischen den Punkten 0 und 1 nur eine der Differentialgleichung $G=0$ genügende Curve gezogen werden kann, so müsste dann die Curve $(\overline{0\ 1})$ mit der ursprünglichen $(0\ 1)$ zusammenfallen, könnte also keine Variation dieser Curve darstellen.

Nunmehr ist in aller Strenge der Nachweis erbracht, dass die Function $\mathfrak{E}$ nicht längs der ganzen variirten Curve $(\overline{0\ 1})$ verschwinden kann.

Nachdem dies festgestellt ist, kann man nun die Richtigkeit des am Anfang dieses Kapitels ausgesprochenen Satzes in folgender Weise darthun. Aus der Stetigkeit der Function F_1 folgt, dass die in der Formel (1.) auftretende

Grösse $\overline{F}_1$ in $F_1(x, y, p, q)$ übergeht, wenn die Grösse $\bar{p}$ sich dem Werthe p, und die Grösse $\bar{q}$ sich dem Werthe q unbegrenzt nähern. Der zweiten nothwendigen Bedingung (S. 170) zufolge hat aber die Function $F_1(x, y, x', y')$ längs der Curve (0 1) ein bestimmtes Vorzeichen, etwa das positive. Daraus folgt, dass die Grösse $\overline{F}_1$ für beliebige Werthe $\bar{p}, \bar{q}$ längs der Curve (0 1) positiv ist, und weiter wegen der Stetigkeit, dass sie in einem gewissen, die Curve umgebenden Flächenstreifen ebenfalls positiv sein muss. Liegt daher die variirte Curve $\overline{(0\ 1)}$ innerhalb dieses Flächenstreifens, so ist, der Formel (1.) zufolge, auch die Grösse $\mathcal{E}(x, y; p, q; \bar{p}, \bar{q})$ positiv, wofern nur das Wertheprar $\bar{p}, \bar{q}$ von p, q verschieden ist. Nunmehr kann man aber auf den oben (S. 224) ausgesprochenen Satz zurückgreifen, und damit ist die Behauptung in vollem Umfange bewiesen.

Vierundzwanzigstes Kapitel.

Ergänzende Bemerkungen. — Beispiele.

In manchen Fällen ist es nützlich, den Zusammenhang der Function $\mathfrak{E}(x, y; p, q; \bar{p}, \bar{q})$ mit der Function F_1 durch eine andere Formel darzustellen statt durch die Gleichung S. 218 (1.). Man hat nämlich allgemein nach dem Taylorschen Lehrsatz für irgend eine den Voraussetzungen dieses Satzes genügende Function $f(x, y)$:

$$f(\bar{p}, \bar{q}) - f(p, q) = \int_0^1 \{(\bar{p}-p) f^{(1)}(p+\varepsilon(\bar{p}-p), q+\varepsilon(\bar{q}-q))$$
$$+ (\bar{q}-q) f^{(2)}(p+\varepsilon(\bar{p}-p), q+\varepsilon(\bar{q}-q))\} d\varepsilon,$$

unter $f^{(1)}$ und $f^{(2)}$ die partiellen Ableitungen von f verstanden. Wendet man diese Formel auf die Functionen $F^{(1)}$ und $F^{(2)}$ an und beachtet, dass nach S. 96 (13.)

$$\frac{\partial F^{(1)}}{\partial p} = q^2 F_1,$$
$$\frac{\partial F^{(1)}}{\partial q} = \frac{\partial F^{(2)}}{\partial p} = -pq F_1,$$
$$\frac{\partial F^{(2)}}{\partial q} = p^2 F_1$$

ist, so erhält man, wenn man noch zur Abkürzung

$$p_\varepsilon = p + \varepsilon(\bar{p}-p) = (1-\varepsilon)p + \varepsilon\bar{p},$$
$$q_\varepsilon = q + \varepsilon(\bar{q}-q) = (1-\varepsilon)q + \varepsilon\bar{q}$$

setzt und die Gleichung S. 214 (10.) benutzt,

$$\mathfrak{E}(x, y; p, q; \bar{p}, \bar{q}) = \bar{p} \int_0^1 F_1(x, y, p_\varepsilon, q_\varepsilon)(q_\varepsilon^2(\bar{p}-p) - p_\varepsilon q_\varepsilon(\bar{q}-q)) \, d\varepsilon$$
$$+ \bar{q} \int_0^1 F_1(x, y, p_\varepsilon, q_\varepsilon)(p_\varepsilon^2(\bar{q}-q) - p_\varepsilon q_\varepsilon(\bar{p}-p)) \, d\varepsilon$$

oder

$$(1.)\qquad \mathcal{E}(x,y;p,q;\bar{p},\bar{q}) = (p\bar{q}-q\bar{p})^2\int_0^1 F_1(x,y,p_\varepsilon,q_\varepsilon)(1-\varepsilon)\,d\varepsilon.$$

Diese Formel versagt jedoch, wenn die Grössen p_ε, q_ε zugleich verschwinden, weil dann die Function F_1 unendlich gross wird. Das tritt ein, wenn die Determinante $p\bar{q}-q\bar{p}$ den Werth Null hat, insbesondere, falls die Grössen p, q, $\bar{p}$, $\bar{q}$ die Richtungscosinus der betreffenden Richtungen selbst bedeuten, wenn $\varepsilon = \frac{1}{2}$ und $\bar{p} = -p$, $\bar{q} = -q$ ist. Man muss daher diese Möglichkeit ausdrücklich ausschliessen und erhält unter dieser Voraussetzung, indem man auf das Integral den Mittelwerthsatz anwendet, weiter die Formel

$$(2.)\qquad \mathcal{E}(x,y;p,q;\bar{p},\bar{q}) = \frac{1}{2}(p\bar{q}-q\bar{p})^2 F_1(x,y,p_\varepsilon,q_\varepsilon),$$

worin aber jetzt ε eine bestimmte zwischen Null und Eins gelegene Grösse bedeutet. Aus der gefundenen Formel ist z. B. sogleich ersichtlich, dass $\mathcal{E}(x,y;p,q;\bar{p},\bar{q})$ von zweiter Ordnung verschwindet, wenn die beiden durch p, q und $\bar{p}$, $\bar{q}$ bestimmten Richtungen zusammenfallen.

Für die im vorhergehenden Kapitel bewiesenen Ergebnisse war es ferner von wesentlicher Bedeutung, dass die variirte Curve aus der ursprünglichen durch ganz beliebige Variationen der Coordinaten hervorgehen konnte, vorausgesetzt, dass diese Variationen dem absoluten Betrage nach eine bestimmte positive Grenze nicht überschritten; über die Ableitungen der Variationen in Bezug auf die Veränderliche t waren jedoch keinerlei Voraussetzungen gemacht worden, worauf bereits früher (S. 213) hingewiesen worden ist. Es ist daher auch nicht ausgeschlossen, dass die Coordinaten eines beliebigen Punktes der variirten Curve, betrachtet als Functionen von t, überhaupt keine Ableitungen besitzen. Dann hat freilich das Integral

$$\int_{t_0}^{t_1} F(f(t),g(t),f'(t),g'(t))\,dt,$$

wenn es über eine solche Curve $x = f(t)$, $y = g(t)$ erstreckt wird, zunächst gar keine Bedeutung. Jedoch lässt sich die Definition des Integrals, wie jetzt gezeigt werden soll, so erweitern, dass sie unter bestimmten Voraussetzungen auch in dem soeben betrachteten allgemeineren Falle Bedeutung hat.

Zu dem Ende soll, zunächst noch unter der Annahme, dass die Functionen $f(t), g(t)$ für jeden Werth t des Integrationsbereiches eine Ableitung haben, das vorstehende Integral in einer anderen Form geschrieben werden. Schaltet man n Zwischenwerthe der Variablen t zwischen t_0 und t_1 ein, die in wachsender Reihenfolge mit $\tau_1, \tau_2, \ldots \tau_n$ bezeichnet werden mögen, so lässt sich das Integral in eine Summe von $n+1$ Integralen zerlegen:

$$\int_{t_0}^{\tau_1} F dt + \int_{\tau_1}^{\tau_2} F dt + \cdots + \int_{\tau_{n-1}}^{\tau_n} F dt + \int_{\tau_n}^{t_1} F dt.$$

Den Werthen $t_0, \tau_1, \tau_2, \ldots \tau_n, t_1$ mögen die Punkte mit den Coordinaten x_0, y_0; x_1, y_1; x_2, y_2; $\ldots x_n, y_n$; x_{n+1}, y_{n+1} entsprechen; dann hat man

$$\begin{aligned}
x_1 \ - x_0 &= f'(t_0)(\tau_1 - t_0) + (\tau_1 - t_0)[\tau_1 - t_0], \\
&\cdot\ \cdot\ \cdot\ \cdot\ \cdot\ \cdot\ \cdot\ \cdot\ \cdot\ \cdot\ \cdot\ \cdot\ \cdot\ \cdot\ \cdot \\
x_{n+1} - x_n &= f'(\tau_n)(t_1 - \tau_n) + (t_1 - \tau_n)[t_1 - \tau_n], \\
y_1 \ - y_0 &= g'(t_0)(\tau_1 - t_0) + (\tau_1 - t_0)[\tau_1 - t_0], \\
&\cdot\ \cdot\ \cdot\ \cdot\ \cdot\ \cdot\ \cdot\ \cdot\ \cdot\ \cdot\ \cdot\ \cdot\ \cdot\ \cdot\ \cdot \\
y_{n+1} - y_n &= g'(\tau_n)(t_1 - \tau_n) + (t_1 - \tau_n)[t_1 - \tau_n],
\end{aligned}$$

wobei mit $[\tau_1 - t_0]$, $[\tau_\nu - \tau_{\nu-1}]$, $[t_1 - \tau_n]$ (für $\nu = 2, 3, \ldots n$) Grössen bezeichnet werden, die zugleich mit den Differenzen $\tau_1 - t_0$, $\tau_\nu - \tau_{\nu-1}$, $t_1 - \tau_n$ unendlich klein werden.

Für das erste der in der obigen Summe auftretenden Integrale setze man nun

$$\begin{aligned}
x &= x_0 + x_0'(t - t_0) + (t - t_0)[t - t_0]_1, \\
y &= y_0 + y_0'(t - t_0) + (t - t_0)[t - t_0]_2, \\
x' &= x_0' + x_0''(t - t_0) + (t - t_0)[t - t_0]_3, \\
y' &= y_0' + y_0''(t - t_0) + (t - t_0)[t - t_0]_4,
\end{aligned}$$

für das zweite

$$\begin{aligned}
x &= x_1 + x_1'(t - \tau_1) + (t - \tau_1)[t - \tau_1]_1, \\
y &= y_1 + y_1'(t - \tau_1) + (t - \tau_1)[t - \tau_1]_2, \\
x' &= x_1' + x_1''(t - \tau_1) + (t - \tau_1)[t - \tau_1]_3, \\
y' &= y_1' + y_1''(t - \tau_1) + (t - \tau_1)[t - \tau_1]_4
\end{aligned}$$

und entsprechend für alle folgenden Integrale, wobei x_0', y_0'; $x_1', y_1', \ldots$ die Werthe von $f'(t), g'(t)$ bedeuten, die entstehen, wenn t gleich $t_0, \tau_1, \ldots$ gesetzt wird, und die durch eckige Klammern bezeichneten Grössen die nämliche

Eigenschaft haben sollen, wie vorher angegeben worden ist. Alle diese Ausdrücke setze man in die obigen Integrale ein und entwickele diese sodann in Reihen, die nach Potenzen der Differenzen

$$\tau_\nu - \tau_{\nu-1} \qquad (\nu = 1, 2, \dots n+1)$$

fortschreiten, indem man noch der Kürze wegen τ_0 statt t_0 und τ_{n+1} statt t_1 schreibt. Nach erfolgter Integration ergiebt sich sodann, abgesehen von Gliedern, die in Bezug auf die Grössen $\tau_\nu - \tau_{\nu-1}$ von mindestens zweiter Ordnung unendlich klein werden, ein Ausdruck von der Form

$$\sum_{\nu=1}^{n+1} (\tau_\nu - \tau_{\nu-1})\, F(x_{\nu-1}, y_{\nu-1}, x'_{\nu-1}, y'_{\nu-1}).$$

Das Integral selbst geht aus diesem Ausdruck dadurch hervor, dass man die Zahl n der eingeschalteten Werthe $\tau_1, \tau_2, \dots \tau_n$ unbegrenzt vermehrt, während zugleich jede der Differenzen $\tau_\nu - \tau_{\nu-1}$ unendlich klein wird, was durch

$$\lim \sum_{\nu=1}^{n+1} (\tau_\nu - \tau_{\nu-1})\, F(x_{\nu-1}, y_{\nu-1}, x'_{\nu-1}, y'_{\nu-1})$$

angedeutet werden möge. Nun sind aber die Grössen $\tau_\nu - \tau_{\nu-1}$ positiv, während die Function $F(x, y, x', y')$ in Bezug auf die Argumente x', y' positiv homogen von der ersten Dimension ist (S. 94). Man kann daher den vorstehenden Ausdruck auch in der Form

$$\lim \sum_{\nu=1}^{n+1} F(x_{\nu-1}, y_{\nu-1}, (\tau_\nu - \tau_{\nu-1})\, x'_{\nu-1}, (\tau_\nu - \tau_{\nu-1})\, y'_{\nu-1})$$

schreiben, und indem man von den schon einmal benutzten Formeln

$$\begin{aligned} x_\nu - x_{\nu-1} &= (\tau_\nu - \tau_{\nu-1})\, x'_{\nu-1} + (\tau_\nu - \tau_{\nu-1})\, [\tau_\nu - \tau_{\nu-1}], \\ y_\nu - y_{\nu-1} &= (\tau_\nu - \tau_{\nu-1})\, y'_{\nu-1} + (\tau_\nu - \tau_{\nu-1})\, [\tau_\nu - \tau_{\nu-1}] \end{aligned}$$

nochmals Gebrauch macht, erhält man schliesslich für das ursprüngliche Integral folgenden Ausdruck:

$$\lim \sum_{\nu=1}^{n+1} F(x_{\nu-1}, y_{\nu-1}, x_\nu - x_{\nu-1}, y_\nu - y_{\nu-1}).$$

Wie man sieht, enthält dieser Ausdruck nicht mehr die Werthe der Ableitungen der Functionen $x = f(t)$, $y = g(t)$, sondern nur noch die Werthe dieser Functionen selbst. Er kann daher als eine Erklärung des Integrals auch dann gelten, wenn jene Ableitungen längs der Curve, über die das Integral zu erstrecken ist, garnicht mehr existiren.

Ist also eine beliebige Curve gegeben, so nehme man auf ihr eine Reihe von Punkten $x_0, y_0; x_1, y_1; \dots x_{n+1}, y_{n+1}$ der Art an, dass der Abstand je zweier auf einander folgender eine beliebig klein zu wählende positive Grösse δ nicht überschreitet, und bilde die Summe

$$F(x_0, y_0, x_1 - x_0, y_1 - y_0) + \cdots + F(x_n, y_n, x_{n+1} - x_n, y_{n+1} - y_n).$$

Lässt man nun δ kleiner und kleiner werden, indem man zugleich die Anzahl der Punkte unbegrenzt vermehrt, und nähert sich dabei die Summe einem bestimmten von der Wahl der Zwischenpunkte unabhängigen Grenzwerthe, so soll dieser den Werth des über die Curve erstreckten Integrals

$$\int_{t_0}^{t_1} F(x, y, x', y')\, dt$$

darstellen. Es kann allerdings auch vorkommen, dass die Summe keinem bestimmten Grenzwerthe näherkommt, sondern zum Beispiel zwischen zwei bestimmten Werthen beständig hin und her schwankt. In solchem Falle hat das über die Curve erstreckte Integral in der obigen Bedeutung keinen Sinn mehr.

Die vorstehende Erklärung des Integrals ist allgemeiner als die bisher benutzte, mit der sie jedoch überall da übereinstimmt, wo jene einen Sinn hat.

Denkt man sich die auf der Curve angenommenen Punkte in derselben Reihenfolge durch eine gebrochene Linie verbunden, so wird das über diese gebrochene Linie erstreckte Integral sich demselben Grenzwerthe nähern, wie das über die Curve selbst erstreckte, sofern nur das Integral überhaupt eine bestimmte Bedeutung hat.

Hieraus kann man aber folgenden Schluss ziehen. Wird eine Curve (0 1), für die alle bisher aufgestellten nothwendigen und hinreichenden Bedingungen des Maximums oder Minimums eines gegebenen Integrals erfüllt sind, in beliebiger Weise variirt, so kann man, wofern nur das über die variirte Curve erstreckte Integral in dem vorher definirten Sinne eine Bedeutung hat, eine gebrochene Linie von der Beschaffenheit ziehen, dass das über diese erstreckte Integral von dem über die variirte Curve erstreckten beliebig wenig verschieden ist, und dass daher auf diese der im vorigen Kapitel (S. 224) bewiesene Satz anwendbar ist. Mithin kann das Integral der variirten Curve im Falle eines Maximums nicht grösser, im Falle eines Minimums nicht kleiner sein als das über die ursprüngliche Curve erstreckte Integral. —

Wir beschliessen dieses Kapitel mit einigen Bemerkungen über die bereits mehrfach behandelten Beispiele.

Bei der Aufgabe der Bestimmung einer Rotationsfläche kleinsten Flächeninhalts war bereits im zweiundzwanzigsten Kapitel (S. 216) bemerkt worden, dass die Function

$$F_1 = \frac{y}{\sqrt{(x'^2+y'^2)^3}}$$

(S. 146) für alle der positiven Halbebene angehörigen Punkte und für beliebige Argumentwerthe x', y' einen positiven Werth hat, und dass demnach dasselbe auch für die Function $\mathcal{E}$ gilt. Man findet in der That nach S. 217 (16.), wenn man $p^2+q^2=1$, $\bar{p}^2+\bar{q}^2=1$ annimmt,

$$\mathcal{E}(x, y; p, q; \bar{p}, \bar{q}) = (1-p\bar{p}-q\bar{q})y,$$

und dieser Ausdruck ist für beliebige Richtungen (p, q) und $(\bar{p}, \bar{q})$ positiv, solange die Curve mit der Achse der Rotation keinen Punkt gemeinsam hat. Daraus schliesst man, dass der Bogen der Kettenlinie, der zwischen zwei conjugirten Punkten gelegen ist, wirklich eine Rotationsfläche kleinsten Flächeninhalts erzeugt. —

Dieselbe Überlegung lässt sich bei dem Problem der Brachistochrone anstellen. Man hat hier (S. 178 (19.))

$$F_1 = \frac{1}{(\sqrt{x'^2+y'^2})^3}\,\frac{1}{\sqrt{2g(y+a)}}$$

und findet

$$\mathcal{E}(x, y; p, q; \bar{p}, \bar{q}) = \frac{1-p\bar{p}-q\bar{q}}{\sqrt{2g(y+a)}},$$

und diese Function ist beständig positiv, solange die Constante a von Null verschieden ist. Da der im vorigen Kapitel betrachtete Flächenstreifen sich hier über die ganze Halbebene erstreckt, so lässt sich der Satz S. 224 auf jede beliebige Curve anwenden, die die gegebenen Punkte A und B verbindet. Es ist also die Fallzeit auf dem durch diese Punkte bestimmten Cykloidenbogen (vgl. S. 179) nicht nur kleiner als auf jeder genügend benachbarten

Curve, deren Tangentenrichtungen sich hinreichend wenig von jenen unterscheiden, sondern auch kleiner als auf jedem beliebigen anderen Curvenbogen zwischen A und B. Demnach findet hier nicht nur ein relatives, sondern sogar ein absolutes Minimum statt, da eine Curve, die in die andere Halbebene übergriffe, den Bedingungen der Aufgabe überhaupt nicht entsprechen würde.

Es bleibt hier noch übrig, den Fall zu untersuchen, in dem die gegebene Anfangsgeschwindigkeit und damit die Constante a den Werth Null hat. In diesem Falle kann die Function F_1 unendlich gross werden, und daher wird der Nachweis, dass ein Flächenstreifen von der im vorhergehenden Kapitel vorausgesetzten Beschaffenheit existirt, hinfällig. Die Integration der Differentialgleichung $G = 0$ und die Bestimmung der Constanten gelingt zwar auch hier, wie ein Blick auf die Formeln S. 178 (20.) zeigt, die $x_0 = 0$ ergeben. Aber der Anfangspunkt A kommt auf die Achse der Cykloide zu liegen, und in ihm wird eben die Function F_1 unendlich gross. Alle der Differentialgleichung $G = 0$ genügenden, durch A gehenden Curven, nämlich die Cykloiden

$$\begin{cases} x = r(t - \sin t) \\ y = r(1 - \cos t), \end{cases}$$

haben dieselbe Anfangsrichtung; sie bedecken die ganze Halbebene, wenn man der Constanten r alle möglichen positiven Werthe beilegt. Da aber, wie im achtzehnten Kapitel (S. 180) gezeigt worden ist, zwischen zwei Spitzen eines Cykloidenbogens keine zwei conjugirten Punkte liegen können, und da sämmtliche Spitzen in dem hier betrachteten Falle auf der die Halbebene begrenzenden Geraden gelegen sind, so bildet auch jetzt die ganze Halbebene den Flächenstreifen von der verlangten Beschaffenheit. Damit ist also auch in dem Falle, wo die Anfangsgeschwindigkeit gleich Null ist, der Cykloidenbogen, der im Anfangspunkte A eine Spitze hat und der durch den zweiten gegebenen Punkt B geht, diejenige unter allen, diese beiden Punkte verbindenden Curven, längs der die Fallzeit eines schweren Punktes ihren kleinsten Werth annimmt. —

Man kann übrigens leicht zeigen, dass man in jedem Falle einen Flächenstreifen der verlangten Art erhalten kann, sobald man von vorn herein weiss, dass sich durch den gegebenen Anfangspunkt A eine Schaar von Curven legen lässt, die der Differentialgleichung $G = 0$ genügen.

Es sei nämlich

$$x = \varphi(t, k), \quad y = \psi(t, k)$$

eine solche Schaar, wobei also im Punkte A für $t = t_0$ $x = x_0$, $y = y_0$ werden soll, welchen Werth auch die Grösse k annehmen möge, und vorausgesetzt werde, dass die Curven eine gewisse Fläche bedecken, wenn man dieser Grösse alle möglichen zwischen zwei bestimmten Grenzen enthaltenen Werthe ertheilt. Geht man auf jeder dieser Curven bis zu dem nächsten, dem Punkte A conjugirten Punkte, der jetzt durch eine unendlich kleine Veränderung von k (vgl. S. 197) erhalten wird — wobei die analytische Definition durch die Gleichung

$$\Theta(t, t_0) = 0$$

beibehalten bleibt —, so erhält man in dem geometrischen Orte dieser conjugirten Punkte die Begrenzungscurve des gewünschten Flächenstückes. Hat man etwa auf der betrachteten Curve den Punkt (x_1, y_1) erreicht, sodass

$$x_1 = \varphi(t_1, k), \quad y_1 = \psi(t_1, k)$$

ist, so geht man zu einem benachbarten über, indem man

$$\begin{cases} x_1 + \xi = \varphi(t_1 + \tau, k + \varkappa) \\ y_1 + \eta = \psi(t_1 + \tau, k + \varkappa) \end{cases}$$

setzt, wo ξ, η hinlänglich kleine Grössen bedeuten sollen. Es sind dann die Gleichungen

$$\begin{cases} \xi = (\varphi'(t_1) + \cdots)\tau + (\varphi_1(t_1) + \cdots)\varkappa \\ \eta = (\psi'(t_1) + \cdots)\tau + (\psi_1(t_1) + \cdots)\varkappa \end{cases}$$

zu erfüllen, was stets möglich ist, wenn die Determinante

$$D(t_1) = \varphi'(t_1)\psi_1(t_1) - \psi'(t_1)\varphi_1(t_1)$$

von Null verschieden ist; hierin ist, ähnlich wie im zwanzigsten Kapitel,

$$\frac{\partial\varphi}{\partial t} = \varphi'(t), \quad \frac{\partial\varphi}{\partial k} = \varphi_1(t), \quad \frac{\partial\psi}{\partial t} = \psi'(t), \quad \frac{\partial\psi}{\partial k} = \psi_1(t)$$

gesetzt worden. Es würde aber, falls die Constanten τ, $\varkappa$ so bestimmt sind, dass die Curve durch den gegebenen Anfangspunkt A geht, die Gleichung

$$D(t_1) = 0$$

anzeigen, dass der Punkt (t_1) zu diesem conjugirt wäre. Denn der Abstand eines Punktes (X, Y) von der Tangente der Curve im Punkte (x_1, y_1) ist proportional der Grösse

$$(X-x_1)\psi'(t_1)-(Y-y_1)\varphi'(t_1),$$

und wenn der Punkt $(x_1+\xi, y_1+\eta)$ auf der durch (x_1, y_1) gehenden Normale der Curve gewählt wird, so ist der Abstand dieser beiden Punkte proportional der Grösse

$$\varphi'(t_1)\eta-\psi'(t_1)\xi = D(t_1)\varkappa+(\tau,\varkappa)_1\tau+(\tau,\varkappa)_2\varkappa,$$

wo $(\tau, \varkappa)_1$ und $(\tau, \varkappa)_2$ Functionen von $\tau, \varkappa$ sind, die zugleich mit ihren Argumenten verschwinden. Ist daher $D(t_1) = 0$, so wird der Abstand der beiden zugeordneten Punkte von höherer als der ersten Ordnung unendlich klein, was nach dem im zwanzigsten Kapitel (S. 198) Bewiesenen die für conjugirte Punkte charakteristische geometrische Eigenschaft ist. —

Bei dem Problem der kürzesten Linie auf einer krummen Fläche (F) kann man den Begriff der conjugirten Punkte auf die Fläche selbst übertragen. Im achten Kapitel (S. 88) waren die Coordinaten X, Y, Z eines Punktes der Fläche (F) als Functionen zweier Veränderlichen x, y dargestellt, und diese als rechtwinklige Coordinaten eines Punktes in einer Ebene (E) angesehen worden, auf die die Fläche (F) Punkt für Punkt bezogen ist. Jeder Curve in (E) entspricht eine Curve auf (F) und umgekehrt; wenn sich zwei auf (F) gelegene Curven schneiden, muss dies auch bei den entsprechenden in (E) der Fall sein, und umgekehrt. Benachbarten Curven auf (F) entsprechen ebensolche in (E). Sind also zwei Punkte in (E) zu einander conjugirt, so stehen die entsprechenden Punkte auf (F) in derselben gegenseitigen Beziehung. Dies vorausgeschickt, kann man nun zeigen, dass wenn man durch einen Punkt auf (F) eine der Differentialgleichung $G = 0$ genügende Curvenschaar legt und auf jeder dieser Curven den dazu conjugirten Punkt construirt, man auf diese Weise auf der Fläche (F) einen Flächenstreifen von der Beschaffenheit erhält, dass eine Linie, die der Differentialgleichung $G = 0$ genügt und einen Punkt innerhalb des Streifens mit dem Anfangspunkte verbindet, kürzer ist als jede andere Linie zwischen denselben beiden Punkten, die ebenfalls ganz innerhalb dieses Streifens gelegen ist.

Es war nämlich (S. 89 (7.))

$$F = \sqrt{Px'^2+2Qx'y'+Ry'^2},$$

mithin

$$F^{(1)} = \frac{Px' + Qy'}{F}, \quad F^{(2)} = \frac{Qx' + Ry'}{F},$$

$$\frac{\partial^2 F}{\partial x' \partial y'} = \frac{Q}{F} - \frac{(Px' + Qy')(Qx' + Ry')}{F^3} = x'y' \frac{Q^2 - PR}{F^3},$$

demnach weiter

$$F_1 = \frac{PR - Q^2}{F^3}.$$

Da nun sowohl $PR - Q^2$ als auch F wesentlich positiv sind, so ist auch die Function F_1 stets positiv. Daraus folgt weiter, dass sich von dem ursprünglichen Punkte nach allen Richtungen hin Linien ziehen lassen, die der Differentialgleichung $G = 0$ genügen; sie werden bekanntlich geodätische Linien genannt. Dabei ist allerdings vorausgesetzt worden, dass der betrachtete Punkt kein singulärer Punkt sei, in dem die drei Grössen P, Q, R gleichzeitig verschwinden; in solchem Falle wäre eine besondere Grenzbetrachtung erforderlich, um die möglicherweise durch ihn gehenden geodätischen Linien zu finden. Sieht man von diesem Ausnahmefall ab, so kann man auf jeder geodätischen Linie ein Stück abgrenzen, das keine singulären Punkte enthält, und erhält auf diese Weise den gewünschten Flächenstreifen. Dieser erstreckt sich übrigens längs der ganzen geodätischen Linie, wenn das Gaussische Krümmungsmaass der Fläche in allen ihren Punkten negativ ist; in diesem Falle ist also jede geodätische Linie in ihrer ganzen Ausdehnung auch eine kürzeste Linie auf der Fläche. Auf einer Fläche von positivem Krümmungsmaasse ist dies jedoch, wie das Beispiel der Kugel (S. 181) lehrt, nicht der Fall.

War es in einem sehr allgemeinen Falle — nämlich wenn F_1 für alle Werthe von x', y' positiv ist — möglich, die Zulänglichkeit der ursprünglichen nothwendigen Bedingungen nachzuweisen, so kann man andrerseits in vielen Fällen von vornherein angeben, dass die Aufgabe unmöglich eine Lösung haben kann. Stellt man sich nämlich die Aufgabe, das Integral

$$\int f\left(x, y, \frac{dy}{dx}\right) dx$$

solle zu einem Maximum oder Minimum gemacht werden, und ist die Function $f\left(x, y, \frac{dy}{dx}\right)$ in Bezug auf ihr drittes Argument eine eindeutige analytische Function — nicht etwa nur eindeutig definirt für reelle Werthe dieses Argumentes —, so hat man (vgl. S. 93)

$$F(x, y, x', y') = x' f\left(x, y, \frac{dy}{dx}\right).$$

Hieraus ist ersichtlich, dass die Function $F(x, y, x', y')$ ihr Vorzeichen wechselt, wenn zugleich x' und y' ihre Zeichen wechseln. Dies ist zum Beispiel bei allen rationalen Functionen der Fall. Infolgedessen wechselt auch die Function

$$\mathfrak{E}(x, y; p, q; \bar{p}, \bar{q}) = F(x, y, \bar{p}, \bar{q}) - F^{(1)}(x, y, p, q)\bar{p} - F^{(2)}(x, y, p, q)\bar{q}$$

das Vorzeichen, wenn sie für bestimmte Werthe ihrer Argumente $\bar{p}, \bar{q}$ einen von Null verschiedenen Werth hat, und nun $-\bar{p}, -\bar{q}$ an Stelle von $\bar{p}, \bar{q}$ gesetzt werden. In solchem Falle hat also die Aufgabe bestimmt keine Lösung.

Ist aber etwa

$$F(x, y, x', y') = \varphi(x, y)\sqrt{x'^2 + y'^2},$$

so ist zwar auch

$$F(x, y, x', y') = x'\varphi(x, y)\sqrt{1 + \frac{y'^2}{x'^2}};$$

hier muss aber, wenn x' sein Zeichen wechselt, auch der Quadratwurzel das entgegengesetzte Vorzeichen ertheilt werden, sodass die Function $F(x, y, x', y')$ dasselbe Zeichen beibehält. In solchem Falle hängt der Werth des Integrales nicht davon ab, in welchem Sinne die Curve durchlaufen wird.

Ein weiteres Beispiel ist das folgende: Es seien F_0 und F_1 rationale Functionen der vier Argumente x, y, x', y', und es sei

$$F(x, y, x', y') = F_0(x, y, x', y') + \sqrt{x'^2 + y'^2}\, F_1(x, y, x', y').$$

Ist F_1 eine homogene Function der Dimension Null in Bezug auf x', y', sodass sie sich nicht ändert, wenn $\varkappa x', \varkappa y'$ statt x', y' gesetzt werden, dann bleibt der zweite Theil der vorstehenden Summe ungeändert, wenn x', y' ihr Vorzeichen wechseln. Wenn nun gleichzeitig dabei die Function F_0 das Zeichen wechselt, so kann für $F(x, y, x', y')$ selbst je nach der Grösse der absoluten Beträge von F_0 und F_1 jeder der beiden eben besprochenen Fälle eintreten.

Mit diesen Bemerkungen soll die allgemeine Theorie beschlossen werden. Eine hierher gehörende Aufgabe möge jedoch noch Erwähnung finden. Wenn sich Licht in einem isotropen Mittel, dessen Dichtigkeit sich stetig von Ort zu Ort ändert, von einem Punkte A zu einem anderen fortpflanzt, so ist nach der Undulationstheorie die dazu gebrauchte Zeit ein Minimum. Da die Geschwindigkeit, mit der sich das Licht ausbreitet, in jedem Punkte der Dichtigkeit ϱ des Mittels proportional ist, so lautet hier die Aufgabe, das Integral

$$\int \frac{ds}{\varrho}$$

zu einem Minimum zu machen, wobei ds das Bogenelement der Curve bedeutet, die das Licht beschreibt. Im Allgemeinen treten dabei drei Veränderliche x, y, z auf. Wenn man jedoch annimmt — wie das bei der die Erde umgebenden Luft angenähert der Fall sein wird —, dass für alle Punkte, die von einem gegebenen Punkte, dem Mittelpunkt der Erde, denselben Abstand haben, die Dichtigkeit dieselbe sei, so treten nur zwei Variable auf, und man erhält ein Integral von der Form

$$\int \frac{ds}{F(x^2+y^2)}.$$

Bei diesem Problem, das Kummer in den Berichten der Berliner Akademie behandelt hat, treten conjugirte Punkte auf, wie schon daraus hervorgeht, dass in gewissen Fällen der Lichtstrahl die Erde umkreisen kann, sodass ein Minimum sicher nicht stattfindet.

Fünfundzwanzigstes Kapitel.

Isoperimetrische Probleme.

Die bisher behandelte Aufgabe der Variationsrechnung lässt nach verschiedenen Richtungen eine Erweiterung zu. Auf die einfachste Möglichkeit ist schon im neunten Kapitel (S. 96) hingewiesen worden, nämlich dass es sich zwar noch um ein Gebilde erster Stufe, aber in einem Gebiete von mehr als zwei Variablen handelt, d. h. wenn es gilt, ein Integral von der Form

$$\int_{t_0}^{t_1} F\left(x_1, x_2, \ldots x_n; \frac{dx_1}{dt}, \frac{dx_2}{dt}, \cdots \frac{dx_n}{dt}\right) dt$$

zu einem Maximum oder Minimum zu machen. Auch hier sind zuerst die Bedingungen aufzustellen, unter denen der Werth des Integrals ungeändert bleibt, wenn an Stelle der Integrationsveränderlichen t eine andere durch eine Substitution $t = \varphi(\tau)$ eingeführt wird, und die Integration zwischen den entsprechenden Grenzen τ_0 und τ_1 erstreckt wird. Im Übrigen ist der Gang der Lösung der Aufgabe im Wesentlichen derselbe wie im Falle von zwei Variablen.

Grössere Schwierigkeiten treten erst ein, wenn unter den Variablen $x_1, x_2, \ldots x_n$ gegebene Bedingungsgleichungen bestehen. Solange diese nur die Variablen selbst, nicht ihre Ableitungen enthalten, kann man versuchen, die Grössen $x_1, x_2, \ldots x_n$ als Functionen andrer Veränderlichen so darzustellen, dass jene Bedingungsgleichungen identisch erfüllt werden. Dadurch wird die Fragestellung auf den Fall von weniger Variablen und ohne Nebenbedingungen zurückgeführt. Die Aufgabe der kürzesten Linie auf einer gegebenen Fläche ist zum Beispiel im Vorhergehenden unter diesem Gesichtspunkte behandelt worden. Wenn aber die Bedingungsgleichungen sich auch auf die Ableitungen $\frac{dx_1}{dt}, \frac{dx_2}{dt}, \cdots \frac{dx_n}{dt}$ erstrecken, ist ein solches Verfahren nicht möglich; dann liegt aber auch zugleich der allgemeinste Fall in Bezug auf ein Gebilde erster Stufe vor. Denn sollten auch höhere Ableitungen unter dem gegebenen Integral vorkommen, so kann man jedesmal die ersten Ableitungen als neue Variablen betrachten und hat dann nur die Bedingungen

$$\frac{dx_1}{dt} = x_{n+1}, \quad \frac{dx_2}{dt} = x_{n+2}, \quad \ldots$$

hinzuzunehmen.

Auf diese Fragen wird jedoch hier nicht näher eingegangen werden, vielmehr soll noch eine bereits im achten Kapitel (S. 90) besprochene Aufgabe behandelt werden, das sogenannte isoperimetrische Problem. Hierbei soll ein Integral

$$(1.) \qquad I^0 = \int_{t_0}^{t_1} F^0(x, y, x', y')\,dt$$

von derselben Form, wie es bisher betrachtet worden ist, zu einem Maximum oder Minimum gemacht werden, jedoch unter der Bedingung, dass gleichzeitig ein anderes Integral von derselben Form,

$$(2.) \qquad I^1 = \int_{t_0}^{t_1} F^1(x, y, x', y')\,dt,$$

einen vorgeschriebenen Werth erhalte. Beide Integrationen sind über dieselbe Curve zu erstrecken.

Hier ist es nun vor allem nothwendig, sich davon zu überzeugen, dass überhaupt Variationen der Curve möglich sind, bei denen das zweite Integral seinen vorgeschriebenen Werth beibehält. Es soll zunächst der einfache Fall behandelt werden, wo die gesuchte Curve stetig verläuft und zwei fest gegebene Punkte mit einander verbindet, dazwischen aber beliebig variirbar ist.

Man betrachte eine ganz bestimmte Form von Variationen der Coordinaten, nämlich

$$(3.) \qquad \xi = \varkappa u + \varkappa_1 u_1, \qquad \eta = \varkappa v + \varkappa_1 v_1,$$

worin $\varkappa$ und $\varkappa_1$ Constanten und u, u_1, v, v_1 differentiirbare Functionen von t bedeuten, die ihrerseits die Constanten $\varkappa, \varkappa_1$ nicht enthalten und für $t = t_0$ und $t = t_1$ verschwinden. Dann lässt sich beweisen, dass sich die Grössen $\varkappa$ und $\varkappa_1$ so bestimmen lassen, dass bei dieser Variation der Coordinaten der

31*

Werth des Integrals I^1 ungeändert bleibt, sofern nur die Variationen ξ, η selbst ihren absoluten Beträgen nach eine bestimmte positive Grenze nicht überschreiten.

Wie im zehnten Kapitel (S. 102 (5.) und S. 107 (18.)) gezeigt worden ist, lässt sich die vollständige Variation des Integrals I^1 unter Beibehaltung der bisherigen Bezeichnung, jedoch mit Hinzufügung des oberen Index 1, in folgender Weise darstellen:

$$\Delta I^1 = \int_{t_0}^{t_1} G^1.(x'\eta - y'\xi)\,dt + \int_{t_0}^{t_1}\left[\xi, \eta, \frac{d\xi}{dt}, \frac{d\eta}{dt}\right]^2 dt.$$

Führt man hierin die Variationen (3.) ein und setzt ferner

$$(4.)\qquad \begin{cases} x'v - y'u = w \\ x'v_1 - y'u_1 = w_1, \end{cases}$$

so erhält man

$$(5.)\qquad \Delta I^1 = \varkappa\int_{t_0}^{t_1} G^1 w\,dt + \varkappa_1\int_{t_0}^{t_1} G^1 w_1\,dt + (\varkappa, \varkappa_1)_1\varkappa + (\varkappa, \varkappa_1)_2\varkappa_1,$$

worin $(\varkappa, \varkappa_1)_1$ und $(\varkappa, \varkappa_1)_2$ Grössen bedeuten, die mit $\varkappa$ und $\varkappa_1$ zugleich unendlich klein werden. Wenn nun I^1 seinen Werth beibehalten soll, so muss $\Delta I^1 = 0$ sein; setzt man daher

$$(6.)\qquad \begin{cases} \int_{t_0}^{t_1} G^1 w\,dt = W^1, \\ \int_{t_0}^{t_1} G^1 w_1\,dt = W_1^1, \end{cases}$$

so muss zwischen den Constanten $\varkappa$ und $\varkappa_1$ die Gleichung

$$\varkappa(W^1 + (\varkappa, \varkappa_1)_1) + \varkappa_1(W_1^1 + (\varkappa, \varkappa_1)_2) = 0$$

bestehen, und daraus lässt sich $\varkappa_1$ als Function von $\varkappa$ (oder es lassen sich auch beide als Functionen eines und desselben Parameters) bestimmen, nämlich

$$(7.)\qquad \varkappa_1 = -\left(\frac{W^1}{W_1^1} + (\varkappa)\right)\varkappa,$$

wo $(\varkappa)$ zugleich mit $\varkappa$ verschwindet, vorausgesetzt, dass

$$W_1^1 \lessgtr 0$$

ist. Würde nun die Grösse W_1^1 für jede beliebige Wahl der Functionen

u, u_1, v, v_1 verschwinden, wofern diese nur selbst an den Grenzen der Integration den Werth Null annehmen, so würde das bedeuten, dass die erste Variation des Integrals I_1^1 verschwindet und zwar für beliebige der betrachteten Variationen der Curve. Dies würde aber, wie im zehnten Kapitel gezeigt worden ist, das Bestehen der Gleichung

$$\mathfrak{G}^1 = 0$$

zur Folge haben. Die allgemeine Lösung dieser Differentialgleichung enthält zwei Constanten, die durch die Bedingung zu bestimmen sind, dass die Curve durch die beiden festen Punkte gehen soll. Zugleich ist damit eine der nothwendigen Bedingungen für ein Maximum oder Minimum des Integrals I^1 erfüllt. Sollte für diese Curve das Integral I^1 wirklich sein Maximum oder Minimum erreichen, so wäre es im Allgemeinen garnicht möglich, die Curve so zu variiren, dass das Integral seinen Werth beibehält. Es sind jedoch Ausnahmefälle denkbar; daher soll ausdrücklich angenommen werden, dass die ursprüngliche Curve nicht eine Lösung der Differentialgleichung $\mathfrak{G}^1 = 0$ sei. Unter dieser Voraussetzung ist es nach dem soeben Bemerkten stets möglich, die Grössen u, u_1, v, v_1 so anzunehmen, dass W_1^1 nicht verschwindet, und dann giebt es also thatsächlich Variationen der Curve von der Art, dass das Integral I^1 einen vorgeschriebenen Werth beibehält.

Um solche Variationen zu finden, hat man nur den Werth von $\varkappa_1$, der Gleichung (7.) zufolge, in die Ausdrücke (3.) einzuführen und erhält

$$\begin{cases} \xi = \varkappa\left(u - u_1 \dfrac{W^1}{W_1^1}\right) + (\varkappa)\varkappa \\ \eta = \varkappa\left(v - v_1 \dfrac{W^1}{W_1^1}\right) + (\varkappa)\varkappa. \end{cases}$$

Die vollständige Variation des Integrals I^0 wird alsdann

$$\Delta I^0 = \int_{t_0}^{t_1} \mathfrak{G}^0 . (x'\eta - y'\xi)\, dt + \cdots = \varkappa \int_{t_0}^{t_1} \mathfrak{G}^0 . \left(w - w_1 \frac{W^1}{W_1^1}\right) dt + (\varkappa)\varkappa$$

oder, wenn mit W^0, W_1^0 Functionen bezeichnet werden, die aus F^0 ebenso gebildet werden, wie W^1, W_1^1 aus F^1,

$$\Delta I^0 = \varkappa\left(W^0 - W_1^0 \frac{W^1}{W_1^1}\right) + (\varkappa)\varkappa. \tag{8.}$$

Wenn das Integral ein Maximum oder ein Minimum besitzen soll, so muss ΔI^0 entweder beständig negativ oder beständig positiv sein, und das ist, wie im zehnten Kapitel unter den auch hier angenommenen Voraussetzungen für die Variationen ξ, η bewiesen worden ist, nur möglich, wenn der Coefficient der ersten Potenz von $\varkappa$ verschwindet, d. h. wenn die Gleichung

$$(9.) \qquad W^0 : W^1 = W_1^0 : W_1^1$$

befriedigt wird.

In dieser Proportion enthält die linke Seite nur die Grössen u, v, die rechte dagegen nur die Grössen u_1, v_1, und da sowohl diese, wie jene willkürliche Werthe annehmen können, so muss jede der auf beiden Seiten der Proportion stehenden Grössen einer und derselben Constanten λ gleich sein, d. h. es ist

$$(10.) \qquad W^0 = \lambda W^1, \quad W_1^0 = \lambda W_1^1.$$

Damit wird

$$W^0 - \lambda W^1 = \int_{t_0}^{t_1} (G^0 - \lambda G^1)\, w\, dt = 0,$$

und nach dem im zehnten Kapitel (S. 104) bewiesenen Satze schliesst man daraus, das auch die Gleichung

$$(11.) \qquad G^0 - \lambda G^1 = 0$$

erfüllt sein muss.

Das Ergebniss der vorhergehenden Betrachtung lässt sich mithin folgendermassen aussprechen. *Giebt es überhaupt eine Curve, für die das Integral I^0 einen grössten oder kleinsten Werth annimmt, während das Integral I^1 einen vorgeschriebenen Werth beibehält, so muss es auch einen constanten Werth λ geben der Art, dass die Coordinaten eines beliebigen Punktes der Curve der Differentialgleichung (11.) genügen.*

Um die Aufgabe zu lösen, hat man also zunächst diese Differentialgleichung für einen noch unbekannten constanten Werth von λ zu integriren. Da sie von zweiter Ordnung ist, stehen noch zwei weitere Constanten zur Verfügung; ihr allgemeines Integral ist von der Form

$$x = \varphi(t, \alpha, \beta, \lambda), \quad y = \psi(t, \alpha, \beta, \lambda),$$

und man hat nunmehr die drei Constanten α, β, λ so zu bestimmen, dass das Integral I^1 den vorgeschriebenen Werth erhält, und dass die Curve durch die beiden gegebenen Punkte geht.

Die bisherige Annahme, dass die Curve durch zwei feste Punkte gehen soll, im Übrigen aber frei variirt werden darf, kann noch in der Weise eingeschränkt werden, dass zum Beispiel verlangt wird, die Curve solle auch noch durch vorgeschriebene Zwischenpunkte gehen. Die vorhergehenden Betrachtungen gelten offenbar auch für diesen Fall, denn man braucht nur die Functionen u, v, u_1, v_1 so zu wählen, dass sie in den Zwischenpunkten ebenfalls verschwinden.

Die Ergebnisse des zehnten Kapitels, die hier für die Darstellung der ersten Variationen zu Grunde gelegt worden sind, beruhen auf der auch jetzt stillschweigend gemachten Voraussetzung, dass sich die Curve in ihrem ganzen Verlaufe regulär verhalte, oder dass doch wenigstens die Ableitungen zweiter Ordnung ihrer Coordinaten stetige Functionen des Argumentes t seien. Die vorstehenden Überlegungen gelten jedoch auch für den Fall, dass diese Voraussetzungen an bestimmten Punkten nicht erfüllt sind; man hat dann nur die Bedingung hinzuzunehmen, dass die Grössen u, v, u_1, v_1 an solchen singulären Stellen ebenfalls verschwinden.

Die Curven können sogar noch grösseren Unfreiheiten unterworfen werden. Angenommen zum Beispiel, es sei ein begrenzter Theil einer Ebene vorgelegt, und es werde verlangt, in dieses Flächenstück eine geschlossene Curve von gegebener Gesammtlänge so einzuzeichnen, dass sie einen möglichst grossen Flächeninhalt einschliesse. Es wird sich herausstellen, dass sich diese Curve nothwendigerweise aus Kreisbögen zusammensetzen muss, solange die gegebene Länge hinreichend klein ist; ist jedoch diese Länge so gross, dass ein Kreis von demselben Umfang in das gegebene Flächenstück nicht mehr hineingelegt werden kann, so muss offenbar die Curve theilweise mit der Begrenzung des Bereiches zusammenfallen. In den Stücken, in denen das der Fall ist, kann sie nicht frei variirt werden, denn ihre Punkte können nur in das Innere des vorgelegten Flächenstückes, nicht nach aussen rücken.

Man könnte ferner verlangen, die Curve solle von einem unbestimmten Punkte der Begrenzung des vorgelegten Ebenenstückes ausgehen, sie wieder treffen, u. s. f., es solle etwa ein krummliniges Dreieck eingezeichnet werden.

Alle derartigen Vorschriften beeinträchtigen keineswegs die Richtigkeit der vorstehenden Entwickelungen; denn man hat immer nur an solchen Stellen die Grössen u, v, u_1, v_1 gleich Null zu setzen. Solange es sich nur um die Aufstellung nothwendiger Bedingungen handelt, kann man jedenfalls zu Recht behaupten, dass die Curve an allen frei variirbaren Stellen der Differentialgleichung (11.) genügen muss.

Hierbei ist es wichtig zu bemerken, dass die Constante λ für alle Punkte der Curve, an denen sie frei variirt werden kann, denselben Werth haben muss. Hieraus folgt zum Beispiel, dass die Kreisbogen, die im Verein mit anderen, gegebenen Linien eine Curve grössten Flächeninhalts bei gegebenem Umfang bilden, alle denselben Radius haben müssen.

Man könnte daran denken, die Grösse λ mit Hülfe einer durch Differentiation aus der Gleichung (11.) abgeleiteten Gleichung zu eliminiren; man würde so zu einer Differentialgleichung höherer Ordnung kommen, die man übrigens auch auf anderem Wege erhalten kann, und die Gleichung (11.) würde dann als ein erstes Integral dieser Differentialgleichung zu betrachten sein. Man gelangt jedoch auf diesem Wege nicht zu der Überzeugung, dass λ sich nicht auch sprungweise ändern könnte. Dass dies aber in der That ausgeschlossen ist, sieht man sofort ein, wenn man bedenkt, dass der Werth von λ sowohl von der Wahl der Grössen u, v, u_1, v_1, als auch von den Constanten $\varkappa$ und $\varkappa_1$, mithin von den Variationen ξ, η der Curve gänzlich unabhängig ist.

Setzt man

$$F = F^0 - \lambda F^1 \tag{12.}$$

und bildet in bekannter Weise aus der Function F die Grösse G, so erhält man

$$G = G^0 - \lambda G^1,$$

und die Differentialgleichung (11.) lässt sich also in der Form

$$G = 0 \tag{13.}$$

schreiben. Diese kann durch jede der beiden Gleichungen (S. 108 (14.))

$$\frac{\partial F}{\partial x} - \frac{d}{dt}\frac{\partial F}{\partial x'} = 0, \quad \frac{\partial F}{\partial y} - \frac{d}{dt}\frac{\partial F}{\partial y'} = 0 \tag{14.}$$

ersetzt werden, und dies kann manchmal von Vortheil sein, wenn zum Beispiel eine der beiden Coordinaten in der Function F nicht auftritt.

Diese Ergebnisse bedürfen nun noch einer wichtigen Ergänzung. Im elften Kapitel (S. 110) ist gezeigt worden, dass die Grössen $\frac{\partial F}{\partial x'}, \frac{\partial F}{\partial y'}$ sich selbst dann stetig längs der Curve ändern, wenn diese an einer endlichen Anzahl von Punkten innerhalb des Integrationsgebietes $(t_0 \ldots t_1)$ eine plötzliche Änderung ihrer Tangentenrichtung erleidet. Um zu untersuchen, ob dieser Satz auch bei isoperimetrischen Problemen Gültigkeit hat, nehme man an, es sei eine der Differentialgleichung (13.) und den sonstigen Bedingungen der Aufgabe genügende Curve gefunden, die an einer bestimmten Stelle $t = t'$ ihre Richtung plötzlich ändere. Nun seien t_2 eine t' vorhergehende und t_3 eine auf t' folgende Stelle, jedoch so nahe an t' gelegen, dass innerhalb der Strecken $t_2 t'$ und $t' t_3$ keine plötzliche Richtungsänderung der Curve eintrete. Wie bewiesen, lässt sich eine Variation der Curve der Art finden, dass dabei die Strecken $t_0 t_2$ und $t_3 t_1$ unverändert bleiben, während $t_2 t_3$ so variirt wird, dass dabei das Integral I^1 seinen Werth behält. Es ist dann also

$$\int_{t_2}^{t'} F^0 dt + \int_{t'}^{t_3} F^0 dt$$

zu einem Maximum oder einem Minimum zu machen, während zugleich

$$\int_{t_2}^{t'} F^1 dt + \int_{t'}^{t_3} F^1 dt$$

ungeändert bleibt. Führt man wieder die Variationen (3.) ein mit der Massgabe, dass u, v, u_1, v_1 an den Stellen t_2, t_3 verschwinden sollen, was nach dem oben Bemerkten zulässig ist, und dass die Beziehung zwischen $\varkappa$ und $\varkappa_1$ so zu wählen ist, dass die Variation des zuletzt genannten Integrals verschwindet, so hat man, den Ausdruck S. 111 (3.) benutzend,

$$(15.)\quad \varkappa\left\{\int_{t_2}^{t'} G^1 w\,dt + \int_{t'}^{t_3} G^1 w\,dt\right\} + \varkappa_1\left\{\int_{t_2}^{t'} G^1 w_1 dt + \int_{t'}^{t_3} G^1 w_1 dt\right\}$$
$$+\left[\frac{\partial F^1}{\partial x'}(\varkappa u + \varkappa_1 u_1) + \frac{\partial F^1}{\partial y'}(\varkappa v + \varkappa_1 v_1)\right]_{t_2}^{t'} + \left[\frac{\partial F^1}{\partial x'}(\varkappa u + \varkappa_1 u_1) + \frac{\partial F^1}{\partial y'}(\varkappa v + \varkappa_1 v_1)\right]_{t'}^{t_3} = 0.$$

Sind die Constanten $\varkappa$ und $\varkappa_1$ dieser Gleichung entsprechend bestimmt, so kann man die vollständige Variation des Integrals I^0 auf die Form

$$(16.)\quad \Delta I^0 = \varkappa\left\{\int_{t_2}^{t'} G\bar{w}\,dt + \int_{t'}^{t_3} G\bar{w}\,dt\right\} + \left[\frac{\partial F}{\partial x'}\xi + \frac{\partial F}{\partial y'}\eta\right]_{t_2}^{t'} + \left[\frac{\partial F}{\partial x'}\xi + \frac{\partial F}{\partial y'}\eta\right]_{t'}^{t_3} + \cdots$$

bringen, worin

$$\bar{w} = w + \frac{\varkappa_1}{\varkappa} w_1 \tag{17.}$$

gesetzt worden ist, unter w und w_1 die durch die Formeln (4.) definirten Grössen verstanden. Indem man nun zuerst $\xi = \varkappa u$, $\eta = 0$ und sodann $\xi = 0$, $\eta = \varkappa v$ setzt und beachtet, dass die Gleichung $G = 0$ gilt, beweist man genau wie im elften Kapitel:

$$\left\{\begin{aligned} \left(\frac{\partial F}{\partial x'}\right)^+_{t=t'} &= \left(\frac{\partial F}{\partial x'}\right)^-_{t=t'} \\ \left(\frac{\partial F}{\partial y'}\right)^+_{t=t'} &= \left(\frac{\partial F}{\partial y'}\right)^-_{t=t'}, \end{aligned}\right. \tag{18.}$$

womit die Behauptung dargethan ist. Hieraus kann man dann weiter schliessen, dass wenn die Grösse $\frac{\partial F}{\partial x'}$ constant ist, diese Constante an allen Stellen der Curve, an denen sie frei variirt werden kann, denselben Werth haben muss, und in sehr vielen Fällen folgt daraus, dass die Curve überhaupt keine plötzliche Richtungsänderung erleiden kann (S. 112).

Die Betrachtungen dieses Kapitels lassen sich ohne Mühe noch auf den Fall ausdehnen, wo an Stelle des einen Integrals I^1 mehrere treten, deren Werthe ungeändert beibehalten werden sollen, während das Integral I^0 nach wie vor zu einem Maximum oder Minimum zu machen ist. Jene Integrale mögen mit

$$I^\nu = \int_{t_0}^{t_1} F^\nu(x, y, x', y')\, dt \qquad (\nu = 1, 2, \ldots m) \tag{19.}$$

bezeichnet werden, und es soll dabei vorausgesetzt werden, dass die Functionen F^ν so beschaffen sind, dass die Werthe der Integrale sich nicht ändern, wenn an Stelle von t eine andere Integrationsvariable benutzt wird.

Führt man nun den Formeln (3.) entsprechend die Variationen

$$\begin{aligned} \xi &= \varkappa u + \varkappa_1 u_1 + \varkappa_2 u_2 + \cdots + \varkappa_m u_m, \\ \eta &= \varkappa v + \varkappa_1 v_1 + \varkappa_2 v_2 + \cdots + \varkappa_m v_m \end{aligned}$$

ein, setzt ferner

$$w_\nu = x' v_\nu - y' u_\nu, \qquad (\nu = 1, 2, \ldots m) \tag{20.}$$

berechnet für jedes der Integrale die der Grösse G entsprechende unter den

Grössen $\mathfrak{G}^0, \mathfrak{G}^1, \mathfrak{G}^2, \dots \mathfrak{G}^m$ und setzt endlich

$$(21.)\quad \left\{\begin{aligned} \int_{t_0}^{t_1} \mathfrak{G}^0.w\,dt &= W^0, & \int_{t_0}^{t_1} \mathfrak{G}^0.w_\nu\,dt &= W_\nu^0 \\ \int_{t_0}^{t_1} \mathfrak{G}^\mu.w\,dt &= W^\mu, & \int_{t_0}^{t_1} \mathfrak{G}^\mu.w_\nu\,dt &= W_\nu^\mu \end{aligned}\right.$$

$$(\mu, \nu = 1, 2, \dots m),$$

so erhält man

$$\Delta I^0 = \varkappa W^0 + \sum_{\nu=1}^{m} \varkappa_\nu W_\nu^0 + \cdots,$$

$$\Delta I^\mu = \varkappa W^\mu + \sum_{\nu=1}^{m} \varkappa_\nu W_\nu^\mu + \cdots, \qquad (\mu = 1, 2, \dots m)$$

wo die nicht hingeschriebenen Glieder die Grössen $\varkappa$ in mindestens zweiter Dimension enthalten. Da die Integrale I^μ $(\mu = 1, 2, \dots m)$ ihre Werthe beibehalten sollen, müssen die Variationen ΔI^μ verschwinden. Dadurch entstehen m Gleichungen mit m Unbekannten von der Form, wie sie bereits im dritten Kapitel (S. 27 (4.)) betrachtet worden sind. Ist die Determinante

$$\begin{vmatrix} W_1^1 & W_2^1 & \dots & W_m^1 \\ W_1^2 & W_2^2 & \dots & W_m^2 \\ \cdot & \cdot & \dots & \cdot \\ W_1^m & W_2^m & \dots & W_m^m \end{vmatrix}$$

von Null verschieden, so lassen sich nach einem auf S. 28 angeführten Satze der Functionentheorie die Grössen $\varkappa_1, \varkappa_2, \dots \varkappa_m$ als Potenzreihen der Grösse $\varkappa$ darstellen, die für hinlänglich kleine Werthe des absoluten Betrages von $\varkappa$ convergiren, und die mit $\varkappa$ zugleich verschwinden. Die Anfangsglieder dieser Potenzreihen findet man durch Auflösung des Systems der linearen Gleichungen

$$(22.)\qquad \varkappa W^\mu + \sum_{\nu=1}^{m} \varkappa_\nu W_\nu^\mu = 0 \qquad (\mu = 1, 2, \dots m)$$

nach den Unbekannten $\varkappa_1, \varkappa_2, \dots \varkappa_m$. Denkt man sich nun die Werthe der Grössen $\varkappa_1, \varkappa_2, \dots \varkappa_m$ in die Variation ΔI^0 eingesetzt und berücksichtigt, dass wenn das Integral I^0 ein Maximum oder ein Minimum besitzen soll, der Coefficient der ersten Potenz von $\varkappa$ verschwinden muss, so erhält man eine Gleichung von der Form

$$(23.)\qquad \lambda W^0 + \sum_{\nu=1}^{m} \lambda_\nu W_\nu^0 = 0,$$

worin die Grössen $\lambda, \lambda_1, \lambda_2, \dots \lambda_m$ den Determinanten des Systems

$$\begin{matrix} W^1 & W_1^1 & W_2^1 & \dots & W_m^1 \\ W^2 & W_1^2 & W_2^2 & \dots & W_m^2 \\ \cdot & \cdot & \cdot & \dots & \cdot \\ W^m & W_1^m & W_2^m & \dots & W_m^m \end{matrix}$$

proportional sind. Nach der Bedeutung der Grössen W, den Formeln (21.) zufolge, ergiebt sich schliesslich aus der Gleichung (23.) durch dieselben Überlegungen wie früher die Differentialgleichung

$$G = \lambda G^0 + \lambda_1 G^1 + \lambda_2 G^2 + \dots + \lambda_m G^m = 0.$$

Setzt man noch

$$F = \lambda_1 F^1 + \lambda_2 F^2 + \dots + \lambda_m F^m,$$

so bereitet es keinerlei Schwierigkeiten, die Stetigkeit der Grössen $\frac{\partial F}{\partial x'}$ und $\frac{\partial F}{\partial y'}$ auch für die Punkte der Curve zu beweisen, an denen ihre Tangentenrichtung sich plötzlich ändert. Hierauf soll jedoch nicht weiter eingegangen werden.

Vielmehr sollen noch für den einfachsten Fall, wo es sich nur um die beiden Integrale I^0 und I^1 handelt, einige Betrachtungen über die zweite Variation angestellt werden. Unter der Voraussetzung, dass die Variationen ξ, η an den Grenzen der Integration und an allen Stellen, wo eine Unstetigkeit der Tangentenrichtung stattfindet, verschwinden, und dass sie so gewählt seien (S. 245), dass die vollständige Variation ΔI^1 verschwindet, hat man, der Formel S. 134 (20.) zufolge,

$$\Delta I^0 = \delta I^0 + \frac{1}{2}\int_{t_0}^{t_1}\left\{F_1^0\left(\frac{dw}{dt}\right)^2 + F_2^0 w^2\right\}dt + \cdots,$$

$$0 = \delta I^1 + \frac{1}{2}\int_{t_0}^{t_1}\left\{F_1^1\left(\frac{dw}{dt}\right)^2 + F_2^1 w^2\right\}dt + \cdots.$$

Hieraus folgt

$$\Delta I^0 = \delta I^0 - \lambda\delta I^1 + \frac{1}{2}\int_{t_0}^{t_1}\left\{F_1\left(\frac{dw}{dt}\right)^2 + F_2 w^2\right\}dt + \cdots,$$

worin F_1 und F_2 die aus dem Ausdruck $F = F^0 - \lambda F^1$ zu bildenden Functionen bedeuten. Nun ist aber

$$\delta I^0 - \lambda\delta I^1 = \int_{t_0}^{t_1}(G^0 - \lambda G^1)\, w\, dt.$$

Die rechte Seite dieser Gleichung verschwindet der Formel (11.) zufolge; man hat also

$$\Delta I^0 = \frac{1}{2}\int_{t_0}^{t_1}\left\{F_1\left(\frac{dw}{dt}\right)^2 + F_2 w^2\right\}dt + \cdots$$

Indem man nun weiter die Betrachtungen des vierzehnten Kapitels anwendet, bringt man das erste Glied der rechten Seite dieser Gleichung auf die Form

$$\frac{1}{2}\int_{t_0}^{t_1} F_1\left(\frac{dw}{dt} - \frac{w}{u}\frac{du}{dt}\right)^2 dt,$$

worin u eine Lösung der Differentialgleichung

$$F_1\frac{d^2u}{dt^2} + \frac{dF_1}{dt}\frac{du}{dt} - F_2 u = 0$$

bedeutet, die für alle frei variirbaren Theile der Curve von Null verschieden sein muss. Man findet hieraus als eine weitere nothwendige Bedingung für das Eintreten eines Maximums oder eines Minimums des vorgelegten Integrals I^0, dass die Function F_1 in allen Theilen der Curve, die frei variirt werden können, im ersten Falle nicht positiv, im zweiten nicht negativ sein darf.

Ob die so gefundenen drei nothwendigen Bedingungen für die Existenz eines Maximums oder Minimums des Integrals I^0 auch hinreichend sind, wird erst später untersucht werden. Im nächsten Kapitel soll an zwei Beispielen gezeigt werden, dass wenn es überhaupt eine Curve giebt, für die unter der Bedingung, dass das zweite Integral I^1 einen gegebenen Werth hat, das erste Integral I^0 ein Maximum oder ein Minimum wird, sich diese Curve aus den soeben aufgestellten Bedingungen muss bestimmen lassen.

Sechsundzwanzigstes Kapitel.
Beispiele isoperimetrischer Probleme.

In einer verticalen Ebene befinde sich ein überall unendlich dünner vollkommen biegsamer homogener Faden von gegebener Länge l unter der Einwirkung der Schwerkraft. Er soll zwischen zwei gegebenen Punkten der Ebene, A und B, so gelegt werden, dass sein Schwerpunkt möglichst tief zu liegen komme. Der Faden wird dann die Gestalt annehmen, in der er im stabilen Gleichgewichte verharrt.

In der gegebenen Ebene werde die positive Richtung der y-Achse der Richtung der Schwerkraft entgegengesetzt angenommen, die x-Achse dazu senkrecht; man denke sich ferner die Curve in solchem Sinne durchlaufen, dass die Abscisse des Endpunktes grösser ist als die des Anfangspunktes. Dann hat die Ordinate des Schwerpunktes den Werth

$$y_0 = \frac{1}{l}\int y\,ds,$$

wobei ds das Bogenelement bedeutet, und es handelt sich also darum, das Integral

$$I^0 = \int_{t_0}^{t_1} y\sqrt{x'^2 + y'^2}\,dt \tag{1.}$$

zu einem Minimum zu machen, während das Integral

$$I^1 = \int_{t_0}^{t_1} \sqrt{x'^2 + y'^2}\,dt \tag{2.}$$

seinen constanten Werth l beibehält.

Man hat hier

$$F = (y-\lambda)\sqrt{x'^2+y'^2}. \tag{3.}$$

Die Aufgabe, um die es sich handelt, ist also analytisch dieselbe wie beim Problem der Bestimmung der Rotationsfläche kleinsten Flächeninhalts (S. 116 (1.)), nur hat man y durch $y-\lambda$ zu ersetzen. Die Differentialgleichung $G = 0$ führt — vgl. S. 118 (7.) — auf die Lösung

$$y-\lambda = \frac{c}{2}\left(e^{\frac{x-x_0}{c}} + e^{-\frac{x-x_0}{c}}\right) \tag{4.}$$

als Gleichung der gesuchten Curve, wobei c und x_0 die Constanten der Integration bedeuten. Hier ist nun zunächst der Fall $c<0$ auszuschliessen; die betreffende Curve wäre nämlich gegen die Seite der positiven Werthe von y convex. Würde man sie also um die Verbindungsgerade ihrer Endpunkte umlegen, so würde der Schwerpunkt in der neuen Lage tiefer liegen als in der ursprünglichen.

Setzt man, $c>0$ annehmend,

$$\frac{x-x_0}{c} = t$$

und bezeichnet mit a_0, b_0 die Coordinaten von A, mit a_1, b_1 die von B, sodass $a_1 > a_0$ und $b_1 \geqq b_0$ ist, so hat man zunächst folgende Gleichungen zu erfüllen:

$$\left\{\begin{array}{ll} a_0 = x_0 + ct_0, & b_0 = \lambda + \frac{c}{2}\left(e^{t_0}+e^{-t_0}\right) \\ a_1 = x_0 + ct_1, & b_1 = \lambda + \frac{c}{2}\left(e^{t_1}+e^{-t_1}\right), \end{array}\right. \tag{5.}$$

wozu noch die Bedingung tritt, dass die Bogenlänge der Curve den vorgeschriebenen Werth l haben soll:

$$l = \frac{c}{2}\left(e^{t_1}-e^{-t_1}-e^{t_0}+e^{-t_0}\right). \tag{6.}$$

Aus diesen Gleichungen erhält man zunächst

$$a_1 - a_0 = c(t_1-t_0), \tag{7.}$$

und indem man

$$t_1+t_0 = 2\mu, \quad t_1-t_0 = 2\nu$$

setzt, weiter

$$b_1 - b_0 = \frac{c}{2}(e^{\mu} - e^{-\mu})(e^{\nu} - e^{-\nu}),$$

$$l = \frac{c}{2}(e^{\mu} + e^{-\mu})(e^{\nu} - e^{-\nu}),$$

mithin

$$(8.) \qquad \frac{b_1 - b_0}{l} = \frac{e^{\mu} - e^{-\mu}}{e^{\mu} + e^{-\mu}}.$$

Die auf der rechten Seite dieser Gleichung stehende Function hat die Eigenschaft, dass sie in stetiger Zunahme alle Werthe von 0 bis 1 und jeden nur einmal annimmt, wenn μ alle Werthe von 0 bis $+\infty$ durchläuft. Wegen

$$l^2 \geqq (a_1 - a_0)^2 + (b_1 - b_0)^2$$

ist aber der Werth der linken Seite der Gleichung (8.) kleiner als 1; es existirt also stets ein positiver Werth von μ, der diese Gleichung befriedigt, und nur einer.

Weiter findet man

$$\frac{l}{a_1 - a_0} = \frac{e^{\mu} + e^{-\mu}}{2} \cdot \frac{e^{\nu} - e^{-\nu}}{2\nu},$$

also

$$(9.) \qquad \frac{e^{\nu} - e^{-\nu}}{2\nu} = \frac{\sqrt{l^2 - (b_1 - b_0)^2}}{a_1 - a_0},$$

worin die rechte Seite grösser als Eins ist. Andrerseits nimmt die Function

$$\frac{e^{\nu} - e^{-\nu}}{2\nu} = 1 + \frac{\nu^2}{3!} + \frac{\nu^4}{5!} + \cdots$$

von 1 beginnend beständig wachsend alle Werthe an. Demnach lässt sich auch der Werth von ν aus der Gleichung (9.) stets eindeutig bestimmen. Aus den gefundenen Werthen von μ und ν ergeben sich die Integrationsgrenzen t_0 und t_1, die Gleichung (7.) liefert alsdann die Constante c, und weiter die Gleichungen (5.) die Grössen x_0 und λ. Man kann also sagen, dass stets eine Linie von der vorgeschriebenen Länge l existirt, die die beiden gegebenen Punkte verbindet, und die der Differentialgleichung $G = 0$ genügt, vorausgesetzt, dass die Entfernung der beiden Punkte nicht grösser ist als die vorgeschriebene Länge l. Wenn es daher überhaupt eine Curve giebt, die das hier betrachtete Problem löst, so kann es nur die soeben bestimmte K e t t e n l i n i e sein. Es ist aber zu bemerken, dass damit noch nicht bewiesen ist, dass für diese Kettenlinie das Integral (1.) auch wirklich seinen kleinsten Werth annimmt. Denn die bisher aufgestellten Bedingungen waren nur nothwendig; die hinreichenden Bedingungen sollen erst im nächsten Kapitel ermittelt werden. Übrigens erhält man für die Function F_1 (S. 146) den Ausdruck

$$F_1 = \frac{y-\lambda}{(\sqrt{x'^2+y'^2})^3}.$$

Die Gleichung (4.) zeigt aber, dass $y-\lambda$ stets einen positiven Werth hat, da ja der Constanten c nur positive Werthe beizulegen sind. Mithin ist auch F_1 stets positiv.

Unter dem isoperimetrischen Problem im engeren Sinne pflegt man folgende Aufgabe zu verstehen. Es soll eine Curve von der Eigenschaft gezogen werden, dass sie unter allen Curven von gegebener Länge, die ausserdem noch gewisse andere Bedingungen erfüllen können, den grössten Flächeninhalt einschliesst.

Bevor wir zur Lösung dieses Problems übergehen, ist es zweckmässig, einige Bemerkungen über den Begriff des Flächeninhalts ebener Figuren vorauszuschicken. Bereits im sechsten Kapitel (S. 71) ist der Umlaufssinn eines Dreiecks und eines Polygons, bei dem sich keine zwei Seiten durchkreuzen, erklärt worden. Man denke sich nun ein beliebiges Polygon, dessen Eckpunkte in einem bestimmten Durchlaufungssinn der Reihe nach mit $1, 2, 3, \ldots n$ bezeichnet sein mögen, und ausserdem einen beliebigen Punkt A. Durch diesen ziehe man eine beliebige Strecke AB, jedoch so lang, dass sie, über B hinaus verlängert, mit dem Polygon keinen Schnittpunkt mehr hat, und unterscheide die beiden Seiten der Strecke als die positive und die negative. Durchläuft man nun das Polygon in dem festgesetzten Sinne und markirt jeden seiner Schnittpunkte mit der Strecke AB mit $+1$ oder mit -1, jenachdem man von der negativen Seite der Strecke zur positiven oder umgekehrt übertritt, so bezeichnet man die Summe dieser Zahlen als die Anzahl der Windungen des Polygons um den Punkt A. Fällt ein Theil der Strecke AB mit einer Polygonseite zusammen, so betrachte man zwei Punkte des Polygons, den einen auf der dem Vereinigungspunkte vorhergehenden Polygonseite, den andern auf der nach dem Trennungspunkte des Polygons und der Strecke folgenden Polygonseite gelegen; befinden sie sich auf derselben Seite der Strecke, so hat man an dieser Stelle keinen Schnittpunkt des Polygons zu zählen.

Die Anzahl der Windungen um den Punkt A ist unabhängig von der Richtung der Strecke AB; denn zieht man eine beliebige andere Strecke AC von derselben Beschaffenheit und verbindet B mit C, so ist die Summe der Zahlen $+1$ und -1 für die gebrochene Linie $ABCA$ gleich Null. Da aber B und C stets soweit von A entfernt angenommen werden können, dass die Strecke BC das Polygon überhaupt nicht schneidet, für CA aber jene Summe derjenigen für AC entgegengesetzt gleich ist, so folgt, dass die Summe für AC gleich der für AB ist, was zu beweisen war.

Statt des Polygons betrachte man nun eine beliebige geschlossene Curve, von der jedoch vorausgesetzt werden soll, dass sie mit jeder Geraden nur eine endliche Anzahl von Schnittpunkten gemeinsam habe, und theile sie in so kleine Theile ab, dass es möglich ist, von dem beliebigen Punkte A aus Strecken zu ziehen, die weder die Sehne ab, noch den Curvenbogen ab treffen. Zeichnet man nun in die Curve ein Sehnenpolygon und ermittelt seine Windungszahl in der soeben angegebenen Weise, so soll die Windungszahl dieses Polygons auch die der Curve sein. Die so bestimmte Windungszahl der Curve um den Punkt A ist nämlich von der Art der Zerlegung unabhängig, sobald nur die Theile der Curve hinlänglich klein gewählt werden. Lassen sich ferner zwei Punkte P, Q durch eine Linie verbinden, die die Curve nicht trifft, so ist die Zahl der Windungen der Curve um P gleich der um Q. Denn ist δ die Summe der Zahlen $+1$ und -1 für die Strecke PQ, und benutzt man die Verlängerung dieser Strecke über Q hinaus zur Feststellung der Windungszahlen, so sieht man, dass die Windungszahl für P gleich δ, vermehrt um die Windungszahl für Q ist. Da nun die Windungszahl um Q auch mittelst jeder anderen von Q ausgehenden Strecke bestimmt werden kann, so folgt, dass die Windungszahl für P auch durch jede gebrochene durch P gehenden Linie bestimmt wird, von der kein Eckpunkt auf der Curve selbst gelegen ist, und von deren Endpunkt aus man ins Unendliche gelangen kann, ohne die Curve zu treffen. Man darf also auch die Strecke PQ durch eine gebrochene Linie ersetzen. Da man nach der Voraussetzung diese so wählen darf, dass sie die Curve nicht schneidet, so folgt, dass δ den Werth Null haben muss.

Ist die Curve einfach, d. h. so beschaffen, dass sie durch jeden ihrer Punkte nur einmal geht, so ist ihre Windungszahl für jeden äusseren Punkt gleich Null, wenn unter einem äusseren Punkt ein solcher verstanden wird, zu dem man aus der Unendlichkeit gelangen kann, ohne die Curve zu schneiden. Ferner ist die Windungszahl für alle inneren Punkte dieselbe, nämlich gleich $+1$ oder gleich -1, wie man leicht einsieht, wenn man aus dem Unendlichen kommend beim ersten Schnittpunkte stehen bleibt. Von einer einfachen Curve sagt man, sie sei im positiven oder im negativen Sinne durchlaufen, jenachdem sich für einen inneren Punkt die Windungszahl $+1$ oder -1 ergiebt. Diese Definition des Umlaufssinnes ist mit der im sechsten Kapitel (S. 72) für ein einfaches Polygon festgesetzten in Übereinstimmung.

Aus der Formel für den Inhalt eines Dreiecks (S. 71) erhält man für den Flächeninhalt einer einfachen im positiven Sinne durchlaufenen Curve

$$I = \frac{1}{2}\int (xy' - yx')\,dt. \tag{10.}$$

Ist nun die Curve nicht einfach, sondern enthält sie mehrfache Punkte, so zerlege man die Fläche in Theile, in deren jedem die Windungszahl für jeden beliebigen, aber bestimmten inneren Punkt denselben Werth hat. Die Formel (10.) liefert dann die Summe der Flächeninhalte aller dieser Zellen, aber jeden multiplicirt mit der Windungszahl der Curve für Punkte im Innern der betrachteten Zelle.

Nach diesen Vorbemerkungen werde nun zur Behandlung des oben angegebenen isoperimetrischen Problems im engeren Sinne übergegangen, und dabei die Curve im positiven Sinne durchlaufen. Als Bedingungen, die die Curve ausserdem zu erfüllen hat, kann zum Beispiel verlangt werden, dass sie durch drei gegebene Punkte gehe, oder dass sie die Seiten eines gegebenen Dreiecks in vorgeschriebener Reihenfolge in beliebigen Punkten treffe, oder dass sie ganz innerhalb eines aus der Ebene herausgeschnittenen gegebenen Flächenstückes liege, in welchem Falle sie gewisse ihrer Theile mit der Umgrenzung dieses Flächenstückes gemeinsam haben kann. Eine eingehendere Behandlung dieses Problems ist deswegen wünschenswerth, weil Steiner der Ansicht war, dass die Mittel der Variationsrechnung zu seiner vollständigen Erledigung nicht ausreichend seien. Steiner hat durch geometrische Überlegungen bewiesen, dass diejenigen Theile der Curve, die frei variiren können,

Kreisbogen sein müssen, dass alle denselben Radius haben, sowie dass jeder, von seinem Mittelpunkte aus gesehen, in demselben Sinne beschrieben werden müsse, endlich dass sie in den Punkten, in denen sie die Begrenzung des Bereiches treffen, diese berühren müssen. Aber alles dieses ist auch die Variationsrechnung zu beweisen im Stande, wie wir später zeigen werden; ausserdem kann sie, was Steiner nicht gelungen war, nachweisen, dass ein solches Maximum wirklich existirt. In vielen hierher gehörigen Fällen ist dies allerdings auch aus geometrischen Gründen ersichtlich, aber wenn zum Beispiel nach der Curve gefragt wird, die bei gegebenem Umfange den grössten Flächeninhalt (ohne weitere Nebenbedingungen) einschliesst, so zieht Steiner eine den Umfang halbirende Sehne und zeigt durch Umlegen der Figur um diese, dass eine Curve grösseren Inhalts entsteht, wenn jene Sehne nicht Symmetrieachse ist; nun ist zwar klar, dass nur beim Kreise jede solche Sehne diese Eigenschaft hat, aber damit ist nicht bewiesen, dass ein wirkliches Maximum, nicht bloss eine obere Grenze vorhanden ist. Man kann wohl den Beweis dafür strenge auch auf geometrischem Wege führen, indem man von den regelmässigen Polygonen ausgeht und die Seitenzahl unbegrenzt vermehrt; aber zum Beispiel bei der vorher behandelten Aufgabe der Kettenlinie würde ein solches Verfahren nur unter grossen Umständlichkeiten zum Ziele führen können.

Die beiden Integrale, mit denen man es hier zu thun hat, lauten

$$
(11.)\qquad \begin{cases} I^0 = \dfrac{1}{2}\displaystyle\int_{t_0}^{t_1} (xy' - yx')\,dt \\[2ex] I^1 = \displaystyle\int_{t_0}^{t_1} \sqrt{x'^2 + y'^2}\,dt. \end{cases}
$$

Dass Anfangspunkt und Endpunkt der Curve zusammenfallen, bringt keine wesentliche Veränderung in der Behandlung der Aufgabe hervor. Aus geometrischen Gründen ist ferner sofort klar, dass die Curve eine einfache sein muss; andernfalls würden nämlich einzelne Flächenstücke positiv, andere negativ zu nehmen sein, und man würde durch Beseitigung der letzteren eine Curve von demselben Umfang, aber grösserem Inhalt construiren können. Doch muss sich dieses Ergebniss bei richtigem Verfahren auch aus der Rechnung selbst ergeben.

Man hat nun

$$(12.)\quad \begin{cases} F = \frac{1}{2}(xy'-yx') - \lambda\sqrt{x'^2+y'^2} \\ \frac{\partial F}{\partial x'} = -\frac{1}{2}y - \lambda\frac{x'}{\sqrt{x'^2+y'^2}} \\ \frac{\partial F}{\partial y'} = \frac{1}{2}x - \lambda\frac{y'}{\sqrt{x'^2+y'^2}}. \end{cases}$$

Die Differentialgleichungen zur Bestimmung der Curve werden

$$(13.)\quad \begin{cases} y' + \frac{d}{dt}\left(\frac{\lambda x'}{\sqrt{x'^2+y'^2}}\right) = 0 \\ -x' + \frac{d}{dt}\left(\frac{\lambda y'}{\sqrt{x'^2+y'^2}}\right) = 0. \end{cases}$$

Bezeichnet man mit s die Bogenlänge, so ergiebt sich durch Multiplication mit $\frac{dt}{ds}$

$$\frac{dy}{ds} + \lambda\frac{d}{ds}\left(\frac{dx}{ds}\right) = 0,$$

$$-\frac{dx}{ds} + \lambda\frac{d}{ds}\left(\frac{dy}{ds}\right) = 0.$$

Diese beiden Gleichungen kann man zu einer vereinigen:

$$\lambda\frac{d}{ds}\left(\frac{dx}{ds} + i\frac{dy}{ds}\right) = i\left(\frac{dx}{ds} + i\frac{dy}{ds}\right).$$

Durch Integration erhält man hieraus

$$\frac{dx+idy}{ds} = ie^{\frac{i}{\lambda}(s-s_0)},$$

wo s_0 eine Integrationsconstante bedeutet, und durch abermalige Integration und Trennung des Reellen vom Imaginären:

$$(14.)\quad \begin{cases} x = x_0 + \lambda\cos t \\ y = y_0 + \lambda\sin t, \end{cases}$$

wo

$$(15.)\quad t = \frac{s-s_0}{\lambda}$$

gesetzt worden ist. Alle die Theile der Curve, die frei variiren können, müssen also Kreisbogen von demselben Radius λ sein. Die beiden letzten der Gleichungen (12.) zeigen im Verein mit (14.) und dem auf S. 249 Bewiesenen ferner, dass die Curve, wo sie frei variiren kann, ihre Richtung nirgends plötzlich ändern darf. Soll dies also längs der ganzen Curve der Fall sein, so müssen auch die Integrationsconstanten x_0, y_0, d. h. die Coordinaten des Mittelpunktes des betreffenden Kreisbogens, für die ganze Curve denselben Werth haben; wenn in diesem Falle also überhaupt eine der Aufgabe genügende Curve existirt, so kann sie nur ein Kreis sein.

Die vorstehende Betrachtung sagt noch nichts aus über das Vorzeichen der Grösse λ. Um einen bestimmten Fall im Auge zu haben, werde angenommen, es seien zwei feste Punkte A und B gegeben, und es solle durch diese eine Curve von gegebener Länge l so gezogen werden, dass der durch die Sehne AB bestimmte Abschnitt einen möglichst grossen Flächeninhalt einschliesse. Dann muss zunächst entschieden werden, auf welcher Seite von AB die Curve gelegen sein soll, und das hängt eben von dem Vorzeichen von λ ab. Um es zu bestimmen, hat man die zweite Variation zu betrachten, d. h. das Vorzeichen der Function F_1 zu untersuchen, wie dies im vorhergehenden Kapitel (S. 252) auseinandergesetzt worden ist. Nun ist im vorliegenden Falle des eigentlichen isoperimetrischen Problems

$$F_1 = \frac{-\lambda}{(\sqrt{x'^2+y'^2})^3}. \tag{16.}$$

Hieraus folgt, dass wenn I^0 ein Maximum sein soll, die Grösse λ keinen negativen Werth haben darf, und man schliesst daraus, dass die sämmtlichen Kreisbogen, aus denen die gesuchte Curve zusammengesetzt ist, jeder von seinem Mittelpunkte aus gesehen, im positiven Sinne beschrieben werden müssen. Zur Bestimmung des Werthes von λ selbst hat man die Gleichung

$$AB = 2\lambda \sin\frac{l}{2\lambda}, \tag{17.}$$

worin AB die Länge der Sehne bedeutet. Solange l grösser als die Länge AB ist, liefert diese Gleichung stets eine Lösung λ, deren absoluter Werth nicht kleiner als $\frac{l}{2\pi}$ ist.

Was die übrigen, in der Lösung der Aufgabe vorkommenden Constanten anlangt, so tritt die Integrationsconstante s_0, den Gleichungen (14.) und (15.)

zufolge, nur in dem Parameter t auf, bedarf also keiner näheren Bestimmung. Die Constanten x_0, y_0, die Coordinaten des Kreismittelpunktes, lassen sich dagegen nur dann bestimmen, wenn die gesuchte Curve noch weitere Bedingungen erfüllen soll. Ist dies nicht der Fall, und verlangt man nur, unter allen isoperimetrischen Linien diejenige zu finden, die den grössten Flächeninhalt einschliesst, so kann man nicht von einem absoluten Maximum reden, insofern als man ja die Curve noch beliebig in der Ebene verschieben darf, ohne ihre Gestalt zu ändern. In diesem Falle wäre vielmehr die Aufgabe, um die es sich handelt, genauer so zu fassen, dass das Integral, welches das Mass für den Flächeninhalt ausdrückt, bei allen zulässigen Variationen niemals einen positiven Zuwachs erhalten solle.

Eine ähnliche Überlegung ist schon in der Theorie der Maxima und Minima im fünften Kapitel (S. 48) angestellt worden und im sechsten Kapitel bei der Behandlung der Aufgabe, ein ebenes Polygon von grösstem Flächeninhalt bei gegebenem Umfang und vorgeschriebener Seitenzahl zu bestimmen (S. 75), benutzt worden.

Die so formulirte Aufgabe führt zu genau derselben nothwendigen Bedingung wie vorher, dass nämlich die erste Variation verschwinden muss, und somit auch zu derselben Differentialgleichung. Man erhält ferner auch dieselbe Bedingung für die Grösse λ; da nämlich die zweite Variation nicht positiv werden und daher die Funktion F_1 ihr Vorzeichen nicht wechseln darf, so schliesst man wie vorher, dass die Constante λ einen positiven Werth haben muss. Da die ganze Curve frei variirbar ist, somit $\frac{\partial F}{\partial x'}$ und $\frac{\partial F}{\partial y'}$ im ganzen Verlauf der Curve stetig sind, so behalten auch die Constanten x_0, y_0 für die ganze Curve denselben Werth; sie bleiben jedoch unbestimmt. Man kann also auch hier jedenfalls das Resultat aussprechen, dass wenn es überhaupt eine geschlossene Curve giebt, die bei gegebenem Umfang den grössten Flächeninhalt einschliesst, diese ein Kreis sein muss.

Dass nun aber der Kreis diese Eigenschaft wirklich hat, ist damit noch keineswegs bewiesen. Dazu würde aber auch die Betrachtung der zweiten Variation nicht ausreichen, denn dabei muss man sich immer auf die Zulassung solcher Variationen beschränken, bei denen sowohl die Abstände entsprechender Punkte, als auch die Unterschiede der Tangentenrichtungen in diesen Punkten eine bestimmte Grenze nicht überschreiten, und es bliebe dann noch der Nachweis zu erbringen, dass jede andere Curve, wo immer sie auch in der Ebene gezeichnet sein möge, einen kleineren Flächeninhalt begrenzt Den Beweis für diese Maximaleigenschaft des Kreises, der bei den bisherigen Lösungen des Problems nicht erbracht worden ist, hat man für so schwierig gehalten, dass man der Variationsrechnung geradezu die Mittel absprach, ihn zu führen.

Wir werden im einunddreissigsten Kapitel noch einmal auf dieses Problem und insbesondere auf die von Steiner gefundenen Sätze zurückkommen.

Siebenundzwanzigstes Kapitel.

Hinreichende Bedingungen.

Im fünfundzwanzigsten Kapitel (S. 246) ist als erste nothwendige Bedingung für die Existenz eines Maximums oder Minimums bei einem isoperimetrischen Problem die Differentialgleichung

$$\mathfrak{G} = \mathfrak{G}^0 - \lambda \mathfrak{G}^1 = 0$$

gefunden worden, deren Integration die Coordinaten x, y der Punkte der gesuchten Curve als Functionen der unabhängigen Variablen t und der drei willkürlichen Constanten α, β, λ lieferte. Durch die zweite Bedingung (S. 253), dass die Function F_1 nicht positiv im Falle des Maximums, nicht negativ im Falle des Minimums sein dürfe, konnten diesen Constanten gewisse Beschränkungen auferlegt sein; zum Beispiel musste bei dem isoperimetrischen Problem im engeren Sinne die Constante λ positiv sein (S. 262). Doch bleibt stets eine dreifach unendliche Schaar von Curven, die diesen Bedingungen genügen, und unter denen die den sonstigen Forderungen des Problems entsprechenden zu suchen sind.

Es soll nun im Folgenden erstens die Voraussetzung gemacht werden, dass es möglich sei, diese drei Constanten so zu bestimmen, dass die betrachtete Curve durch zwei beliebig gegebene Punkte A und B gehe, und dass das zweite Integral I^1, über sie erstreckt, den vorgeschriebenen Werth annehme. Es soll zweitens vorausgesetzt werden, dass es möglich sei, die beiden Punkte A und B durch eine beliebige reguläre Curve so zu verbinden, dass längs dieser das Integral I^1 ebenfalls den vorgeschriebenen Werth annimmt, überdies aber nach jedem Punkte C dieser Curve von A aus eine und nur eine Curve gezogen werden kann, die einer Differentialgleichung G = 0 genügt, und für die das zweite Integral I^1, erstreckt vom Punkte A bis zum Punkte C, denselben Werth hat, wie wenn es längs der zuerst angenommenen willkürlichen Curve zwischen denselben beiden Punkten erstreckt wird. Die Prüfung der Richtigkeit und Zulässigkeit dieser Voraussetzungen wird im nächsten Kapitel vorgenommen werden; es wird sich herausstellen, dass man, ähnlich wie im zwanzigsten Kapitel, einen die Curve umgebenden Flächenstreifen angeben kann, innerhalb dessen sich die willkürliche Curve von den geforderten Eigenschaften thatsächlich ziehen lässt. Es muss dabei vorausgesetzt werden, dass innerhalb des Curvenbogens AB sich kein zum Anfangspunkte A conjugirter Punkt befindet; die genaue Erklärung der conjugirten Punkte beim isoperimetrischen Problem wird im nächsten Kapitel gegeben werden.

Unter diesen Voraussetzungen bietet sich, ähnlich wie im Falle eines einzigen Integrals, auch hier ein Weg dar, auf dem das Problem ganz ohne Benutzung der zweiten Variation allgemein gelöst werden kann.

Dies vorausgeschickt, betrachte man nun irgend eine der Differentialgleichung G = 0 genügende Curve und auf ihr ein Stück (0 1), das allen obigen Bedingungen genügt; insbesondre soll auch das Integral I^1 den vorgegebenen Werth annehmen. Für jeden Punkt dieses Curvenstückes werden ferner F^0 und F^1 als reguläre Functionen ihrer Argumente x, y, x', y' vorausgesetzt; schliesslich soll auch die Function F_1 in keinem Punkte verschwinden oder unendlich gross werden.

Zwischen den Punkten 0 und 1 werde auf der Curve ein Punkt 2 beliebig angenommen. Ferner sei 3 ein ausserhalb der Curve, aber noch innerhalb des oben erwähnten Flächenstreifens gelegener Punkt, nach dem von 2 aus eine beliebige Curve und von 0 aus eine der Differentialgleichung G = 0 genügende Curve gezogen werde. Soll nun der gebrochene Curvenzug $(0\ \overline{3\ 2})$ eine zulässige Variation der Curve (0 2) sein, so muss

$$(1.)\qquad I^1_{03} + \bar{I}^1_{32} = I^1_{02}$$

sein, was, wenn die obigen Voraussetzungen erfüllt sind, immer eintritt. Hierbei ist, wie früher, durch Überstreichen angedeutet, dass sich die betreffenden Grössen auf solche Curven beziehen, die der Differentialgleichung G = 0 nicht genügen.

Bezeichnet man wieder die Länge des Bogens $(\overline{2\ 3})$, vom Punkte 2 aus gerechnet, mit σ, so ist die Variation des Integrals I^0_{02}, den Formeln S. 212 (4.) und (7.) entsprechend,

$$(2.)\qquad \Delta I^0_{02} = \int_{t_0}^{t_2} G^0 w\,dt + \left[\frac{\partial F^0}{\partial x'}\xi_2 + \frac{\partial F^0}{\partial y'}\eta_2\right]_{t_0}^{t_1} + F^0(x_2, y_2, \bar{p}, \bar{q})\sigma + \cdots,$$

wo $\bar{p}, \bar{q}$ die Richtungscosinus der Curve $(\overline{3\ 2})$ im Punkte 2 bedeuten, und unter ξ_2, η_2 die Variationen der Coordinaten des Punktes 2 zu verstehen sind, die ihn in den Punkt 3 überführen. Nun hat man aber (S. 211 (2.))

$$\begin{cases} \xi_2 = (-\bar{p} + \sigma_1)\sigma \\ \eta_2 = (-\bar{q} + \sigma_2)\sigma. \end{cases}$$

Damit geht die vorstehende Gleichung über in

$$\Delta I^0_{02} = \int_{t_0}^{t_2} G^0 w\,dt + \left\{ F^0(x_2, y_2, \bar{p}, \bar{q}) - \left(\frac{\partial F^0}{\partial x'}\right)_{(2)}\bar{p} - \left(\frac{\partial F^0}{\partial y'}\right)_{(2)}\bar{q} \right\}\sigma + \cdots.$$

Berechnet man ebenso die Variation des zweiten Integrals, die ja verschwinden muss, so erhält man

$$0 = \int_{t_0}^{t_2} G^1 w\,dt + \left\{ F^1(x_2, y_2, \bar{p}, \bar{q}) - \left(\frac{\partial F^1}{\partial x'}\right)_{(2)}\bar{p} - \left(\frac{\partial F^1}{\partial y'}\right)_{(2)}\bar{q} \right\}\sigma + \cdots.$$

Multiplicirt man mit der Constanten $-\lambda$ und addirt das Product zu dem für ΔI^0_{02} gefundenen Ausdrucke, so erhält man im Hinblick auf die Gleichung $G = 0$ und unter Benutzung der früheren Bezeichnungsweise

$$(3.)\qquad \Delta I^0_{02} = \mathcal{E}(x_2, y_2; p_2, q_2; \bar{p}, \bar{q})\sigma + \cdots.$$

Hierin bedeuten p_2, q_2 die Richtungscosinus der Curve $(0\ 2)$ im Punkte 2, die nicht hingeschriebenen Glieder sind reguläre Functionen von σ, die als Factor die Grösse σ^2 enthalten, und die Function $\mathcal{E}$ ist nach einer der Formeln, die dafür im zweiundzwanzigsten Kapitel aufgestellt worden sind, jedoch für den Ausdruck $F = F^0 - \lambda F^1$ zu bilden. Sie enthält also noch die Grösse λ.

Aus der Gleichung (3.) ergiebt sich, dass die Function $\mathcal{E}(x, y; p, q; \bar{p}, \bar{q})$ längs des betrachteten Curvenstückes für keine zwei Werthepaare $\bar{p}, \bar{q}$ Werthe entgegengesetzten Zeichens annehmen darf, wenn die vollständige Variation ΔI^0_{02} beständig einerlei Zeichen haben soll. Vom Punkte 0 nach dem Punkte 1 werde ausser der die Differentialgleichung $G = 0$ befriedigenden Curve noch eine Curve $(\overline{0\ 1})$ (vgl. Fig. 27, S. 219) gezogen, die der Differentialgleichung $G = 0$ nicht genügt, längs der das Integral $\bar{I}^1_{01}$ den dem Integrale I^1_{01} vorgeschriebenen Werth annimmt, die aber im Übrigen bis auf gewisse, nachher zu erörternde Stetigkeitsbedingungen willkürlich gewählt werden kann. Bezeichnet man mit I^0_{01} und $\bar{I}^0_{01}$ die entsprechenden Werthe des vorgelegten Integrals I^0, so ist $\bar{I}^0_{01} - I^0_{01}$ die Grösse, von der zu beweisen ist, dass sie stets positiv (negativ) ist, wenn ein Minimum (Maximum) existiren soll. Auf der Curve $(\overline{0\ 1})$ nehme man einen Punkt 2 an, dessen Lage durch die vom Punkte 0 aus zu zählende Bogenlänge $(\overline{0\ 2}) = s$ definirt werden möge. Nach der oben gemachten Voraussetzung ist es möglich, von 0 nach 2 eine zugleich die Bedingungen $G = 0$ und $I^1_{02} = \bar{I}^1_{02}$ befriedigende Curve zu ziehen.

Dann lässt sich zeigen, dass wenn der Punkt 2 die Curve $(\overline{0\ 1})$ von 0 beginnend stetig bis 1 durchläuft, die Differenz $\bar{I}^0_{02} - I^0_{02}$ im Falle eines Minimums (auf den wir uns wieder beschränken wollen) beständig zunimmt. Sie ist eine wohlbestimmte Function von s, die sich mit dieser Variablen stetig ändert, und die mit $f(s)$ bezeichnet werden möge. Zwischen 0 und 2 werde ein Punkt 3, und zwischen 2 und 1 ein Punkt 4 so angenommen, dass die Bogenabstände $(\overline{3\ 2})$ und $(\overline{2\ 4})$ denselben Werth σ haben, unter σ eine beliebig klein zu wählende Grösse verstanden. Dann hat man

$$f(s-\sigma) = \bar{I}^0_{03} - I^0_{03} = \bar{I}^0_{02} - \bar{I}^0_{32} - I^0_{03},$$

mithin

$$f(s-\sigma) - f(s) = -\bar{I}^0_{32} - I^0_{03} + I^0_{02}.$$

Dies ist aber, vom Vorzeichen abgesehen, eine Variation des Integrals I^0_{02} von der Art, wie sie in der Formel (3.) auftritt. Man hat daher

$$f(s-\sigma) - f(s) = -\mathfrak{E}(x_2, y_2; p_2, q_2; \bar{p}, \bar{q})\,\sigma + \cdots$$

oder

$$\frac{f(s-\sigma) - f(s)}{-\sigma} = \mathfrak{E}(x_2, y_2; p_2, q_2; \bar{p}, \bar{q}) + \cdots. \tag{4.}$$

Wendet man die Überlegungen des zweiundzwanzigsten Kapitels (S. 212 u. 213) auf die Variation

$$f(s+\sigma) - f(s) = \bar{I}^0_{24} - I^0_{04} + I^0_{02},$$

an, so erhält man

$$(5.)\qquad \frac{f(s+\sigma)-f(s)}{\sigma} = \mathfrak{E}(x_2, y_2; p_2, q_2; \bar{p}, \bar{q}) + \cdots$$

Man kann demnach durch Übergang zur Grenze genau wie auf S. 223 schliessen, dass

$$(6.)\qquad \frac{df(s)}{ds} = \mathfrak{E}(x_2, y_2; p_2, q_2; \bar{p}, \bar{q})$$

ist, wofern nur die Curve $(\overline{0\ 1})$ im Punkte 2 ihre Tangentenrichtung stetig ändert.

Setzt man nun voraus, dass die Function $\mathfrak{E}$ für alle in Frage kommenden Werthe ihrer Argumente positiv sei, so nimmt die Function $f(s)$ beständig zu, wenn der Punkt 2 die Curve $(\overline{0\ 1})$ von 0 beginnend durchläuft. Da aber, wenn der Punkt 2 auf den Punkt 0 fällt, $f(s)$ selbst verschwindet, so ist $f(s)$ wesentlich positiv, insbesondere, wenn 2 mit 1 zusammenfällt. Man kann also schliessen, dass wenn die Function $\mathfrak{E}(x, y; p, q; \bar{p}, \bar{q})$ längs der Curve und für beliebige Werthe von $\bar{p}, \bar{q}$ beständig positiv ist,

$$\bar{I}^0_{01} > I^0_{01}$$

ist, d. h. ein Minimum wirklich vorliegt, falls nur die zu Anfang dieses Kapitels angegebenen Voraussetzungen sämmtlich erfüllt sind.

Es ist noch der Fall zu betrachten, dass $\frac{df(s)}{ds}$ beständig gleich Null ist; dann wäre $f(s)$ constant, also gleich Null, da ja $f(s)$ für $s = 0$ verschwindet. Man würde also $\bar{I}^0_{02} = I^0_{02}$ für jeden Punkt 2 der Curve $(\overline{0\ 1})$ erhalten, im Besondern also auch $\bar{I}^0_{01} = I^0_{01}$. Nun darf aber die Curve $(\overline{0\ 1})$ nicht der Differentialgleichung $G = 0$ genügen, da nach Voraussetzung zwischen den Punkten 0 und 1 nur eine solche Curve gezogen werden kann; genügt die Curve aber nicht der Differentialgleichung, so kann eine Variation gefunden werden, für die das zugehörige Integral kleiner oder grösser wird als $\bar{I}^0_{01}$ und somit auch als I^0_{01}; in diesem Falle besteht also weder ein Maximum, noch ein Minimum.

Die Gültigkeit der vorstehenden Untersuchungen erfordert noch die Voraussetzung gewisser Stetigkeitsbedingungen für die willkürliche Curve $(\overline{0\ 1})$. Zunächst müssen die Grössen x' und y' sich stetig auf ihr ändern, da sich sonst bei den Grenzübergängen von den Gleichungen (4.) und (5.) zur Formel (6.) für p_2 und q_2 verschiedene Werthe ergeben könnten. Aber auch die zweiten Ableitungen dürfen nur eine endliche Anzahl von Stetigkeitsunterbrechungen erleiden, da andernfalls die vollständige Variation nicht auf die Form (2.) gebracht werden könnte.

Ist nun eine ganz willkürliche Curve gegeben, so kann man an ihre Stelle immer eine aus regulären Stücken bestehende setzen, für die das Integral I^0 einen beliebig wenig verschiedenen Werth erhält; hieraus kann man zunächst schliessen, dass auch für die willkürliche Curve das Integral mindestens nicht kleiner sein kann als für die ursprüngliche Curve (0 1). Nunmehr nehme man auf der willkürlichen Curve $(\overline{0\ 1})$ zwei Punkte 2 und 3 und ziehe die der Differentialgleichung G = 0 genügenden Curven (0 2), (2 3), (3 1), für die das Integral I^1 jedesmal denselben Werth hat wie auf den entsprechenden Stücken der willkürlichen Curve (Fig. 28). Wie soeben

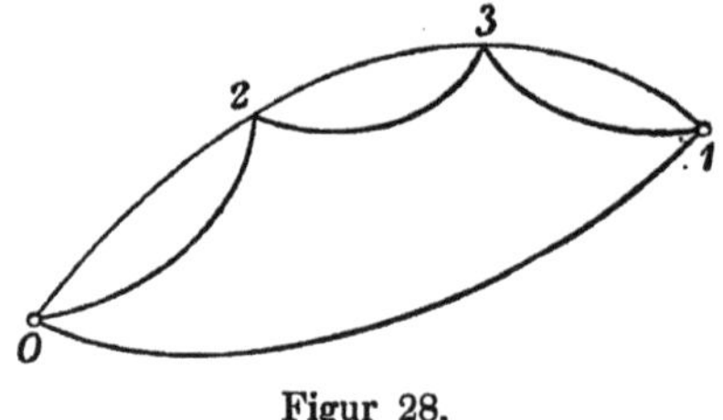

Figur 28.

bewiesen worden ist, hat man dann

$$\bar{I}^0_{02} \geqq I^0_{02}, \quad \bar{I}^0_{23} \geqq I^0_{23}, \quad \bar{I}^0_{31} \geqq I^0_{31},$$

also wird

$$\bar{I}^0_{0231} \geqq I^0_{0231}.$$

Nun können aber die Punkte 2 und 3 stets ausserhalb der Curve (0 1) gewählt werden; dann ist aber $I^0_{0231} > I^0_{01}$, folglich auch

$$\bar{I}^0_{0231} > I^0_{01},$$

was zu beweisen war.

Hierbei ist noch zu bemerken, dass die über die willkürliche Curve zu erstreckenden Integrale nöthigenfalls in ihrer Bedeutung so zu erweitern und durch Grenzwerthe solcher Summen zu ersetzen sind, wie sie im vierundzwanzigsten Kapitel (S. 233) erörtert worden sind.

Aus der gefundenen Bedingung, dass die Function $\mathcal{E}(x, y; p, q; \bar{p}, \bar{q})$ längs der betrachteten Curve für keine zwei verschiedenen Werthepaare $\bar{p}, \bar{q}$ Werthe entgegengesetzten Zeichens annehmen darf, wenn ein Maximum oder ein Minimum des Integrales eintreten soll, schliesst man wie im zweiundzwanzigsten Kapitel auf Grund des Zusammenhanges zwischen den Functionen $\mathcal{E}$ und

$$F_1 = F_1^0(x, y, p, q) - \lambda F_1^1(x, y, p, q),$$

dass auch diese Function ihr Vorzeichen längs der Curve nicht wechseln darf. Aber das Umgekehrte braucht nicht der Fall zu sein, da die Bedingung für die Function $\mathcal{E}$ insofern weitergehend ist, als diese Forderung für beliebige Werthepaare $\bar{p}, \bar{q}$ erfüllt sein muss.

Da die Function F_1 den über F_1^0 und F_1^1 gemachten Voraussetzungen zufolge eine stetige Function der Argumente x, y, p, q und λ ist, so lässt sich der im dreiundzwanzigsten Kapitel (S. 229) gemachte Schluss hier ebenfalls ziehen, dass nämlich die Function $\mathcal{E}(x, y; p, q; \bar{p}, \bar{q})$ auch längs der Curven nicht Werthe verschiedenen Vorzeichens annehmen kann, die einer Differentialgleichung $G = 0$ genügen, deren Richtungs- und Lagenabweichungen von der ursprünglich betrachteten Curve unterhalb einer gewissen Grenze liegen, und für die der Werth von λ sich von dem entsprechenden Werthe längs der ursprünglichen Curve hinreichend wenig unterscheidet. Die gefundene hinreichende Bedingung für das Auftreten eines Minimums oder Maximums bei einem isoperimetrischen Problem lautet also: *Die Function $\mathcal{E}(x, y; p, q; \bar{p}, \bar{q})$ darf längs der Curve, soweit sie sich mit einem Flächenstreifen der betrachteten Eigenschaft umgeben lässt, und für beliebige, von p, q verschiedene Argumentwerthe $\bar{p}, \bar{q}$ nur positive oder nur negative Werthe annehmen.*

Die Betrachtungen, die in diesem Kapitel angestellt worden sind, bleiben auch giltig, wenn auf derselben Curve, zu der das Stück (0 1) gehört, ein Punkt $\bar{0}$ hinreichend nahe vor 0 angenommen wird, und von ihm aus ein Flächenstreifen der vorher benutzten Eigenschaften konstruirt wird. Man kann den bisher betrachteten Flächenstreifen so schmal nehmen, dass er ganz in jenem enthalten ist, sodass also das Curvenstück (0 1) ganz in dessen Innern gelegen ist. Man denke sich vom Punkte $\bar{0}$ nach dem veränderlichen, die Curve $(\overline{\bar{0}\ 1})$ durchlaufenden Punkte 2 die der Differentialgleichung $G = 0$

genügende Curve gezogen; nach der oben gemachten Annahme soll es stets eine und nur eine solche Curve geben. Von dem Werthe, den das Integral I^1 erhält, wenn es über diese Curve erstreckt wird, soll aber vorausgesetzt werden, dass er mit der Summe der Werthe übereinstimmt, die dasselbe Integral annimmt, wenn es über das Curvenstück $(\bar{0}\ 0)$ und über das Stück $(\overline{0\ 2})$ erstreckt wird, d. h. es soll für jede Lage des Punktes 2 die Gleichung

$$I^1_{\bar{0}2} = I^1_{\bar{0}0} + \bar{I}^1_{02}$$

Gültigkeit haben. Wenn insbesondere der Punkt 2 mit dem Punkte 1 zusammenfällt, so wird der Werth des betrachteten Integrals gleich $I^1_{\bar{0}01}$, während er beim Zusammenfallen der Punkte 2 und 0 mit $I^1_{\bar{0}0}$ übereinstimmt. Nun lässt sich, der Formel (3.) entsprechend, die Variation des Integrals

$$I^0_{\bar{0}21} = I^0_{\bar{0}2} + \bar{I}^0_{21}$$

in der Form

$$\Delta I^0_{\bar{0}21} = \mathcal{E}(x_2, y_2; p_2, q_2; \bar{p}_2, \bar{q}_2)\sigma + \cdots$$

darstellen, wobei p_2, q_2 die Richtungscosinus der Tangente der Curve $(\bar{0}\ 2)$ im Punkte 2, dagegen $\bar{p}_2, \bar{q}_2$ die der Tangente der Curve $(\overline{1\ 2})$ in demselben Punkte bedeuten. Man erhält also auf Grund derselben Überlegungen wie vorher, indem man schliesslich den Punkt 2 mit dem Punkte 0 zusammenfallen lässt, für den Fall, dass die Function $\mathcal{E}(x, y; p, q; \bar{p}, \bar{q})$ nur positive Werthe annimmt,

$$I^0_{\bar{0}1} < I^0_{\bar{0}0} + \bar{I}^0_{01},$$

also auch

$$I^0_{01} < \bar{I}^0_{01},$$

d. h. aber, das Integral I^0_{01} hat auch unter diesen Bedingungen ein Minimum. Genau ebenso ergiebt sich ein Maximum, wenn $\mathcal{E}$ nur negative Werthe annimmt.

Auf diese Ergebnisse ist die Möglichkeit, dass die Function $\mathcal{E}$ an einzelnen Punkten der Curve, ja sogar längs einzelner Curventheile verschwindet, ohne Einfluss (vgl. S. 224). Nur in dem Falle, dass die Function $\mathcal{E}$ längs der ganzen Curve verschwindet, muss noch eine besondere Untersuchung Platz greifen. Hierauf wird im neunundzwanzigsten Kapitel eingegangen werden.

Achtundzwanzigstes Kapitel.

Begründung der im vorigen Kapitel gemachten Voraussetzungen. Die conjugirten Punkte.

Es soll nun gezeigt werden, dass es unter einer bestimmten Bedingung in der That möglich ist, das betrachtete, der Differentialgleichung $G = 0$ genügende Curvenstück mit einem Flächenstreifen der Art zu umgeben, dass die im Anfang des vorhergehenden Kapitels (S. 265) gemachten Voraussetzungen sämmtlich erfüllt sind. Durch die Integration der Gleichung $G = 0$ sind die Coordinaten eines beliebigen Punktes einer ihr genügenden Curve als Functionen eines Parameters t, sowie der drei Constanten α, β, λ bekannt:

$$x = \varphi(t, \alpha, \beta, \lambda),$$
$$y = \psi(t, \alpha, \beta, \lambda).$$

Längs der betrachteten Curve (0 1) denke man sich diesen Constanten feste Werthe beigelegt. Man definire ferner eine Function z des Argumentes t durch die Gleichung

$$z = \int_{t_0}^{t} F^1(x, y, x', y')\, dt, \tag{1.}$$

sodass also für $t = t_1$ der Werth von z mit dem vorgeschriebenen Werthe von I^1 übereinstimmt. Nun betrachte man eine benachbarte, ebenfalls der Gleichung $G = 0$ genügende Curve, für die der Parameter $t + \tau$, die entsprechenden Werthe der drei Constanten aber $\alpha + \alpha'$, $\beta + \beta'$, $\lambda + \lambda'$ sein mögen, während ihren Endpunkten die Werthe $t_0 + \tau_0$ und $t_1 + \tau_1$ des Argumentes t zugehören sollen. Bezeichnet man die Differenzen der Grössen x, y, z für entsprechende Punkte der beiden Curven mit ξ, η, ζ und bedient sich im Übrigen der Bezeichnungsweise des zwanzigsten Kapitels, so erhält man folgende Gleichungen:

$$(2.)\quad \begin{cases} \xi = \varphi'(t)\tau + \varphi_1(t)\alpha' + \varphi_2(t)\beta' + \varphi_3(t)\lambda' + \cdots \\ \eta = \psi'(t)\tau + \psi_1(t)\alpha' + \psi_2(t)\beta' + \psi_3(t)\lambda' + \cdots \\ \zeta = \int_{t_0}^{t} G^1.(\varphi'(t)\eta - \psi'(t)\xi)\,dt + \frac{\partial F^1}{\partial x'}\xi + \frac{\partial F^1}{\partial y'}\eta - \left(\frac{\partial F^1}{\partial x'}\right)_0 \xi_0 - \left(\frac{\partial F^1}{\partial y'}\right)_0 \eta_0 + \cdots, \end{cases}$$

wo ξ_0, η_0 die Werthe von ξ und η für $t = t_0$ bedeuten und noch

$$\frac{\partial\varphi(t,\alpha,\beta,\lambda)}{\partial\lambda} = \varphi_3(t),$$

$$\frac{\partial\psi(t,\alpha,\beta,\lambda)}{\partial\lambda} = \psi_3(t)$$

gesetzt worden ist. Die dritte der Gleichungen (2.) ergiebt sich leicht aus den Formeln S. 102 (7.) und S. 107 (18.).

Man kann dieser Formel für die Grösse ζ noch eine andere Gestalt geben, wenn man die Functionen

$$(3.)\quad \vartheta_\nu(t) = \varphi'(t)\psi_\nu(t) - \psi'(t)\varphi_\nu(t) \qquad (\nu = 1,2,3)$$

einführt und zur Abkürzung

$$(4.)\quad \Theta_\nu(t,t_0) = \int_{t_0}^{t} G^1.\vartheta_\nu(t)\,dt \qquad (\nu = 1,2,3)$$

setzt. Man erhält dann nämlich

$$(5.)\quad \begin{aligned} &\zeta - \frac{\partial F^1}{\partial x'}\xi - \frac{\partial F^1}{\partial y'}\eta + \left(\frac{\partial F^1}{\partial x'}\right)_0 \xi_0 + \left(\frac{\partial F^1}{\partial y'}\right)_0 \eta_0 \\ &\qquad = \Theta_1(t,t_0)\alpha' + \Theta_2(t,t_0)\beta' + \Theta_3(t,t_0)\lambda' + \cdots. \end{aligned}$$

Für $t = t_0$ und $t = t_1$ gehen die Formeln (2.) und (5.) in die folgenden über:

$$(6.)\quad \begin{cases} \xi_0 = \varphi'(t_0)\tau_0 + \varphi_1(t_0)\alpha' + \varphi_2(t_0)\beta' + \varphi_3(t_0)\lambda' + \cdots \\ \eta_0 = \psi'(t_0)\tau_0 + \psi_1(t_0)\alpha' + \psi_2(t_0)\beta' + \psi_3(t_0)\lambda' + \cdots \\ \xi_1 = \varphi'(t_1)\tau_1 + \varphi_1(t_1)\alpha' + \varphi_2(t_1)\beta' + \varphi_3(t_1)\lambda' + \cdots \\ \eta_1 = \psi'(t_1)\tau_1 + \psi_1(t_1)\alpha' + \psi_2(t_1)\beta' + \psi_3(t_1)\lambda' + \cdots \\ \zeta_1 - \left(\frac{\partial F^1}{\partial x'}\right)_1 \xi_1 - \left(\frac{\partial F^1}{\partial y'}\right)_1 \eta_1 + \left(\frac{\partial F^1}{\partial x'}\right)_0 \xi_0 + \left(\frac{\partial F^1}{\partial y'}\right)_0 \eta_0 \\ \qquad = \Theta_1(t_1,t_0)\alpha' + \Theta_2(t_1,t_0)\beta' + \Theta_3(t_1,t_0)\lambda' + \cdots, \end{cases}$$

während ζ_0 identisch gleich Null ist.

Nach dem im neunzehnten Kapitel (S. 186) bewiesenen functionentheoretischen Hülfssatze lassen sich nun die Grössen $\tau_0, \tau_1, \alpha', \beta', \lambda'$ für hinlänglich kleine, aber sonst beliebige Werthe von $\xi_0, \eta_0, \xi_1, \eta_1, \zeta_1$ aus den Gleichungen (6.) ermitteln, wofern nur die Determinante des auf die linearen Glieder reducirten Gleichungssystems einen von Null verschiedenen Werth hat. Diese Determinante ist

$$\Theta(t_1, t_0) = \begin{vmatrix} \varphi'(t_0) & 0 & \varphi_1(t_0) & \varphi_2(t_0) & \varphi_3(t_0) \\ \psi'(t_0) & 0 & \psi_1(t_0) & \psi_2(t_0) & \psi_3(t_0) \\ 0 & \varphi'(t_1) & \varphi_1(t_1) & \varphi_2(t_1) & \varphi_3(t_1) \\ 0 & \psi'(t_1) & \psi_1(t_1) & \psi_2(t_1) & \psi_3(t_1) \\ 0 & 0 & \Theta_1(t_1, t_0) & \Theta_2(t_1, t_0) & \Theta_3(t_1, t_0) \end{vmatrix},$$

oder, wie eine leichte Umformung ergiebt:

$$(7.) \qquad \Theta(t_1, t_0) = \begin{vmatrix} \vartheta_1(t_1) & \vartheta_2(t_1) & \vartheta_3(t_1) \\ \vartheta_1(t_0) & \vartheta_2(t_0) & \vartheta_3(t_0) \\ \Theta_1(t_1, t_0) & \Theta_2(t_1, t_0) & \Theta_3(t_1, t_0) \end{vmatrix}.$$

Man betrachte nun die Gleichung

$$\Theta(t, t_0) = 0.$$

Sieht man von dem Falle ab, wo die Function $\Theta(t, t_0)$ für alle Werthe von t identisch verschwindet, so soll diejenige Wurzel der betrachteten Gleichung, die dem Werthe t_0 am nächsten liegt, wenn t die Strecke $t_0 \ldots t_1$ wachsend durchläuft, den zu t_0 conjugirten Punkt bestimmen.

Die vorstehenden Betrachtungen lassen erkennen, dass wenn das Curvenstück (0 1) so gewählt wird, dass auf ihm nicht der zum Anfangspunkte conjugirte Punkt gelegen ist, sich stets ein dieses Curvenstück enthaltender Flächenstreifen angeben lässt von der Beschaffenheit, dass vom Punkte 0 aus nach jedem seiner Punkte eine und nur eine Curve gezogen werden kann, die einer Differentialgleichung der Form

$$G = G^0 - \lambda G^1 = 0$$

genügt, die in ihrer Lage beliebig wenig von der ursprünglichen Curve abweicht und die sich dieser Punkt für Punkt so zuordnen lässt, dass das

Integral

$$\int_{t_0}^{t} F^1(x, y, x', y')\, dt$$

jedesmal denselben Werth annimmt; schliesslich weicht auch der Werth von λ für die neue Curve von dem für die ursprüngliche Curve beliebig wenig ab.

Wir werden auf die Construction dieses Flächenstreifens weiter unten (S. 282) noch genauer zu sprechen kommen.

Es gilt nun weiter der Satz, dass ein Maximum oder ein Minimum des Integrals I^0 unter der Bedingung, dass das Integral I^1 einen vorgeschriebenen Werth annehme, dann nicht eintreten kann, wenn das Curvenstück in seinem Innern einen zu t_0 conjugirten Punkt enthält.

Wir werden den Beweis des soeben ausgesprochenen Satzes erst im nächsten Kapitel erbringen, weil es zweckmässig und nothwendig ist, einige andere Untersuchungen vorauszuschicken, die sich besonders auf die conjugirten Punkte beziehen. Hierzu werde zunächst eine ähnliche Betrachtung wie im fünfzehnten Kapitel (S. 147) angestellt, nämlich die Änderung untersucht, die die Grösse

$$G = G^0 - \lambda G^1$$

erleidet, wenn darin t, α, β, λ die Änderungen τ, α', β', λ' erfahren. Bezeichnet man jene Änderung mit ΔG, so hat man

$$\Delta G = G^0(x+\xi, y+\eta) - G^0(x, y) - \lambda(G^1(x+\xi, y+\eta) - G^1(x, y)) - \lambda' G^1(x+\xi, y+\eta).$$

Führt man die Grösse

$$w = x'\eta - y'\xi$$

ein und benutzt die Formel S. 149 (8.), so erhält man

$$G^0(x+\xi, y+\eta) - G^0(x, y) = F_2^0 . w - \frac{d}{dt}\left(F_1^0 \frac{dw}{dt}\right) + \cdots,$$

$$G^1(x+\xi, y+\eta) - G^1(x, y) = F_2^1 . w - \frac{d}{dt}\left(F_1^1 \frac{dw}{dt}\right) + \cdots,$$

wo die nicht hingeschriebenen Glieder die Grössen ξ, η, $\frac{d\xi}{dt}$, $\frac{d\eta}{dt}$ in mindestens zweiter Dimension enthalten. Entwickelt man w nach Potenzen der Grössen τ, α', β', λ' und bezeichnet das Aggregat der Glieder erster Dimension mit $\bar{w}$, so hat man

$$\bar{w} = \vartheta_1(t)\alpha' + \vartheta_2(t)\beta' + \vartheta_3(t)\lambda',$$

mithin

$$(8.)\qquad \Delta G = -\frac{d}{dt}\left(F_1\frac{d\bar{w}}{dt}\right) + F_2\bar{w} - \lambda' G^1(x,y) + (\tau, \alpha', \beta', \lambda')_2.$$

Da nun auch die variirte Curve der Gleichung $G = 0$ genügen muss, so muss der vorstehende Ausdruck für beliebige Werthe von $\tau, \alpha', \beta', \lambda'$, wofern nur ihre absoluten Beträge eine bestimmte Grenze nicht überschreiten, gleich Null sein. Infolgedessen müssen auch die in Bezug auf $\tau, \alpha', \beta', \lambda'$ linearen Glieder verschwinden, wodurch sich die drei Differentialgleichungen

$$(9.)\qquad \begin{cases} F_1\dfrac{d^2\vartheta_1}{dt^2} + \dfrac{dF_1}{dt}\dfrac{d\vartheta_1}{dt} - F_2\vartheta_1 = 0 \\[2mm] F_1\dfrac{d^2\vartheta_2}{dt^2} + \dfrac{dF_1}{dt}\dfrac{d\vartheta_2}{dt} - F_2\vartheta_2 = 0 \\[2mm] F_1\dfrac{d^2\vartheta_3}{dt^2} + \dfrac{dF_1}{dt}\dfrac{d\vartheta_3}{dt} - F_2\vartheta_3 + G^1 = 0 \end{cases}$$

ergeben. Man kann aus ihnen leicht die folgenden ableiten:

$$\frac{d}{dt}\left(F_1\left(\vartheta_3\frac{d\vartheta_1}{dt} - \vartheta_1\frac{d\vartheta_3}{dt}\right)\right) = \vartheta_1 G^1,$$

$$\frac{d}{dt}\left(F_1\left(\vartheta_3\frac{d\vartheta_2}{dt} - \vartheta_2\frac{d\vartheta_3}{dt}\right)\right) = \vartheta_2 G^1,$$

$$\frac{d}{dt}\left(F_1\left(\vartheta_1\frac{d\vartheta_2}{dt} - \vartheta_2\frac{d\vartheta_1}{dt}\right)\right) = 0,$$

aus denen mittels Integration zwischen den Grenzen t_0 und t im Hinblick auf (4.) folgt:

$$(10.)\qquad \begin{cases} \left[F_1\left(\vartheta_3\dfrac{d\vartheta_1}{dt} - \vartheta_1\dfrac{d\vartheta_3}{dt}\right)\right]_{t_0}^{t} = \Theta_1(t, t_0) \\[2mm] \left[F_1\left(\vartheta_3\dfrac{d\vartheta_2}{dt} - \vartheta_2\dfrac{d\vartheta_3}{dt}\right)\right]_{t_0}^{t} = \Theta_2(t, t_0) \\[2mm] F_1\left(\vartheta_1\dfrac{d\vartheta_2}{dt} - \vartheta_2\dfrac{d\vartheta_1}{dt}\right) = C, \end{cases}$$

unter C eine Integrationsconstante verstanden. Diese darf nicht den Werth Null haben; andernfalls würde sich nämlich aus der vorstehenden Formel die

Beziehung

$$\vartheta_1 = \text{const.}\,\vartheta_2$$

ergeben; dies aber würde wieder die Gleichung

$$\Theta_1(t, t_0) = \text{const.}\,\Theta_2(t, t_0)$$

nach sich ziehen, und wie die Formel (7.) zeigt, würde in diesem Falle die Function $\Theta(t, t_0)$ für beliebige Werthe von t gleich Null sein, was ausdrücklich ausgeschlossen worden war.

Dies vorausgeschickt, soll nun zunächst gezeigt werden, dass wenn die Function $\Theta(t, t_0)$ verschwindet, sie zugleich das Zeichen wechselt. Es ist

$$\frac{d\Theta(t, t_0)}{dt} = \begin{vmatrix} \vartheta_1(t) & \vartheta_2(t) & \vartheta_3(t) \\ \vartheta_1(t_0) & \vartheta_2(t_0) & \vartheta_3(t_0) \\ \frac{d\Theta_1}{dt} & \frac{d\Theta_2}{dt} & \frac{d\Theta_3}{dt} \end{vmatrix} + \begin{vmatrix} \vartheta_1'(t) & \vartheta_2'(t) & \vartheta_3'(t) \\ \vartheta_1(t_0) & \vartheta_2(t_0) & \vartheta_3(t_0) \\ \Theta_1(t, t_0) & \Theta_2(t, t_0) & \Theta_3(t, t_0) \end{vmatrix}.$$

Der Gleichung (4.) zufolge ist aber

$$\frac{d\Theta_\nu(t, t_0)}{dt} = G^1.\,\vartheta_\nu(t) \qquad (\nu = 1, 2, 3);$$

infolgedessen verschwindet die erste dieser beiden Determinanten, und es ist

$$(11.)\qquad \frac{d\Theta(t, t_0)}{dt} = \begin{vmatrix} \vartheta_1'(t) & \vartheta_2'(t) & \vartheta_3'(t) \\ \vartheta_1(t_0) & \vartheta_2(t_0) & \vartheta_3(t_0) \\ \Theta_1(t, t_0) & \Theta_2(t, t_0) & \Theta_3(t, t_0) \end{vmatrix}.$$

Nun setze man

$$(12.)\qquad \begin{cases} \vartheta_2(t)\,\vartheta_3(t_0) - \vartheta_3(t)\,\vartheta_2(t_0) = f_1(t) \\ \vartheta_3(t)\,\vartheta_1(t_0) - \vartheta_1(t)\,\vartheta_3(t_0) = f_2(t) \\ \vartheta_1(t)\,\vartheta_2(t_0) - \vartheta_2(t)\,\vartheta_1(t_0) = f_3(t), \end{cases}$$

dann wird

$$(13.)\qquad \begin{cases} \Theta(t, t_0) = f_1(t)\,\Theta_1(t, t_0) + f_2(t)\,\Theta_2(t, t_0) + f_3(t)\,\Theta_3(t, t_0) \\ \frac{d}{dt}\Theta(t, t_0) = f_1'(t)\,\Theta_1(t, t_0) + f_2'(t)\,\Theta_2(t, t_0) + f_3'(t)\,\Theta_3(t, t_0), \end{cases}$$

während zugleich die Beziehung

$$(14.)\qquad f_1(t)\,\vartheta_1(t_0) + f_2(t)\,\vartheta_2(t_0) + f_3(t)\,\vartheta_3(t_0) = 0$$

besteht.

Hieraus ergiebt sich

$$f_3(t)\frac{d\Theta(t,t_0)}{dt}-f_3'(t)\Theta(t,t_0)=(f_3(t)f_1'(t)-f_1(t)f_3'(t))\Theta_1(t,t_0)+(f_3(t)f_2'(t)-f_2(t)f_3'(t))\Theta_2(t,t_0)$$

oder

$$(15.)\quad \frac{d}{dt}\frac{\Theta(t,t_0)}{f_3(t)}=\frac{(f_3(t)f_1'(t)-f_1(t)f_3'(t))\Theta_1(t,t_0)+(f_3(t)f_2'(t)-f_2(t)f_3'(t))\Theta_2(t,t_0)}{f_3(t)^2}.$$

Der Zähler der rechten Seite dieser Gleichung lässt sich nun als Produkt der Function F_1 und des Quadrates der Determinante

$$(16.)\qquad E=\begin{vmatrix}\vartheta_1(t) & \vartheta_2(t) & \vartheta_3(t)\\ \vartheta_1(t_0) & \vartheta_2(t_0) & \vartheta_3(t_0)\\ \vartheta_1'(t) & \vartheta_2'(t) & \vartheta_3'(t)\end{vmatrix}=\vartheta_1'(t)f_1(t)+\vartheta_2'(t)f_2(t)+\vartheta_3'(t)f_3(t)$$

darstellen. Den Gleichungen (12.) zufolge hat man nämlich im Hinblick auf die Beziehung (14.)

$$(17.)\quad \begin{aligned}\vartheta_2(t_0)E &= (\vartheta_1'(t)\vartheta_2(t_0)-\vartheta_2'(t)\vartheta_1(t_0))f_1(t)+(\vartheta_3'(t)\vartheta_2(t_0)-\vartheta_2'(t)\vartheta_3(t_0))f_3(t)\\ &= f_1(t)f_3'(t)-f_3(t)f_1'(t),\end{aligned}$$

und genau ebenso

$$(18.)\qquad \vartheta_1(t_0)E=f_3(t)f_2'(t)-f_2(t)f_3'(t).$$

Der erwähnte Zähler in der Formel (15.) wird demnach zunächst gleich

$$\big(\vartheta_1(t_0)\Theta_2(t,t_0)-\vartheta_2(t_0)\Theta_1(t,t_0)\big)E.$$

Aus den beiden ersten der Gleichungen (10.) folgt aber

$$\begin{aligned}\vartheta_1(t_0)\Theta_2(t,t_0)-\vartheta_2(t_0)\Theta_1(t,t_0) &= \big[F_1\vartheta_3(t)\big(\vartheta_1(t_0)\vartheta_2'(t)-\vartheta_2(t_0)\vartheta_1'(t)\big)\big]_{t_0}^{t}\\ &\quad -F_1(t)\vartheta_3'(t)\big(\vartheta_1(t_0)\vartheta_2(t)-\vartheta_2(t_0)\vartheta_1(t)\big).\end{aligned}$$

Das erste Glied auf der rechten Seite dieser Gleichung lässt sich in der Form

$$\begin{aligned}&[F_1(\vartheta_1(t)\vartheta_2'(t)-\vartheta_2(t)\vartheta_1'(t))]_{t_0}^{t}\,\vartheta_3(t_0)+F_1(t)\vartheta_3(t)(\vartheta_1(t_0)\vartheta_2'(t)-\vartheta_2(t_0)\vartheta_1'(t))\\ &\qquad -F_1(t)\vartheta_3(t_0)(\vartheta_1(t)\vartheta_2'(t)-\vartheta_2(t)\vartheta_1'(t))\end{aligned}$$

schreiben, und hierin wiederum ist das erste Glied gleich Null, weil der dritten Gleichung (10.) zufolge der Ausdruck in der eckigen Klammer von t

unabhängig ist. Mithin erhält man

$$(19.)\quad \vartheta_1(t_0)\Theta_2(t,t_0)-\vartheta_2(t_0)\Theta_1(t,t_0) = F_1(t)\begin{vmatrix}\vartheta_1(t) & \vartheta_2(t) & \vartheta_3(t)\\ \vartheta_1(t_0) & \vartheta_2(t_0) & \vartheta_3(t_0)\\ \vartheta_1'(t) & \vartheta_2'(t) & \vartheta_3'(t)\end{vmatrix} = F_1 E.$$

Die Gleichung (15.) geht also in die Gestalt

$$(20.)\quad \frac{d}{dt}\,\frac{\Theta(t,t_0)}{f_3(t)} = \frac{F_1 E^2}{f_3(t)^2}$$

über.

Es sei nun t' eine Wurzel der Gleichung

$$\Theta(t,t_0) = 0$$

und zwar von der Ordnungszahl $\varkappa$, sodass die Entwickelung der Function $\Theta(t,t_0)$ nach Potenzen der Grösse $t-t'$ mit der Potenz $(t-t')^\varkappa$ beginnt. Wenn $f_3(t')$ von Null verschieden ist, so beginnt die Entwickelung des Ausdruckes

$$f_3(t)\frac{d\Theta(t,t_0)}{dt} - f_3'(t)\Theta(t,t_0)$$

nach Potenzen von $t-t'$ mit der $(\varkappa-1)^{\text{ten}}$ Potenz. Dieser Ausdruck ist aber gleich $F_1 E^2$, und da vorausgesetzt war, F_1 solle längs der ganzen Curve weder verschwinden noch unendlich gross werden, so muss die Entwickelung von $F_1 E^2$ mit einer Potenz von $t-t'$ beginnen, deren Exponent eine gerade Zahl ist. Hieraus ergiebt sich, dass die Zahl $\varkappa$ ungerade sein muss. Damit ist aber bewiesen, dass die Function $\Theta(t,t_0)$ beim Verschwinden ihr Zeichen wechselt.

Es bleibt noch der Fall zu betrachten, wo $f_3(t') = 0$ ist. Dann darf die Grösse $f_3'(t')$ nicht zugleich verschwinden. Denn aus den beiden Gleichungen

$$\vartheta_1(t_0)\vartheta_2(t') - \vartheta_2(t_0)\vartheta_1(t') = 0,$$
$$\vartheta_1(t_0)\vartheta_2'(t') - \vartheta_2(t_0)\vartheta_1'(t') = 0$$

folgt, falls nicht zugleich $\vartheta_1(t_0) = 0$ und $\vartheta_2(t_0) = 0$ ist:

$$\vartheta_1(t')\vartheta_2'(t') - \vartheta_2(t')\vartheta_1'(t') = 0.$$

Aber sowohl diese Gleichung, wie auch die beiden Gleichungen $\vartheta_1(t_0) = 0$, $\vartheta_2(t_0) = 0$ widersprechen der dritten Gleichung (10.), da, wie bewiesen, die Constante C von Null verschieden und F_1 weder Null noch unendlich gross sein kann. Es verschwinden somit die Functionen $f_3(t)$ und $f_3'(t)$ nicht gleichzeitig. Die Entwickelung von $f_3(t)$ nach Potenzen von $t-t'$ beginnt also mit der ersten Potenz. Setzt man nun

$$\Theta(t, t_0) = a(t-t')^{\varkappa} + \cdots,$$
$$f_3(t) = b(t-t') + \cdots,$$

so fängt die Entwickelung des Ausdruckes

$$f_3(t)\frac{d\Theta(t, t_0)}{dt} - f_3'(t)\,\Theta(t, t_0)$$

mit dem Gliede

$$ab(\varkappa-1)(t-t')^{\varkappa}$$

an, es müsste denn $\varkappa = 1$ sein; in diesem Falle wechselt aber $\Theta(t, t_0)$ sicher beim Verschwinden sein Vorzeichen. Es lässt sich nun weiter zeigen, dass die Grösse E zugleich mit $f_3(t)$ nur dann verschwinden kann, wenn auch gleichzeitig $f_1(t) = 0$ und $f_2(t) = 0$ ist. Wenn aber E für $t = t'$ nicht verschwindet, so ist $\varkappa = 0$, also kann auch $\Theta(t, t_0)$ für $t = t'$ nicht verschwinden, und damit ist dann bis auf den einen Fall, dass zugleich $f_1(t') = f_2(t') = f_3(t') = 0$ ist, nachgewiesen, dass $\Theta(t, t_0)$ beim Verschwinden sein Zeichen wechselt.

Wie bereits oben bemerkt, können die beiden Grössen $\vartheta_1(t_0)$ und $\vartheta_2(t_0)$ nicht zugleich gleich Null sein. Ist also etwa $\vartheta_1(t_0)$ von Null verschieden, so folgt aus den vier Bedingungen

$$f_3(t) = 0, \quad f_3'(t) \lesseqgtr 0, \quad E = 0, \quad f_3(t)f_2'(t) - f_2(t)f_3'(t) = \vartheta_1(t_0)\,E,$$

dass $f_2(t) = 0$ sein muss, und damit weiter aus der Formel (14.), dass auch $f_1(t) = 0$ ist. Dieselbe Folgerung schliesst man aus der Annahme, es sei $\vartheta_2(t_0)$ von Null verschieden. Sonach ist jetzt bis auf den einen Fall:

$$f_1(t) = 0, \quad f_2(t) = 0, \quad f_3(t) = 0$$

nachgewiesen, dass die Grösse $\Theta(t, t_0)$ beim Verschwinden ihr Vorzeichen wechseln muss. Selbstverständlich ist es nicht ausgeschlossen, dass sie auch in dem Ausnahmefall diese Eigenschaft besitzen kann; hierfür wird später ein Beispiel gegeben werden.

Für das Folgende ist es zweckmässig, sich einer geometrischen Betrachtungsweise zu bedienen. Man denke sich eine bestimmte Curve (0 1):

$$x = \varphi(t, \alpha, \beta, \lambda),$$
$$y = \psi(t, \alpha, \beta, \lambda),$$

wobei den Constanten α, β, λ feste Werthe beigelegt seien, und errichte im Punkte t das Loth auf der Ebene dieser Curve; sodann trage man den durch die Gleichung (1.) definirten Werth von z als Strecke, von der Ebene aus in einer bestimmten Richtung gerechnet, ab. Der geometrische Ort der Endpunkte dieser Lothe ist eine Raumcurve (0 1′), deren Coordinaten eben die drei Grössen x, y, z sind (Fig. 30).

Nun denke man sich die Curve (0 1) variirt, und ordne die Punkte der ursprünglichen und der variirten Curve in der Weise einander zu, dass in den entsprechenden Punkten die Grösse z denselben Werth erhält. Es sei 2 ein solcher Punkt des Curvenstückes (0 1), dass zwischen den Punkten 0 und

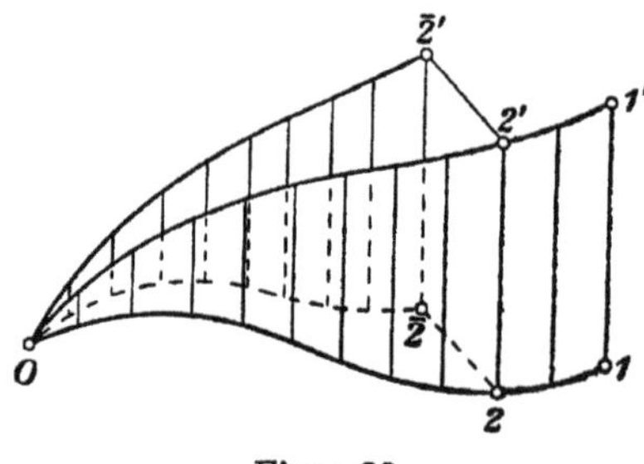

Figur 30.

2 kein zu 0 conjugirter Punkt gelegen sei, und es sei (0 $\bar{2}$) eine variirte Curve zu (0 2); construirt man nun zu dieser die entsprechende Raumcurve (0 $\bar{2}'$), so erfüllen alle solche Raumcurven einen Raumtheil, dessen Projection nach dem zu Eingang dieses Kapitels Bewiesenen die Curve (0 2) umgiebt, mit Ausnahme des Anfangspunktes, der auf der Begrenzung des Raumtheils liegt. Wenn man jedoch auf der Verlängerung des Curvenstückes (0 1) über den Punkt 0 hinaus einen Punkt $\bar{0}$ in genügender Nähe von 0 annimmt und und sich der Überlegungen bedient, die am Schlusse des vorigen Kapitels (S. 271) angestellt worden sind, kann man bewirken, dass das Curvenstück (0 1) sich vollständig im Innern der Projection eines Raumtheiles der oben angegebenen Eigenschaften befindet.

Um nun die geometrische Bedeutung der conjugirten Punkte bei isoperimetrischen Problemen anzugeben, betrachte man unter den soeben erklärten Raumcurven, die durch die Änderungen α', β', λ' der drei Constanten α, β, λ bestimmt werden, eine solche, die die ursprüngliche in einem Punkte (t'')

schneidet. Die Bedingung dafür wird nach den Gleichungen S. 274 (6.) durch folgende Formeln ausgedrückt:

$$\begin{aligned}
0 &= \varphi'(t_0)\tau_0 + \varphi_1(t_0)\alpha' + \varphi_2(t_0)\beta' + \varphi_3(t_0)\lambda' + (\tau_0, \alpha', \beta', \lambda')_2,\\
0 &= \psi'(t_0)\tau_0 + \psi_1(t_0)\alpha' + \psi_2(t_0)\beta' + \psi_3(t_0)\lambda' + (\tau_0, \alpha', \beta', \lambda')_2,\\
0 &= \varphi'(t'')\tau + \varphi_1(t'')\alpha' + \varphi_2(t'')\beta' + \varphi_3(t'')\lambda' + (\tau, \alpha', \beta', \lambda')_2,\\
0 &= \psi'(t'')\tau + \psi_1(t'')\alpha' + \psi_2(t'')\beta' + \psi_3(t'')\lambda' + (\tau, \alpha', \beta', \lambda')_2,\\
0 &= \quad * \quad + \Theta_1(t'', t_0)\alpha' + \Theta_2(t'', t_0)\beta' + \Theta_3(t'', t_0)\lambda' + (\alpha', \beta', \lambda')_2.
\end{aligned}$$

Hierin und im Folgenden bedeuten die Grössen $(\tau_0, \alpha', \beta', \lambda')_2$ u. s. w. diejenigen Glieder der Entwickelungen, die die betreffenden Argumente von mindestens zweiter Dimension enthalten. Denkt man sich aus diesen Gleichungen die Grössen τ_0 und τ eliminirt, so erhält man drei Gleichungen von der Form

$$\begin{aligned}
0 &= \vartheta_1(t_0)\alpha' + \vartheta_2(t_0)\beta' + \vartheta_3(t_0)\lambda' + (\alpha', \beta', \lambda')_2,\\
0 &= \vartheta_1(t'')\alpha' + \vartheta_2(t'')\beta' + \vartheta_3(t'')\lambda' + (\alpha', \beta', \lambda')_2,\\
0 &= \Theta_1(t'', t_0)\alpha' + \Theta_2(t'', t_0)\beta' + \Theta_3(t'', t_0)\lambda' + (\alpha', \beta', \lambda')_2,
\end{aligned}$$

und durch weitere Elimination von α' und β' würde man finden:

$$0 = \Theta(t'', t_0)\lambda' + (\lambda')_2$$

oder

$$0 = \Theta(t'', t_0) + (\lambda'),$$

wo (λ') eine mit λ' zugleich verschwindende Grösse bedeutet.

Wäre nun die Grösse $\Theta(t'', t_0)$ von Null verschieden, so könnte man für λ' eine hinreichend kleine Grenze der Art annehmen, dass für alle Werthe von λ', deren absoluter Betrag unter dieser Grenze gelegen ist, stets

$$|\Theta(t'', t_0)| > |(\lambda')|$$

ist, und dass somit kein Werth von t'' gefunden werden könnte, der die vorhergehende Gleichung befriedigt. Ist also t' ein bestimmter Werth von t'', für den $\Theta(t', t_0)$ von Null verschieden ist, so wird es auch innerhalb eines hinreichend kleinen Intervalles $t'-\tau_1 \ldots t'+\tau_1$ keinen Werth von t'' geben, der die obige Gleichung erfüllt. Daraus schliesst man, dass wenn $\Theta(t', t_0)$ von Null verschieden ist, sich unter den Raumcurven, die aus der ursprünglichen durch hinreichend kleine Änderungen α', β', λ' der Grössen α, β, λ hervorgehen, keine findet, die die ursprüngliche in der Nähe des Punktes t' schneidet.

Anders verhält es sich aber, wenn man für die Grösse t'' einen Bereich $t'-\tau \ldots t'+\tau$ annehmen kann, der den zum Punkte t_0 conjugirten Punkt t' in seinem Innern enthält, innerhalb dessen also

$$\Theta(t', t_0) = 0$$

wird. Denn dann nimmt die Funktion $\Theta(t'', t_0)$ für die Argumentwerthe $t'' = t'-\tau$ und $t'' = t'+\tau$ entgegengesetzte Vorzeichen an. Setzt man daher für τ einen beliebig kleinen Werth fest, dann kann man immer die Grösse λ' so klein wählen, dass auch die Grösse

$$\Theta(t'', t_0) + (\lambda')$$

für $t'' = t'-\tau$ und $t'' = t'+\tau$ entgegengesetzte Vorzeichen annimmt, und es mithin innerhalb des Intervalles $t'-\tau \ldots t'+\tau$ einen Werth von t'' giebt, für den die Gleichung

$$\Theta(t'', t_0) + (\lambda') = 0$$

erfüllt ist.

Damit ist gezeigt, dass wenn man um den zum Punkte t_0 conjugirten Punkt einen noch so kleinen Bereich abgrenzt und für die Änderungen der Constanten, α', β', λ', eine noch so kleine obere Grenze festsetzt, man unter den zulässigen Raumcurven immer solche finden kann, die vom Punkte t_0 ausgehen und die ursprüngliche Curve innerhalb des Bereiches schneiden. Es schneiden sogar alle durch t_0 gehenden Raumcurven, für die α', β', λ' unterhalb einer bestimmten Grenze gelegen sind, die ursprüngliche Curve innerhalb des betrachteten Bereiches. Diese Grenze für die Grössen α', β', λ' wird mit der Ausdehnung des Intervalles zugleich unendlich klein; man kann demnach den zum Punkte t_0 conjugirten Punkt als den Grenzpunkt erklären, dem sich die Schnittpunkte der benachbarten Raumcurven (in dem vorher auseinandergesetzten Sinne) mit der ursprünglichen Curve unbegrenzt nähern.

In ähnlicher Weise kann man beweisen, dass man um einen Punkt der Raumcurve, der nicht zu t_0 conjugirt ist, einen so kleinen Raumtheil abgrenzen kann, dass die zu t_0 conjugirten, auf den benachbarten Raumcurven gelegenen Punkte ebenfalls nicht in ihm liegen, dass dagegen, wenn man um den zu t_0 conjugirten Punkt einen noch so kleinen Raumtheil abgrenzt, die zu t_0 conjugirten, auf den benachbarten Raumcurven gelegenen Punkte sämmtlich in seinem Innern gelegen sind.

Man kann ferner leicht zeigen, dass wenn sich der Werth von t_0 stetig ändert, der ihm am nächsten gelegene Werth von t, für den $\Theta(t, t_0)$ verschwindet, sich ebenfalls stetig ändert. Denn man hat

$$\Theta(t, t_0 + \varepsilon) = \Theta(t, t_0) + (\varepsilon, t),$$

wobei die Grösse (ε, t) für jeden Werth von t mit ε zugleich unendlich klein wird. Da nun, wenn t' der zu t conjugirte Werth ist, $\Theta(t'-\tau, t_0)$ und $\Theta(t'+\tau, t_0)$ verschiedene Vorzeichen haben, wie klein auch τ sein mag, so hat auch die Grösse $\Theta(t, t_0) + (\varepsilon, t)$ für $t = t'-\tau$ und für $t = t'+\tau$ zwei verschiedene Vorzeichen, sie verschwindet also für einen Werth von t innerhalb des Bereiches $t'-\tau \ldots t'+\tau$. Die Änderung des conjugirten Werthes kann demnach durch eine hinreichend kleine Änderung von t_0 beliebig klein gemacht werden. Auch hier ist der Fall auszunehmen, dass $f_1(t)$, $f_2(t)$ und $f_3(t)$ sämmtlich verschwinden.

Neunundzwanzigstes Kapitel.

Fortsetzung und abschliessende Betrachtungen.

Es soll nun bewiesen werden, dass **wenn die Curve (0 1) über den zum Anfangspunkte conjugirten Punkt hinaus erstreckt wird, weder ein Maximum noch ein Minimum des Integrals I^0 eintreten kann**, dass vielmehr die vollständige Variation ΔI^0 sowohl positive wie auch negative Werthe annehmen kann, während dabei der Werth des Integrales I^1 ungeändert bleibt.

Der Formel S. 244 (5.) zufolge lässt sich die vollständige Variation ΔI^1 auf die Form

$$\Delta I^1 = \varkappa \int_{t_0}^{t_1} \mathfrak{G}^1 w\, dt + \varkappa_1 \int_{t_0}^{t_1} \mathfrak{G}^1 w_1\, dt + (\varkappa, \varkappa_1)_2$$

bringen. Kann man nun, unter Benutzung der Bezeichnungen des fünfundzwanzigsten Kapitels, die Grösse w der Art wählen, dass die Gleichung

$$(1.) \qquad W^1 = \int_{t_0}^{t_1} \mathfrak{G}^1 w\, dt = 0$$

erfüllt ist, dann folgt nach der Formel S. 244 (7.) aus dem Verschwinden der Variation ΔI^1, dass sich $\varkappa_1$ durch eine Potenzreihe von $\varkappa$ darstellen lässt, die mit einer höheren als der ersten Potenz von $\varkappa$ beginnt. Infolgedessen lässt sich jetzt die vollständige Variation ΔI^0 in der Form

$$\Delta I^0 = \frac{1}{2}\varkappa^2 \int_{t_0}^{t_1} \left\{ F_1 \left(\frac{dw}{dt}\right)^2 + F_2 w^2 \right\} dt + (\varkappa)_3$$

darstellen, oder auch, wenn unter ε eine beliebige Constante verstanden wird, in der Form

$$(2.)\qquad \Delta I^0 = \frac{1}{2}\varepsilon\varkappa^2\int_{t_0}^{t_1} w^2\,dt + \frac{1}{2}\varkappa^2\int_{t_0}^{t_1}\left\{F_1\left(\frac{dw}{dt}\right)^2 + (F_2-\varepsilon)w^2\right\}dt + (\varkappa)_3.$$

Man kann nun zeigen, dass der absolute Betrag der Constanten ε so klein gewählt werden kann, dass wenn der Integrationsweg sich über den zu t_0 conjugirten Punkt hinaus erstreckt, sich die Grösse w so bestimmen lässt, dass sie für $t = t_0$ und $t = t_1$ verschwindet, und dass nicht nur die Gleichung (1.), sondern auch die Bedingung

$$(3.)\qquad \int_{t_0}^{t_1}\left\{F_1\left(\frac{dw}{dt}\right)^2 + (F_2-\varepsilon)w^2\right\}dt = 0$$

erfüllt ist, ohne dass jedoch w selbst identisch verschwindet. Ist das aber bewiesen, so sieht man, dass ΔI^0, falls nur $\varkappa$ dem absoluten Betrage nach hinreichend klein gewählt wird, dasselbe Vorzeichen wie die Grösse

$$\varepsilon\varkappa^2\int_{t_0}^{t_1} w^2\,dt,$$

d. h. das Vorzeichen von ε hat. Dieses kann aber nach Belieben positiv oder negativ gewählt werden.

Um die soeben ausgesprochenen Behauptungen zu beweisen, bezeichne man mit e_3 eine beliebige von t unabhängige Grösse, und schreibe, die Gleichung (1.) benutzend und beachtend, dass die Grösse w an den Grenzen der Integration verschwindet, die zu beweisende Formel (3.) in der Gestalt

$$(4.)\qquad \int_{t_0}^{t_1}\left\{-\frac{d}{dt}\left(F_1\frac{dw}{dt}\right) + (F_2-\varepsilon)w - e_3\,\mathfrak{G}^1\right\}w\,dt = 0.$$

Nun betrachte man das System der drei linearen Differentialgleichungen

$$(5.)\qquad \left\{\begin{aligned} &\frac{d}{dt}\left(F_1\frac{d\vartheta_1(t,\varepsilon)}{dt}\right) - (F_2-\varepsilon)\,\vartheta_1(t,\varepsilon) = 0\\ &\frac{d}{dt}\left(F_1\frac{d\vartheta_2(t,\varepsilon)}{dt}\right) - (F_2-\varepsilon)\,\vartheta_2(t,\varepsilon) = 0\\ &\frac{d}{dt}\left(F_1\frac{d\vartheta_3(t,\varepsilon)}{dt}\right) - (F_2-\varepsilon)\,\vartheta_3(t,\varepsilon) + \mathfrak{G}^1 = 0\end{aligned}\right.$$

und vergleiche es mit dem im vorhergehenden Kapitel untersuchten System der Differentialgleichungen S. 277 (9.). Aus der Theorie der linearen Differentialgleichungen ist bekannt, dass für alle Werthe der Veränderlichen t, für die die Function F_1 weder verschwindet noch unendlich gross wird, die drei Functionen $\vartheta_1(t,\varepsilon)$, $\vartheta_2(t,\varepsilon)$, $\vartheta_3(t,\varepsilon)$ sich von $\vartheta_1(t)$, $\vartheta_2(t)$, $\vartheta_3(t)$ nur um Grössen unterscheiden können, die mit ε zugleich unendlich klein werden.

Nachdem dies festgestellt worden ist, sei wieder t' der zu t_0 conjugirte Punkt, und t'' ein vor t_1 gelegener Werth von t. Man setze nun, unter e_1, e_2 Constanten verstehend,

$$w = e_1\vartheta_1(t,\varepsilon) + e_2\vartheta_2(t,\varepsilon) + e_3\vartheta_3(t,\varepsilon) \quad \text{für die Strecke } t_0 \ldots t'',$$

dagegen

$$w = 0 \quad \text{für die Strecke } t'' \ldots t_1.$$

Dann ist sicher die Grösse w nicht für sämmtliche Werthe von t gleich Null, es müssten denn e_1, e_2, e_3 zugleich den Werth Null haben. Infolge der Differentialgleichungen (5.), denen die drei Functionen $\vartheta_1(t,\varepsilon)$, $\vartheta_2(t,\varepsilon)$, $\vartheta_3(t,\varepsilon)$ zu genügen haben, könnte eine lineare homogene Relation zwischen ihnen nur dann stattfinden, wenn die Gleichungen selbst homogen wären, d. h. wenn die Gleichung $\mathfrak{G}^1 = 0$ bestünde. Wie im fünfundzwanzigsten Kapitel (S. 245) schon bemerkt worden ist, muss dieser Fall von vornherein ausgeschlossen werden. Man sieht aber leicht, dass die Grösse w im Bereiche $t_0 \ldots t''$ der Differentialgleichung

$$\frac{d}{dt}\left(F_1\frac{dw}{dt}\right) - (F_2-\varepsilon)\,w + e_3\mathfrak{G}^1 = 0$$

genügt, und hat also nur noch zu zeigen, dass sie für $t = t_0$ und $t = t_1$ verschwindet, sowie dass die Gleichung

$$\int_{t_0}^{t''} \mathfrak{G}^1 w\,dt = 0$$

erfüllt ist, die mit (1.) wegen der oben gemachten Annahme über die Grösse w übereinstimmt.

Nun ist aber

$$\int_{t_0}^{t''} \mathfrak{G}^1 w\,dt = e_1\int_{t_0}^{t''} \mathfrak{G}^1\vartheta_1(t,\varepsilon)\,dt + e_2\int_{t_0}^{t''} \mathfrak{G}^1\vartheta_2(t,\varepsilon)\,dt + e_3\int_{t_0}^{t''} \mathfrak{G}^1\vartheta_3(t,\varepsilon)\,dt.$$

Setzt man

$$\int_{t_0}^{t''} G^1\,\vartheta_\nu(t,\varepsilon)\,dt = \Theta_\nu(t'',t_0,\varepsilon), \qquad (\nu = 1,2,3)$$

so werden sich, der obigen Bemerkung zufolge, auch diese Grössen von den am Anfang des vorhergehenden Kapitels betrachteten $\Theta_\nu(t, t_0)$, wie die Gleichung S. 274 (4.) lehrt, nur um Grössen unterscheiden, die mit ε zugleich unendlich klein werden. Die nun noch zu erfüllenden Bedingungen sind also folgende:

$$(6.)\quad \begin{cases} e_1\vartheta_1(t_0,\varepsilon) \quad + e_2\vartheta_2(t_0,\varepsilon) \quad + e_3\vartheta_3(t_0,\varepsilon) = 0 \\ e_1\vartheta_1(t'',\varepsilon) \quad + e_2\vartheta_2(t'',\varepsilon) \quad + e_3\vartheta_3(t'',\varepsilon) = 0 \\ e_1\Theta_1(t'',t_0,\varepsilon) + e_2\Theta_2(t'',t_0,\varepsilon) + e_3\Theta_3(t'',t_0,\varepsilon) = 0. \end{cases}$$

Die Determinante dieses Systems von Gleichungen unterscheidet sich aber von der durch die Formel S. 275 (7.) erklärten Determinante $\Theta(t'', t_0)$ nur um eine mit ε zugleich verschwindende Grösse.

Nun war aber bewiesen worden, dass die Determinante $\Theta(t'', t_0)$ für $t'' = t'-\tau$ und $t'' = t'+\tau$ verschiedene Vorzeichen annimmt. Man kann mithin die Grösse ε so klein wählen, dass auch die Determinante der Gleichungen (6.) für $t'' = t'-\tau$ und für $t'' = t'+\tau$ verschiedene Vorzeichen erhält. Sie muss also für einen zwischen $t'-\tau$ und $t'+\tau$ gelegenen Werth t'' verschwinden. Mithin lässt sich ein vor t_1 gelegener Werth t'' so bestimmen, dass die drei Gleichungen (6.) für drei Werthe ihrer Unbekannten e_1, e_2, e_3 erfüllt werden, die nicht sämmtlich gleich Null sind.

Damit ist nun aber auch die Grösse w den ihr aufzuerlegenden Bedingungen entsprechend bestimmt und die Behauptung bewiesen.

Es ist noch der im siebenundzwanzigsten Kapitel (S. 272) erwähnte Ausnahmefall zu untersuchen, dass die Function $\mathcal{E}(x, y, p, q, \bar{p}, \bar{q})$ in allen Punkten eines Curvenstückes verschwindet. Nun lässt sich aber beweisen, dass die Function $\mathcal{E}$ längs keiner der Differentialgleichung $G = 0$ genügenden Curve verschwindet, die durch Projection einer Curve des betrachteten Raumtheils hervorgehen kann, unter der Voraussetzung, dass die Grösse $F_1(x, y, x', y')$ nicht nur längs der ursprünglichen Curve, sondern für beliebige Argumentwerthepaare x', y' und für jeden Werth von λ in dem Flächenstreifen von Null verschieden ist, der durch Projection des betrachteten Raumtheils entsteht. Aus der Formel S. 218 (1.), die den Zusammenhang zwischen den Functionen F_1 und $\mathfrak{G}$ darstellt, folgt nämlich unter dieser Voraussetzung, dass in jedem Punkte einer Curve, längs der $\mathfrak{G}$ verschwindet,

$$\bar{p} = p \text{ und } \bar{q} = q$$

sein muss; d. h. die Richtung der Tangente der Projection einer beliebigen Raumcurve des betrachteten Raumtheiles müsste in jedem Punkte mit der Richtung der Tangente derjenigen der Differentialgleichung $G = 0$ genügenden Curve übereinstimmen, die nach diesem Punkte von 0 aus gezogen werden kann. Es seien x, y, z und x_1, y_1, z_1 die Coordinaten der beiden Raumcurven, dargestellt als Functionen ihrer Bogenlängen t und t'; dann hat man für den betreffenden Punkt

$$x = x_1, \qquad y = y_1,$$
$$\frac{dx}{dt} = \frac{dx_1}{dt'}, \quad \frac{dy}{dt} = \frac{dy_1}{dt'};$$

da ferner

$$z = \int_{t_0}^{t} F^1(x, y, x', y')\, dt,$$

$$z_1 = \int_{t'_0}^{t'} F^1(x_1, y_1, x'_1, y'_1)\, dt'$$

ist, so hat man auch

$$\frac{dz}{dt} = \frac{dz_1}{dt'}.$$

Die beiden Raumcurven selbst haben also in jenem Punkte ebenfalls dieselbe Richtung der Tangenten.

Es sei nun wieder

$$x = \varphi(t, \alpha, \beta, \lambda),$$
$$y = \psi(t, \alpha, \beta, \lambda)$$

gesetzt; dann stellen die drei Grössen

$$\varphi(t_1 + \tau, \alpha + \alpha', \beta + \beta', \lambda + \lambda'),$$

$$\psi(t_1 + \tau, \alpha + \alpha', \beta + \beta', \lambda + \lambda'),$$

$$\int_{t_0}^{t_1 + \tau} F^1(\varphi(t, \alpha + \alpha', \beta + \beta', \lambda + \lambda'), \psi, \varphi', \psi')\, dt,$$

wobei in dem letzten Ausdrucke den Functionen ψ, φ', ψ' dieselben Argumente wie der Function φ beizulegen sind, die Coordinaten der benachbarten Raumcurven in der Umgebung des Punktes t_1 dar, wofern nur die Grössen τ, α', β', λ' hinreichend klein gewählt werden. Man betrachte τ, α', β', λ' als Functionen einer Veränderlichen $\varkappa$ der Art, dass sie unendlich klein werden, wenn $\varkappa$ sich dem Werthe Null unbegrenzt nähert. Man kann dann die obigen drei Grössen als Coordinaten eines Punktes einer gewissen Raumcurve auffassen, längs der $\varkappa$ veränderlich ist. Diese Raumcurve geht durch den Punkt t_1 der ursprünglichen Curve, und man kann offenbar jede durch diesen Punkt gehende Raumcurve in der angegebenen Weise darstellen, wenn man nur die vier Grössen τ, α', β', λ' als Functionen von $\varkappa$ passend wählt.

Wenn nun die Function $\mathfrak{G}$ längs einer dieser Raumcurven gleich Null wäre, so müsste, wie soeben bemerkt worden ist, ihre Tangentenrichtung in dem Punkte, der durch die Werthe von τ, α', β', λ' bestimmt ist, mit der Tangentenrichtung der durch α', β', λ' bestimmten, der Differentialgleichung $G = 0$ genügenden Curve in eben jenem Punkte übereinstimmen. Die Richtungscosinus dieser Tangenten sind aber den folgenden Grössen mit dem gleichen Factor proportional:

$$(\text{a.})\quad \left\{\begin{array}{c} \varphi'(t_1+\tau,\ \alpha+\alpha',\ \beta+\beta',\ \lambda+\lambda') \\ \psi'(t_1+\tau,\ \alpha+\alpha',\ \beta+\beta',\ \lambda+\lambda') \\ \dfrac{\partial F^1}{\partial x'}\varphi'(t_1+\tau,\ \alpha+\alpha',\ \beta+\beta',\ \lambda+\lambda') + \dfrac{\partial F^1}{\partial y'}\psi'(t_1+\tau,\ \alpha+\alpha',\ \beta+\beta',\ \lambda+\lambda'), \end{array}\right.$$

während die der erstgenannten Richtung proportional zu

$$(\text{b.})\quad \left\{\begin{array}{c} \varphi'(t_1+\tau,\ \alpha+\alpha',\ \beta+\beta',\ \lambda+\lambda')\dfrac{d\tau}{d\varkappa} + \dfrac{d\varphi}{d\varkappa} \\ \psi'(t_1+\tau,\ \alpha+\alpha',\ \beta+\beta',\ \lambda+\lambda')\dfrac{d\tau}{d\varkappa} + \dfrac{d\psi}{d\varkappa} \\ \left(\dfrac{\partial F^1}{\partial x'}\varphi' + \dfrac{\partial F^1}{\partial y'}\psi'\right)\dfrac{d\tau}{d\varkappa} + \displaystyle\int_{t_0}^{t_1+\tau}\left\{\dfrac{\partial F^1}{\partial x}\dfrac{d\varphi}{d\varkappa} + \dfrac{\partial F^1}{\partial y}\dfrac{d\psi}{d\varkappa} + \dfrac{\partial F^1}{\partial x'}\dfrac{d\varphi'}{d\varkappa} + \dfrac{\partial F^1}{\partial y'}\dfrac{d\psi'}{d\varkappa}\right\}dt \end{array}\right.$$

sind, worin bei der Bildung der Ableitungen $\frac{d\varphi}{d\varkappa}$, $\frac{d\psi}{d\varkappa}$, $\frac{d\varphi'}{d\varkappa}$, $\frac{d\psi'}{d\varkappa}$ nur noch α', β', λ' als von $\varkappa$ abhängig zu betrachten sind.

Auf das in dem letzten Ausdrucke vorkommende Integral lässt sich eine ähnliche Umformung anwenden, wie sie im zehnten Kapitel (S. 102) für die erste Variation benutzt worden ist. Man hat nur in der Formel S. 102 (4.) F^1, $\frac{d\varphi}{d\varkappa}$, $\frac{d\psi}{d\varkappa}$ der Reihe nach an Stelle von F, ξ, η zu setzen und sodann die Formel S. 107 (18.) anzuwenden, dabei aber zu beachten, dass in der Formel S. 102 (7.) der zweite Theil auf der rechten Seite jetzt nicht verschwindet. Man erhält auf diese Weise für das in Rede stehende Integral den folgenden Ausdruck:

$$\int_{t_0}^{t_1+\tau} G^1\left(\varphi' \frac{d\psi}{d\varkappa} - \psi' \frac{d\varphi}{d\varkappa}\right) dt + \left[\frac{\partial F^1}{\partial x'} \frac{d\varphi}{d\varkappa} + \frac{\partial F^1}{\partial y'} \frac{d\psi}{d\varkappa}\right]_{t_0}^{t_1+\tau}$$

Beachtet man nun, dass

$$(7.)\qquad \begin{cases} \dfrac{d\varphi}{d\varkappa} = \varphi_1 \dfrac{d\alpha'}{d\varkappa} + \varphi_2 \dfrac{d\beta'}{d\varkappa} + \varphi_3 \dfrac{d\lambda'}{d\varkappa} \\ \dfrac{d\psi}{d\varkappa} = \psi_1 \dfrac{d\alpha'}{d\varkappa} + \psi_2 \dfrac{d\beta'}{d\varkappa} + \psi_3 \dfrac{d\lambda'}{d\varkappa} \end{cases}$$

ist, und bedient sich der Bezeichnungen des vorhergehenden Kapitels (S. 274 (3.) und (4.)), so nimmt schliesslich der dritte der Richtungscosinus (b.) die Form

$$\left(\frac{\partial F^1}{\partial x'} \varphi' + \frac{\partial F^1}{\partial y'} \psi'\right) \frac{d\tau}{d\varkappa} + \Theta_1(t_1+\tau, t_0) \frac{d\alpha'}{d\varkappa} + \Theta_2(t_1+\tau, t_0) \frac{d\beta'}{d\varkappa} + \Theta_3(t_1+\tau, t_0) \frac{d\lambda'}{d\varkappa}$$
$$+ \left[\frac{\partial F^1}{\partial x'} \frac{d\varphi}{d\varkappa} + \frac{\partial F^1}{\partial y'} \frac{d\psi}{d\varkappa}\right]_{t_0}^{t_1+\tau}$$

an.

Sollen nun die beiden durch die Grössen (a.) und (b.) bestimmten Richtungen übereinstimmen, so müssen die drei Unterdeterminanten des aus ihnen zu bildenden Systems verschwinden. Man erkennt leicht, dass dieses System in das folgende umgeformt werden kann:

$$(c.)\qquad \begin{cases} \varphi' & \psi' & \dfrac{\partial F^1}{\partial x'} \varphi' + \dfrac{\partial F^1}{\partial y'} \psi' \\ \dfrac{d\varphi}{d\varkappa} & \dfrac{d\psi}{d\varkappa} & \left[\dfrac{\partial F^1}{\partial x'} \dfrac{d\varphi}{d\varkappa} + \dfrac{\partial F^1}{\partial y'} \dfrac{d\psi}{d\varkappa}\right]_{t_0}^{t_1+\tau} + \Theta_1 \dfrac{d\alpha'}{d\varkappa} + \Theta_2 \dfrac{d\beta'}{d\varkappa} + \Theta_3 \dfrac{d\lambda'}{d\varkappa}, \end{cases}$$

und es müssen nun die drei Grössen der ersten Zeile den entsprechenden der zweiten proportional sein.

Hierzu treten nun noch die Bedingungen, die ausdrücken, dass die der Differentialgleichung $G = 0$ genügende Curve durch den Anfangspunkt t_0 gehen soll, d. h. die beiden Gleichungen, die entstehen, wenn man in den beiden ersten Formeln S. 274 (6.) die Variationen ξ_0, η_0 der Coordinaten und die Grösse τ_0 gleich Null setzt:

$$\varphi_1(t_0)\alpha' + \varphi_2(t_0)\beta' + \varphi_3(t_0)\lambda' + \cdots = 0,$$
$$\psi_1(t_0)\alpha' + \psi_2(t_0)\beta' + \psi_3(t_0)\lambda' + \cdots = 0,$$

sowie hieraus folgend

$$\vartheta_1(t_0)\alpha' + \vartheta_2(t_0)\beta' + \vartheta_3(t_0)\lambda' + \cdots = 0,$$

wobei die nicht hingeschriebenen Glieder die Grössen α', β', λ' in mindestens zweiter Dimension enthalten. Durch Differentiation nach $\varkappa$ und Übergang zur Grenze, in der $\varkappa$ verschwindet, erhält man

$$(8.)\qquad \left\{\begin{aligned} &\varphi_1(t_0)\left(\frac{d\alpha'}{d\varkappa}\right)_0 + \varphi_2(t_0)\left(\frac{d\beta'}{d\varkappa}\right)_0 + \varphi_3(t_0)\left(\frac{d\lambda'}{d\varkappa}\right)_0 = 0\\ &\psi_1(t_0)\left(\frac{d\alpha'}{d\varkappa}\right)_0 + \psi_2(t_0)\left(\frac{d\beta'}{d\varkappa}\right)_0 + \psi_3(t_0)\left(\frac{d\lambda'}{d\varkappa}\right)_0 = 0\end{aligned}\right.$$

und

$$(9.)\qquad \vartheta_1(t_0)\left(\frac{d\alpha'}{d\varkappa}\right)_0 + \vartheta_2(t_0)\left(\frac{d\beta'}{d\varkappa}\right)_0 + \vartheta_3(t_0)\left(\frac{d\lambda'}{d\varkappa}\right)_0 = 0.$$

Die Formeln (8.) lassen im Verein mit (7.) erkennen, dass die Grössen $\frac{d\varphi}{d\varkappa}$ und $\frac{d\psi}{d\varkappa}$ in der Grenze $\varkappa = 0$ verschwinden, wenn t den Werth t_0 annimmt.

Nun lasse man auch in dem Systeme (c.) die Grösse $\varkappa$ sich dem Werthe Null unbegrenzt nähern, sodass man die entsprechenden Bedingungen für den beiden Curven gemeinsamen Punkt selbst erhält; dann gehen die drei Grössen in der ersten Zeile des Systems (c.) in die folgenden über:

$$\varphi'(t_1, \alpha, \beta, \lambda),$$
$$\psi'(t_1, \alpha, \beta, \lambda),$$
$$\frac{\partial F^1}{\partial x'}\varphi'(t_1, \alpha, \beta, \lambda) + \frac{\partial F^1}{\partial y'}\psi'(t_1, \alpha, \beta, \lambda),$$

und die Ausdrücke in der zweiten Zeile des Systems werden im Hinblick auf die Formeln (7.) und auf die soeben gemachte Bemerkung über die Grössen $\frac{d\varphi}{dx}$ und $\frac{d\psi}{dx}$:

$$\varphi_1\left(\frac{d\alpha'}{dx}\right)_0+\varphi_2\left(\frac{d\beta'}{dx}\right)_0+\varphi_3\left(\frac{d\lambda'}{dx}\right)_0,$$

$$\psi_1\left(\frac{d\alpha'}{dx}\right)_0+\psi_2\left(\frac{d\beta'}{dx}\right)_0+\psi_3\left(\frac{d\lambda'}{dx}\right)_0,$$

$$\frac{\partial F^1}{\partial x'}\left(\varphi_1\left(\frac{d\alpha'}{dx}\right)_0+\varphi_2\left(\frac{d\beta'}{dx}\right)_0+\varphi_3\left(\frac{d\lambda'}{dx}\right)_0\right)+\frac{\partial F^1}{\partial y'}\left(\psi_1\left(\frac{d\alpha'}{dx}\right)_0+\psi_2\left(\frac{d\beta'}{dx}\right)_0+\psi_3\left(\frac{d\lambda'}{dx}\right)_0\right)$$
$$+\Theta_1(t_1,t_0)\left(\frac{d\alpha'}{dx}\right)_0+\Theta_2(t_1,t_0)\left(\frac{d\beta'}{dx}\right)_0+\Theta_3(t_1,t_0)\left(\frac{d\lambda'}{dx}\right)_0,$$

worin die Argumente der Functionen $\varphi_1, \varphi_2, \varphi_3, \psi_1, \psi_2, \psi_3$ jetzt einfach die Grössen $t_1, \alpha, \beta, \lambda$ selbst sind.

Bezeichnet man mit ϱ einen Proportionalitätsfactor, so kann man die drei Gleichungen, die durch Nullsetzen der drei Unterdeterminanten entstehen, in folgender Form schreiben, wobei die dritte bereits unter Benutzung der beiden ersten auf diese Form gebracht worden ist:

$$(10.)\quad\begin{cases}\varphi_1\left(\frac{d\alpha'}{dx}\right)_0+\varphi_2\left(\frac{d\beta'}{dx}\right)_0+\varphi_3\left(\frac{d\lambda'}{dx}\right)_0+\varrho\varphi'=0\\ \psi_1\left(\frac{d\alpha'}{dx}\right)_0+\psi_2\left(\frac{d\beta'}{dx}\right)_0+\psi_3\left(\frac{d\lambda'}{dx}\right)_0+\varrho\psi'=0\\ \Theta_1\left(\frac{d\alpha'}{dx}\right)_0+\Theta_2\left(\frac{d\beta'}{dx}\right)_0+\Theta_3\left(\frac{d\lambda'}{dx}\right)_0=0.\end{cases}$$

Indem man aus den beiden ersten dieser Gleichungen die Grösse ϱ eliminirt, kommt man zu der Beziehung

$$(11.)\quad \vartheta_1(t_1)\left(\frac{d\alpha'}{dx}\right)_0+\vartheta_2(t_1)\left(\frac{d\beta'}{dx}\right)_0+\vartheta_3(t_1)\left(\frac{d\lambda'}{dx}\right)_0=0,$$

sodass also jetzt das aus den Gleichungen (9.), (11.) und der dritten Formel (10.) bestehende System entstanden ist. Die Determinante dieses Systems ist mit der Grösse $\Theta(t_1, t_0)$ (S. 275 (7.)) identisch. Verschwindet sie nicht, so haben die drei Gleichungen kein anderes Lösungssystem als

$$\left(\frac{d\alpha'}{dx}\right)_0=0,\quad\left(\frac{d\beta'}{dx}\right)_0=0,\quad\left(\frac{d\lambda'}{dx}\right)_0=0.$$

Diese Schlüsse bleiben bestehen, wenn man, statt die Veränderliche x nach der Grenze Null convergiren zu lassen, sie in den Formeln beibehält, wofern man sie nur auf hinreichend kleine Werthe beschränkt; an die Stelle der Determinante $\Theta(t_1, t_0)$ tritt dann die Grösse

$$\Theta(t_1 + \tau, \alpha + \alpha', \beta + \beta', \lambda + \lambda', t_0).$$

Da aber auch sie für hinreichend kleine Werthe von τ, α', β', λ' von Null verschieden ist, sobald nur $\Theta(t_1, t_0)$ selbst nicht verschwindet, so muss auch für jeden hinreichend kleinen Werth von $\varkappa$

$$\frac{d\alpha'}{d\varkappa} = 0, \quad \frac{d\beta'}{d\varkappa} = 0, \quad \frac{d\lambda'}{d\varkappa} = 0$$

sein.

Das heisst aber, dass die drei Grössen α', β', λ' von $\varkappa$ unabhängig sind, und da sie für $\varkappa = 0$ selbst verschwinden, so müssen sie identisch gleich Null sein. Dieses Ergebniss bedeutet nichts anderes, als dass die Curve, längs der die Function $\mathfrak{E}$ überall verschwinden würde, mit der ursprünglichen Curve zusammenfallen müsste; das ist aber nicht möglich, da sie ja eine Variation der ursprünglichen Curve sein sollte.

Wäre dagegen

$$\Theta(t_1, t_0) = 0,$$

so würde t_1 der zu t_0 conjugirte Punkt sein, und da dies für jeden Punkt der willkürlichen Curve gelten soll, so müsste sie der geometrische Ort der zum Anfangspunkte conjugirten Punkte sein; eine solche Curve aber könnte niemals im Innern des hier betrachteten Flächenstreifens gelegen sein, höchstens an der Begrenzung.

Damit ist bewiesen, dass die Function $\mathfrak{E}(x, y; p, q; \bar{p}, \bar{q})$ nicht für alle Punkte einer Curve verschwinden kann, die innerhalb des durch Projection des betrachteten Raumtheils entstandenen Flächenstreifens gelegen ist.

Dreissigstes Kapitel.

Beispiele.

Für das Verständniss der vorhergehenden Untersuchungen ist zunächst ein Beispiel besonders lehrreich, in dem sich herausstellt, dass das in der Aufgabe geforderte Minimum garnicht existirt, wiewohl man es vermuthen könnte. Es handelt sich um die Aufgabe, einen Rotationskörper zu finden, dem die Luft bei seiner Bewegung den geringsten Widerstand entgegengesetzt, jedoch unter der Bedingung, dass er ein gegebenes Volumen enthalte.

Wenn die Voraussetzungen und die Bezeichnungen dieselben bleiben wie im einundzwanzigsten Kapitel, so lautet jetzt die Aufgabe, es solle das Integral

$$I^0 = \int_{t_0}^{t_1} \frac{x x'^3}{x'^2 + y'^2}\, dt \tag{1.}$$

zu einem Minimum gemacht werden, während das Integral

$$I^1 = \int_{t_0}^{t_1} x^2 y'\, dt \tag{2.}$$

einen gegebenen Werth beibehält. Man hat also

$$F = \frac{x x'^3}{x'^2 + y'^2} - \lambda x^2 y'.$$

Der Anfangspunkt der Curve möge auf der y-Achse gelegen sein. Da jetzt $\frac{\partial F}{\partial y}$ verschwindet, so benutzt man statt der Gleichung $G = 0$ lieber die zweite der Differentialgleichungen S. 248 (14.) und erhält

$$\frac{\partial F}{\partial y'} = \text{const.}$$

oder

$$(3.)\qquad -\frac{2xx'^3y'}{(x'^2+y'^2)^2}-\lambda x^2 = \text{const.}$$

Nun kann aber x den Werth Null annehmen; die Constante muss also gleich Null sein. Wenn ein Punkt die Curve, im Anfangspunkte beginnend, durchläuft, muss x wachsen, und es kann x' nicht das Zeichen wechseln, also ändert auch y' sein Zeichen nicht. Mithin hat die Grösse

$$(4.)\qquad \frac{y'}{x'} = q$$

dasselbe Vorzeichen wie y', also die Constante

$$(5.)\qquad \lambda = -\frac{2q}{x(1+q^2)^2}$$

das entgegengesetzte Vorzeichen. Nun hat man

$$dy = q\,dx = d(qx)-x\,dq$$

und

$$x\,dq = -\frac{2q\,dq}{\lambda(1+q^2)^2} = \frac{1}{\lambda}d\left(\frac{1}{1+q^2}\right).$$

Die Integration liefert demnach

$$y = qx-\frac{1}{\lambda(1+q^2)}+y_0,$$

wo y_0 die Integrationsconstante bedeutet, oder

$$y = y_0-\frac{1}{\lambda}\frac{1+3q^2}{(1+q^2)^2}.$$

Setzt man nun

$$(6.)\qquad -\frac{1}{q} = t,$$

so haben t und λ dasselbe Vorzeichen, und man kann nach denselben Überlegungen wie auf S. 206 annehmen, dass beide Grössen positiv sind. Damit erhält man

$$(7.)\qquad \begin{cases} x = \dfrac{2}{\lambda}\dfrac{t^3}{(1+t^2)^2} \\[2mm] y = y_0-\dfrac{1}{\lambda}\dfrac{(3+t^2)t^2}{(1+t^2)^2}. \end{cases}$$

Diese Formeln stellen eine algebraische Curve mit drei Spitzen dar. Die Veränderliche t erfüllt die Bedingung, beständig positiv zu bleiben und zu wachsen, wenn man die Curve, vom Anfangspunkte B beginnend, durchläuft (Fig. 31).

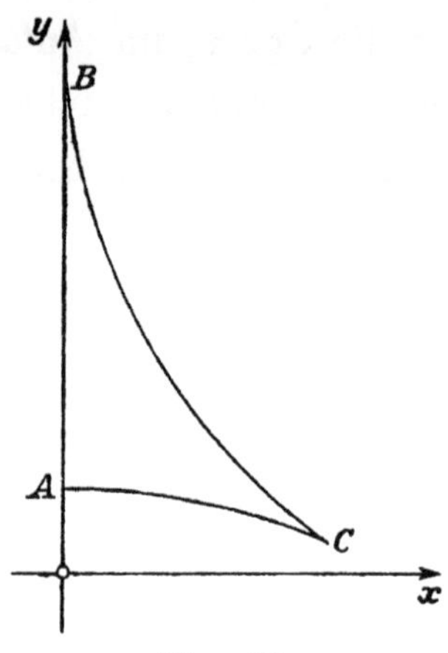

Figur 31.

Wenn sich x, von positiven Werthen abnehmend, der Grenze Null nähert, so muss, der ersten Gleichung (7.) zufolge, t sich entweder dem Werthe Null nähern oder unendlich gross werden. Die zweite Annahme würde bedeuten, dass dieser Theil der Curve die Rotationsachse senkrecht schneidet, und diese Annahme kann zu keinem Minimum führen, wie aus den Eigenschaften der Function F_1 (S. 207) sofort gefolgert werden kann. Bestimmt man noch mittels der Gleichung (2.) das Volumen, so erhält man zur Ermittelung von λ eine algebraische Gleichung mit einer reellen Wurzel und gelangt so zu einer vollständigen Lösung. Auch lässt sich zeigen, dass die zweite Variation beständig positiv ist.

Gleichwohl kann man sich leicht davon überzeugen, dass die in Rede stehende Aufgabe zu keinem Minimum führen kann. Bildet man nämlich die Function

$$\mathfrak{E}(x, y; p, q; \bar{p}, \bar{q}) = F(x, y, \bar{p}, \bar{q}) - \bar{p} F^{(1)}(x, y, p, q) - \bar{q} F^{(2)}(x, y, p, q)$$

und bemerkt, dass die Function $F(x, y, x', y')$ zugleich mit den Argumenten x', y' ihr Vorzeichen wechselt, so braucht man nur den Grössen p, q die der Curve entsprechenden Werthe beizulegen und sodann den Grössen $\bar{p}, \bar{q}$ zuerst positive, alsdann negative Werthe zu ertheilen, um festzustellen, dass dabei auch $\mathcal{E}$ entgegengesetzte Vorzeichen annimmt. Es kann hier also weder ein Maximum noch ein Minimum stattfinden.

Wir gehen nun zu den beiden im sechsundzwanzigsten Kapitel behandelten Beispielen über. Bei dem Problem der Curve tiefsten Schwerpunktes bei gegebener Länge war (S. 255 (3.))

$$F = (y-\lambda)\sqrt{x'^2+y'^2},$$

daher

$$F^{(1)} = (y-\lambda)\frac{x'}{\sqrt{x'^2+y'^2}} = (y-\lambda)p,$$

$$F^{(2)} = (y-\lambda)\frac{y'}{\sqrt{x'^2+y'^2}} = (y-\lambda)q,$$

und somit

$$\mathcal{E}(x,y,p,q,\bar{p},\bar{q}) = (y-\lambda)(1-p\bar{p}-q\bar{q}).$$

Wie schon auf S. 257 bemerkt worden ist, kann $y-\lambda$ nur positive Werthe annehmen; auch die Function F_1 ist stets positiv, verschwindet nirgends und wird auch nicht unendlich gross. Da die Grösse $p\bar{p}+q\bar{q}$ als Cosinus des Winkels zwischen den durch p, q und $\bar{p}, \bar{q}$ bestimmten beiden Richtungen höchstens den Werth 1 annehmen kann, so ist die Function $\mathcal{E}$, wie es für den Fall des Minimums sein muss, nirgends negativ. Auf S. 256 ist aber gezeigt worden, dass sich zwischen zwei beliebig gegebenen Punkten stets eine und auch nur eine der Differentialgleichung $G = 0$ genügende Curve ziehen lässt, nämlich die dort bestimmte Kettenlinie, wofern nur die vorgeschriebene Bogenlänge hinreichend gross ist. Daraus folgt, dass bei dem betrachteten Problem keine conjugirten Punkte auftreten können, dass vielmehr die Kettenlinie in ihrer ganzen Ausdehnung die durch die Aufgabe verlangte Minimaleigenschaft besitzt.

Man kann sich von dem Fehlen der conjugirten Punkte auch durch Berechnung der Determinante $\Theta(t, t_0)$ überzeugen. Man hat nämlich mit den Bezeichnungen von S. 255

$$x = x_0 + ct,$$

$$y = \lambda + \frac{c}{2}(e^t + e^{-t}).$$

Daraus ergiebt sich zunächst (S. 274 (3.))

$$\vartheta_1(t) = -\frac{c}{2}(e^t - e^{-t}),$$

$$\vartheta_2(t) = \frac{c}{2}(e^t + e^{-t}) - \frac{c}{2}t(e^t - e^{-t}),$$

$$\vartheta_3(t) = c,$$

sowie

$$\mathfrak{G}^1 = \frac{4}{c(e^t + e^{-t})^2}.$$

Die Formeln S. 274 (4.) liefern nunmehr weiter

$$\Theta_1(t, t_0) = 2\frac{e^{t_0} + e^{-t_0} - e^t - e^{-t}}{(e^t + e^{-t})(e^{t_0} + e^{-t_0})},$$

$$\Theta_2(t, t_0) = 2\frac{t(e^{t_0} + e^{-t_0}) - t_0(e^t + e^{-t})}{(e^t + e^{-t})(e^{t_0} + e^{-t_0})},$$

$$\Theta_3(t, t_0) = 2\frac{e^t(e^{t_0} + e^{-t_0}) - e^{t_0}(e^t + e^{-t})}{(e^t + e^{-t})(e^{t_0} + e^{-t_0})}.$$

Daher wird

$$\Theta(t, t_0) = \frac{c^2}{2(e^t + e^{-t})(e^{t_0} + e^{-t_0})} \times$$

$$\times \begin{vmatrix} e^{t_0} - e^{-t_0}, & t_0(e^{t_0} - e^{-t_0}) - (e^{t_0} + e^{-t_0}), & 2 \\ e^t - e^{-t}, & t(e^t - e^{-t}) - (e^t + e^{-t}), & 2 \\ e^t + e^{-t} - e^{t_0} - e^{-t_0}, & t_0(e^t + e^{-t}) - t(e^{t_0} + e^{-t_0}), & e^t(e^{t_0} + e^{-t_0}) - e^{t_0}(e^t + e^{-t}) \end{vmatrix}$$

oder

$$\Theta(t, t_0) = c^2\left(e^{t-t_0} + e^{-(t-t_0)} - \frac{t-t_0}{2}\left(e^{t-t_0} - e^{-(t-t_0)}\right) - 2\right)$$

$$= c^2\left(e^{\frac{t-t_0}{2}} - e^{-\frac{t-t_0}{2}}\right)\left(\left(e^{\frac{t-t_0}{2}} - e^{-\frac{t-t_0}{2}}\right) - \frac{t-t_0}{2}\left(e^{\frac{t-t_0}{2}} + e^{-\frac{t-t_0}{2}}\right)\right).$$

Die Gleichung

$$\Theta(t, t_0) = 0$$

besitzt aber, wie man leicht einsieht, ausser der Lösung $t = t_0$ keine weitere reelle Wurzel; es existirt also kein zum Punkte t_0 conjugirter Punkt.

Bei dem isoperimetrischen Problem im engeren Sinne findet man aus den Formeln S. 261 (12.)

$$\mathcal{E}(x, y, p, q, \bar{p}, \bar{q}) = -\lambda(1-p\bar{p}-q\bar{q}).$$

Hierin bedeutet λ eine positive Constante (S. 262). Die Function $\mathcal{E}$ kann also für keinen Punkt und für keine der Richtungen $\bar{p}$, $\bar{q}$ einen positiven Werth annehmen, wie es sein muss, wenn ein Maximum des Integrales stattfinden soll. Auch ersieht man aus der Formel S. 262 (16.), dass die Function F_1 nirgends verschwinden oder unendlich gross werden kann.

Was schliesslich die Determinante $\Theta(t, t_0)$ und die Frage der conjugirten Punkte anlangt, so hat man aus den Gleichungen S. 261 (14.) zunächst

$$\begin{aligned} \vartheta_1(t) &= -\lambda \cos t, \\ \vartheta_2(t) &= -\lambda \sin t, \\ \vartheta_3(t) &= -\lambda, \end{aligned}$$

sowie

$$G^1 = \frac{1}{\lambda}.$$

Weiter ergiebt sich

$$\begin{aligned} \Theta_1(t, t_0) &= \sin t_0 - \sin t, \\ \Theta_2(t, t_0) &= \cos t - \cos t_0, \\ \Theta_3(t, t_0) &= -(t-t_0). \end{aligned}$$

Damit wird

$$\begin{aligned} \Theta(t, t_0) &= -\begin{vmatrix} \lambda\cos t_0, & \lambda\sin t_0, & \lambda \\ \lambda\cos t, & \lambda\sin t, & \lambda \\ \sin t - \sin t_0, & \cos t_0 - \cos t, & t - t_0 \end{vmatrix} \\ &= -\lambda^2((t-t_0)\sin(t-t_0) + 2\cos(t-t_0) - 2) \\ &= -4\lambda^2 \sin\frac{t-t_0}{2}\left(\frac{t-t_0}{2}\cos\frac{t-t_0}{2} - \sin\frac{t-t_0}{2}\right). \end{aligned}$$

Hieraus ersieht man, dass die Determinante $\Theta(t, t_0)$ zum ersten Male wieder für

$$t = t_0 + 2\pi$$

verschwindet. Dieser Werth liefert somit den zum Anfangspunkte t_0 conjugirten Punkt. Betrachtet man in der That den Fall, wo Anfangspunkt und Endpunkt der Curve zusammenfallen, sodass die der Differentialgleichung

$G = 0$ genügende Curve hier ein vollständiger Kreis wird, so bietet diese Curve kein Maximum des Flächeninhaltes mehr dar, wenigstens nicht in dem Sinne, dass bei jeder beliebig kleinen Variation der Curve der eingeschlossene Flächeninhalt kleiner würde; man brauchte ja den Kreis nur congruent mit sich beliebig zu verschieben, könnte also die Curve variiren, ohne Flächeninhalt und Umfang zu verändern, worauf bereits im sechsundzwanzigsten Kapitel (S. 263) hingewiesen worden ist. Hiervon abgesehen besitzt aber, wie nunmehr bewiesen, der Kreis thatsächlich die verlangte Maximaleigenschaft.

Es ist noch bemerkenswerth, dass bei diesem Problem der Ausnahmefall eintritt, der bei den allgemeinen Untersuchungen des achtundzwanzigsten Kapitels (S. 281) nicht erledigt werden konnte, nämlich dass die drei Functionen $f_1(t), f_2(t), f_3(t)$ (S. 278 (12.)) gleichzeitig mit $\Theta(t, t_0)$ verschwinden; denn man hat

$$\begin{cases} f_1(t) = \lambda^2(\sin t - \sin t_0) \\ f_2(t) = \lambda^2(\cos t_0 - \cos t) \\ f_3(t) = -\lambda^2 \sin(t - t_0). \end{cases}$$

Nichtsdestoweniger wechselt aber $\Theta(t, t_0)$ beim Verschwinden sein Vorzeichen; denn das Nullwerden dieser Function ist, wie der oben abgeleitete Ausdruck lehrt, durch das Verschwinden des Factors $\sin\frac{t - t_0}{2}$ bedingt, und dieser ändert sein Zeichen, während der zweite Factor für $t = t_0 + 2\pi$ sein Zeichen beibehält.

Einunddreissigstes Kapitel.

Variation der Endpunkte und unfreie Variationen.

Bei den bisherigen Untersuchungen war überall die Voraussetzung gemacht worden, dass der Anfangspunkt und der Endpunkt der gesuchten Curve vorgeschrieben seien. Trifft dies nicht mehr zu, so treten zu den Bedingungen, die für feste Endpunkte gelten, noch weitere hinzu, die sich aus der Variabilität der Endpunkte folgendermassen ergeben, wobei zunächst der Fall eines einfachen Variationsproblems ohne Nebenbedingung ins Auge gefasst werden möge.

Aus den Untersuchungen des zehnten Kapitels folgt für die vollständige Variation (vgl. S. 102 (7.))

$$\Delta I = \int_{t_0}^{t_1} \mathfrak{G}\, w\, dt + \left(\frac{\partial F}{\partial x'}\right)_1 \xi_1 + \left(\frac{\partial F}{\partial y'}\right)_1 \eta_1 - \left(\frac{\partial F}{\partial x'}\right)_0 \xi_0 - \left(\frac{\partial F}{\partial y'}\right)_0 \eta_0, \tag{1.}$$

wo $\xi_0, \eta_0, \xi_1, \eta_1$ die Variationen der Coordinaten an den Endpunkten der Curve bedeuten. Setzt man nun

$$\left\{\begin{aligned} \xi &= \sigma \cos \alpha \\ \eta &= \sigma \sin \alpha, \end{aligned}\right. \tag{2.}$$

so sieht man, dass ΔI für willkürliche Werthe von σ_0 und σ_1 das Vorzeichen nur dann nicht wechseln kann, wenn die Gleichungen

$$\left(\frac{\partial F}{\partial x'}\right)_0 \cos \alpha_0 + \left(\frac{\partial F}{\partial y'}\right)_0 \sin \alpha_0 = 0, \tag{3.}$$

$$\left(\frac{\partial F}{\partial x'}\right)_1 \cos \alpha_1 + \left(\frac{\partial F}{\partial y'}\right)_1 \sin \alpha_1 = 0 \tag{4.}$$

bestehen, und zwar für diejenigen Richtungen, in denen eine Verschiebung des Anfangspunktes 0 und eine Verschiebung des Endpunktes 1 der Curve zulässig ist.

Wenn zum Beispiel eine Curve (C) gegeben ist, auf der der Endpunkt 1 gelegen sein soll, so hat man unter der Voraussetzung, dass diese Curve ihre Tangentenrichtung stetig ändere, folgendermassen zu verfahren. Aus der gegebenen Gleichung der Curve (C) hat man zunächst durch Differentiation die Grössen $\cos\alpha$ und $\sin\alpha$ zu berechnen; sodann hat man aus der Gleichung von (C), der obigen Gleichung (4.) und dem allgemeinen Integrale der Differentialgleichung

$$G = 0$$

die Coordinaten x_1, y_1 des Punktes 1, die ja diesen drei Gleichungen genügen müssen, zu eliminiren. Auf diese Weise erhält man eine Relation zwischen den Integrationsconstanten α, β, die in dem allgemeinen Integrale der Differentialgleichung $G = 0$ auftreten.

Verfährt man nun ebenso mit dem andern Endpunkte 0 der gesuchten Curve, oder setzt man, falls dieser nicht veränderlich ist, seine festen Coordinaten in die Gleichung des allgemeinen Integrales der Differentialgleichung $G = 0$ ein, so gelangt man zu einer zweiten Relation zwischen den Constanten α, β, sodass sich diese Grössen — von Ausnahmefällen abgesehen — hieraus berechnen lassen.

Damit ist allerdings noch nicht festgestellt, ob auch wirklich ein Maximum oder ein Minimum eintritt. Doch sieht man leicht ein, dass die Aufstellung der dazu hinreichenden Bedingungen nicht mehr zu den Aufgaben der Variationsrechnung im engeren Sinne gehört, insofern als das vorgelegte Integral dann unmittelbar als eine Function der die Lage der Endpunkte bestimmenden Grössen erscheint, so dass sich die in Rede stehende Aufgabe nach den Regeln der gewöhnlichen Theorie der Maxima und Minima behandeln lässt.

Beispiele hierfür bieten die Bestimmung der kürzesten Linie auf einer Fläche zwischen einem gegebenen Punkte und einer gegebenen Curve oder auch zwischen zwei gegebenen Curven.

Ist ausser dem Integrale I^0, das zu einem Maximum oder Minimum gemacht werden soll, noch ein zweites Integral I^1 vorgelegt, das, über dieselbe Curve erstreckt, einen vorgeschriebenen Werth erhalten soll, so gelten, wie man leicht einsieht, dieselben Formeln unverändert, falls man nur

$$F = F^0 - \lambda F^1$$

setzt.

Als Beispiel der vorhergehenden Betrachtungen soll folgende Aufgabe behandelt werden: Die Schenkel eines nicht überstumpfen Winkels sind durch eine Curve von gegebener Länge so zu verbinden, dass der durch sie umgrenzte Flächeninhalt möglichst gross werde.

Aus den Untersuchungen des sechsundzwanzigsten Kapitels (S. 260) geht hervor, dass die Curve ein Kreisbogen sein muss (Fig. 32). Ferner gelten die Formeln S. 261 (12.).

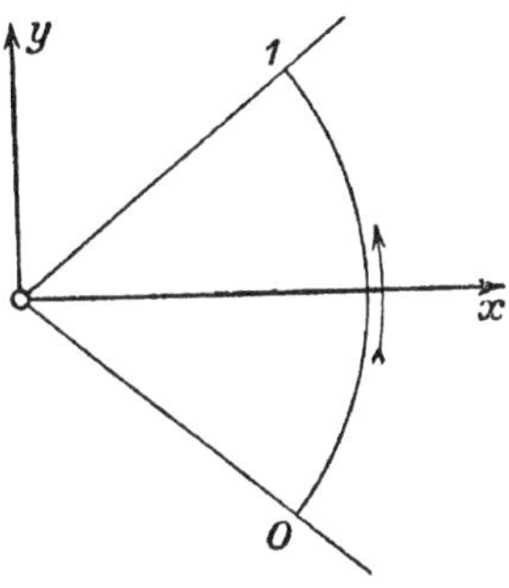

Figur 32.

Fällt der Anfangspunkt der Coordinaten mit dem Scheitel des gegebenen Winkels zusammen, so hat man

$$\xi_0 : \eta_0 = x_0 : y_0.$$

Bezeichnet man mit β_0 den Richtungswinkel des Kreisbogens im Punkte 0, so geht die Gleichung (3.) in die folgende über:

$$\left(-\frac{1}{2} y_0 - \lambda \cos \beta_0\right) x_0 + \left(\frac{1}{2} x_0 - \lambda \sin \beta_0\right) y_0 = 0$$

oder

(5.) $$x_0 \cos \beta_0 + y_0 \sin \beta_0 = 0.$$

Diese Gleichung bedeutet aber, dass der Kreisbogen den Schenkel des gegebenen Winkels rechtwinklig schneiden muss, und da dasselbe Ergebniss auch für den anderen Schenkel gilt, so folgt, dass der Mittelpunkt des Kreisbogens im Scheitel des Winkels liegen muss. Der Radius des Kreises bestimmt sich danach leicht aus der vorgeschriebenen Länge des Kreisbogens.

Es kann auch vorkommen, dass die gesuchte Curve aus getrennten Stücken besteht, zwischen denen Theile von gegebenen Linien liegen. Das tritt zum Beispiel bei dem isoperimetrischen Problem im engeren Sinne ein, wenn ein Flächenstück gegeben ist, in dem die gesuchte Curve ganz gelegen sein soll, und wenn dieses Flächenstück so gestaltet ist, dass ein Kreis, dessen Umfang gleich der gegebenen Länge ist, sich nicht mehr darin einschreiben lässt. Hierauf ist schon im fünfundzwanzigsten Kapitel (S. 247) hingewiesen worden. In diesem Falle muss die gesuchte Curve, die überall, wo sie frei variirt werden kann, aus Kreisbogen von dem gleichen Radius besteht, die Begrenzung des Flächenstückes an wenigstens zwei Punkten treffen, oder ein Stück mit ihr zusammenlaufen. Falls nämlich die Begrenzung nicht getroffen werden soll, so müssten sich die Kreisbogen mit unstetigen Richtungsänderungen an einander setzen; und an solchen Stellen würde man ohne Veränderung der Bogenlänge den Flächeninhalt vergrössern können. Das betrachtete Flächenstück wird dabei als ein Gebiet der Ebene von der Beschaffenheit angenommen, dass man von jedem seiner Punkte zu jedem anderen gelangen kann, ohne die Begrenzung zu überschreiten.

Über das Verhalten der Curve beim Zusammentreffen mit der Grenze des Flächenstücks hat nun Steiner die folgenden beiden Sätze aufgestellt und mit den Mitteln der synthetischen Geometrie bewiesen.

1. Läuft die Curve eine Strecke lang mit der Begrenzungslinie des gegebenen Flächenstückes zusammen, so sind die freien Theile der Curve Kreisbogen von demselben Halbmesser, die die Grenze in den Punkten ihres Zusammentreffens berühren.

2. Trifft die Curve mit der Begrenzung des Gebietes in einem Punkte zusammen, um sie sogleich wieder zu verlassen, und schliesst man solche Variationen aus, bei denen die Curve die Begrenzung überhaupt nicht trifft, so sind die beiden Theile der Curve Bögen gleicher Kreise, deren Tangenten im Treffpunkte mit der Tangente der Begrenzungscurve in diesem Punkte gleiche Winkel einschliessen.

Hier sollen für das allgemeine isoperimetrische Problem zwei Sätze bewiesen werden, in denen die soeben angeführten, von Steiner für das isoperimetrische Problem im engeren Sinne aufgestellten Sätze als specielle Fälle enthalten sind.

Es möge die der Differentialgleichung $G = 0$ genügende Curve die Umgrenzung des Flächenstückes im Punkte 1 treffen (Fig. 33) und im Punkte 2 wieder verlassen. Ferner sei 0 ein Punkt der Curve, so nahe vor 1 gelegen, dass sich die Richtung der Curve zwischen 0 und 1 stetig ändere; dieselbe

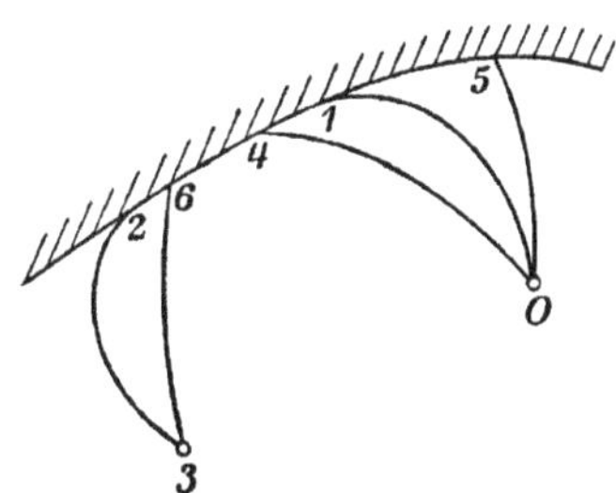

Figur 33.

Eigenschaft möge für das Curvenstück (2 3) gelten. Ist dann 4 ein Punkt der Begrenzung zwischen 1 und 2, bezeichnet weiter σ die Länge des Bogens $(\overline{1\;4})$ und bedeuten p_1, q_1 die Richtungscosinus der Curve (0 1) im Punkte 1, dagegen $\bar{p}_1, \bar{q}_1$ die der Curve $(\overline{1\;4})$ in demselben Punkte, so gilt, der Formel S. 267 (3.) zufolge, für die Variation des Integrales I^0_{01} die Gleichung

$$I^0_{04} - \bar{I}^0_{14} - I^0_{01} = -\sigma\mathfrak{E}(x_1, y_1, p_1, q_1, \bar{p}_1, \bar{q}_1) + \cdots, \tag{6.}$$

wobei wie im siebenundzwanzigsten Kapitel

$$\mathfrak{E} = \mathfrak{E}^0 - \lambda\mathfrak{E}^1 \tag{7.}$$

gesetzt worden ist, und die nicht mehr hingeschriebenen Glieder von mindestens zweiter Ordnung in Bezug auf die hinreichend klein zu nehmende Bogenlänge σ sind. Nimmt man nun den Punkt 5 auf der Begrenzungslinie des Bereiches vor dem Punkte 1 so an, dass der Bogen $(\overline{5\;1})$ ebenfalls die Länge σ hat, so gilt entsprechend

$$I^0_{05} + \bar{I}^0_{51} - I^0_{01} = \sigma\mathfrak{E}(x_1, y_1, p_1, q_1, \tilde{p}_1, \tilde{q}_1) + \cdots, \tag{8.}$$

worin $\tilde{p}_1, \tilde{q}_1$ die Richtungscosinus des Bogens $(\overline{5\;1})$ im Punkte 1 bedeuten.

Im Falle eines Maximums des Integrals I^0 bei unverändertem Werthe des Integrals I^1 muss aber $\mathfrak{E} \leqq 0$ sein; da nun die Grösse σ positiv ist, andrerseits die Variationen von I^0 nicht positiv sein dürfen, so kann die Formel (6.) nur bestehen, wenn

$$\mathfrak{E}(x_1, y_1, p_1, q_1, \bar{p}_1, \bar{q}_1) = 0 \tag{9.}$$

ist. Im Falle eines Minimums würde $\mathfrak{E} \geqq 0$ sein müssen, also aus der Formel (6.) dasselbe Ergebniss zu folgern sein, während die Gleichung (8.) keine neue Bedingung ergiebt.

Nun gilt für die durch (7.) definirte Function $\mathfrak{E}$ dieselbe Formel

$$(10.)\qquad \mathfrak{E}(x, y, p, q, \bar{p}, \bar{q}) = (1 - p\bar{p} - q\bar{q})\overline{F}_1,$$

wie sie im dreiundzwanzigsten Kapitel (S. 218 (1.)) für die ursprünglich betrachtete Grösse $\mathfrak{E}$ aufgestellt worden ist, wofern nur unter $\overline{F}_1$ ein Werth der Function

$$F_1 = F_1^0 - \lambda F_1^1$$

verstanden wird, den sie annimmt, wenn dem Argument x' ein zwischen p und $\bar{p}$, dem Argument y' ein zwischen q und $\bar{q}$ gelegener Werth ertheilt wird. Da aber F_1 nicht verschwinden kann, so folgt aus der Gleichung (9.) im Verein mit (10.), dass

$$1 - p_1\bar{p}_1 - q_1\bar{q}_1 = 0$$

sein muss, d. h. die Curve (0 1) muss die Begrenzung des Gebietes so treffen, dass ihre Richtung im Treffpunkte 1 mit der Richtung der Begrenzungscurve $(\overline{1\ 2})$ in demselben Punkte übereinstimmt. Beim Übergang von der die Differentialgleichung $G = 0$ befriedigenden Curve zur Begrenzung des gegebenen Gebietes tritt also keine plötzliche Richtungsänderung ein.

Für die Stelle 2, an der die Curve die gegebene Begrenzung wieder verlässt, gilt genau entsprechend

$$I_{63}^0 - \bar{I}_{62}^0 - I_{23}^0 = -\sigma\mathfrak{E}(x_2, y_2, p_2, q_2, \bar{p}_2, \bar{q}_2) + \cdots,$$

wo p_2, q_2 die Richtungscosinus der Curve (2 3) im Punkte 2, und $\bar{p}_2, \bar{q}_2$ die der Curve $(\overline{6\ 2})$ in demselben Punkte bedeuten, und man kommt durch dieselben Überlegungen zu dem Schluss, dass auch im Punkte 2 keine plötzliche Änderung der Tangentenrichtung eintreten darf.

Ist zum Beispiel beim isoperimetrischen Problem im engeren Sinne ein Dreieck gegeben, in dem die gesuchte Curve liegen soll, und ist der vorgeschriebene Umfang grösser als der des Kreises, der dem Dreieck eingeschrieben werden kann, so setzt sich die Curve aus drei Kreisbogen von demselben

Radius zusammen, die durch Theile der Dreiecksseiten verbunden sind; diese müssen die Kreisbogen berühren. Alle Theile der Curve erscheinen nur abhängig von den Bestimmungsstücken des gegebenen Dreiecks und dem unbekannten Radius. Die Bedingung der vorgeschriebenen Länge der Curve erlaubt, den Radius zu berechnen und damit die Aufgabe vollständig zu lösen.

Es ist noch darauf hinzuweisen, dass in den Formeln (6.) und (8.) die Richtungscosinus $\bar{p}_1, \bar{q}_1$ und $\tilde{p}_1, \tilde{q}_1$ ganz verschiedene Werthe besitzen können, sodass also der Fall nicht ausgeschlossen ist, wo die Begrenzungscurve selbst eine plötzliche Änderung der Tangentenrichtung im Punkte (1) erleidet. Auch hier gilt der bewiesene Satz ohne Einschränkung.

Es soll nun der Fall betrachtet werden, wo die der Differentialgleichung $G = 0$ genügende Curve mit der Begrenzungslinie in einem Punkte 1 zusammenstösst und sie sogleich in demselben Punkte wieder verlässt (Fig. 34).

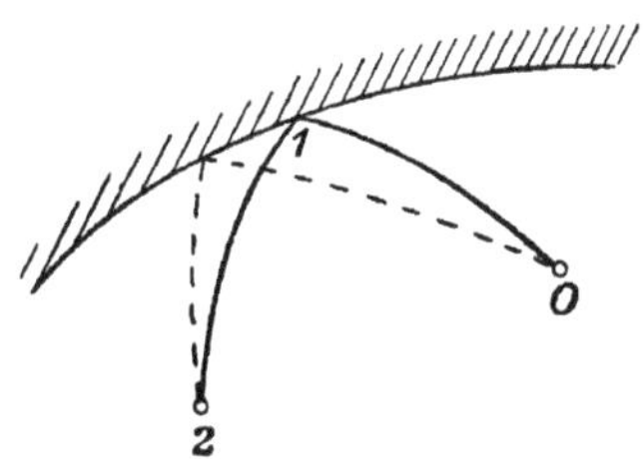

Figur 34.

Es seien (0 1) und (1 2) die beiden auf diese Weise entstehenden Theile der Curve, wobei die Punkte 0 und 2 so nahe am Punkte 1 angenommen sein mögen, dass sich innerhalb der Strecken (0 1) und (1 2) die Richtung der Curve nicht unstetig ändere. Unter der Voraussetzung, dass auch die Begrenzungscurve im Punkte 1 ihre Richtung stetig ändere, erhält man für die Variation des Integrals I^0, die dadurch entsteht, dass man die Punkte 0 und 2 mit einem dem Punkte 1 hinreichend benachbarten Punkte der Begrenzungslinie durch Curven verbindet, die nicht nothwendig der Differentialgleichung $G = 0$ zu genügen brauchen, folgenden Ausdruck:

$$
\begin{aligned}
(11.) \qquad \Delta I^0 = {} & F^{(1)}(x_1, y_1, p_1, q_1)\xi_1 + F^{(2)}(x_1, y_1, p_1, q_1)\eta_1 \\
& - F^{(1)}(x_1, y_1, p_2, q_2)\xi_1 - F^{(2)}(x_1, y_1, p_2, q_2)\eta_1 + \cdots,
\end{aligned}
$$

in dem x_1, y_1 die Coordinaten des Punktes 1, ξ_1, η_1 ihre Variationen, p_1, q_1 die Richtungscosinus der Curve (0 1), p_2, q_2 die der Curve (1 2) im Punkte 1 bedeuten, und die nicht mehr hingeschriebenen Glieder in Bezug auf die Grössen ξ_1, η_1 von mindestens zweiter Dimension sind, schliesslich unter $F^{(1)}$ und $F^{(2)}$ die partiellen Ableitungen der Function

$$F = F^0 - \lambda F^1$$

nach den Argumenten x', y' zu verstehen sind. Zu diesen Ausdruck kommt man auf demselben Wege wie etwa im siebenundzwanzigsten Kapitel zu der Formel S. 267 (2.), wenn man noch das Bestehen der Gleichung $G = 0$ beachtet.

Unter der Voraussetzung, dass die beiden durch p_1, q_1 und durch p_2, q_2 bestimmten Richtungen nicht zusammenfallen, also die Determinante $p_1 q_2 - p_2 q_1$ von Null verschieden sei, darf man

$$(12.)\qquad \begin{cases} \xi_1 = p_1 u + p_2 v \\ \eta_1 = q_1 u + q_2 v \end{cases}$$

setzen. Die geometrische Bedeutung der Grössen u, v ist leicht zu erkennen: es sind die schiefwinkligen Coordinaten des zu 1 benachbarten Punktes der Begrenzungslinie in Bezug auf die Tangenten der Curven (0 1) und (1 2) im Punkt 1. Damit wird aus (11.):

$$\begin{aligned} \Delta I^0 = u\{&(F^{(1)}(x_1, y_1, p_1, q_1) - F^{(1)}(x_1, y_1, p_2, q_2))p_1 + (F^{(2)}(x_1, y_1, p_1, q_1) - F^{(2)}(x_1, y_1, p_2, q_2))q_1\} \\ +v\{&(F^{(1)}(x_1, y_1, p_1, q_1) - F^{(1)}(x_1, y_1, p_2, q_2))p_2 + (F^{(2)}(x_1, y_1, p_1, q_1) - F^{(2)}(x_1, y_1, p_2, q_2))q_2\} + \cdots, \end{aligned}$$

d. h. unter Benutzung des Ausdrucks S. 213 (9.) für die Function $\mathfrak{E}(x, y, p, q, \bar{p}, \bar{q})$:

$$(13.)\qquad \Delta I^0 = u\mathfrak{E}(x_1, y_1, p_2, q_2, p_1, q_1) - v\mathfrak{E}(x_1, y_1, p_1, q_1, p_2, q_2) + \cdots.$$

Man setze nun zur Abkürzung

$$(14.)\qquad \begin{cases} \mathfrak{E}(x_1, y_1, p_2, q_2, p_1, q_1) = \mathfrak{E}_1 \\ \mathfrak{E}(x_1, y_1, p_1, q_1, p_2, q_2) = \mathfrak{E}_2 \end{cases}$$

und betrachte die gerade Linie, deren Gleichung im System der Coordinaten u, v

$$(15.)\qquad \mathfrak{E}_1 u - \mathfrak{E}_2 v = 0$$

lautet, und die der Kürze wegen die Scheidelinie genannt werden möge. Sie theilt die Ebene in zwei Theile, sodass für die Punkte des einen Theils

$$\mathfrak{E}_1 u - \mathfrak{E}_2 v > 0,$$

für die des anderen Theils

$$\mathfrak{S}_1 u - \mathfrak{S}_2 v < 0$$

ist. Der Abstand eines Punktes von der Scheidelinie ist der Grösse $\mathfrak{S}_1 u - \mathfrak{S}_2 v$ proportional, wird also zugleich mit den Grössen ξ_1, η_1 von der ersten Ordnung unendlich klein.

Nun kann der Punkt 1 der Annahme nach nur längs der Begrenzungslinie verschoben werden. Wäre die Richtung der Tangente an die Begrenzungslinie im Punkte 1 von der Richtung der Scheidelinie verschieden, so könnte man durch einander entgegengesetzte Verschiebungen des Punktes 1 bewirken, dass die Grösse $\mathfrak{S}_1 u - \mathfrak{S}_2 v$ einmal positiv und das andere Mal negativ werde, und man könnte also auch bewirken, dass die Variation ΔI^0 bald einen positiven, bald einen negativen Werth erhalte. Das ist aber im Falle eines Maximums oder Minimums des Integrales I^0 auszuschliessen. Mithin muss in diesem Falle die Tangente der Begrenzungslinie in dem Punkte, wo sie von der Curve getroffen wird, mit der Scheidelinie zusammenfallen.

Versteht man unter δ_1 und δ_2 die Winkel, die von den Curvenstücken (0 1) und (1 2) mit der Scheidelinie gebildet werden, wobei diese Winkel in entgegengesetztem Drehungssinne zu messen sind, so gilt die Beziehung

$$\sin\delta_1 : \sin\delta_2 = \mathfrak{S}_1 : \mathfrak{S}_2. \tag{16.}$$

Man kann somit den folgenden Satz aussprechen:

Wenn die der Differentialgleichung $G = 0$ genügende Curve die Begrenzungslinie in einem Punkte trifft und auch sogleich wieder verlässt, so bilden die Tangenten der beiden Curventheile mit der Tangente der Begrenzungscurve in diesem Punkte Winkel, deren Sinus sich wie $\mathfrak{S}_1$ zu $\mathfrak{S}_2$ verhalten.

In diesem Satze ist der zweite von Steiner für das isoperimetrische Problem im engeren Sinne bewiesene Satz als specieller Fall enthalten. Denn bei diesem Problem ist

$$\mathfrak{S}_1 = \mathfrak{S}_2,$$

und die beiden Winkel müssen also einander gleich sein.

Im fünfundzwanzigsten Kapitel (S. 248) ist gezeigt worden, dass die Curve, über die die Integration zu erstrecken ist, uberall da, wo sie frei variirt werden kann, einer und derselben Differentialgleichung $G = 0$ zu genügen hat in dem Sinne, dass die darin auftretende Grösse λ für die ganze Curve denselben Werth besitzt. Kehrt man nun das isoperimetrische Problem im engeren Sinne um, d. h. sucht man unter allen Linien, die einen gegebenen Flächenraum umschliessen können, diejenige, deren Bogenlänge am kürzesten ist, so gelangt man zu derselben Differentialgleichung wie bei der ursprünglichen Aufgabe; allerdings hat man jetzt

$$F = F^1 - \lambda F^0$$

an Stelle der ursprünglichen Function $F^0 - \lambda F^1$ zu setzen; doch ändert sich dadurch die Natur der Differentialgleichung nicht, da dies ja nur auf eine Veränderung des Werthes der Constanten herauskommt. Es ist übrigens auch von vornherein klar, dass man zu derselben Curve als Lösung gelangen muss. Denn wäre es möglich, bei unverändertem Flächeninhalt die Bogenlänge der Curve zu verkleinern, so müsste es doch auch möglich sein, mit der ursprünglichen Bogenlänge einen grösseren Flächeninhalt zu umschliessen; mithin genügt eine Curve, die aus der Differentialgleichung der ursprünglichen Aufgabe entspringt, auch der des umgekehrten Problems. Man erhält daher auch für dieses den Satz, dass die Curve überall da, wo sie frei variirt werden kann, sich aus Kreisbogen von gleichem Radius zusammensetzen muss.

Es seien nun in der Ebene drei nicht in gerader Linie liegende Punkte 1, 2, 3 gegeben, und es werde verlangt, durch sie der Reihe nach eine Linie der Art zu legen, dass diese einen gegebenen Flächenraum umschliesst und dabei einen möglichst kurzen Umfang besitzt, so wird, falls der vorgeschriebene Flächeninhalt etwa gleich der Fläche W des durch die drei Punkte bestimmten Kreises ist, die Aufgabe durch eben diesen Kreis gelöst werden. Ist der vorgeschriebene Flächeninhalt grösser oder auch kleiner als W, so kann man, um den vorgeschriebenen Flächeninhalt zu erhalten, die Kreisbogen nach aussen hinaus oder nach innen hinein ziehen. Ist aber der gegebene Flächeninhalt klein genug, so wird es nicht mehr möglich sein, die Punkte 1, 2, 3 durch Kreisbogen so zu verbinden, dass diese die gegebene Fläche umschliessen, es müsste denn sein, dass sie sich selbst schneiden, und dass die

Bogenlänge der im entgegengesetzten Sinne durchlaufenen Stücke mit dem entgegengesetzten Vorzeichen berechnet werde.

Nichtsdestoweniger hat doch offenbar diese Aufgabe eine Lösung. Das so erscheinende Paradoxon löste sich dadurch, dass die gesuchte Curve, obwohl durch keine weiteren Bedingungen der Aufgabe selbst beschränkt, doch nicht überall frei variirbar zu sein braucht, also nicht nothwendigerweise überall aus Kreisbogen besteht. Vorausgesetzt nämlich, dass die Curve sich nicht selbst schneide, kann sie sich doch selbst solche Hindernisse bereiten, dass ihre freie Variation dadurch beeinträchtigt wird. Sie kann sich nämlich streckenweise selbst bedecken, und unter allen möglichen Variationen der Curve sind dann sicher auch solche vorhanden, die die Strecken unverändert lassen, längs denen die Curve sich selbst bedeckt. Die Punkte einer derartigen Strecke könnten dann nur innerhalb der Strecke selbst variirt werden, und in Folge der obigen Voraussetzung wird dadurch die Freiheit der Variationen wesentlich beschränkt. Giebt es aber derartige sich selbst bedeckende Strecken, so kann man auch solche Variationen eintreten lassen, dass ursprünglich sich deckende Punkte sich nach der Variation ebenfalls decken, ohne dass dabei das zweite Integral I^1 seinen Werth ändert. Es fragt sich, welcher Differentialgleichung eine derartige Strecke zu genügen hat.

Die nachfolgende Betrachtung wird nicht nur für das allgemeine isoperimetrische Problem anwendbar sein, sondern auch noch für den Fall gelten, in dem kein zweites Integral vorhanden ist; man braucht dann nur der Constanten λ den Werth Null beizulegen.

Es mögen wieder Variationen von der Form S. 243 (3.)

$$\xi = \varkappa u + \varkappa_1 u_1,$$
$$\eta = \varkappa v + \varkappa_1 v_1$$

betrachtet werden. Aus den Untersuchungen des fünfundzwanzigsten Kapitels geht hervor, dass sich die erste Variation des Integrals I^0 in die Form

$$\delta\int(F^0 - \lambda F^1)\,dt$$

bringen lässt, vorausgesetzt, dass sich die Grösse $\varkappa_1$ als eine Potenzreihe der Grösse $\varkappa$ so darstellen lässt, dass die vollständige Variation des zweiten Integrals I^1 verschwindet. In diesem Falle hat man

$$\delta I^0 = \varkappa\int G(x'v - y'u)\,dt.$$

Während aber unter den früher geltenden Voraussetzungen die Grössen u und v vollkommen willkürlich anzunehmen waren, ausgenommen an einzelnen Punkten und Strecken, wo sie verschwanden, kommen nun noch diejenigen Theile der Curve hinzu, längs denen sie sich mehrfach selbst bedecken kann. Unter den früher geltenden Voraussetzungen konnte man auf das Bestehen der Differentialgleichung $G = 0$ schliessen. Um die Differentialgleichung für die sich selbst bedeckenden Curventheile zu ermitteln, hat man sich der oben erwähnten Variationen längs dieser Strecken selbst zu bedienen.

Man hat nun, wenn wie bisher stets unter dt ein positiver Zuwachs der unabhängigen Veränderlichen verstanden wird,

$$F(x, y, x', y')\,dt = F(x, y, x'dt, y'dt) = F(x, y, dx, dy).$$

Dies vorausgeschickt, bezeichne man mit $(1\ 2)$ ein Stück der Curve, längs dessen sie sich selbst bedeckt, das also mehrfach durchlaufen wird, wenn sich der Punkt (t) im Sinne wachsender Werthe von t auf der Curve bewegt. Das beim erstmaligen Durchlaufen der Strecke $(1\ 2)$ entstehende Integral ist dann

$$\int_1^2 F(x, y, x', y')\,dt = \int_1^2 F(x, y, dx, dy).$$

Wird diese Strecke μ-mal in dem soeben bestimmten Sinne, dagegen ν-mal im entgegengesetzten Sinne durchlaufen, werden ferner alle Variationen der Coordinaten ausserhalb der Strecke $(1\ 2)$ gleich Null gesetzt, während jeder Punkt der Strecke nur eine Variation erhält, wie auch die Strecke durchlaufen werden möge, so ist die Variation des gesammten Integrales gleich der der Summe

$$\mu \int_1^2 F(x, y, dx, dy) + \nu \int_2^1 F(x, y, dx, dy).$$

Nun ist aber

$$\int_2^1 F(x, y, dx, dy) = \int_1^2 F(x, y, -dx, -dy);$$

der vorstehende Ausdruck lässt sich also in der Form

$$\mu \int_1^2 F(x, y, dx, dy) + \nu \int_1^2 F(x, y, -dx, -dy) = \int_1^2 \overline{F}(x, y, dx, dy)$$

schreiben, wenn

$$\overline{F}(x, y, dx, dy) = \mu F(x, y, dx, dy) + \nu F(x, y, -dx, -dy)$$

gesetzt wird. Für das Integral

$$\int_1^2 \overline{F}(x, y, dx, dy)$$

ist aber die Strecke (1 2) nur einmal zu durchlaufen, ihre Variationen sind also für das vorstehende Integral völlig frei zu wählen. Diese Strecke muss daher einer Differentialgleichung

$$\overline{G} = 0$$

genügen, die aus der Function $\overline{F}(x, y, x', y')$ in derselben Weise entspringt, wie die bisherige Differentialgleichung $G = 0$ aus der Function $F(x, y, x', y')$.

Bei der Aufgabe, eine Curve zu bestimmen, die bei gegebenem Flächeninhalt den kürzesten Umfang besitzt, ist im Besondern

$$F(x, y, dx, dy) = \sqrt{dx^2 + dy^2} - \lambda y\, dx;$$

daher wird, wenn μ gleich ν ist,

$$\overline{F}(x, y, dx, dy) = \mu\left(\sqrt{dx^2 + dy^2} - \lambda y\, dx + \sqrt{dx^2 + dy^2} + \lambda y\, dx\right) = 2\mu\sqrt{dx^2 + dy^2},$$

und man erhält eine Differentialgleichung $\overline{G} = 0$, deren Integralcurven gerade Linien darstellen. Ist aber μ von ν verschieden, so folgt

$$\overline{F}(x, y, dx, dy) = (\mu + \nu)\sqrt{dx^2 + dy^2} - \lambda(\mu - \nu)\, y\, dx,$$

und dies würde auf eine Differentialgleichung führen, der man die Gestalt

$$G^1 - \lambda_1 G^0 = 0$$

geben kann, worin

$$\lambda_1 = \lambda \frac{\mu - \nu}{\mu + \nu}$$

ist. Ihre Integration würde also einen Kreisbogen ergeben, der aber nicht denselben Radius besässe, wie die frei variirbaren Theile der Curve.

In Wirklichkeit kann aber diese zweite Möglichkeit garnicht eintreten, es müssten denn noch besondere Bestimmungen der Aufgabe vorliegen. Denn wenn ein solcher Kreisbogen zwei Mal in verschiedenen Richtungen durchlaufen wird, so ist der hierdurch zum Flächeninhalt gelieferte Beitrag gleich Null, und infolgedessen könnte der Umfang der Curve dadurch verkleinert werden, dass man an Stelle des Kreisbogens die gerade Verbindungsstrecke seiner Endpunkte nimmt. Würde ferner derselbe Kreisbogen noch mehrmals, im Ganzen etwa n-mal, durchlaufen, so könnte man die $n-2$ ersten Male des Durchlaufens ebenfalls weglassen, falls nicht etwa besondere Bestimmungen der Aufgabe dies verbieten, und wie vorher bewirken, dass die Bogenlänge verkleinert würde, ohne den Flächeninhalt zu ändern. Der Fall, dass μ von ν verschieden ist, kann also überhaupt nicht vorkommen.

Dagegen ist der erste Fall, in dem eine gerade Linie als Curve möglicher Weise in Frage kommt, nicht auszuschliessen.

Jedenfalls kann man durch Betrachtungen, wie sie soeben angestellt worden sind, ermitteln, aus was für Stücken die gesuchte Curve überhaupt zusammengesetzt sein kann, und es kommt nun weiter darauf an, welche von diesen Stücken wirklich benutzt werden können, und in welcher Anordnung sie zu gruppiren sind. Man betrachte nunmehr irgend eine Configuration und variire sie; da die Linien selbst ihrer Natur nach bestimmt sind, und nur die in ihnen auftretenden Constanten, zum Beispiel die Coordinaten der Endpunkte der einzelnen Stücke, noch unbestimmt sind, so sind nur diese zu variiren. Nach den gefundenen Sätzen ist man in der Lage, auf diese Weise zu ermitteln, welche Configurationen der einzelnen Stücke möglich sind. Da die einzelnen Stücke ihren Differentialgleichungen genügen, so werden die ersten Variationen der zugehörigen Integrale nur noch von den Variationen der Endpunkte abhängen, und indem man diese Überlegung auf alle in Frage kommenden Stücke anwendet, erhält man schliesslich eine lineare Function der Variationen der Endpunkte der einzelnen Stücke. Dabei verschlägt es nichts, wenn diese Endpunkte noch gegebenen Bedingungen unterworfen sein sollen, etwa gezwungen sind, auf gegebenen Curven zu liegen oder dergleichen. Auf Grund der früher entwickelten Sätze erhält man die erforderlichen Gleichungen zur Bestimmung der möglichen Lage der Endpunkte der einzelnen Stücke und erfährt so, ob eine bestimmte Configuration möglich ist oder nicht. Jedenfalls verschwindet für die so ermittelte Gruppirung der Stücke die erste Variation des vorgelegten Integrals.

Es bleibt dann noch zu untersuchen, ob wirklich ein Maximum oder ein

Minimum vorliegt. Aber dies ist hier eine Aufgabe der gewöhnlichen Theorie der Maxima und Minima. Denn sobald einmal die einzelnen Stücke gefunden sind, kann man auch die Integrale für sie ermitteln, deren Werth jetzt nur noch von der Constanten λ und den Coordinaten der Endpunkte der einzelnen Stücke abhängt. Man hat also nur eine Function mehrerer Veränderlichen in Bezug auf ihren grössten oder ihren kleinsten Werth zu untersuchen.

Wir wollen diese allgemeinen Überlegungen noch auf ein bestimmtes Beispiel anwenden, das schon oben erwähnt worden ist, nämlich eine sich nicht schneidende Curve zu finden, die einen gegebenen Flächeninhalt einschliesst und dabei eine möglichst geringe Länge hat, überdies aber der Bedingung unterworfen ist, dass sie durch drei gegebene Punkte 1, 2, 3 der Reihe nach hindurchgeht. Es ist zunächst klar, dass die Curve aus drei Theilen (1 2), (2 3) und (3 1) besteht, die im Allgemeinen, nämlich wenn der gegebene Flächeninhalt gross genug ist, drei Kreisbogen von gleichem Radius sein werden. Dieser Radius kann aus dem Werthe des Flächeninhaltes berechnet werden. Das Integral, das die Bogenlänge misst, wird eine Function der noch verfügbaren Constanten, und es lässt sich zeigen, dass das Integral I^0, die Bogenlänge der Curve, wirklich ein Minimum ist, wenn die Constanten richtig bestimmt werden. Ist aber die Aufgabe in dieser Weise nicht zu lösen, weil der gegebene Flächeninhalt zu klein ist, so müssen jene Curvenstücke theilweise einander decken, und jede Strecke, in der dies geschieht, ist nach dem vorher Bemerkten ein Stück einer geraden Linie. Man sieht nun leicht, dass die Curve keine Ausläufer mit einem freien Endpunkte haben kann, denn man könnte dann diesen Punkt so variiren, dass die eingeschlossene Fläche dieselbe bleibt, während die Bogenlänge kürzer wird. Besitzt also die Curve solche Ausläufer, so müssen diese durch die gegebenen Punkte gehen und gerade Linien sein. Man findet, dass die Curve in der That aus drei mit gleichem Radius beschliebenen Kreisbogen besteht, die sich gegenseitig berühren und in gerade Linien auslaufen, die durch die gegebenen Punkte gehen. Es ist zunächst leicht ersichtlich, dass die Lösung von der besonderen Lage der gegebenen Punkte zu einander unabhängig sein muss, denn man könnte diese auf den Geraden hin und her rücken, ohne dass deshalb die Curve die Eigenschaft zu verlieren braucht, ein Minimum der Länge darzubieten.

Es kommt also schliesslich nur darauf an, diejenigen Punkte zu bestimmen, in denen die geraden Linien in die Kreisbogen übergehen. Bezeichnet man sie entsprechend der Reihe nach mit 1′, 2′, 3′ und betrachtet das Stück (1 1′ 2′) als einen Theil der festen Grenze des Gebietes, so folgt aus dem auf S. 308 ausgesprochenen Satze, dass die Curve (3′ 1′) diese Grenze berühren muss, sodass die Curve (3′ 1′ 1) ihre Richtung nirgends unstetig ändert. Daraus folgt, dass sich je zwei Kreisbogen berühren müssen, wo sie zusammenstossen. Da aber die Radien der Kreisbogen einander gleich sind, so ergiebt sich, dass ihre Mittelpunkte ein gleichseitiges Dreieck bilden, und demnach die drei Kreisbogen gleich lang sein müssen. Je zwei der geraden Linien bilden daher miteinander einen Winkel von einhundertzwanzig Grad. Hiernach ist die entsprechende Figur leicht zu construiren, und die Lösung des Problems eindeutig gegeben.

ANMERKUNG.

Der auf S. 39 bis 41 mitgetheilte Beweis dafür, dass die Gleichung der säcularen Störungen nur reelle Wurzeln hat, rührt in der Hauptsache von Christoffel her; nach einer Notiz von H. A. Schwarz wollte Weierstrass, dass hierauf besonders hingewiesen werde.

Berichtigungen zum vorliegenden Bande.

S. 48, Z. 1 lies complexen statt komplexen.

S. 59, Z. 13 u. 14 v. u. sind die Worte „sich die Function ... verhält, und wenn" zu streichen.

Z. 10 v. u. füge nach „Function" hinzu: „unterhalb einer festen Zahl liegt, die": und nach „als": „der Functionswerth".

Z. 6 v. u. füge nach „Bestimmung" hinzu: „der oberen Grenze oder".

Z. 5 v. u. sind die Worte „oder auf der Begrenzung" zu streichen.

S. 90, Z. 13 v. u. lies Maximum statt Minimum.

S. 222, Z. 8 lies nach statt noch.

S. 202, Z. 2 lies dessen statt deren.

Berichtigungen zu Band I.

S. 250, Z. 7 lies $\psi_{\nu-1}$ statt ψ_ν.

Z. 8 lies $\varepsilon^{\nu-1}$ statt ε^ν.

Berichtigung zu Band V.

S. 236, Z. 6 lies $\frac{\mathfrak{S}'}{\mathfrak{S}} u_1 + \frac{\mathfrak{S}'}{\mathfrak{S}} u_2$.

Berichtigungen zu Band VI.

S. 33, Z. 11 v. u. lies an zweiter Stelle $a_{\nu'}$ statt a_ν.

S. 204, Z. 1 füge nach „Es" hinzu: „muss".

S. 240, Z. 1 u. 2 lies (2.) bis (5.) statt (1.) bis (4.).

S. 251, Z. 7 lies xz-Ebene statt xy-Ebene.

ALPHABETISCHES INHALTS-VERZEICHNISS.

Seite

Apollonius . . . . 1.

Begrenzung eines Gebietes . . . . 58.
Beispiele zur Theorie der Maxima und Minima:
- Cauchys Beweis der Existenz der Wurzeln einer algebraischen Gleichung . . 60.
- ebenes Vieleck von gegebener Seitenzahl, gegebenem Umfang und grösstem Inhalt 2, 5, 48, 70—75, 90.
- Gaussisches Princip des kleinsten Zwanges . . . . 52—54.
- grösste und kleinste Krümmung einer Fläche . . . . 61—67.
- kürzeste Entfernung eines Punktes von einer Fläche . . . . 33—34, 67—70.
- mathematisches Pendel . . . . 51.
- Winkelsumme im Dreieck nicht grösser als zwei Rechte . . . . 54.

Beispiele zur Variationsrechnung:
- Brachistochrone . . . . 85—88, 119—124, 178—180, 216, 235.
- Curve mit tiefstem Schwerpunkt . . . . 254—257, 299—300.
- — kleinster Bogenlänge, die einen gegebenen Flächeninhalt einschliesst und durch drei feste Punkte geht . . . . 317—318.
- isoperimetrisches Problem . . . . 90—91, 97, 242 u. f., 300—302.
- — ; Umkehrung . . . . 312.
- kürzeste Linie auf einer Fläche . . . . 88—90, 164, 238—239, 304.
- — auf der Kugel . . . . 124—128, 180—181, 239.
- Rotationsfläche kleinsten Flächeninhalts . . . . . . 76—85, 109, 113, 116—119, 146, 154—156, 177—178, 216, 235, 255.
- Rotationskörper kleinsten Widerstandes . . . . 202—209, 217.
- — bei gegebenem Volumen . . . . . 296—298.
- Sector grössten Flächeninhalts bei gegebenem Umfang . . . . 305.
- Weg des Lichtes in einem isotropen Mittel von veränderlicher Dichtigkeit. . 240—241.

benachbarte Curve . . . . 77, 83, 99.
Bereich, n-fach ausgedehnter . . . . 57.
Bernoulli, Jacob . . . . 85.
Bertrand . . . . 164, 165.
Bogenlänge als Parameter . . . . 113—115.
Brachistochrone . . . . 85—88, 119—124, 178—180, 216, 235.

Cartesius . . . . 46.
Cauchy . . . . 60.

Seite

conjugirte Punkte; Erklärung . . . . . . 154.
— ; ihre Bestimmung . . . . . . 154—161, 163—169.
— ; ihre geometrische Bedeutung . . . . . . 197—198.
— ; ihr geometrischer Ort als Hüllcurve . . . . . . 225—228.
— ; bei isoperimetrischen Problemen . . . . . . 275 u. f.
Continuum . . . . . . 57, 58.
Cremona . . . . . . 72.
Curtze, M. . . . . . . 72.
Cycloide . . . . . . 123—124, 178, 235.

Differentialgleichung G = 0 . . . . . . 99, 106—108, 170, 192.
— ; andere Formen . . . . . . 114—115.
— ; bei isoperimetrischen Problemen . . . . . . 248, 265.
— $G_1 = 0$, $G_2 = 0$ . . . . . . 102, 106, 108.
— ; lineare für u . . . . . . 142—144, 147, 153.
Differentialgleichungen der Mechanik . . . . . . 53—54.
Du Bois-Reymond . . . . . . 104, 105.

$\mathfrak{E}(x, y, p, q, \bar{p}, \bar{q})$; Erklärung . . . . . . 213, 222, 223.
— bei isoperimetrischen Problemen . . . . . . 267—272.
— ; Darstellung durch ein Integral . . . . . . 215.
— ; Homogenitätseigenschaften . . . . . . 214.
— kann nicht längs einer variirten Curve verschwinden . . . . . . 228, 289—295.
— ; Vorzeichen . . . . . . 224, 271.
— ; Zusammenhang mit F_1 . . . . . . 214—216, 231.
Einhüllende als Ort der conjugirten Punkte . . . . . . 225—228.
Existenz eines Maximums oder Minimums . . . . . . 54—60.
— der Wurzeln einer algebraischen Gleichung . . . . . . 60.
— einer Curve grössten Inhalts bei gegebenem Umfang . . . . . . 97, 259.
Euklides . . . . . . 1, 54.
Euler . . . . . . 203.

$F(x, y, x', y')$ ist in Bezug auf x', y' positiv homogen von der ersten Dimension . . 94.
— ; Stetigkeit von $\frac{\partial F}{\partial x'}$ und $\frac{\partial F}{\partial y'}$ . . . . . . 109—112.
$F^{(1)} = \frac{\partial F}{\partial x'}$, $F^{(2)} = \frac{\partial F}{\partial y'}$ sind in Bezug auf x', y' positiv homogen von der Dimension Null . . . . . . 112.
F_1; Erklärung . . . . . . 96.
— ist in Bezug auf x', y' positiv homogen von der Dimension -3 . . . . . . 113.
— ; Vorzeichen . . . . . . 141.
— ; — bei isoperimetrischen Problemen . . . . . . 253.
F_2; Erklärung . . . . . . 133.
Fermat . . . . . . 2.
Flächeninhalt eines ebenen Vielecks . . . . . . 71—72, 257—259.
Flächenstreifen, in dem die von einem Punkte ausgehenden Integralcurven der Differentialgleichung G = 0 enthalten sind . . . . . . 201.

Seite

Flächenstreifen; bei isoperimetrischen Problemen . . . . 266, 271, 273, 281—282.
functionentheoretische Hülfssätze . . . . 185—191.

G; Erklärung (vgl. Differentialgleichung G = 0) . . . . 106.
G_1, G_2; Erklärung . . . . 102.
Gauss . . . . 52.
Gebiet eines Werthesystems . . . . 55.
Gebilde, analytisches . . . . 96.
— ; m^{ter} Stufe im Gebiete von n Grössen . . . . 97.
geodätische Linien siehe kürzeste Linien . . . .
Gleichung der säcularen Störungen . . . . 39—42.
— , algebraische; Existenz der Wurzeln . . . . 60.
Grenze, obere und untere einer Veränderlichen . . . . 57.
Grenzstellen einer Mannigfaltigkeit . . . . 55.

Hauptkrümmungen einer Fläche . . . . 66.
Heine . . . . 104, 105.
Hesse . . . . 63.
hinreichende Bedingungen:
für ein Maximum oder Minimum einer Function . . . . 22—25.
eines Integrals für Variationen mit hinreichend kleiner Änderung der Tangentenrichtung . . . . 171—177.
— für beliebige Variationen . . . . 218—219, 224.
— bei isoperimetrischen Problemen . . . . 271.
Hülfssätze von Heine und Du Bois-Reymond . . . . 104—106.
— , functionentheoretische . . . . 185—191.

Integral $\int F(x, y, x', y')\,dt$; Erklärung, falls x', y' längs der Curve nicht existiren . 233.
isoperimetrisches Problem . . . . 90—91, 97, 242 u. f.
— ; im engeren Sinne . . . . 257, 300—302, 306.
— ; mit mehreren festbleibenden Integralen . . . . 250—252.
— ; Steinersche Sätze und ihre Verallgemeinerungen . . . . 306—311.
— ; Umkehrung . . . . 312.
isoperimetrische Constante λ . . . . 246—248.
Jacobi . . . . 146, 147, 149, 151, 153, 154, 162, 163, 164, 165.
Jacobis Untersuchungen über conjugirte Punkte . . . . 147—152.
Jacobisches Kriterium . . . . 154, 162—169.

Kegelfläche . . . . 33—34.
Kettenlinie . . . . 81, 118—119, 154—156, 177—178, 256, 299.
Kreis als Curve grössten Flächeninhalts bei gegebenem Umfang . . . . 259—264.
Krümmung der Integralcurven der Differentialgleichung G = 0 . . . . 107—108, 114.
Krümmung einer Fläche, grösste und kleinste . . . . 61—67.
Kugel; kürzeste Linien auf ihr . . . . 125—128, 180—181, 239.
Kummer . . . . 241.
kürzeste Entfernung eines Raumpunktes von einer Fläche . . . . 33—34, 67—70.

Seite

kürzeste Linien auf einer Fläche . . . . 88—90, 164, 238—239, 304.
— auf einer Kugel . . . . 125—128, 180—181, 239.

Lagrange . . . . 2, 45, 101, 140, 164.
Legendre . . . . 54, 145.
lineare Differentialgleichung für u. . . . . 142—144, 147, 153.
lineare Gleichungen als Nebenbedingungen bei einem Maximum oder Minimum . . 36, 43.
lineare Transformationen quadratischer Formen . . . . 12—22.

Mannigfaltigkeit . . . . 55.
Maxima oder Minima:
nothwendige Bedingungen . . . . 6—10.
hinreichende Bedingungen . . . . 22—25.
mit Nebenbedingungen . . . . 5—6, 26—36.
mit Einschluss der Gleichheit benachbarter Functionswerthe . . . . 48.
mit Ungleichheiten als Nebenbedingungen . . . . 50—51.
Existenznachweis . . . . 60.
Beispiele . . . . 61—75.
Minimalflächen . . . . 67.
Minimum einer quadratischen Form . . . . 38—46.

Newton . . . . 202, 203.
Nothwendige und hinreichende Bedingungen für ein Maximum oder Minimum einer Function . . . . 6—10, 22—25, 30—36.
Nothwendige Bedingungen für ein Maximum oder Minimum des Integrals I . . . 170.
— sind für Variationen der Curve mit hinreichend kleiner Änderung der Tangentenrichtung auch ausreichend . . 171—177.
— ; vierte Bedingung . . . . 210—217.
— ; ist auch hinreichend . . . . 218—229.
— ; bei isoperimetrischen Problemen . . . . 253.

obere Grenze einer Veränderlichen . . . . 57.

Pendel, mathematisches . . . . 51.
Princip der virtuellen Geschwindigkeiten, des kleinsten Zwanges, von d'Alembert . . 52.

Quadratische Formen . . . . 11—22. 37—46, 174.
— ; ihre Determinante . . . . 13—15, 40.
— ; Reduction auf weniger Variable . . . . 14—20.
— ; Darstellung durch eine Summe von Quadraten . . . . 18—20, 174.
— ; definite und indefinite Form . . . . 20—22, 40.
— ; Bedingung dafür, dass sie positiv definit sind . . . . 21.
— ; Minimum unter der Bedingung, dass die Quadratsumme der Variablen gleich eins ist . . . . 38—39.
Schar von quadratischen Formen . . . . 42.

R; Erklärung . . . . 132.
Reduction der quadratischen Formen . . . . 14—20.

Seite

Richelot . . . . 45.
Richtungsänderung der Curve . . . . 112.
Rotationsfläche kleinsten Flächeninhalts 76—85, 109, 113, 116—119, 146, 154—156, 177—178, 216, 235, 255.
Rotationskörper geringsten Widerstandes . . . . 202—209, 217.
— ; bei gegebenem Volumen . . . . 296—298.

Säculargleichung, hat nur reelle Wurzeln . . . . 39—42.
Scheidelinie . . . . 310, 311.
Sector grössten Flächeninhalts bei gegebenem Umfang . . . . 305.
Steiner . . . . 259, 260, 306, 311.
Steinersche Sätze über das isoperimetrische Problem . . . . 306—311.
stetige Function, erreicht ihre obere Grenze . . . . 59—60.
Stetigkeit der Richtung . . . . 112—113.
Stetigkeit von $\frac{\partial F}{\partial x'}$ und $\frac{\partial F}{\partial y'}$ . . . . 109—112, 250.
Sturm . . . . 39.

Taylor . . . . 8, 130, 173.
$\Theta(t, t') = 0$, Bedingung der conjugirten Punkte . . . . 153—161, 275.

Umkehrung eines Systems von Potenzreihen . . . . 185—191.
unfreie Variationen bei isoperimetrischen Problemen . . . . 247, 313—318.
Ungleichheiten als Nebenbedingungen bei Maxima und Minima . . . . 50—51.
Untere Grenze . . . . 57.

Variation; vollständige ΔI . . . . 101, 130, 134, 162, 173, 175, 213.
— — ; bei isoperimetrischen Problemen . . . . 244—245.
— ; erste δI . . . . 102, 130, 134.
— — ; ihr Verschwinden . . . . 103.
— ; zweite $\delta^2 I$ . . . . 129—145, 161—169, 174.
— — ; ihr Vorzeichen . . . . 135, 139.
— — ; bei isoperimetrischen Problemen . . . . 252—253.
— der Curve . . . . 100, 136, 177.
— der Function F . . . . 130.
— der Function G . . . . 147—151.
— — ; bei isoperimetrischen Problemen . . . . 276—277.
— bei festen Endpunkten . . . . 100, 141, 163.
— der Endpunkte . . . . 303—311.
Variationen ξ, η der Coordinaten . . . . 85, 100, 136.
— ; Stetigkeitsannahmen über $\frac{d\xi}{dt}$, $\frac{d\eta}{dt}$ . . . . 136.
— ; unfreie bei isoperimetrischen Problemen . . . . 247, 313—318.
Vieleck grössten Inhalts bei gegebenem Umfang . . . . 2, 5, 48, 70—75, 90.

w; **Erklärung** . . . . 132.
Windungszahl eines Polygons um einen Punkt . . . . 257—259.

Göttingen, Druck der Dieterichschen Universitäts-Buchdruckerei (W. Fr. Kaestner).

For EU product safety concerns, contact us at Calle de José Abascal, 56–1°,
28003 Madrid, Spain or eugpsr@cambridge.org.

www.ingramcontent.com/pod-product-compliance
Ingram Content Group UK Ltd.
Pitfield, Milton Keynes, MK11 3LW, UK
UKHW050615260726
13967UKWH00008B/2881
9781108059190